Georges Pompidou, une certaine idée de la modernité agricole et rurale

P.I.E. Peter Lang

Bruxelles · Bern · Berlin · Frankfurt am Main · New York · Oxford · Wien

Gilbert NOËL et Émilie WILLAERT

Georges Pompidou, une certaine idée de la modernité agricole et rurale

Collection Georges Pompidou – Archives
N° 2

1 avenue Maurice, B-1050 Bruxelles, Belgique
info@peterlang.com ; www.peterlang.com

ISSN 1783-0710
ISBN 13 : 978-90-5201-057-1
D/2007/5678/17

Information bibliographique publiée par « Die Deutsche Bibliothek »

« Die Deutsche Bibliothek » répertorie cette publication dans la « Deutsche Nationalbibliografie » ; les données bibliographiques détaillées sont disponibles sur le site http://dnb.ddb.de.

Table des matières

Troisième partie
Georges Pompidou, partisan d'une action concertée

Annexes

Introduction

Le triptyque pompidolien

Modernisation agricole, rénovation rurale et concertation

Georges Pompidou n'a pas seulement été un artisan de l'industrialisation de la France ; il a cherché à promouvoir l'expansion de l'ensemble de l'économie française. Son intérêt pour le développement des campagnes s'est manifesté aussi bien à Matignon qu'à l'Élysée. Premier ministre, il a conduit la modernisation de l'agriculture française en s'appuyant sur la mise en place d'un Marché commun agricole et en ayant le souci d'une amélioration de la condition paysanne. Chef de l'État, il s'efforce d'impulser une vision globale de l'insertion des campagnes dans l'économie générale et de l'inclure dans un projet de société qui repose sur l'aménagement des territoires. Cette double approche traduit une volonté manifeste de mettre fin à « l'ordre éternel des champs »[1] par une action économique et sociale de grande envergure pour permettre aux travailleurs des campagnes d'atteindre une position sociale comparable à celle des acteurs des autres secteurs de l'économie : c'est le concept de la « parité ». Georges Pompidou est aussi convaincu que le changement ne peut être imposé aux acteurs de terrain. Il faut que les agriculteurs adhèrent à un projet de révolution agricole et rurale qui ne peut aboutir qu'avec leur participation. Il s'efforce, par conséquent, en permanence entre 1962 et 1974, de stimuler la concertation entre les pouvoirs publics et les milieux professionnels afin de faire prévaloir un modèle français de développement agricole et une stratégie d'aménagement du territoire qui implique une rénovation rurale.

Homme de terroir, doté d'un bon sens paysan dont il sait user habilement[2], Georges Pompidou a une vision concrète et pragmatique de la

---

1 Il s'agit de la situation de l'agriculture française analysée dans l'immédiat après-guerre. Voir R. Maspétiol, *L'ordre éternel des champs. Essai sur l'histoire, l'économie et les valeurs de la paysannerie*, Paris, Librairie de Médicis, 1946, 587 p. Cet ouvrage traite successivement : les équilibres ruraux traditionnels, la « révolution agricole » et les valeurs paysannes.

2 Interrogé, en mai 1969, par R. Marchand de *France Inter*, G. Pompidou fait état de son attachement au monde rural en disant : « Je me sens surtout heureux quand je me retrouve dans le monde de la campagne », Centre historique des Archives nationales (CHAN), 5AG2/1088.

« révolution silencieuse »[3]. Il ne se contente pas de s'appuyer sur ses conseillers techniques et ses ministres de l'Agriculture qui se positionnent comme des « ministres des agriculteurs »[4]. Il s'efforce de garantir une cohérence entre des approches complémentaires : d'une part, celle du développement de l'agriculture nationale et celle de la mise en place d'une communauté européenne de l'agriculture et, de l'autre, celle de la promotion sociale des paysans et celle de la rénovation nécessaire des campagnes pour réaliser des rééquilibrages économiques et sociaux. Pour cerner sa pensée agricole et rurale, on peut se référer à ses discours officiels, à ses déclarations de toutes sortes et à ses annotations sur les documents qui lui sont soumis sur les questions qui relèvent de ces préoccupations. La tâche n'est pas aisée car les prises de position doivent être placées dans leur contexte et être interprétées en termes de stratégie politique, soit la place des ruraux dans l'électorat, et de projet socio-économique, soit l'intégration du secteur de l'agriculture dans l'économie générale et l'insertion des agriculteurs dans la société globale.

La réalisation de cet ouvrage relève par conséquent d'un défi. Il s'agit de tenter de faire ressortir à la fois les idées directrices des conceptions agricoles et rurales de Georges Pompidou, leur contenu et leur cohérence, et la stratégie pompidolienne, pour les faire prévaloir tant au niveau national qu'au plan européen. Une attention particulière doit être portée à un aspect auquel tenait beaucoup le Premier ministre comme le président de la République, à savoir celui des relations avec les « forces vives », des relations qui sont garantes d'une certaine paix sociale au sein du monde agricole. Il nous a donc semblé judicieux de classer les prises de position de Georges Pompidou sous trois rubriques qui permettent de présenter l'évolution de sa pensée sur trois thèmes majeurs :

- sa vision de la politique agricole française dans un contexte européen et d'expansion de l'économie française ;
- son projet de rénovation rurale dans une perspective d'aménagement du territoire et de cohésion économique et sociale ;

---

3 C'est l'approche des jeunes agriculteurs présentée dans M. Debatisse, *La révolution silencieuse. Le combat des paysans*, Paris, Calmann-Levy, 1963, 275 p.

4 En 1881, L. Gambetta concevait le ministère de l'Agriculture comme « un ministère de l'Intérieur des paysans ». Un siècle plus tard, É. Cresson le qualifie de « ministère des agriculteurs, ministère du milieu rural » dans l'avant-propos, p. 4, de la brochure du ministère de l'Agriculture, *Cent ans de ministère de l'Agriculture*, Paris, sans date, 104 p. Sous Georges Pompidou, si J. Chirac porte le titre de « ministre de l'Agriculture et du Développement rural », son prédécesseur M. Cointat se considère comme le « ministre des agriculteurs ». À l'Assemblée nationale, le 9 octobre 1964, E. Pisani indique : « mon métier est d'être le ministre de l'Agriculture autant que d'être celui des agriculteurs. »

- sa stratégie de collaboration avec les milieux professionnels pour concilier des intérêts divergents en vue d'une action concertée.

Pour faciliter la lecture des textes ou des extraits de textes et pour dégager la logique de l'approche de Georges Pompidou, un plan à double entrée, chronologique et thématique, a été retenu. Il propose une grille de lecture des documents à partir de thèmes qui renvoient à des préoccupations clairement établies du Premier ministre et du président de la République. Afin de centrer l'analyse sur une démarche plutôt que sur un catalogue de discours, et pour situer ces documents dans leur contexte, un encadrement par des annotations générales de présentation a été effectué. Il permet, entre autres, de fournir le fil conducteur et les idées essentielles du texte qui lui fait suite. Il en est de même pour les documents de source et de nature diverses insérés dans le corps de l'ouvrage pour compléter et mieux faire comprendre les prises de position de Georges Pompidou.

Dans un tel ouvrage, certains textes méritent d'être mis en valeur, par l'importance que Georges Pompidou leur a donnée ou par leur portée propre. Ils font l'objet d'un traitement particulier, car ils rythment l'évolution de la pensée de leur auteur, ou dressent des bilans d'étape qui établissent les liens entre le discours politique et les réalisations. Ont ainsi été mis en exergue :

- la partie agricole du discours du Premier ministre du 26 avril 1962 qui fournit la conception du développement agricole et rural de Georges Pompidou ;
- le discours d'Aurillac du 14 octobre 1967 qui définit les lignes directrices d'une politique agricole insérée dans un projet européen ;
- le discours de Saint-Flour du 26 juin 1971 dans lequel le président de la République présente de nouvelles orientations pour l'établissement d'une politique agricole et rurale plus globale ;
- le discours prononcé le 10 janvier 1974 à l'occasion du cinquantenaire des Chambres d'agriculture qui dresse un bilan de quinze années de politique agricole et rurale pompidolienne.

Ces quatre documents sont essentiels pour cadrer le contenu du projet de développement agricole et de rénovation rurale des années Pompidou mais également pour mettre en relief la méthode de Georges Pompidou en vue de convaincre ses auditeurs de la nécessité de suivre le chemin qu'il préconise.

Pour donner une vision d'ensemble et des éléments de réflexion sur la politique agricole française, pensée et impulsée par Georges Pompidou entre 1962 et 1974, une présentation synthétique du contenu et de la portée des discours et des prises de position du Premier ministre et du

Président s'impose. Elle s'articule autour de trois aspects complémentaires qui sont interdépendants et qui constituent le triptyque d'une certaine idée de la modernité agricole et rurale de cette période. Si la modernisation agricole en est le panneau central, ce dernier est accolé de deux panneaux englobants, celui de la rénovation rurale et celui de la concertation avec les milieux professionnels. Une description générale de ces trois volets vise à montrer la nature de l'engagement agricole et rural de Georges Pompidou mais aussi à déterminer dans quelle mesure ou sous quelles formes il a œuvré pour faire prévaloir un modèle de développement agricole. S'est-il contenté d'être un continuateur pour une stratégie lancée par ses prédécesseurs ou a-t-il été l'initiateur ou le promoteur d'une approche spécifique ?

Ce recueil de documents, réalisé dans le cadre des activités de l'Association Georges Pompidou et de son Conseil scientifique, a exploité les ressources d'un ensemble documentaire diversifié : discours ou interventions dans les médias de Georges Pompidou, archives du secrétariat général de la présidence de la République, fonds déposés par les collaborateurs de Georges Pompidou, dont ceux en charge des questions agricoles et rurales, Pierre Lelong puis Michel Woimant, parfois annotés par Georges Pompidou.

Cette base documentaire a été complétée par l'exploitation du fonds d'archives orales constitué par l'Association et qui a mobilisé les témoignages de bon nombre d'acteurs : fonctionnaires et responsables professionnels qui ont accepté de confier leurs souvenirs d'acteurs et de se livrer à une analyse de la politique pompidolienne.

Ce livre ne prétend pas apporter des réponses définitives aux questions que l'on est susceptible de se poser sur la pensée et sur l'action de Georges Pompidou, ni de fournir une analyse approfondie sur les aspects évoqués.[5] Une telle analyse, qui reste à faire, doit résulter de la confrontation de travaux de recherche plus approfondis. Il faut espérer que cet ouvrage y contribuera en fournissant la base de tels travaux. Ainsi, un colloque sur le thème « Georges Pompidou et le monde des campagnes, 1962-1974 », à caractère pluridisciplinaire et réunissant des universitaires et des témoins-acteurs, a permis de faire avancer l'analyse à partir de matériaux de sources diversifiées[6].

---

5 Un cadrage précieux pour notre sujet nous a été fourni par V. Pradier, « Georges Pompidou et le monde rural, 1962-1974 », mémoire de DEA préparé sous la direction du Professeur É. Bussière, Université d'Artois, 1997, 213 p.

6 Colloque « Georges Pompidou et le monde des campagnes, 1962-1974 », à Aurillac, les 8 et 9 juin 2006, sous la direction du Professeur G. Noël, Actes à paraître aux éditions P.I.E. Peter Lang en 2007.

La modernisation de l'agriculture française : un enjeu national dans un contexte européen

En avril 1962, la France est déjà bien engagée sur la voie d'une modernisation de son agriculture, suite à l'adoption d'une loi d'orientation agricole en 1960[7] et dans le prolongement des dispositions des années 1950 pour organiser les marchés des principaux produits agricoles[8]. Par ailleurs, l'inclusion de l'agriculture dans le traité de Rome instituant une Communauté économique européenne (CEE) impose à la France, depuis 1958, de mettre en adéquation sa politique agricole avec des impératifs européens liés à la perspective de constituer une communauté agricole européenne et, dans un premier temps, un Marché commun agricole.

Un projet à approfondir

Dès le début des années 1950, la France a fait le choix d'une politique de modernisation et d'équipement de son agriculture qui repose sur deux principes. D'une part, le pays doit accroître sa production pour couvrir ses besoins et pour affirmer une vocation exportatrice, spécialement pour les céréales[9]. Cette orientation suppose un développement de la productivité. De l'autre, le soutien de ce secteur et la nécessité d'une régulation des marchés sont considérés comme des éléments essentiels pour assurer aux agriculteurs une certaine sécurité économique. En 1953, le Gouvernement décide de généraliser le système d'organisation des marchés des principaux produits imaginé pour le blé en 1936 par Georges Monnet[10]. Cette préoccupation intervient dans un contexte de construction européenne, dans le cadre d'un projet de communauté agri-

---

7 Voir texte intégral en annexe, p. 369

8 Un décret du Gouvernement Laniel du 30 septembre 1953 jette les bases d'organisations de marchés agricoles autres que celui des céréales. Dans son prolongement sont créés, en sus de l'Office interprofessionnel des céréales (ONIC), des organismes d'intervention, pour le bétail et les viandes, la Société interprofessionnelle du bétail et des viandes (SIBEV), et pour le lait (INTERLAIT). Un Fonds de régulation et d'orientation des marchés des produits agricoles (FORMA) est créé par la loi de finances rectificative du 21 juillet 1960, sous la forme d'un budget annexe. Il prend la relève du Fonds d'assainissement du marché du lait et des produits laitiers, constitué en octobre 1954, et du Fonds de garantie mutuelle et d'orientation de la production agricole, constitué par des décrets de septembre 1953 et mai 1955.

9 En 1949, à l'occasion du renouvellement de l'Accord international sur le blé (AIB), la France a rejoint le groupe des pays exportateurs de blé.

10 G. Monnet, député de l'Aisne, est ministre de l'Agriculture en juin 1936 et en mars 1938. Sous son premier ministère est votée la loi du 15 août 1936 qui instaure un Office national interprofessionnel du blé (ONIB), ancêtre de celui des céréales (ONIC) créé par la loi du 17 novembre 1940, révisée par le décret « Plan céréalier » du 30 septembre 1953.

cole européenne lancé dès 1950 par Pierre Pflimlin[11], alors ministre de l'Agriculture. Ce projet de « pool vert » qui échoue en juillet 1954, a cependant le mérite d'avoir jeté des bases pour l'élaboration d'un système européen d'organisation des principaux marchés agricoles européens. Sur ce plan, les successeurs de Pierre Pflimlin, en particulier Roger Houdet[12], avaient fait prévaloir cette approche communautaire en convoquant en mars 1953 une « Conférence européenne sur l'organisation des marchés agricoles », dans le prolongement d'une conférence pour l'établissement d'une communauté européenne agricole, réunie en mars 1952[13]. L'idée de transposer un système français d'organisation des marchés agricoles au niveau européen – à cette époque, l'ensemble des pays membres de l'Organisation européenne de coopération économique (OECE) – date donc de la première moitié des années 1950.

Parce qu'il considère, en 1956, qu'il est de l'intérêt de la France de créer un Marché commun agricole, le Gouvernement de l'époque obtient de ses partenaires – les Six de la Communauté européenne du charbon et de l'acier (CECA) – l'inclusion de l'agriculture dans le traité-cadre pour la création d'une Communauté économique européenne (CEE). Et il fait prévaloir le principe d'un traitement particulier du secteur agricole qui permet une reprise des orientations retenues dès 1953 pour la réalisation d'une communauté agricole, à savoir une approche commerciale et une organisation communautaire des marchés en commençant par le blé. La conférence intergouvernementale de Stresa de juillet 1958 réaffirme cette option en la couplant avec l'idée d'une politique concomitante d'amélioration des structures[14]. C'est dans cette optique que sont formulées dès 1959-1960, les premières propositions de la Commission de la CEE pour le lancement d'une Politique agricole commune (PAC) qui sera concrétisée en janvier 1962[15]. Un autre élément mérite d'être souligné : l'association des milieux professionnels aux milieux gouvernementaux pour l'élaboration d'une stratégie d'organisation des marchés

---

[11] P. Pflimlin (1907-2000) est ministre de l'Agriculture de novembre 1947 à décembre 1949 puis à nouveau de juillet 1950 à juillet 1951.

[12] R. Houdet (1899-1987) est ministre de l'Agriculture de juin 1953 à février 1955 puis de juin 1958 à mai 1959.

[13] Sur cette question du « pool vert », voir G. Noël, *Du pool vert à la Politique agricole commune ; les tentatives de communauté agricole européenne entre 1945 et 1955*, Paris, Economica, 1988, 453 p.

[14] Pour sa « Résolution finale », voir le « Recueil des documents de la Conférence agricole des États membres de la CEE à Stresa du 3 au 12 juillet 1958 » dans le document CE 2116/2/59/5, p. 220-224.

[15] Le 14 janvier 1962 sont adoptés les premiers règlements agricoles européens et les Six décident de créer un Fonds européen d'orientation et de garantie agricole (FEOGA).

aux niveaux national et européen est un acquis du début des années 1950. Et la pression professionnelle européenne a permis de la confirmer à Stresa en juillet 1958. En France, Roger Houdet, ministre de l'Agriculture du temps du « pool vert », à nouveau à ce poste en juin 1958, l'a remise en vigueur.

Ce bref rappel historique montre qu'en 1962, lorsqu'il prend ses fonctions de Premier ministre, Georges Pompidou doit respecter, en matière de politique agricole, des engagements pris de longue date et, en particulier, à l'époque où il était directeur de cabinet du général de Gaulle[16]. Mais il a aussi la possibilité d'infléchir certaines orientations et de définir une stratégie personnelle pour la mise en place d'une politique nationale et européenne. Sur ce point, son arrivée au pouvoir intervient à un moment où des décisions fondamentales ont été prises pour l'élaboration d'une politique agricole nouvelle et sur des priorités pour le lancement d'une Politique agricole commune par le biais d'un système d'organisation des marchés. Il est, par conséquent, plus ou moins obligé de poursuivre sur la voie initiée par son prédécesseur, Michel Debré, à l'origine de la loi d'orientation agricole adoptée en 1960. Son souci de continuité semble par ailleurs établi dans la mesure où Edgard Pisani[17], ministre de l'Agriculture de Michel Debré, choisi par le général de Gaulle en 1961, conserve son poste en avril 1962. Au plan européen, le Premier ministre doit veiller à ce que les intérêts agricoles de la France soient défendus à Bruxelles, conformément à la volonté exprimée par le président de la République. Il doit donc poursuivre son action européenne sur la voie tracée par le tandem Debré-Pisani. Mais agir dans la continuité ne signifie pas calquer sa stratégie sur celle du Gouvernement précédent pour atteindre les objectifs visés. Il dispose d'un pouvoir d'appréciation et d'arbitrage pour modifier ou pour faire prévaloir une orientation prioritaire en matière d'organisation de l'agriculture française et de construction d'une communauté agricole européenne.

L'analyse des documents sélectionnés dans cet ouvrage permet de saisir ses conceptions sur le développement agricole et rural de la France et sur la PAC. Leur lecture doit tenir compte du fait que l'implication de Georges Pompidou ne peut être de même nature et avoir la même portée sur toute la période considérée. En tant que Premier ministre, il a en charge d'orienter et de gérer la politique agricole française dans un contexte économique national particulier. En tant que président de la République, son action est plus globale et consiste à impulser de nouvelles orientations plus générales en faveur de la société dans son ensemble.

16 Entre le 28 mai 1958 et le 8 janvier 1959, soit avant la désignation de M. Debré comme Premier ministre.

17 Voir notice biographique en annexe p. 444.

L'analyse du cheminement de sa pensée et du contenu de ses interventions doit prendre en considération cet aspect. Et il faut garder présent à l'esprit le fait que l'analyse exclusive des textes répertoriés ne permet pas d'écrire l'histoire de l'agriculture française entre 1960 et 1975. Il s'agit avant tout de présenter des matériaux pour témoigner de l'engagement de Georges Pompidou sur les questions agricoles et rurales et sur sa conception des relations entre les pouvoirs publics et les milieux professionnels agricoles[18].

L'impératif d'une modernisation globale

Dès son arrivée à Matignon, Georges Pompidou indique sa volonté de poursuivre la modernisation de l'agriculture française dans la ligne de son prédécesseur, Michel Debré, et avec le concours du ministre de l'Agriculture, Edgard Pisani, en fonction depuis août 1961. Le 26 avril 1962, il prend l'engagement de soutenir « une vaste réforme »[19] de l'agriculture à contenu économique et social. Il ne s'agit pas de remettre en cause les choix retenus par la loi d'orientation agricole de 1960 mais de les préciser et surtout de répondre aux attentes d'une mise en application qui tarde. Cette lenteur a donné lieu à des manifestations paysannes en 1961 qu'il convient de contenir[20].

Il appartient à Edgard Pisani de traiter cette question et de compléter le dispositif de la loi Debré. Le résultat est la loi complémentaire adoptée en juillet 1962[21]. Auparavant, en avril, dans son programme d'action gouvernementale, le Premier ministre avait insisté sur la nécessité de moderniser l'appareil de production agricole et de prendre des dispositions pour parvenir à la « parité », prévue en 1960, avec le concours des organisations professionnelles. Convaincu que l'agriculture doit contribuer au développement de l'économie nationale – en complément du développement industriel –, il estime cependant qu'elle doit bénéficier d'un traitement particulier pour des raisons économiques, sociales et politiques.

Sans cesse le Premier ministre rappelle que l'avenir de l'agriculture française nécessite une modernisation de ses structures qui doit être

---

18 Pour une vue d'ensemble sur le contexte politique, voir B. Bruneteau, *Les paysans dans l'État ; le gaullisme et le syndicalisme agricole sous la Ve République*, Paris, L'Harmattan, 1994, 282 p.

19 Discours prononcé par G. Pompidou devant l'Assemblée nationale et le Sénat, le 26 avril 1962, CHAN, 5AG2/1086.

20 Sur les manifestations paysannes qui marquèrent cette période, voir N. Duclos, *Les violences paysannes sous la Ve République*, Paris, Economica, 1998, 281 p.

21 Sur cette question, voir G. Rimareix et Y. Tavernier, « L'élaboration et le vote de la loi complémentaire à la loi d'orientation agricole », *Revue française de science politique*, XIII (2), juin 1963, p. 389-425.

accompagnée par des mesures sociales. Il est nécessaire de poursuivre l'organisation des marchés pour garantir des revenus aux agriculteurs par une politique de prix rémunérateurs. Mais il est important de compléter cette action de court et moyen terme par une action de long terme qui doit porter sur une restructuration de l'appareil de production et tenir compte de la situation de l'agriculture française, de ses potentialités dans un contexte national et européen. Pour Georges Pompidou, cette « révolution agricole » doit respecter trois principes :

- la restructuration économique doit être progressive, régionalisée et préserver l'exploitation agricole à caractère familial, tout en ayant en vue l'instauration d'un modèle de production plus intensive ;
- la modernisation agricole doit comporter une série de mesures sociales d'accompagnement à la fois en faveur des catégories d'agriculteurs dans l'incapacité d'intégrer les circuits de l'économie générale et des exploitants prêts à affronter le défi de la modernisation ;
- ce défi ne peut être relevé que par une collaboration étroite et constructive entre les pouvoirs publics et les milieux professionnels, unis sur un projet plus « paysan » que « syndical ».

Edgard Pisani, qui a servi comme ministre de l'Agriculture sous les Gouvernements Debré et Pompidou, estime que cette approche est à distinguer de celle de Michel Debré. Pour celui-ci, la question agricole était un problème à régler dans un contexte d'économie générale, tandis que pour Georges Pompidou, elle est à la fois un enjeu économique et électoral au niveau national, une opportunité dans le cadre européen[22]. Selon Edgard Pisani qui, jusqu'en 1965, se situe sur la même longueur d'onde que le Premier ministre, ce dernier s'efforce de concilier « la nécessité paysanne et la nécessité agro-économique »[23].

Une approche pragmatique : gérer des adaptations progressives

Georges Pompidou affirme, à Matignon comme à l'Élysée, sa préoccupation constante d'intégrer le secteur de l'agriculture dans l'économie générale et dans une logique de développement économique rural. Il est préoccupé de faire participer les agriculteurs à l'expansion économique du pays, en tenant compte de la spécificité du système de production agricole et des conditions sociales des agriculteurs.

---

22 Entretien d'E. Pisani avec V. Pradier et J.-P. Williot, le 17 septembre 1996, CHAN, AGP, 1AV208.

23 Entretien d'E. Pisani avec V. Pradier et J.-P. Williot, le 10 septembre 1996, CHAN, AGP, 1AV208.

Soumis à une logique qui doit combiner une continuité pour assurer le développement de l'agriculture nationale, selon une orientation arrêtée dès les années 1950 et confirmée par la loi de 1960, et des mutations pour faire bouger les campagnes et adapter l'agriculture française à un nouveau contexte international, résultant de la création de la CEE, il est amené à agir avec circonspection. Il lui appartient de mettre en place une politique agricole à l'élaboration de laquelle il n'a pas vraiment participé. Il doit veiller à faire en sorte que la constitution d'un Marché commun agricole soit compatible avec la politique agricole nationale et permette de l'amplifier. Sa mission à Matignon semble relever d'une gageure. Il doit impulser des changements importants en faveur de l'agriculture et du monde rural. Et il lui faut mobiliser des acteurs plutôt habitués à raisonner sur le court terme, pour l'obtention de mesures sectorielles, sur un projet plus global et de long terme. Il est aussi l'arbitre entre des ministères qui, sur les questions agricoles, adoptent des positions souvent divergentes, sources de difficultés pour la concrétisation de certaines actions, notamment à caractère socio-structurel[24].

Il est amené, par conséquent, à gérer la transition des années 1960-1975 en faisant preuve de qualités de conciliateur. En quelque sorte, il apparaît comme un homme de compromis plus attaché à l'aboutissement de réalisations concrètes, de manière progressive, qu'à de grands chambardements créateurs d'agitations sociales et de déséquilibres non maîtrisés. Son attitude réservée à l'égard du rapport Vedel de 1969[25] et son opposition au Plan Mansholt de décembre 1968[26] traduisent cette approche raisonnée. Convaincu de la nécessité de réaliser une intensification du système de production agricole[27] mais conscient de ses répercussions économiques et sociales, et de l'impossibilité d'imposer à l'agriculture un rythme de changement comparable à celui du secteur industriel, il est mesuré sur l'approche structurelle du développement

24 L'opposition, entre le ministère de l'Agriculture et celui de l'Économie et des Finances, est souvent mise en évidence dans les dossiers archivés.

25 Voir en annexe p. 417 les extraits du Rapport Vedel, qui préconise une vaste réforme des structures de l'agriculture française.

26 Ce plan a été publié dans *Le Plan Mansholt, Le rapport Vedel*, Paris, SECLAF, 1969, 582 p.

27 À noter que l'expression « industrialisation de l'agriculture » est souvent utilisée par les partisans d'une modernisation technique du secteur agricole et de son insertion dans l'économie générale. Voir en particulier dans la revue *Paysans*, « L'agriculture et l'industrie dans une économie de marché », n° 80, octobre 1969-mai 1970, p. 6-7 et le Rapport commenté par R. Blondelle, en présence de G. Pompidou, le 9 décembre 1966, intitulé « Les agriculteurs dans le combat contre la faim » et publié dans *Chambres d'agriculture*, n° 355, le 1er janvier 1967, 16 p. G. Pompidou évite, quant à lui, d'utiliser le terme « industrialisation » lorsqu'il évoque la modernisation de l'agriculture française.

agricole, sans cependant perdre de vue qu'elle doit accompagner la politique des prix agricoles. Il estime que cette politique des prix et celle des structures ne se situent pas sur le même plan et relèvent d'approches et de préoccupations différentes, même si elles sont liées en termes de modernisation et de développement agricoles. Sur la question des prix, il n'a pas une vision bornée et défend au contraire le principe d'une hiérarchisation souple des prix des produits agricoles animaux et végétaux, en ayant présente à l'esprit la nécessité de tenir compte de certains équilibres sociaux et régionaux.

Sa stratégie consiste à évaluer en permanence les conséquences pratiques des dispositions prises, en particulier les incidences sociales, en considération de la situation des différentes catégories de producteurs concernés. Il est aussi attentif à leurs répercussions territoriales sur l'économie des campagnes soumises à des contraintes naturelles et socio-économiques très diversifiées. Et il a le mérite de privilégier l'expérimentation, notamment pour la politique structurelle et l'aménagement des campagnes, plutôt que l'instauration de systèmes rigides, calqués sur ceux retenus pour le secteur industriel. Il adopte ainsi une attitude pragmatique pour stimuler les changements nécessaires en vue de l'adhésion des producteurs à un modèle d'agriculture intensive, mis en place avec le soutien et le concours des milieux professionnels.

Georges Pompidou est persuadé que la « révolution agricole » qu'il souhaite comme contribution à l'expansion économique et sociale de la France n'est réalisable qu'à la condition que les agriculteurs participent à ce projet. Stratège habile et avisé, il dialogue avec les réformateurs et les conservateurs des organisations professionnelles agricoles pour les convaincre de la justesse de la position gouvernementale. Il adhère à leurs vues lorsqu'elles lui paraissent fondées par rapport à des principes établis, tels la garantie de revenu ou la recherche de la parité économique et sociale. Mais il sait également être ferme lorsqu'il s'agit de faire prévaloir à Bruxelles l'intérêt général de la France sur des intérêts agricoles catégoriels nationaux.

Homme de principes autant que de dialogue, le Premier ministre a été largement un continuateur de la politique agricole initiée par ses prédécesseurs, notamment par Michel Debré. Mais il a introduit une approche nouvelle de la gestion des questions agricoles qui permet de considérer qu'il a été un acteur majeur de la « révolution silencieuse » des années 1960. Délaissant une approche technocratique au profit d'un système renouvelé des relations entre les pouvoirs publics et les milieux professionnels, il est parvenu à créer le climat de confiance nécessaire pour un projet mixte de modernisation de l'appareil de production agricole et d'industrialisation progressive des systèmes de la transformation et de la commercialisation des produits agricoles.

Pour une agriculture paysanne et familiale

Georges Pompidou est partisan d'une certaine évolution technique de l'agriculture, à condition qu'elle ne remette pas en cause l'exploitation à responsabilité personnelle qui doit rester le fondement du système de production agricole. C'est sous cette forme qu'il défend l'idée de la modernisation de l'exploitation à caractère familial. Pour Philippe Seguin[28], « il y voyait des raisons sociales [...] mais aussi des justifications de caractère technique : seul ce type d'exploitation peut permettre de tirer le meilleur parti de la diversité des terroirs et de s'adapter avec souplesse à l'évolution du monde moderne »[29]. Mais, dans son esprit, cette exploitation familiale devrait être intégrée, en particulier dans un système coopératif et de groupements de producteurs, afin qu'à l'individualisme se substitue une discipline collective.

Le Premier ministre utilise le concept de l'exploitation agricole familiale en lui donnant un contenu flou. L'exploitation familiale n'est pas seulement une unité de production viable définie par des critères quantitatifs, de portée générale, d'intensité des facteurs de production. L'objectif n'est pas de marginaliser un grand nombre de petites exploitations mais de promouvoir le développement agricole pour tous les paysans qui le souhaitent. Ce n'est pas la taille de l'exploitation qui compte mais sa structure : elle doit devenir une entreprise libérale à structure familiale, « une structure où l'homme conserve intactes ses responsabilités, son indépendance et l'initiative de l'orientation de son travail »[30].

Dans tous ses discours agricoles importants, Georges Pompidou revient sur ce thème de l'exploitation familiale en insistant sur l'impérieuse nécessité de la moderniser afin que l'agriculture paysanne soit de moins en moins une charge pour la société. Dès son discours de Rodez, en mai 1966, il souligne : « il faut aboutir – progressivement sans doute mais il le faut – à une refonte de nos structures qui fasse que la propriété agricole soit rentable c'est-à-dire que l'exploitant puisse vivre sans être pour autant et même partiellement à la charge de la société. »[31] La politique des prix a pour objectif de stimuler la modernisation par un accroissement des revenus. Pour lui, l'entreprise agricole n'est pas une fin en soi ; il y a une place pour l'exploitation paysanne, ce qui le con-

---

28 P. Seguin (né en 1943) est chargé de mission au secrétariat général de la présidence de la République, en charge des questions agricoles de 1973 à 1974.

29 Note manuscrite de P. Seguin pour É. Balladur, « Politique agricole. Une politique agricole résolue et constamment soucieuse des hommes », sans date (avril-mai 1974 ?), 15 p., voir annexe, p. 359.

30 J. Chirac, en décembre 1972, cité par B. Bruneteau, *op cit.*, p. 201.

31 Discours prononcé par Georges Pompidou à Rodez, le 14 mai 1966, CHAN, 5AG2/1087.

duit progressivement à prendre du recul sur l'approche économique des années 1960, qui trouve son aboutissement avec le rapport Vedel sous le ministère de Jacques Duhamel[32], au profit d'une approche plus socio-économique qui est portée par Michel Cointat[33] et Jacques Chirac[34].

Dans son discours de Saint-Flour, en juin 1971, le Président Pompidou traduit cette orientation en prônant la « sauvegarde des exploitations familiales [...] pour des raisons sociales évidentes, pour des raisons politiques évidentes », et ce, en dépit des « déclarations des techniciens de l'abstraction »[35]. Opposé à une prolétarisation d'une partie de la paysannerie et soucieux de paix sociale dans les campagnes, il est par ailleurs convaincu que pour éviter la désertification rurale, il convient de maintenir des exploitations, mêmes non rentables, susceptibles de bénéficier d'aides et de soutiens publics et de transferts sociaux. Il exprime cette vision dans son projet de rénovation rurale en faveur des zones agricoles les moins favorisées.

Ainsi, Georges Pompidou, qui a le sens de la ruralité, montre son attachement à la paysannerie à travers ce concept de l'exploitation familiale ; mais, s'il est partisan d'une agriculture des terroirs, il est aussi déterminé à ce que s'établisse une agriculture fortement insérée dans le système de l'économie industrielle et capable de faire face à la concurrence étrangère, notamment celle qui résulte de la constitution d'un Marché commun agricole.

L'Europe, moteur du développement agricole de la France et de la construction européenne

De 1962 à 1974, Georges Pompidou accorde une grande attention aux questions agricoles européennes. Il suit de près l'évolution des discussions de Bruxelles – auxquelles il ne participe pas directement – par l'intermédiaire, notamment, du secrétariat général du Comité interministériel pour les questions européennes (SGCI), placé auprès du Premier ministre. Lors de comités interministériels et de conseils restreints, il a l'occasion de faire part aux ministres de sa position et d'arbitrer sur la stratégie à faire prévaloir au cours des débats[36]. Par

32 Voir notice en annexe p. 442.

33 Voir notice en annexe p. 442.

34 Voir notice en annexe p. 441.

35 Discours prononcé par Georges Pompidou à Saint-Flour, le 26 juin 1971, CHAN, 5AG2/1089.

36 M. Woimant, « Le Marché commun agricole », dans *Georges Pompidou et l'Europe*, Complexe, Bruxelles, 1995, p. 465-500. Dans cette contribution, M. Woimant donne une analyse très pertinente de l'action de G. Pompidou en matière de construction agricole européenne. L'auteur, ancien collaborateur de G. Pompidou, s'appuie sur les

ailleurs, dans ses discours officiels et ses interventions publiques, il ne manque jamais de souligner l'intérêt du Marché commun agricole pour l'agriculture française et pour l'ensemble de l'économie.

Président de la République, il insiste à partir de 1972, pour que sa position soit connue et soit correctement présentée, comme le confirme sa note du 18 janvier 1972 qui donne les instructions suivantes : « en ce qui concerne les négociations commerciales avec les États-Unis, la délégation française [...] peut accepter que la Communauté participe à des discussions de caractère pratique ne mettant pas en cause l'autonomie des politiques communautaires » ; elle doit prendre en compte « les intérêts commerciaux et agricoles de l'ensemble de la Communauté. Les montants compensatoires qui pourront subsister au profit de la RFA ne devront pas durer plus d'une campagne ; enfin, l'esprit général de la résolution du 25 mars 1971 sur les structures agricoles, résolution à laquelle la France a donné son accord, devra être respecté »[37].

Avant ce conseil restreint sur les problèmes relatifs au Marché commun agricole, Jean-René Bernard[38] avait fait passer le message suivant à Michel Jobert : il serait opportun « de faire savoir à l'extérieur que le président de la République suit personnellement ces questions de très près, et a tenu, à la suite de sa conférence télévisée du mois de décembre, un conseil restreint, au cours duquel le point a été fait des différents problèmes qui d'une façon ou d'une autre se rattachent au Marché commun agricole »[39].

Sur le fond, l'action de Georges Pompidou n'est guère originale. Il reste fidèle à l'idée d'une organisation des marchés par produit ou par groupe de produits, sur le fondement d'une action régulatrice de l'État. Dès 1962, il adhère au principe de la transposition du système français dans la CEE et soutient l'action d'Edgard Pisani à Bruxelles pour que les intérêts agricoles et économiques généraux de la France ne soient pas compromis. Mais son ambition est de sortir de la logique commerciale des marchés sectoriels pour définir une Politique agricole commune cohérente. Il formule cette approche dès 1965 en annotant ainsi un compte rendu d'entretien de Pierre Lelong[40] : « Je répète qu'il faut prendre les problèmes agricoles dans leur ensemble. Ce que j'ai dit des problèmes laitiers est également vrai de la viande. Me préparer une lettre

---

archives du fonds 5AG2 pour donner une synthèse de la pensée du Premier ministre puis du Président.

[37] Relevé de décisions du conseil interministériel du 18 janvier 1972, CHAN, 5AG2/63.

[38] Voir notice en annexe p. 441.

[39] Note de J.-R. Bernard pour M. Jobert, le 10 janvier 1972, CHAN, 5AG2/63.

[40] Voir notice en annexe p. 443.

à M. Pisani pour lui donner mes instructions. Il doit préparer pour fin février une politique d'ensemble – viande-lait-céréales – en fonction des décisions prises ou probables du Marché commun. J'en dirai autant pour le sucre. [...] Je souhaite que tout cela soit pris en bloc et non au coup par coup, et en détail. »[41] Cette préoccupation qu'il affiche toujours lorsqu'il est à l'Élysée est à mettre en rapport avec son souci d'une hiérarchisation des prix en vue d'un rééquilibrage au profit des productions animales.

S'il est un point sur lequel il fait preuve de beaucoup d'intransigeance, c'est le respect scrupuleux des principes qui sont les fondements du Marché commun agricole, à savoir l'unicité des prix européens, la préférence communautaire et la solidarité financière. Il le répète sans cesse, en particulier lorsque se pose la question de l'adhésion britannique et lorsque des problèmes monétaires sont susceptibles de remettre en cause les acquis en matière de prix communautaires. Si sa pensée sur les questions agricoles européennes évolue, on le doit plus à sa position qu'à ses convictions. En tant que Premier ministre, son approche économique est celle d'un homme de terrain, pragmatique, confronté à une double exigence. La réalisation d'un Marché commun agricole est une grande chance pour l'économie française et pour accélérer la modernisation du secteur agricole national à moindre coût financier et social. Et il est indispensable de convaincre l'ensemble du monde agricole qu'il est de son intérêt de rentrer dans cette logique, ce qui justifie l'établissement de relations étroites avec les quatre grandes organisations professionnelles[42]. En tant que Président, son approche est plus politique. Il doit faire accepter le maintien des acquis du Marché commun agricole[43], en dépit de l'élargissement de la CEE à la Communauté auquel il a apporté sa caution et, à partir des années 1970, malgré des difficultés conjoncturelles qui poussent à la recherche d'adaptations structurelles.

Pour lui, le Marché commun agricole revêt une importance capitale dans la construction européenne. Fin 1971, il déclare : « En défendant le Marché commun agricole, nous ne défendons pas seulement les agriculteurs, nous défendons aussi la construction européenne toute entière. [...] Tout le monde parle d'intégration, d'union et voici que le seul

41 Note de P. Lelong sur un entretien avec la Confédération nationale de l'élevage (CNE), le 8 janvier 1965, CHAN, 92AJ/1.

42 Il s'agit de la Fédération nationale des syndicats d'exploitants agricoles (FNSEA), du Centre national des jeunes agriculteurs (CNJA), de la Confédération nationale de la mutualité, de la coopération et du crédit agricole (CNMCCA) et de l'Assemblée permanente des présidents des Chambres d'agriculture (APPCA).

43 M. Woimant, *op. cit.*, p. 479. Il souligne : « Le maintien de l'acquis était une bataille constante dans laquelle la vigilance du président de la République n'était jamais mise en défaut. »

domaine où cette intégration soit, à l'heure actuelle réalisée, on voudrait l'ébranler. »[44] Et, en janvier 1974, dans son discours devant l'assemblée des Chambres d'agriculture, il souligne : « L'organisation agricole [...] est [...] le seul élément véritablement positif, évident, effectif que nous puissions mettre aujourd'hui à l'actif de la construction européenne. »[45]

Si, en 1965, dans l'affaire de la « chaise vide », on peut considérer qu'il a relativement peu influencé le cours des choses, par contre, après son élection à la présidence de la République, il fait preuve de fermeté et de détermination pour faire prévaloir la thèse française. En 1969, il est très actif sur le dossier du règlement financier et suit de très près la préparation de la Conférence de La Haye en ce qui concerne son volet agricole. Après avoir fait savoir en octobre à la délégation française qu'« il y a des principes sur lesquels nous ne transigerons pas : prélèvements à l'entrée, prix uniques, préférence communautaire, responsabilité financière communautaire, et le règlement financier »[46], dans sa déclaration de La Haye du 1er décembre, il insiste sur ce point : « Ce qui a été fait doit être préservé jalousement et l'achèvement doit devenir, dans les délais fixés, une réalité définitive, y compris cet instrument communautaire typique qu'est le règlement financier. »[47]

Cette prise de position est à mettre en rapport avec le projet d'adhésion du Royaume-Uni. Pour lui, l'élargissement implique un respect strict des acquis par le Royaume-Uni afin qu'il n'y ait aucune dilution du Marché commun agricole et que les intérêts de la France agricole exportatrice soient préservés sur un marché protégé et sur lequel la solidarité financière ne doit pas être remise en cause. Ironie du sort : c'est le 2 avril 1974 que le Gouvernement britannique décide de renégocier les conditions de son adhésion.

La rénovation rurale, volet de l'aménagement des campagnes

Dès 1964, Georges Pompidou manifeste son désir de lier la modernisation de l'agriculture au développement des campagnes en apportant son soutien aux programmes d'équipement et de développement rural qui lui sont soumis. Il donne son approbation à la création d'une Société d'économie mixte constituée dans ce but : la Société pour la mise en

---

[44] Retranscription d'une émission radio-télévisée avec L. Zitrone, le 22 décembre 1969, CHAN, 5AG2/1089.

[45] Voir texte intégral p. 350.

[46] Annotation de G. Pompidou sur un rapport du COREPER, le 10 octobre 1969, CHAN, 5AG2/1035.

[47] Déclaration de G. Pompidou à La Haye, le 1er décembre 1969, CHAN, 5AG2/1089.

valeur de l'Auvergne et du Limousin (SOMIVAL) et, le 20 juin, à l'occasion de son premier déplacement dans le Cantal, il lui assigne une mission forestière et une mission de développement de l'élevage bovin extensif[48]. En cela, le Premier ministre est fidèle à la stratégie inaugurée par l'article 21 de la loi d'orientation agricole qui a créé des zones spéciales d'action rurale, en faveur de petites régions agricoles en retard de développement. Mais il estime que cette stratégie doit revêtir une dimension plus vaste et être intégrée dans une logique de modernisation et d'aménagement des territoires.

Rénovation rurale et régionalisation de la politique agricole

Appliquée à l'agriculture, la rénovation rurale se présente, dans une certaine mesure, comme une régionalisation de la politique agricole afin de coordonner des actions de développement, en fonction d'atouts, de contraintes territoriales et de situations socio-économiques particulières. C'est la position du Premier ministre en 1967, comme le souligne Pierre Lelong dans une note du 13 juin : « Le Premier ministre a demandé que soient examinées les conditions dans lesquelles s'exercent les interventions de l'État dans les zones rurales, afin de déterminer si une coordination ou une réorientation sont nécessaires pour mieux correspondre aux besoins ou à l'évolution des populations de ces zones. [...] D'une manière générale le ministre de l'Agriculture[49] demande à être chargé de l'aménagement du monde rural, et il rappelle à cet égard le projet de décret sur les plans d'aménagement rural qu'il a soumis à différents ministères, mais qui n'a pas encore été formellement approuvé par le Gouvernement. »[50]

Mais, pour le ministre chargé du Plan et de l'Aménagement du territoire[51] et pour le ministre de l'Économie et des Finances[52], il faut adopter une autre orientation : « L'objectif à poursuivre doit être dynamique ; la recherche de l'optimum de développement. C'est pourquoi la législation relative aux zones déshéritées, par exemple, ne correspond pas à cet objectif. Il s'agit au contraire de mesurer l'efficacité et la cohérence des

---

48 Pour une vue d'ensemble, se référer à la contribution de J. Michardière, « Georges Pompidou et la politique de rénovation rurale », dans *L'aménagement du territoire, 1958-1974*, Actes du colloque organisé par la Fondation Charles de Gaulle et l'Association Georges Pompidou, les 21 et 22 novembre 1996 à Dijon, Paris, L'Harmattan, p. 309-316.

49 Il s'agit d'E. Faure qui n'est pas favorable à une régionalisation de la politique agricole.

50 Note de P. Lelong, « Régionalisation de la politique agricole », le 13 juin 1967, CHAN, 92AJ/1.

51 R. Marcellin depuis le 8 avril 1967.

52 M. Debré du 8 janvier 1966 au 30 mai 1968.

actions positives qui sont menées afin que celles-ci puissent être le plus possible adaptées à l'évolution du monde rural au lieu de la contrecarrer. » Les organisations professionnelles agricoles sont quant à elles favorables à une régionalisation, appliquée à quelques régions pour la FNSEA et aux régions de programme pour le CNJA[53].

L'arbitrage se solde par un décret du 24 octobre 1967[54] en vue du lancement d'actions limitées mais efficaces avec des moyens appropriés. Dans son discours d'Aurillac du 14 octobre, Georges Pompidou annonce cette création de zones de rénovation rurale qualifiées par le décret de « zones à économie rurale dominante ». Dans ce contexte voient le jour une zone « Bretagne », une zone « Limousin » et une zone « Auvergne » qui ne correspondent pas à des délimitations administratives. À la tête de chacune d'elles est nommé un Commissaire placé sous l'autorité du Premier ministre et installé à la Délégation à l'aménagement du territoire et à l'action régionale (DATAR) qui relève également du Premier ministre[55].

Pour Georges Pompidou, l'agriculture est la clé du développement rural et de la modernisation des campagnes. Mais il ne s'agit pas uniquement de transformer des structures de production ; il convient d'aménager des territoires. Son premier Gouvernement inclut un ministre délégué auprès du Premier ministre pour l'Aménagement du territoire, Maurice Schumann[56] qui démissionne le 15 mai et ne sera pas remplacé avant 1967. Cette année 1967 semble marquer un choix délibéré en faveur d'une politique de la ruralité, conçue comme une politique d'accompagnement de la politique agricole et matérialisée par une série d'actions concrètes. Il s'agit d'aider la France rurale à s'adapter à une économie moderne en voie d'industrialisation. Et la régionalisation de la politique agricole est alors considérée comme relevant d'une logique qui trouve son expression à l'heure actuelle dans la cohésion économique et sociale. Pierre Lelong la définit ainsi : « Nous cherchons [...] à établir une meilleure coordination entre les interventions publiques concernant l'économie agricole et celles concernant l'industrie, la formation professionnelle, etc. »[57]

---

53 Note de P. Lelong pour le Premier ministre, le 26 mai 1967, CHAN, 92AJ/1.

54 Voir annexe, décret n° 67-938 du 24 octobre 1967 relatif à la rénovation de certaines zones à économie rurale dominante, JO, Loi et décrets, 26 octobre 1967, p. 10 548-10 559. Voir le texte complet en annexe p. 408.

55 La DATAR, créée par décret du 13 février 1963, est opérationnelle dès 1964. Il s'agit d'une administration légère de mission rattachée au Premier ministre et qui bénéficie de son arbitrage.

56 Voir notice en annexe p. 444.

57 Note de P. Lelong à M. Jobert, « Régionalisation de la politique agricole », le 10 juin 1967, CHAN, 92AJ/1.

Une approche environnementale et patrimoniale

Premier ministre, Georges Pompidou se rallie à la trilogie d'Edgard Pisani, « Produit, Homme, Espace », mais sans parvenir à impulser, avant 1967, une action territoriale en faveur de la ruralité. L'accent est mis sur la fonction économique de l'agriculture, sur les marchés, combinée à une action sociale. Mais l'aménagement du territoire devient progressivement un volet concomitant du développement agricole, dans une perspective de rééquilibrage entre agriculture et industrie et de désenclavement des régions en retard de développement. Après son accession à la présidence, il met l'accent sur le développement rural comme second pilier de l'aménagement des campagnes. C'est dans ce contexte que le ministère de l'Agriculture devient, à partir de l'été 1972 (sous Jacques Chirac), un ministère de l'Agriculture et du Développement rural.

Dès son discours de Saint-Flour (juin 1971), Georges Pompidou annonce un renforcement de la politique de rénovation rurale par la création d'un fonds spécial de rénovation rurale qui doit permettre le développement des équipements collectifs, de la formation, et le désenclavement des zones les plus défavorisées, en même temps qu'une certaine valorisation du patrimoine naturel. Il insiste, en particulier, sur la mise en valeur des régions d'économie montagnarde. À partir de 1972, il s'intéresse aux agriculteurs « dont l'exploitation contribue à l'entretien de l'espace montagnard et à la conservation du sol [...] dans les zones critiques »[58], développant ainsi une approche environnementale. Il y est très attaché et y fait référence dans son discours aux Chambres d'agriculture de janvier 1974, considérant que les aides et soutiens catégoriels octroyés à certains éleveurs sont des mesures d'utilité collective en faveur du milieu rural[59]. Ainsi, Georges Pompidou affirme une volonté de revitaliser un monde rural de plus en plus dégradé dans certaines régions qui échappent à une modernisation de grande envergure de leur agriculture et qui s'engagent, par défaut, dans un processus d'exode rural et de désertification.

Une de ses préoccupations, souvent oubliée, est son souci de protéger l'environnement et les paysages ruraux. En mars 1970, à sa demande, est créée, au sein du ministère de l'Agriculture, une direction générale de la Protection de la nature[60] et, un an plus tard, Robert Poujade[61] est nommé ministre délégué chargé de la Protection de la nature et

---

58 Extrait du décret cité par J. Michardière, *op. cit.*, p. 316.

59 J. Michardière, *ibid.*, analyse en détail cette approche du président de la République.

60 Voir note de G. Pompidou, « Création d'une direction pour la Protection de la nature au ministère de l'Agriculture », le 19 décembre 1969, CHAN, 5AG2/70.

61 Voir notice en annexe p. 444.

de l'Environnement. Le Président partage alors l'analyse de Jacques Duhamel, ministre de l'Agriculture qui lui écrit, en août 1970 : « La politique de la protection de la nature n'a pas seulement des aspects défensifs, elle doit dorénavant s'intégrer à une politique dynamique de l'aménagement du territoire. Elle peut contribuer à distribuer aux ruraux un pouvoir d'achat autre qu'agricole, contribuant ainsi à freiner les migrations internes et à limiter les tensions inhérentes à la mutation rapide du monde agricole »[62]. Selon Jacques Duhamel, pour lequel le monde rural « représente le tiers de la population française et plus de 90 % du territoire national », il faut prendre en compte de nouvelles attentes sociales, à savoir « la sensibilité croissante de l'opinion publique aux problèmes de pollution et, plus généralement, d'environnement ». Il ajoute : « Ainsi, la protection de la nature n'apparaît pas seulement comme un impératif politique et social, mais aussi comme une activité créatrice de richesses économiques. »

À partir de 1970, de nombreux conseils restreints sont consacrés à la protection de la nature et à l'environnement, ce qui traduit un intérêt croissant du Président pour une approche patrimoniale et de préservation d'une certaine qualité de vie dans les milieux ruraux. Et Georges Pompidou semble déterminé à imposer progressivement une politique de la ruralité fondée sur la trilogie « Espace (aménagement du territoire), Environnement (protection et mise en valeur du patrimoine naturel) et Équilibres régionaux (le développement agricole et rural) ».

Le Président est conscient des effets pervers de l'intensification et de la modernisation agricoles. Il mesure les méfaits de l'exode agricole et rural et prend en compte les nouvelles attentes d'une société de consommation. Pour lui, la politique rurale est conforme à l'intérêt général. Philippe Seguin rapporte qu'il était soucieux de trouver une alternative à la désertification des campagnes par la mise sur pied d'une stratégie d'aménagement global et qu'il l'exprimait ainsi : « L'espace de nos jours, cela importe autant que les hommes [...], à nous de ne pas laisser le désert envahir l'espace français. »[63] Évoquant la création d'un ministère de l'Agriculture et du Développement rural en faveur de Jacques Chirac, Philippe Seguin en donne l'explication suivante : « Ni les hommes politiques, ni même certains professionnels ne virent qu'il s'agissait de l'expression d'une volonté très ferme : réorganiser l'action ministérielle de façon à corriger le déséquilibre grandissant entre le monde urbain et le monde rural. [...] Là encore, l'impératif économique rejoignait l'exigence sociale : en développant les adductions d'eau, l'électri-

[62] Lettre de J. Duhamel à G. Pompidou, le 25 août 1970, annotée par le Président : « Je demande que l'on étudie de près la lettre de M. Duhamel », CHAN, 5AG2/295.

[63] Note manuscrite de P. Seguin à É. Balladur, *op. cit.*

fication, le téléphone, les voies de communication, en favorisant la présence de prestataires de services, en améliorant le contexte technique et économique de l'exploitation, mais en concourrant aussi à la promotion du cadre de vie des exploitants ».

La concertation, moyen de gestion politique de la modernisation

Dès les années 1950, les milieux professionnels sont soit consultés, pour donner des avis au ministre de l'Agriculture, soit agissent comme groupes de pression pour faire prévaloir des revendications sectorielles en matière de prix et d'organisation des marchés. Ils sont particulièrement actifs à l'époque du projet de « pool vert » (1950-1954) et de la généralisation du système d'organisation des marchés par produit ou groupe de produits. Et, en 1958, ils ont obtenu un accord de principe pour être consultés sur l'élaboration de la PAC. Le Gouvernement de Michel Debré ne remet pas en cause cet accord et Edgard Pisani le concrétise et le poursuit en tant que ministre de Georges Pompidou. Ce dernier n'a donc pas inventé la concertation entre le Gouvernement et la profession agricole, mais il lui donne un contenu qui dépasse le cadre de simples échanges de vues au profit d'une participation à l'élaboration de la politique agricole.

À l'écoute des forces vives de la profession

En permanence, entre 1962 et 1974, Georges Pompidou maintient des contacts réguliers, soit par l'intermédiaire de ses collaborateurs, soit personnels, avec les principaux représentants des organisations professionnelles agricoles. Ainsi, le dialogue avec les syndicalistes agricoles est établi non seulement par le biais du ministère de l'Agriculture mais directement avec les plus hautes instances de l'État, dans la perspective de l'élaboration d'une politique agricole nationale et européenne qui doit répondre aux aspirations des producteurs et préserver leurs intérêts généraux. Le Premier ministre cultive l'image paysanne et rurale qui le rend proche des agriculteurs et qui lui garantit l'adhésion politique d'une grande partie de l'électorat rural.

Il inspire confiance aux représentants professionnels car il est attentif à leurs préoccupations et sait les écouter en ayant le souci du maintien de l'unité syndicale, en vue de l'obtention d'un consensus sur la stratégie de modernisation et de développement de l'agriculture française. Si les réformistes du CNJA lui paraissent être des alliés pour promouvoir la « révolution agricole » silencieuse qu'il souhaite, il a le souci d'associer le courant conservateur au débat sur l'avenir de l'agriculture. Il place de manière délibérée[64] sur le même niveau quatre organisations considérées comme représentatives, à savoir le CNJA, la FNSEA, la CNMCCA et les Chambres d'agriculture. Il porte un intérêt particulier aux Chambres d'agriculture qui ont pour vocation de représenter une certaine unité paysanne et rurale qui transcende les clivages syndicaux. Par contre, il refuse de reconnaître comme interlocuteurs représentatifs, à la fois le Mouvement de défense des exploitations familiales (MODEF), en raison de son obédience communiste, et la Fédération française de l'agriculture (FFA) qui rassemble des dissidents de la FNSEA[65].

De ses contacts avec les dirigeants agricoles, résulte le choix d'une approche qui se veut réaliste des possibilités de changements souhaités[66]. Georges Pompidou a tendance à temporiser les ardeurs de certains de ses ministres de l'Agriculture dans l'application des lois de 1960 et 1962. Il en est ainsi pour Edgard Pisani, Michel Cointat et Jacques Duhamel. Sa stratégie de communication est la suivante. Le dialogue par des entrevues régulières et par des échanges épistolaires doit permettre, au-delà des objectifs généraux de la modernisation agricole, de définir les priorités et d'apporter des réponses aux problèmes de court terme auxquels sont confrontés les producteurs. Des discours publics, tels ceux d'Aurillac et de Saint-Flour, sont ciblés pour dresser un état des lieux et préciser la ligne de conduite du Gouvernement en matière agricole et rurale. Des rendez-vous institutionnalisés visent à donner un caractère officiel à la concertation avec les représentants professionnels : ce sont les conférences annuelles. Enfin, le relais des Chambres d'agriculture est utilisé pour mettre en relief la cohésion du monde des campagnes et pour apporter des réponses à des attentes à caractère général.

La concertation à l'épreuve des faits

En 1974, Philippe Seguin écrit : « La concertation du Gouvernement et des organisations professionnelles de l'agriculture (FNSEA, CNJA, CNMCCA, APPCA) fut exemplaire et facilita d'autant les progrès et les mutations nécessaires. Georges Pompidou par ses encouragements y contribua. Il y prit lui-même, à son niveau, une part éminente. » Et d'expliquer : « Georges Pompidou estimait […] qu'en aucun cas les agriculteurs ne devaient être considérés comme des assistés. Il connais-

64 Comme l'attestent les documents des archives qui font état des relations avec les organisations professionnelles. Il donne rarement suite aux demandes individualisées et préfère les réunions quadripartites.

65 En 1973, la FFA regroupe environ 3 000 adhérents, localisés principalement dans le Morbihan, l'Indre-et-Loire, la Loire-Atlantique et l'Isère. Ce sont des agrariens conservateurs.

66 Note de P. Seguin d'avril 1974, *op. cit.*, relate qu'il confiait : « J'en retire toujours une impression de bon sens et de mesure. »

sait d'ailleurs trop leur mentalité et était trop averti de l'évolution qui se produisait dans le sens du renforcement de leur responsabilité. En fait, pour lui, la politique agricole ne pouvait mieux se concevoir que comme une politique de responsabilité partagée. [...] Son attachement à la concertation illustre bien ses conceptions : selon lui, elle pouvait seule permettre la cohérence et l'efficacité dans un domaine extraordinairement complexe où les problèmes économiques, sociaux et humains s'imbriquent et se conditionnent. Aussi veilla-t-il à ce que le Gouvernement soit constamment à l'écoute des organisations professionnelles représentatives pour connaître précisément les besoins, les aspirations, les risques, en un mot, la réalité des choses. [...] De même il tint à ce que la profession soit en permanence informée et éclairée par les ministres sur les raisons profondes de ses choix. Tout en réservant toujours au Gouvernement le pouvoir de décider, du moins le faisait-il en toute connaissance de cause. »[67]

L'épisode de la crise de la « chaise vide », en 1965, illustre ce propos. Le 27 juillet 1965, les présidents des quatre organisations agricoles demandent au Premier ministre « de bien vouloir leur indiquer si le Gouvernement français considère que les conditions d'une reprise des négociations à Bruxelles sont maintenant remplies ». La réponse de Georges Pompidou, en date du 17 août, adressée au président de la FNSEA, Gérard de Caffarelli[68] est cinglante : « Il ne vous échappe pas, je pense, que les négociations internationales relèvent de la seule compétence du Gouvernement, responsable devant le pays et comptable des intérêts de la nation. Au surplus, ces intérêts et, notamment, ceux de l'agriculture française n'ont cessé, depuis quatre ans, d'être défendus à Bruxelles par le Gouvernement dans des conditions qui lui méritent, je l'espère, l'appui et la confiance des citoyens. »[69] Les organisations professionnelles agricoles réagissent par deux communiqués. Le 1er septembre, elles affirment qu'elles « entendent poursuivre leurs missions, les négociations de Bruxelles entrant particulièrement dans ce cadre ». Et d'ajouter : « La dégradation officiellement constatée du revenu agricole et l'abandon des options agricoles du Ve Plan votées par le

67 Note de P. Seguin, *op. cit.* Pour sa version intégrale voir annexe p. 359.

68 G. de Caffarelli, né en 1926, a successivement été secrétaire général adjoint de 1959 à 1963 puis président de 1963 à 1971 de la Fédération nationale des syndicats d'exploitants agricoles. Il a également été président du Conseil de l'agriculture française (1966-1973), président de la Confédération générale de l'agriculture (1967-1968) et enfin président de l'Association nationale pour le développement agricole (1972-1976).

69 Lettre confidentielle, n° 28 du 9 août 1965, annexe I pour la lettre des présidents et n° 30 du 2 septembre 1965 pour la réponse de G. Pompidou, Documentation des Chambres d'agriculture. Voir dans cet ouvrage p. 315.

Parlement, le retard constaté en matière d'investissements agricoles et d'adaptations régionales ne sont pas de nature à inciter les agriculteurs à accorder appui et confiance à la politique agricole du Gouvernement. » Le 15 septembre, suite à la conférence du général de Gaulle, elles raidissent leur position en ces termes : « Elles ont constaté qu'il y avait divergence entre les points de vue du chef de l'État et les positions constamment exprimées par les organisations professionnelles agricoles » et considèrent que « la rupture des négociations de Bruxelles et le blocage du Marché commun mettent en péril les résultats déjà acquis, sapent les bases du Ve Plan et compromettent les objectifs de la Politique agricole commune »[70].

Cet épisode ne doit pas cependant masquer le fait que Georges Pompidou est un ardent défenseur du Marché commun agricole dont il suit les péripéties avec une attention toute particulière. Michel Woimant[71] résume de la manière suivante son action en ce domaine : « Et c'est effectivement grâce à cet effort constant d'orientation et de persuasion du Président, que la PAC est apparue définitivement irréversible dans l'esprit des fonctionnaires comme dans celui de la profession toute entière. Il fut aidé, s'agissant des organisations professionnelles, par des décisions qui lui étaient favorables en matière de prix et par le dynamisme de ses ministres, notamment de Jacques Chirac qui, de ses quatre ministres de l'Agriculture, fut celui qui resta le plus longtemps en place et dont le souvenir s'imprima le plus fortement dans l'esprit des agriculteurs et de tous les ruraux, notamment à l'occasion des batailles menées avec une extrême vigueur à Bruxelles. »[72]

À la recherche d'une véritable politique concertée

Dans une intervention à l'Assemblée nationale, le 14 mai 1963[73], Georges Pompidou précise sa conception de la concertation. Elle dépasse le cadre d'une simple collaboration bilatérale entre le Gouvernement et les organisations syndicales. Il cherche à « réaliser une politique concertée qui consiste à faire en sorte que puisse s'instaurer entre l'État et les catégories directement intéressées [...] une discussion publique et que la consultation puisse se faire de façon en quelque sorte organique ». Il s'agit de privilégier un climat de confiance au détriment d'une stratégie de négociation avec des partenaires multiples qu'il faut

---

70 Lettres confidentielles n° 31 et 32, Documentation des Chambres d'agriculture. Voir l'échange de correspondance dans cet ouvrage p. 313.

71 Voir notice en annexe p. 445.

72 M. Woimant, *op. cit.*, p. 485.

73 Session du 30 avril au 6 juillet : débat sur les déclarations du Gouvernement relatives à la politique économique et financière, JO, débats parlementaires, p. 2880-2895.

convaincre par la persuasion. En décembre 1966, cet objectif semble atteint pour le secteur agricole et il peut raisonnablement évoquer, dans une allocution aux Chambres d'agriculture, « l'unité du monde paysan »[74]. En 1973, Philippe Seguin note, quant à lui, que « les relations entretenues par l'administration avec la profession sont un bel exemple de concertation. On a déjà pu se demander si elles ne remettaient pas en cause d'autres structures ou procédures telles que le Plan, puisqu'on ne se fait pas faute, à la conférence annuelle, de corriger certaines orientations à moyen terme antérieurement définies ou à faire des choix politiques dont le caractère " pluriannuel " est peu contestable. »[75]

Et, dans le contexte de la préparation de l'intervention de Georges Pompidou au cinquantenaire des Chambres d'agriculture, Philippe Seguin, en novembre 1973, fait le point sur cette concertation en soulignant qu'elle « est généralement considérée comme exemplaire. On sait qu'elle ne va pas sans risques : une concertation trop " poussée " peut apparaître comme une collusion et couper les dirigeants d'une partie de leur base, voire favoriser le développement d'organisations scissionnistes. C'est donc une carte à jouer avec prudence »[76]. Une attention particulière est portée sur les Chambres d'agriculture : « Elles ont, par leurs voix et leurs propositions, éclairé constamment l'action gouvernementale. [...] Elles ont contribué puissamment à l'épanouissement de l'agriculture française. [...] Pépinières d'hommes de talent, cadre de réflexion et d'action, les Chambres d'agriculture, investies d'une mission de représentation publique, tiennent tout naturellement un rang privilégié dans la concertation, exemplaire et fructueuse, entre le Gouvernement et les organisations professionnelles agricoles. »[77]

Replacée dans son contexte, l'action de Georges Pompidou en faveur de la concertation semble donc relever d'une stratégie de gestion pour faire passer des messages à la profession et pour obtenir leur adhésion à

---

74 Allocution de G. Pompidou à l'occasion de la séance de clôture de l'Assemblée permanente des Chambres d'agriculture, Paris, le 9 décembre 1966, CHAN, 5AG2/1087. Pour le texte intégral, voir p. 318.

75 Note de P. Seguin à É. Balladur, le 19 mai 1973, avant la conférence agricole annuelle prévue le 3 juillet 1973, CHAN, 5AG2/100. La première conférence annuelle Gouvernement-profession agricole est réunie en juillet 1971. Pour leur contenu, voir Chambres d'agriculture, n° 471 du 9 novembre 1971, 20 p., n° 495 du 1er novembre 1972, 36 p. et n° 513-514 des 1er-15 août 1973, 39 p.

76 Note de P. Seguin à É. Balladur, « L'agriculture et la concertation », le 27 novembre 1973, CHAN, 5AG2/100. L'auteur fait également référence à un sondage SOFRES qui fait apparaître que 46 % des agriculteurs estiment que la concertation avec les pouvoirs publics constitue le mode d'action le plus efficace mais aussi que, pour 55 % des agriculteurs, la FNSEA et le CNJA se laissent influencer par le Gouvernement.

77 Note de P. Seguin pour J.-R. Bernard, le 30 novembre 1973, *Idem*.

un projet de modernisation agricole. Il s'affiche à la fois comme un communicateur et comme un rassembleur qui sait faire preuve de souplesse pour obtenir de ses interlocuteurs, réunis sous la bannière de l'unité paysanne – apparemment une approche conservatrice de type agrarien –, l'adhésion à un projet économique de restructuration du secteur agricole qui, avant les années 1970, est l'apanage d'une fraction limitée du syndicalisme pour devenir, par la suite, la référence pour un modèle de développement agricole et rural.

En guise de conclusion

La pensée et l'action de Georges Pompidou sur les questions de la modernisation de l'agriculture, de la Politique agricole commune, de la rénovation rurale et de la concertation méritent d'être examinées à partir de ses discours, de ses interventions publiques, des annotations portées sur les notes de ses collaborateurs ou des ministres. Pour leur lecture, il faut avoir à l'esprit, comme le souligne Michel Woimant, que les interventions publiques de Georges Pompidou expriment « presque toujours avec une rigoureuse précision » sa pensée tandis que, dans ses réactions écrites et orales, « bien souvent, il durcissait son ton, devenait presque provocateur, soit pour susciter des réactions, soit pour mieux se faire comprendre ou encore pour frapper plus vigoureusement l'esprit de ceux qui auraient à mettre en œuvre les orientations qu'il donnait ».[78] Par ailleurs, pour une bonne compréhension de leur contenu et de leur portée, il est nécessaire de les confronter, non seulement à celles des ministres de l'Agriculture, voire de l'Économie et des Finances, mais également aux prises de positions des milieux professionnels sur la politique gouvernementale au cours de la période considérée. Une telle démarche semble nécessaire pour déterminer l'apport personnel de Georges Pompidou au processus de transformation des campagnes françaises. A-t-il été un acteur essentiel de la « révolution agricole » voulue par les jeunes agriculteurs, un organisateur du Marché commun agricole à la française ou s'est-il laissé porter par un mouvement de progrès de taille européenne, en se limitant à le canaliser dans l'intérêt de la France ?

A-t-il été un conservateur ou un réformateur ? Les avis sont partagés ou nuancés. Pour François-Henri de Virieu[79], en 1967 : « Le Premier ministre [...] ne mérite probablement pas d'être catalogué comme

---

[78] M. Woimant, *op. cit.*, p. 467.

[79] F.-H. de Virieu (1931-1997), ingénieur de l'Institut d'organisation scientifique du travail en agriculture (Iosta) de 1956 à 1958, journaliste puis chef du service social au journal *Le Monde* (1958-1969), est l'auteur de *Bilan de la Ve République ; La fin d'une agriculture*, Paris, Calmann-Lévy, 1967, 291 p.

conservateur. Mais ce n'est pas non plus un réformateur : plutôt un révolutionnaire, un peu comme Edgar Faure, prêt à s'associer aux réformes dont il sent qu'elles peuvent se réussir " en douceur " »[80]. Pour Ambroise Roux qui témoigne en 1994, il était plutôt un conservateur libéral attaché aux valeurs traditionnelles : « C'était un paysan humaniste. Son côté paysan était fondamental. Il avait un amour viscéral pour sa terre de France. Et il ne voulait la laisser saccager ni par la technocratie interne, ni par la technocratie externe, je veux dire la technocratie bruxelloise, qui était pour lui le comble de l'horreur. »[81] Pour Michel Woimant, Georges Pompidou semble avoir été plus proche d'Edgard Pisani que d'Edgar Faure et a adopté une attitude novatrice affirmée sur le foncier, la rénovation rurale et l'environnement[82].

Au plan national, en matière économique, Georges Pompidou a voulu que le secteur agricole soit intégré dans l'économie générale et participe à un projet de société en développant l'idée d'une certaine cohésion économique et sociale. Son choix d'une intensification de la production par une organisation des marchés et par une politique des structures doit être accompagné d'une politique globale, à la fois de portée économique et sociale, c'est la « parité », et de portée plus générale, ce sont les transferts sociaux. Et la modernisation de l'agriculture, son insertion dans un Marché commun agricole doit être tempérée dans ses effets économiques (aggravation des disparités régionales) et sociaux (exode et désertification). Georges Pompidou n'adhère pas au discours de « la fin des paysans »[83], d'où sa préoccupation de conduire un processus de rénovation rurale, avec la participation des forces vives de terrain et le concours d'administrations de mission.

Gilbert Noël

80 F.-H. de Virieu, « Quand Giscard d'Estaing dispose », dans *Paysans*, n° 63, décembre 1966-janvier 1967, p. 23-24.

81 A. Roux, « La France de Pompidou dans la France d'aujourd'hui », dans *Valeurs actuelles*, n° 2991, 28 mars-4 avril 1994, p. 10.

82 Entretien de M. Woimant avec G. Noël, le 21 mars 2006 à Paris.

83 Discours développé par le groupe de recherche sociologique du CNRS qui s'intéresse aux collectivités rurales françaises dès 1962. Voir la publication de son chef de file, H. Mendras, *La fin des paysans*, Paris, SEDEIS, 1967, 363 p.

L'ŒUVRE AGRICOLE ET RURALE DE GEORGES POMPIDOU

(1962-1974)

Son programme : un plaidoyer pour le développement agricole et rural

Douze jours après sa nomination comme Premier ministre[1]*, Georges Pompidou expose un programme d'action gouvernementale qui, pour les questions agricoles et rurales, s'inscrit dans le prolongement de celui de son prédécesseur, Michel Debré*[2]*. Il s'engage à conduire une politique de développement agricole et rural dans le cadre d'une politique économique et sociale harmonieuse, fondée sur une stratégie déjà bien amorcée, celle de la planification indicative.*

Dans la déclaration qu'il prononce le 26 avril 1962 devant l'Assemblée nationale et le Sénat, Georges Pompidou souligne ses priorités :

- *« promouvoir [...] un véritable Marché commun agricole, gage pour nous d'expansion harmonieuse et de santé sociale » ;*
- *« la transformation de notre agriculture », en ménageant les transitions nécessaires pour réaliser « les transformations des structures » ;*
- *« une vaste réforme de l'agriculture », dans la continuité de la politique engagée par Michel Debré et en renforçant la concertation avec les milieux professionnels.*

La finalité de son projet de développement agricole et rural est une intégration de l'agriculture dans l'économie générale en combinant une logique de modernisation économique et une politique sociale, celle qui vise la « parité entre l'agriculture et les autres activités économiques », et une politique rurale qui doit reposer sur l'aménagement du territoire et prendre en compte les régions et les « situations individuelles ».

---

1 G. Pompidou est nommé Premier ministre le 14 avril 1962 ; il décide de maintenir E. Pisani au poste de ministre de l'Agriculture avec le titre de « secrétaire d'État auprès du Premier ministre ».

2 M. Debré, Premier ministre de janvier 1959 à avril 1962, est le promoteur de la loi d'orientation agricole d'août 1960, dite « loi Debré ». E. Pisani, qui a succédé à H. Rochereau en août 1961, fait adopter, en août 1962 une loi complémentaire à la loi d'orientation de 1960 : c'est la « loi Pisani ».

*

Extraits de la déclaration de Georges Pompidou devant les assemblées parlementaires 26 avril 1962[3]

Le Marché commun [...] s'est révélé pour tous, et pour notre pays en particulier, un ferment de renouveau. À ce début de construction de l'Europe, notre pays a pris une part déterminante. C'est ainsi qu'il a pu faire passer dans les faits le traité de Rome, se donner par la vaste réforme financière effectuée en décembre 1958[4] les moyens d'y faire face, promouvoir enfin avec nos partenaires un véritable Marché commun agricole[5], gage pour nous d'expansion harmonieuse et de santé sociale.

Les résultats obtenus sont tels que de nombreux pays souhaitent aujourd'hui participer à cette entreprise et qu'il n'est pas jusqu'à la vieille Angleterre qui ne redécouvre qu'elle fait partie de l'Europe. Nous n'en doutons pas pour notre part et nous sommes prêts à l'accueillir, sous réserve, bien sûr, qu'elle accepte les règles essentielles sans lesquelles le Marché commun perdrait jusqu'à son sens[6].

Mais il faut aller au-delà et donner à l'Europe une existence politique, par la coopération organisée avec nos voisins, et d'abord entre les Six. [...]

L'heure est venue pour la France de construire son destin. Ce destin, c'est d'abord la jeunesse. Notre peuple, jadis vieilli, est redevenu un peuple jeune. Il nous faut donner à cette jeunesse les moyens de sa formation. [...] Nous devons développer et adapter l'enseignement technique. Nous devons donner à tous des chances égales et pour cela surmonter les inégalités de fortune, mais aussi les inégalités nées des conditions géographiques : le jeune provincial doit être mis à égalité avec le jeune Parisien, le jeune paysan avec le jeune citadin. [...]

---

3 JO, *Débats parlementaires*, séance du 26 avril 1962, p. 747-751 pour l'intégralité de son intervention.

4 Le 27 décembre 1958, le Conseil des ministres adopte le plan Rueff-Pinay qui consiste à dévaluer le franc de 17,55 % et à créer un « nouveau franc » (NF) qui est mis en circulation le 1er janvier 1960.

5 Le Marché commun agricole, lancé par la conférence de Stresa (juillet 1958), prend forme avec l'adoption des premiers règlements pour la création d'organisations communes de marchés le 14 janvier 1962.

6 Le Premier ministre britannique H. Mac Millan a engagé le Royaume-Uni sur la voie de l'adhésion dès août 1961 et les premiers échanges sur les questions agricoles sont entamés à Bruxelles dès le 22 février 1962.

À lui [l'État] aussi de prévoir les conséquences sociales des disparités qui ne manquent pas de se produire et de tâcher que, tout en respectant le sens de l'évolution économique hors duquel il n'y a que misère à terme, les transformations des structures soient progressives et les inégalités corrigées.

Je pense à la transformation de notre agriculture, à la modernisation des circuits commerciaux, à la nécessité de rendre la vie à des régions entières, à l'attention et à l'aide particulière qu'il faut porter aux Départements et Territoires d'Outre-Mer. Tout cela doit être fait avec le sens des transitions indispensables et le souci d'éviter aux individus et aux professions les chocs douloureux qui ont tristement marqué le XIXe siècle.

L'instrument essentiel dont dispose l'État pour accomplir les tâches qui lui incombent, c'est le Plan dans lequel se dessinent le cadre et les objectifs de l'avenir français[7].

J'ai entendu marquer son importance en rattachant le Commissariat au Plan au Premier ministre[8]. C'est ce Commissariat qui doit être le cerveau de la politique économique et sociale, qui doit fixer les objectifs de production et d'investissement, qui doit proposer entre les différentes régions du pays une répartition des activités et des revenus équilibrés et cependant conforme à la vocation naturelle de ces régions. Par là, il anime l'aménagement du territoire : ici encore le Gouvernement a marqué l'intérêt qu'il y porte par la désignation d'un ministre délégué auprès du Premier ministre, chargé de coordonner des activités administratives actuellement éparses et parfois contradictoires[9].

Mais si le rôle du Plan est décisif, son élaboration ne peut se faire en dehors des représentants du pays. Le Gouvernement se propose d'associer le Parlement à la définition des objectifs du Plan, de resserrer la collaboration avec les organisations professionnelles et syndicales, d'associer enfin à l'exécution du Plan les collectivités locales et les comités d'expansion de telle manière que le planisme français garde et accentue sa caractéristique originale qui est d'unir la souplesse et l'efficacité. [...]

---

7 Le Plan est considéré, en 1961, par les milieux professionnels agricoles, comme un « instrument de la loi d'orientation ». Cependant, le VIe Plan de « développement économique et social » (1962-1965) ne retient pas l'objectif de « parité » en faveur des agriculteurs, comme priorité pour réduire les disparités sociales. Les Chambres d'agriculture le déplorent dans une délibération du 30 novembre 1961. Voir *Chambres d'agriculture*, n° 235 du 1er janvier 1962.

8 Il est placé sous l'autorité du Premier ministre par décret du 10 mai 1962 qui abroge celui du 10 juillet 1954 qui rattachait le Plan au ministère des Finances.

9 Il s'agit de M. Schumann (MRP) qui démissionne le 15 mai 1962. Il était « chargé du Plan et de l'Aménagement du territoire ».

Le temps ne m'a pas encore été donné – et vous voudrez bien m'en excuser – d'étudier complètement le dossier économique et social de la nation, bien qu'un premier examen m'ait permis de mesurer les réalisations du Gouvernement de M. Michel Debré. [...]

Je n'oublie ni l'effort entrepris en faveur de la fonction publique, ni les commencements d'une vaste réforme de notre agriculture. [...] En ce domaine économique et social plus qu'en aucun autre, la tâche du Gouvernement sera de continuer l'œuvre de son prédécesseur, en l'appliquant et en la complétant. [...]

Il n'est rien de plus important que d'assurer dans l'ensemble de cette expansion sa juste place à notre agriculture. En ce domaine, le problème social est étroitement lié au développement de la politique économique dont vous avez fixé les grandes lignes par la loi d'orientation agricole[10] et qui doit conduire à une progressive mais profonde transformation de nos structures. La loi sera appliquée. Des textes vous seront soumis dans le cours même de cette session[11], pour franchir une nouvelle étape et passer des principes aux réalisations. L'effort qui sera entrepris devra être à l'échelle du Marché commun agricole qui vient de démarrer, et sur l'avenir duquel nous veillerons scrupuleusement dans les négociations qui sont en cours entre les Six et l'Angleterre.

Le but de cette politique, vous l'avez défini dans la loi d'orientation : « Parité entre l'agriculture et les autres activités économiques. » Cela nous conduit à parler du partage des fruits de l'expansion, c'est-à-dire de la politique sociale. [...]

Il faut [...] faire le recensement exact et scrupuleux des catégories sacrifiées, en faveur desquelles s'impose un effort particulier et sélectif. Cela veut dire qu'au-delà des statistiques générales, nous rechercherons concrètement les régions et les situations individuelles qui n'ont pas suivies la progression de l'économie, et nous tâcherons d'y remédier.

---

10 JO, *Lois et décrets*, loi n° 60-808 d'orientation agricole, le 7 août 1960, p. 7 360-7 365. Cette loi adoptée le 5 août 1960 « a pour but, dans le cadre de la politique économique et sociale, d'établir la parité entre l'agriculture et les autres activités économiques » (article 1). Elle prévoit une politique de développement agricole par un accroissement de « la productivité agricole », la promotion de « l'exploitation de type familial », le soutien de l'État au secteur agricole et une « collaboration des organisations professionnelles agricoles » pour sa mise en oeuvre. Voir le texte intégral en annexe p. 369.

11 JO, *Lois et décrets*, loi n° 62-933 du 8 août 1962, complémentaire à la loi d'orientation agricole, 10 août 1962, p. 7 962-7 968. Ces textes s'inscrivent dans le cadre de la loi complémentaire présentée par E. Pisani. Le projet gouvernemental donne lieu à un débat qui s'ouvre le 18 juillet 1962 selon une procédure d'urgence. Le 20 juillet la loi est adoptée par les députés et le 26 juillet par les sénateurs. Voir le texte intégral en annexe p. 388. Pour une analyse du vote de cette loi, voir G. Rimareix et Y. Tavernier, *L'élaboration et le vote de la loi complémentaire*..., *op. cit.*

Pour cela nous nous engagerons résolument dans une politique nationale des revenus.

*

* *

Lorsqu'il présente, en décembre 1962, son programme de Gouvernement, Georges Pompidou souligne sa préoccupation d'améliorer, par une série de mesures structurelles et sociales, la condition des agriculteurs.

*

Extraits de la déclaration de Georges Pompidou devant l'Assemblée nationale sur le programme de son Gouvernement 13 décembre 1962[12]

[...] Rien n'est plus fragile que la prospérité, et l'équilibre des échanges, en particulier, est susceptible de se renverser brusquement pour peu que la hausse des prix nous empêche de rester compétitifs sur les marchés mondiaux en même temps qu'elle créerait à nouveau un climat inflationniste. Il faut y veiller, et tout particulièrement en ce qui concerne les prix alimentaires, où l'organisation ou la réorganisation des circuits de distribution et une réforme urgente des sociétés d'intervention doivent pouvoir sauvegarder les intérêts des producteurs et profiter aux consommateurs[13]. [...]

Nous devons protéger les débouchés que le Marché commun et les règlements agricoles permettront d'ouvrir aux produits de notre propre agriculture. Tout cela suppose une politique d'ensemble et concertée dont nous avons conscience et que nous poursuivons.

Si le maintien global de l'expansion est la base de notre politique économique, nous ne pouvons nous dissimuler qu'elle profite inégalement aux catégories sociales comme aux régions. Voilà un des points sur lesquels nous devons nous montrer résolument novateurs si nous

---

12 CHAN, 5AG2/1086 et *L'année politique 1962*, PUF, Paris, p. 696-697.

13 Allusion aux organismes d'intervention créés suite au décret du 30 septembre 1953 : la Société interprofessionnelle du bétail et des viandes (SIBEV-1953) et la Société interprofessionnelle du lait et de ses dérivés (INTERLAIT-1954) qui sont effectivement réformées à partir de 1963 sur le fondement d'un décret du 22 juillet relatif aux interventions de l'État sur les marchés agricoles et par un élargissement des attributions du FORMA à compter de 1964. Par décret du 1er décembre 1972 est créé un Office national interprofessionnel du bétail et des viandes (ONIBEV).

voulons éviter un déséquilibre grave entre une capitale démesurément développée, des régions prospères au nord de la Loire, dans l'Est et le Sud-Est, et des régions végétant ou même s'appauvrissant, comme l'Ouest, le Centre ou le Sud-Ouest. Le Gouvernement met au premier plan de ses préoccupations une politique d'aménagement du territoire. Dans un délai rapide sera instituée une Délégation à l'aménagement du territoire et à l'action régionale[14]. Cette Délégation sera rattachée au Premier ministre, de même que va lui être rattaché le Tourisme et comme lui restent attachés le Commissariat général du Plan et le District de la région parisienne. L'ensemble des structures fait du Premier ministre le responsable direct de l'aménagement du territoire au sens le plus large du terme. […]

J'aurai donc sans doute l'occasion de développer cela plus à loisir devant l'Assemblée. Aujourd'hui, je dirai simplement que mes objectifs sont de régulariser la croissance de la région parisienne sans pour autant contrarier son rôle de cerveau et de cœur de la France, de favoriser l'expansion partout où elle se produit naturellement, mais de poursuivre un grand effort pour rendre vie aux régions qui tendent à péricliter[15].

La décentralisation industrielle sera l'un des aspects de cette politique. Mais elle ne saurait suffire, tant s'en faut. C'est une politique beaucoup plus large que nous devons mener. Elle s'appliquera aussi bien à la décentralisation culturelle et universitaire qu'au tourisme, qui peut connaître un développement et un étalement géographique considérables.

Cette politique pourra également comporter l'extension de notre domaine forestier[16], la création de nouveaux parcs nationaux[17]. […]

Mais il est trois sujets que je voudrai examiner plus longuement : la condition des agriculteurs, la condition des salariés, l'éducation nationale.

---

14 Elle sera créée par décret du 14 février 1963 et confiée à O. Guichard.

15 La loi d'orientation a prévu des zones spéciales d'action rurale ; les premières ont été définies par décrets du 15 mai 1961 (Lozère) et 13 juin 1961 (Morbihan). Et ce n'est que par décret du 6 mai 1963 (Creuse) que voit le jour une troisième zone spéciale d'action rurale. La politique de rénovation rurale en faveur des régions les plus défavorisées est élaborée par la suite sur la base du décret du 24 octobre 1967, reproduit en annexe p. 408.

16 Référence au décret du 13 juin 1967 pour favoriser le remboursement et la gestion forestière. La loi de Finances rectificative du 23 décembre 1964 instituera un Office national des forêts (ONF).

17 Leur création, prévue par la loi du 22 juillet 1960, a été lancée par un décret d'application du 31 octobre 1961 qui permet la constitution des parcs nationaux de la Vanoise (juillet 1963) et de Port Cros (décembre 1963) puis des Pyrénées occidentales (mars 1967).

Le problème de l'agriculture est un problème fondamental. Je l'ai évoqué incidemment au cours de cet exposé, aussi bien en parlant de régions où la culture non rentable devrait reculer devant les parcs nationaux, les zones touristiques ou la forêt, qu'en évoquant les débouchés que doivent offrir le Marché commun et, peut-être, un jour, une organisation mondiale des marchés agricoles[18].

Mais son aspect le plus important reste l'amélioration nécessaire des conditions de vie de nos agriculteurs. On doit reconnaître que l'élévation générale du niveau de vie depuis quinze ans n'a pas diminué l'écart entre les agriculteurs et les citadins. Les Gouvernements s'en sont déjà souciés. Des lois ont été votées, des textes d'application ont été pris en matière d'enseignement agricole, de sociétés d'aménagement foncier, de réglementation des cumuls, qui se proposent de favoriser la transformation des structures agricoles et, par voie de conséquence, l'amélioration des conditions de vie des agriculteurs[19].

Des mesures comme l'élévation du salaire minimum agricole garanti, l'extension des prestations sociales, sont des remèdes qui sont intervenus ou interviendront[20]. Mais j'admets parfaitement que cet ensemble reste encore insuffisant. Le retard est grand et ne pourra être comblé que par une politique de longue haleine, en veillant à ce que les textes soient appliqués résolument, à ce que d'autres viennent les compléter, à ce que

18 Le 9 décembre 1966, à l'occasion de la Journée nationale des Chambres d'agriculture sur le thème « Les agriculteurs nécessaires au monde », G. Pompidou évoque cette perspective. Voir son allocution, p. 318. Et, pour une vue d'ensemble des travaux de cette journée, voir *Chambres d'agriculture*, du 1er janvier 1967.

19 L'allusion porte surtout sur les lois de 1960 (loi d'orientation du 2 août et lois relatives à l'enseignement agricole et au remembrement) mais aussi sur celle du 29 décembre 1961 relative à la coopération agricole et aux Sociétés d'intérêt collectif agricole (SICA). Il évoque aussi les textes pris depuis son arrivée à Matignon, à savoir la loi complémentaire du 8 août 1962, celle du 4 août 1962 relative à la création et au développement des établissements d'enseignement et de formation professionnelle agricole, le décret du 20 octobre 1962 sur les Sociétés d'aménagement foncier et d'établissement rural (SAFER), le décret du 21 novembre 1962 relatif à la procédure d'autorisation préalable en matière de cumuls et de réunions d'exploitations faisant suite à l'ordonnance du 27 décembre 1958.

20 Sont visés la loi du 25 janvier 1961 sur l'assurance maladie des exploitants agricoles (AMEXA), l'amendement du budget annexe des prestations sociales agricoles (BAPSA) qui est un compte unique pour les prestations agricoles. En 1960, il s'est substitué au budget annexe des prestations familiales agricoles (BAPFA) institué par la loi du 16 juillet 1949. G. Pompidou annonce, en application de la loi complémentaire qui a prévu la création d'un Fonds d'action sociale pour l'aménagement des structures agricoles (FASASA), les décrets d'application du 6 mai 1963 sur les migrations rurales, les mutations d'exploitations et l'indemnité viagère de départ (IVD).

la gestion du Crédit agricole[21] soit revue dans un esprit large, […] au prix enfin, d'un effort de solidarité nationale et par une politique de transferts de revenus, le tout sous l'impulsion de l'État et avec la collaboration des représentants de la profession.

21 Un décret du 22 mai 1963 fixera les dispositions applicables aux prêts à long terme consentis par le Crédit agricole pour permettre la réalisation de certaines opérations foncières.

Première partie

Georges Pompidou, promoteur d'une révolution agricole

CHAPITRE I

Une révolution silencieuse[1]

A. Son cadrage : une loi d'orientation agricole

Le 26 avril 1962, le Premier ministre s'est engagé à poursuivre et à approfondir la réforme agricole engagée par la loi d'orientation agricole de 1960. Cet engagement est tenu. En effet, dès la session parlementaire de l'été 1962, une loi complémentaire dite « loi Pisani » est adoptée[2] *et Georges Pompidou la commente en août 1962.*

*

Extrait d'une interview radio-télévisée 1er août 1962[3]

[...]

François Delagrange : Je voudrais revenir sur ce problème qui agite fort le monde paysan français, et par extension, d'ailleurs, tous les Français, le problème de la loi d'orientation agricole. Dans quel esprit avez-vous proposé cette loi ?

Georges Pompidou : Eh bien, cette loi n'est pas tout à fait la loi d'orientation, c'est la loi complémentaire à la loi d'orientation vous êtes bien excusable de ne pas entrer dans le détail de nos subtilités juridiques... – En fait, cette loi est la suite de la loi d'orientation qui a abouti sous le ministère de M. Michel Debré.

Cette loi complémentaire n'est pas la seule que nous ayons fait voter. Nous en avons fait voter aussi une autre sur l'enseignement agricole[4].

---

1 Expression utilisée par référence à l'ouvrage de M. Debatisse, *La révolution silencieuse, op. cit.* G. Pompidou, Premier ministre, est proche des idées réformistes des Jeunes agriculteurs du CNJA dirigés par M. Debatisse.

2 Cette loi est adoptée à la fin du mois de juillet 1962, à l'issue de débats animés. Voir G. Rimareix et Y. Tavernier, *op. cit.*

3 CHAN, 5AG2/1086.

4 Il s'agit d'une loi-programme pour la création et le développement des établissements d'enseignement et de formation professionnelle agricole. Elle est adoptée en

Tout ceci fait un ensemble qui prouve d'abord que la politique du Gouvernement, comme celle du Gouvernement précédent, est de mettre les problèmes agricoles au premier plan de nos préoccupations. Pourquoi le faisons-nous ? Pour des raisons très simples : l'agriculture française est restée, vous le savez, en partie en marge du progrès économique et social qu'a connu la France, et les agriculteurs ont certainement, à l'heure actuelle, un niveau inférieur à celui de certaines autres catégories. Il y a donc, par conséquent, un effort à faire pour les remettre au niveau de l'ensemble et pour leur permettre de profiter pleinement de ce Marché commun agricole que le Gouvernement a fait aboutir dans ses discussions avec ses partenaires européens, et qui doit fournir à l'agriculture française un marché extrêmement vaste et important pour l'exploitation et les produits de notre sol.

Nous avons donc fait ces textes qui sont des textes de rénovation pour aménager de nouvelles structures, permettre le regroupement, le remembrement des exploitations, et favoriser une politique de groupement des producteurs[5]. Une politique d'intervention éventuelle dans l'achat des terres, par ce qu'on appelle le droit des SAFER[6], le droit des Sociétés d'aménagement foncier, à intervenir dans les transactions foncières, une politique d'interdiction de cumul[7], une politique sociale

---

juillet 1962. Elle fait suite à la loi n° 60-791 du 2 août 1960 relative à l'enseignement et à la formation professionnelle agricole.

5 L'article 14 de la loi complémentaire relatif à l'organisation économique des marchés agricoles prévoit la constitution de groupements de producteurs et de comités économiques agricoles pour assurer une discipline de la production et de la commercialisation des produits. Des décrets d'application des articles 14 à 19 de la loi seront pris en novembre 1962 et en août 1963.

6 SAFER : Société d'aménagement foncier et d'établissement rural. L'article 15 de la loi d'orientation dispose : des SAFER « peuvent être constituées en vue d'acquérir des terres ou des exploitations agricoles. [...] Elles ont pour but, notamment, d'améliorer les structures agraires, d'accroître la superficie de certaines exploitations agricoles ». La loi complémentaire instaure en leur faveur un droit de préemption conditionnel pour faciliter les transactions. Son article 7 indique que ce droit est exercé en vue : « 1) de favoriser la réalisation de l'équilibre des exploitations agricoles existantes [...] ; 2) de contribuer à la constitution de nouvelles exploitations agricoles équilibrées ; 3) d'éviter la spéculation foncière et de sauvegarder le caractère familial de l'exploitation agricole. » Le décret d'application sera publié en novembre 1962. Pour une histoire des SAFER, voir Buchour H., Robillard G., Ruggier M. et Collet B., *Partager la terre. L'histoire des SAFER*, Paris, Atlantica, 1999, 128 p.

7 Au vu de l'article 8 de la loi complémentaire, il s'agit de réglementer les cumuls et les réunions d'exploitations en imposant une autorisation préfectorale et il ne s'agit que des cumuls d'exploitations et non de propriétés. Le décret d'application paraît en novembre 1962.

marquée par la création d'un fonds social[8], tout cela fait un ensemble qui a pour but, je le répète, d'aménager les structures de l'agriculture tout en facilitant les transitions nécessaires, c'est-à-dire en permettant au monde paysan de connaître cette véritable révolution qui doit se faire et qui s'amorce, sans en être bouleversé et sans en souffrir.

Tel est le but de la loi. Les réactions qu'a provoquées le vote de cette loi, ont quelque chose d'étonnant. Je pourrais ne pas m'affliger de ces protestations, de cette irritation puisqu'elle était dirigée dans l'ensemble plus contre les amendements parlementaires que contre le projet de loi du Gouvernement. Mais ce projet de loi amendé, le Gouvernement l'a fait voter parce que tel qu'il est, il l'estime utile, il l'estime nécessaire.

Et je m'étonne que certaines organisations agricoles se livrent à des manifestations, et quelquefois à des actes de violence inadmissibles qu'aucun Gouvernement ne tolérerait, et que le mien ne tolérera pas, je tiens à le dire... Je m'étonne donc qu'on assiste à ces manifestations alors qu'on a assisté, il faut bien le dire, à une certaine passivité pendant des années au cours desquelles aucun Parlement, aucun Gouvernement, aucune assemblée n'a proposé de textes semblables et n'a essayé de regarder le problème en face[9].

Je suis convaincu, d'ailleurs, connaissant nos paysans et leur sagesse, connaissant aussi le bon sens des chefs des organisations agricoles, que le Gouvernement trouvera pour l'application de cette loi, leur concours le plus entier.

Ce concours est nécessaire, car il faut bien comprendre, d'abord, que cette loi n'est que le début d'un cycle d'une transformation ; c'est à l'expérience que nous verrons les lacunes, les insuffisances et les erreurs. Leur concours est nécessaire, ensuite, parce que cet ensemble agricole suppose un grand effort de la nation toute entière au profit de nos agriculteurs. Et ce grand effort, la nation ne saurait évidemment le consentir si elle se trouvait en présence de manifestations, de résistances et de violences.

---

[8] La loi complémentaire (articles 26 et 27) crée un Fonds d'action sociale pour l'aménagement des structures agricoles (FASASA). Il est destiné au versement d'indemnités viagères de départ (IVD) en faveur d'agriculteurs âgés qui cessent leur activité professionnelle – ce sont des compléments de retraite – et à l'allocation d'indemnités d'installation en faveur des jeunes. Trois décrets d'application du 6 mai 1963 préciseront les modalités d'intervention du fonds. Ils seront complétés par un décret du 4 décembre 1963 sur les conditions d'attribution de l'IVD.

[9] Début juin 1961, parti de Bretagne, un mouvement de manifestations pour des garanties de prix et de revenu gagne la France. E. Pisani le gère en s'appuyant sur les jeunes agriculteurs réformistes.

*

* *

Cette réponse du Premier ministre précise les objectifs du Gouvernement en matière agricole. Le leitmotiv est une « véritable révolution qui doit se faire et qui s'amorce ». Il faut se préparer à tirer avantage de la mise en place d'un Marché commun agricole et s'orienter résolument vers une réforme progressive des structures agricoles afin que les producteurs puissent être assurés d'un niveau de revenu équitable.

Georges Pompidou affirme sa détermination pour faire aboutir son projet « d'aménager les structures de l'agriculture » en fustigeant l'attitude intolérable de certaines organisations agricoles qui s'y opposent mais en insistant aussi sur la nécessité du concours des milieux professionnels, dans l'intérêt des agriculteurs. Il comprend les attentes professionnelles qui ne doivent toutefois pas remettre en cause les orientations fixées par la loi « Debré-Pisani ». Et c'est bien dans ce sens qu'il répond à une lettre de Marcel Deneux et Michel Debatisse du CNJA[10], en septembre 1962.

En effet, Georges Pompidou est invité par le CNJA à prendre position sur un programme réformateur qui doit concilier une politique des structures à caractère économique et social, et une politique des prix, garante de revenus, qui ont pour finalité une parité économique et sociale, régionalisée pour tenir compte d'atouts et de contraintes spécifiques. Il est à noter que le CNJA veut « sauvegarder les valeurs d'initiative et de responsabilité de l'exploitation familiale » qui doit devenir « une entreprise moderne ». Par ailleurs, ses dirigeants affichent leur souci de participer à « la gestion des organismes agricoles, syndicaux, économiques et techniques ».

*

10 CNJA : Centre national des jeunes agriculteurs qui a succédé en 1961 au Cercle national des jeunes agriculteurs, né en mars 1957 et lui-même émanation de la section jeunes de la Confédération générale de l'agriculture (CGA). M. Deneux est le président du CNJA et M. Debatisse son secrétaire général.

Lettre de Marcel Deneux et Michel Debatisse à Georges Pompidou 1er septembre 1962[11]

Monsieur le Premier ministre,

Au lendemain de la promulgation de la loi complémentaire à la loi d'orientation agricole, alors que se préparent ses décrets d'application, vous voudrez bien accepter que nous vous exprimions les préoccupations des jeunes agriculteurs.

Nous sommes, en effet, particulièrement attentifs aux conditions dans lesquelles se prépare le traditionnel « rendez-vous de septembre »[12]. Nous n'ignorons pas que celui-ci se situe cette année dans un climat très particulier, dû à la mise en route de la deuxième étape du Marché commun agricole, et à la réunion prochaine du Conseil supérieur du plan, appelé à se prononcer sur une politique nouvelle de répartition des revenus[13].

L'accroissement des revenus escompté de l'application du IVe Plan nous incite à rappeler que l'agriculture entend être considérée comme une activité économique « à part entière », ayant droit, de ce seul fait, à fournir à ses membres des conditions d'existence identiques à celles dont bénéficient, ou entendent bénéficier, les autres catégories sociales.

Nous nous inquiétons des reproches faits aux prix des denrées agricoles d'être les seuls responsables de la hausse du coût de la vie, tandis que l'augmentation du prix de l'acier semble être admise comme un fait classique et périodique. Or, le coût de l'acier influe non seulement sur les prix en général, mais aussi sur les prix de revient des produits agricoles.

Vous comprendrez qu'il nous soit difficile de laisser s'accréditer dans l'opinion publique l'idée selon laquelle les agriculteurs seraient les vrais responsables de la vie chère.

---

11 CHAN, 92AJ/1.

12 Le débat parlementaire qui porte sur les questions agricoles et permet de dresser un bilan annuel de la situation de l'agriculture française.

13 Préparation du IVe Plan de modernisation et d'équipement qui n'a pas retenu parmi ses objectifs celui de la « parité » énoncée par la loi d'orientation agricole. Le Conseil supérieur a été créé le 12 juillet 1961 et le IVe Plan approuvé par une loi du 4 août 1962. L'article 6 de la loi d'orientation de 1960 prévoit : « Le Gouvernement présente au Parlement avant le 1er juillet de chaque année, un rapport sur l'exécution du plan de production agricole et de commercialisation des produits agricoles. » Un premier rapport est effectivement déposé en juillet 1962 sur le bureau de l'Assemblée nationale mais il se limite à analyser la situation agricole de 1960-1961.

Certes, nous avons tenu à proclamer que les problèmes agricoles étaient plus complexes qu'ils ne semblaient. Les prix nous préoccupent, non pas dans l'absolu, mais dans la mesure où ils sont capables d'influer sur le niveau de vie de l'ensemble des agriculteurs. Dans l'état actuel de notre agriculture, les producteurs ne peuvent tous tirer les mêmes avantages d'une amélioration du prix de leurs produits. Beaucoup vivent sur des surfaces cultivables trop faibles. Beaucoup, faute de pouvoir bénéficier de services de la vulgarisation du progrès agricole, faute de disposer de crédits d'équipement élémentaires, ne peuvent travailler dans des conditions rentables.

Il nous est donc apparu comme une nécessité d'assortir toute politique de prix des produits agricoles, d'une politique des structures, de la formation, de la vulgarisation, de l'équipement, politique qui tienne compte des besoins de chaque agriculteur et s'inspire des préoccupations régionales.

La loi d'orientation agricole et sa loi complémentaire, la loi cadre sur l'enseignement et la formation professionnelle agricole, la loi sur les groupements agricoles d'exploitation répondent à un certain nombre de nos aspirations[14]. Nous aimerions être assurés que l'orientation amorcée par ces textes n'a pas pour conséquence de provoquer une quelconque désaffection de votre part à l'égard d'une politique des prix agricoles particulièrement actuelle au moment du rendez-vous de septembre.

Vous nous permettrez de vous rappeler que la révolution agricole[15] qui s'ébauche, doit non seulement nous mettre à égalité de chances avec les autres catégories sociales, mais encore nous permettre de sauvegarder les valeurs d'initiative et de responsabilité de l'exploitation familiale.

Les textes dont votre Gouvernement a permis la publication, la volonté d'aboutir de M. le ministre de l'Agriculture, nous persuadent que vous avez résolument opté pour une révolution pacifique. Sans doute ces textes nous paraissent-ils timides, en certains de leurs aspects, alors qu'ils semblent très audacieux à d'autres.

Le fait est là cependant : les jeunes agriculteurs croient indispensable une transformation de l'agriculture de leurs ancêtres, pour en faire un métier assurant une vie décente aux familles paysannes et participant à l'équilibre économique du pays.

---

[14] La loi du 8 août 1962 (article 20) prévoit la constitution de Groupements agricoles d'exploitation en commun (GAEC). Mais leur création n'est possible qu'après la parution d'un décret le 3 décembre 1964 qui fixe les modalités de leur création.

[15] Le rédacteur M. Debatisse évoque dans ce courrier successivement la « révolution agricole » et une « révolution pacifique » qui annonce le titre de son ouvrage, *La révolution silencieuse*.

Nous savons qu'une réforme des structures agricoles doit tenir compte d'une observation évidente, en Europe et dans le monde : la diminution de la population agricole. Dans l'ère d'industrialisation que nous traversons, il semble que l'agriculture ne soit plus en mesure d'occuper valablement une proportion aussi importante de la population active.

Mais nous voulons que ces modifications soient progressives et prévues de telle manière qu'elles préparent, dès à présent, la physionomie de l'agriculture de demain. Cela suppose l'encouragement au reclassement dans d'autres activités des agriculteurs ne pouvant espérer une amélioration de leurs ressources, de leurs conditions d'existence actuelles. Cela sous-entend l'attribution de retraites décentes aux chefs d'exploitation, dont plus de la moitié ont dépassé l'âge de 55 ans et souhaiteraient laisser leur place à des plus jeunes. Cela nécessite l'octroi de moyens financiers importants aux Sociétés d'aménagement foncier et d'établissement rural (SAFER) rendues efficaces par les décrets d'application relatifs au droit de préemption et aux cumuls.

Cette politique sociale a été définie à travers le Fonds d'action sociale pour l'aménagement des structures agricoles (FASASA), dont la prochaine loi de finances doit arrêter le financement. Selon les ressources que vous affecterez à ce Fonds, sera mieux connue l'importance que vous attachez à un problème jugé par nous essentiel.

Nous ne nous cachons pas le coût de telles opérations. Des dizaines de milliards doivent y être affectés pendant plusieurs années. Pour comprendre la gravité de la situation, le pays doit savoir que des milliers de familles vivent avec des ressources, autoconsommation comprise, bien inférieures au SMIG[16]. Elles supportent la charge de gens âgés dont les enfants sont partis vers la ville et ont contribué au développement de l'industrie et du commerce. Une aide financière à ces familles, par un transfert de revenus important, ne constitue pas une assistance, mais une juste rétribution des services rendus à la collectivité.

Enfin, la carte des densités de population dans les pays du Marché commun, fait apparaître la France comme un pseudo-désert vers lequel convergent les regards de nos voisins très peuplés. Il nous semble donc que vous devriez faire pour les agriculteurs français ce que nos voisins feront pour leurs autochtones lorsqu'ils les enverront sur notre territoire.

Le paradoxe est grand. Certaines régions françaises sont vides alors que notre agriculture compte trop de bras. En fait, nos régions agricoles

---

16 Salaire minimal interprofessionnel garanti. Son équivalent pour les salariés agricoles est le SMAG : salaire minimal agricole garanti ; inférieur au précédent, mais relevé dans les mêmes proportions en septembre 1962.

sont diverses et, en passant de l'une à l'autre, nous allons du sur-emploi au sous-emploi. C'est pourquoi nous demandons des migrations à l'intérieur de notre profession en même temps que de notre profession vers d'autres métiers[17].

En réclamant de telles mesures, nous ne demandons pas une aide sélective en faveur de l'agriculture, mais le droit pour l'agriculture de participer à toute politique générale de la main-d'œuvre permettant à notre pays d'utiliser au mieux les bras disponibles pour l'expansion de tous ses secteurs d'activités économiques.

Nous ne voulons pas laisser dans l'ombre certaines réactions des jeunes agriculteurs. Nous voudrions, Monsieur le Premier ministre, attirer votre attention sur les cumuls de professions contre lesquels nous nous élevons. Nous ne nions à personne le droit de vivre de son travail ; mais nous constatons que de nombreuses professions ont su, par le canal de leurs Chambres professionnelles, ou de leurs Ordres, interdire l'exercice de leurs métiers à des personnes qui ne se plieraient pas à un certain nombre de règles tenant à la qualification des candidats ou à l'acceptation de disciplines très strictes. Pour notre part, nous n'en demandons pas davantage.

La propriété de l'outil de travail que constitue le sol, ne nous intéresse pas plus qu'elle n'intéresse l'industriel qui dirige une société anonyme. Mais, comme lui, nous demandons à exploiter nous-mêmes l'outil pour permettre à tout agriculteur de rester un homme libre de ses choix et de ses décisions, et responsable de ses réussites et de ses échecs[18].

Nous sommes là au cœur d'un problème essentiel pour notre civilisation. Nous avons opté pour le progrès technique, cherchant à assumer ce progrès dans le cadre d'une agriculture de groupe. Nous voulons éviter d'être entraînés dans un processus de prolétarisation, comparable à celui qui a marqué la pénétration du progrès technique dans la société industrielle. Nous voulons éviter la prolétarisation de la grande masse des paysans.

Ces mesures, interdiction des cumuls de professions, réglementation relative aux « productions sans sol », ont pour but l'adaptation de l'agriculture et des agriculteurs aux nouvelles conditions techniques et économiques de notre époque. Ces disciplines sont indispensables à une évolution humanisée de l'exploitation familiale. C'est un choix qu'il

---

17 Un décret du 6 mai 1963 sur les migrations rurales répondra en partie à cette préoccupation. Il sera complété par des instructions générales en septembre et octobre 1963.

18 Il est important de noter la distinction entre propriété et exploitation et entre agriculteurs et non agriculteurs (« cumul de professions, métiers »).

doit être demandé au pays de soutenir. C'est ce choix qui entraîne des mesures législatives et juridiques exceptionnelles.

Mais les jeunes agriculteurs souhaitent une prise de conscience du caractère régional des problèmes qui se posent à eux. Les régions dites « en retard » ont besoin d'investissements spéciaux avec des crédits importants et à long terme[19]. Aux États-Unis, dans les communautés locales déprimées économiquement, des dispositions sont prises pour favoriser l'acquisition de meilleurs engrais, de semences, d'équipements mécaniques, aux agriculteurs. Pour redonner leurs chances aux entreprises en difficulté, des mesures semblables sont à mettre en œuvre.

En matière de crédit, le prêt d'installation des jeunes est fixé à 18 000 NF, mais les bénéficiaires n'obtiennent, le plus souvent, que 12 000 NF. Dans le même temps, les jeunes de la Communauté économique européenne peuvent compter sur des prêts dix fois plus importants. Nous demandons qu'un prêt d'établissement de 200 000 NF répondant aux besoins réels du fonctionnement économique d'une entreprise moderne, soit consenti aux jeunes. Seuls bénéficient d'un prêt semblable (170 000 NF) les rapatriés d'Algérie.

Installés sur des exploitations mieux équipées, les jeunes seront plus disponibles pour prendre des responsabilités dans la gestion des organismes agricoles, syndicaux, économiques et techniques. Cependant, les Fonds de la promotion sociale sont insuffisants tant en regard du nombre de cadres professionnels, administrateurs de coopératives ou de groupements, qu'il importe de préparer, qu'en raison du retard, voire de l'inexistence de la formation générale et économique des agriculteurs. Nous attendons de ce Fonds les moyens de développer notre action de promotion collective à laquelle nous sommes très attachés.

C'est alors que prenant mieux en mains la commercialisation de nos produits à travers les coopératives, les groupements de producteurs et les comités économiques agricoles, nous pourrons travailler de plus en plus efficacement à l'amélioration des revenus des agriculteurs dans le respect des légitimes intérêts des consommateurs.

Plus que jamais, les jeunes agriculteurs demandent à être associés plus étroitement aux décisions que doit prendre le pays, dans le cadre d'une planification démocratique. Avec les représentants des autres milieux économiques, ils sont disposés, au sein d'un Conseil économique et social rénové, à prendre les responsabilités qu'ils entendent assumer.

---

[19] Une loi-programme sur les investissements a été adoptée en juillet 1960 mais la loi du 2 août 1960 n'envisage que des interventions limitées à des zones spéciales d'action rurale (articles 20, 21 et 22) dont les premières ont vu le jour en 1961 (Lozère et Morbihan).

La tâche à entreprendre par les agriculteurs eux-mêmes est immense. Un juste prix des produits agricoles, des structures rénovées, des débouchés accrus, des mesures de transfert social, sont les conditions primordiales à la réussite de cette tâche. Le moindre aléa économique peut la compromettre sérieusement. Ainsi, la sécheresse qui sévit actuellement dans le Sud, le Centre et le Sud-Ouest de la France, réduit fortement la production de lait et de viande et, seule une intervention financière pourra en atténuer les conséquences.

Nous sommes parfaitement conscients de l'ampleur de l'effort à demander au pays. Cet effort est indispensable, si l'on veut que les transformations s'opèrent sans heurts ni bouleversements graves.

Nous ne doutons pas que vous saurez considérer l'ensemble de nos aspirations comme inspirées par un souci d'œuvrer, dans la mesure de nos moyens, pour un plus grand rayonnement de notre pays.

Veuillez agréer, Monsieur le Premier ministre, l'expression de notre haute considération.

*

* *

La réponse du Premier ministre est très instructive. Elle marque l'intérêt qu'il porte aux questions agricoles et indique ses priorités pour la mise en application de la loi d'orientation agricole. Elle traduit sa volonté de concilier une approche économique et une approche sociale adaptées à la situation particulière d'un monde agricole en profonde mutation.

*

Lettre de Georges Pompidou à Marcel Deneux et Michel Debatisse 26 septembre 1962[20]

Messieurs,

Votre lettre[21] est significative de la profonde mutation qu'accomplit actuellement l'agriculture française. Avec le recul de l'histoire ce phénomène humain apparaîtra comme une des dominantes de la vie de notre pays au cours des années soixante, et je me plais à reconnaître, qu'aux côtés de leurs aînés, les jeunes agriculteurs auront largement contribué à cette mutation.

20 CHAN, 92AJ/1.

21 Celle du 1er septembre 1962 ci-dessus.

Dès mon arrivée à l'Hôtel Matignon j'ai tenu à vous recevoir[22] et vous avez alors esquissé devant moi un tableau de vos préoccupations et des réalisations qui vous tenaient à cœur. Depuis j'ai pu compléter mon information et votre lettre est pour moi l'occasion de dresser un premier bilan.

Avec raison vous soulignez la nécessité d'assortir toute politique des prix des produits agricoles d'une politique des structures[23]. C'est là le sens de l'action que j'ai héritée de mon prédécesseur et que j'ai poursuivie en plein accord avec M. le ministre de l'Agriculture.

Les textes importants votés par le Parlement en 1960 avaient pour but d'aider à la construction d'une agriculture moderne adaptée aux exigences de la consommation nationale et internationale, d'une agriculture qui permît aux hommes de la terre d'atteindre une véritable « parité » des conditions de vie.

Nous pensons avoir perfectionné cet outil en faisant voter, dans les conditions que vous connaissez, une loi complémentaire et une loi sur les Groupements agricoles d'exploitation en commun[24]. Je sais que vous êtes particulièrement anxieux de la publication des textes réglementaires d'application de ces lois. Croyez bien que le Gouvernement ne s'en désintéresse pas. Un train de décrets sortira dans le courant du mois d'octobre. Le premier texte paraîtra dans peu de jours et précisera les conditions d'exercice du droit de préemption reconnu aux SAFER[25]. Vous savez qu'à l'heure actuelle l'action des SAFER démarre vigoureusement : onze sociétés sont agréées et un nombre équivalent le sera dans les mois à venir. Je puis vous assurer que le fonctionnement de ces sociétés ne sera pas entravé par des problèmes de financement[26].

J'ai tenu également à ce que la recherche de la parité se manifeste d'abord dans le domaine de l'enseignement agricole, base de toute agriculture rénovée. Le Parlement a été appelé à voter dès le mois de juillet une loi-programme qui accorde des crédits jamais égalés aux

---

22 Le 28 mai 1962, d'après l'agenda de G. Pompidou pour l'année 1962, AGP.

23 G. Pompidou répond à la préoccupation des dirigeants du CNJA ainsi formulée : « Il nous est donc apparu comme une nécessité d'assortir toute politique de prix des produits agricoles, d'une politique des structures, de la formation, de la vulgarisation, de l'équipement, politique qui tienne compte des besoins de chaque agriculteur et s'inspire des préoccupations régionales. »

24 Loi n° 63-917 du 8 août 1962 relative aux Groupements agricoles d'exploitation en commun (GAEC). Son décret d'application n'interviendra qu'en décembre 1964.

25 Décret n° 62-1 235 du 20 octobre 1962.

26 Effectivement en 1963 et 1964, les SAFER disposent de moyens financiers importants, à savoir des dotations inscrites dans les lois de finances de 1961, 1962 et 1963 et des avances du Fonds de développement économique et social (FDES).

constructions scolaires agricoles. Ainsi la loi du 2 août[27] ne restera-t-elle pas lettre morte.

Je n'esquiverai pas le problème des cumuls. Vos références à d'autres professions fermées n'emportent pas ma conviction, et encore moins les manifestations violentes de quelques-uns[28]. On ne peut pas dans le même temps se réclamer de la solidarité nationale pour revendiquer des transferts de revenus et contribuer par des saccages à couper la campagne des villes. Il ne faut jamais jouer les apprentis sorciers et le ghetto n'est pas une politique. Vous avez besoin des capitaux qui viennent d'ailleurs ; vous pouvez bénéficier, pourquoi pas, des hommes et des techniques qui viennent d'ailleurs et qui jouent comme un ferment au bénéfice de tous. Mais je reconnais bien volontiers que les agriculteurs ont une vocation spéciale et qu'elle doit être protégée contre les abus.

Le Gouvernement l'a reconnu et il a inscrit dans la loi une réglementation des cumuls d'exploitation et de profession. En allant au-delà le monde agricole se causerait le plus grand tort[29].

Certes, vous avez le droit de demander à être placés à égalité de chance, dans le domaine du financement par exemple, et je partage votre sentiment en ce qui concerne les prêts d'installation. Les exploitants doivent trouver sur le marché de l'argent toutes les sommes nécessaires à leur entreprise. Encore faut-il que prêter ne soit pas rendre un mauvais service. Ces prêts doivent conserver un caractère économique, être attribués en fonction des possibilités de l'exploitation et de la qualité de l'exploitant. À un crédit plus personnalisé et sélectif correspondra un contrôle de la rentabilité par un organisme qualifié. Tel sera le sens d'un décret dont la préparation est avancée et qui, je l'espère, répondra à vos vœux[30].

---

27 En 1962 sont prises les premières dispositions pour la concrétisation de la loi du 2 août 1960 sur l'enseignement agricole et sur la formation professionnelle : loi-programme n° 62-901 du 4 août 1962 relative à la création et au développement des établissements d'enseignement et de formation professionnelle agricoles.

28 Le Premier ministre fait allusion à des opérations anti-cumuls dont celles organisées en juillet-début août 1962 dans l'Orne, à l'encontre de l'acteur J. Gabin. Elles visent aussi les intermédiaires exploitants : marchands de bestiaux, par exemple.

29 Les textes d'application de la réglementation des cumuls d'exploitation paraissent le 21 novembre 1962. Le problème des cumuls de propriété relève de la réglementation relative aux SAFER mais aussi de celle portant sur les groupements agricoles fonciers prévus à l'article 14 de la loi d'orientation agricole de 1960 et rebaptisés par la suite Groupements fonciers agricoles (GFA). Le débat sur la politique foncière sera également alimenté par un projet de création de Sociétés agricoles d'investissements fonciers (SAIF) qui séduit G. Pompidou mais qui n'aura pas de suite.

30 Ce sera le décret n° 63 510 du 22 mai 1963 relatif aux prêts à long terme consentis par le Crédit agricole pour permettre la réalisation de certaines opérations foncières.

Mon Gouvernement ne méconnaît nullement l'importance du problème des revenus agricoles, c'est-à-dire en dernière analyse l'importance du niveau des prix et des transferts économiques ou sociaux.

Je crois avoir senti dans votre lettre une inquiétude, une interrogation tout au moins sur le sens de votre action passée. Vous semblez craindre, en ayant affronté avec persévérance le problème fondamental des structures, d'avoir donné à tort le sentiment de négliger celui des prix. Il n'en est rien, et vous êtes dans le vrai[31].

Une organisation efficace des marchés et des débouchés extérieurs ramène la politique des prix agricoles à une fonction de résultante et non d'objectif. Les revenus ne dépendant pas seulement des prix mais des quantités commercialisées. Or les dépenses engagées pour augmenter ces quantités, notamment par l'intermédiaire du FORMA[32], ont quadruplé de 1959 à 1962.

De plus en plus, les prix agricoles français seront commandés par leur intégration dans la politique agricole de la Communauté économique européenne. Un marché de 170 millions de consommateurs s'ouvre à nos produits, trop lentement certes mais d'une manière irrévocable. La hausse des prix agricoles est inscrite à terme dans ce cadre. Je n'en veux pour exemple que la nouvelle organisation du marché du blé soumise cette année à l'épreuve d'une récolte exceptionnellement abondante[33].

Toutes les productions hélas n'ont pas connu une même prospérité. Une sécheresse inhabituelle est venue compromettre les revenus de certaines régions. Deux voies s'offraient au Gouvernement pour remédier en partie aux conséquences de cette sécheresse : augmenter les prix à la production ou bien maintenir ces prix à un niveau normal tout en apportant aux agriculteurs vraiment sinistrés des remèdes spécifiques. Sur la proposition du ministre de l'Agriculture j'ai choisi la deuxième

---

31 Cette inquiétude est ainsi exprimée : « Nous aimerions être assurés que l'orientation amorcée par ces textes n'a pas pour conséquence de provoquer une quelconque désaffection de votre part à l'égard d'une politique des prix agricoles. »

32 Il s'agit d'abord d'un Fonds de régularisation et d'orientation des marchés agricoles créé par la loi du 21 juillet 1960 et dont les attributions et les modalités de fonctionnement ont été fixées par le décret n° 61-827 du 29 juillet 1961. Son article 1 stipule : « Cet établissement a pour mission la préparation et l'exécution des décisions gouvernementales relatives aux interventions de l'État sur les marchés agricoles. » Le décret du 29 juillet 1961 l'a rebaptisé Fonds d'orientation et de régularisation des marchés agricoles (FORMA) et transformé en établissement public doté d'une autonomie financière et administrative. Par décret du 22 juillet 1963, sa priorité est l'orientation de la production.

33 La production française de blé est excédentaire ; compte tenu du niveau des prix mondiaux, le débouché naturel pour ces excédents doit être le Marché commun agricole.

méthode et je crois ce faisant avoir bien œuvré pour l'agriculture : car l'agriculteur plus que tout autre a intérêt à la stabilité générale des prix, l'agriculteur plus que tout autre souffre de l'inflation.

Le principe de ces mesures spécifiques vous a déjà été communiqué. Dès cette semaine les détails pratiques en seront précisés par le Gouvernement et les moyens de financement arrêtés[34].

Il est une dernière notion que sous-entend votre lettre et sur laquelle j'aimerais expliquer ma pensée : la politique des transferts de revenus. Elle ne constitue pas un but en soi, mais une étape qui, j'en suis convaincu, apparaîtra comme nécessaire pour de nombreuses années encore. Sous forme de crédits économiques ou sociaux l'ensemble des concours financiers de l'État à l'agriculture atteignait 560 milliards d'anciens francs en 1961 et davantage sans doute cette année. C'est beaucoup et pourtant j'en conviens volontiers, cela n'a pas suffi à assurer la parité des revenus. À travers le Fonds d'action sociale pour l'aménagement des structures agricoles (FASASA) mon Gouvernement entend promouvoir une nouvelle étape. La loi complémentaire a créé ce Fonds. Nous sommes d'accord sur les missions qui doivent lui être confiées mais il reste à préciser ses modalités d'intervention et à en chiffrer le coût. Le financement du Fonds ne devrait pas connaître d'obstacles puisque, dans l'incertitude où se trouve encore le ministre de l'Agriculture du montant des sommes nécessaires, ses crédits seront regroupés avec ceux du FORMA pour permettre les prélèvements au fur et à mesure des besoins.

D'autres améliorations au régime social des agriculteurs seront inscrites dans le projet de loi de finances pour 1963[35] que le Gouvernement va déposer incessamment.

Donnant satisfaction à une légitime revendication de la profession, la deuxième tranche de la franchise en matière d'assurance maladie sera supprimée à compter du 1er janvier 1963. L'allocation de la mère au foyer sera alignée par étapes sur l'allocation de salaire unique. Ces deux mesures apporteront une aide substantielle aux foyers d'exploitants. D'autre part les rentes et pensions des vieux travailleurs salariés agri-

---

34 Elles le seront lors d'un Conseil restreint du 27 septembre 1962, comme le montre le compte rendu établi par le secrétariat général du Gouvernement, CHAN, 92AJ/1, mais il faudra attendre juillet 1964 pour avoir une loi instituant un régime de garantie contre certaines calamités agricoles.

35 Le budget des prestations sociales agricoles est pris en charge par l'État par l'intermédiaire d'un budget annexe des prestations sociales agricoles (BAPSA).

coles seront revalorisées à l'avenir de la même manière que celles des travailleurs des autres professions[36].

Je ne dis pas d'ailleurs que des mesures complémentaires ne seront pas examinées dans le cadre de ce que vous appelez « le rendez-vous de septembre »[37], mais le Gouvernement s'en tiendrait-il là que l'agriculture n'aurait déjà pas été absente de ce rendez-vous.

Je pense qu'à travers cette politique aux aspects multiples – encore n'ai-je pas traité des investissements et de l'organisation du marché ou de la commercialisation – vous reconnaîtrez le souci de mon Gouvernement d'éviter à l'agriculture française cette prolétarisation[38] qu'avec vous je repousse, le souci de sauver et de donner une valeur économique au plus grand nombre possible d'exploitations familiales.

Je vous remercie de votre lettre ; elle aura été pour moi l'occasion de prendre conscience de ce qui a été fait et de ce qui reste à faire. Je crois le bilan positif, et je voudrais que vous le considériez comme le gage que mon Gouvernement continuera de se préoccuper, jour après jour, en liaison avec les organisations professionnelles, de la rénovation de notre agriculture.

*

* *

Georges Pompidou confirme cette position, en décembre 1963, dans un courrier à Gérard de Caffarelli, qui montre que le Premier ministre s'implique personnellement dans les réformes engagées en faveur de l'amélioration du sort des agriculteurs et qu'il souhaite collaborer dans ce sens avec les organisations agricoles.

*

36 Une première revalorisation intervient le 8 novembre 1962 ; une autre intervient en juin 1964.

37 Il s'agit de la session parlementaire au cours de laquelle le Gouvernement dresse un bilan annuel de la politique agricole. Par la suite, à la demande des organisations professionnelles, est instaurée une réunion annuelle de la Commission des comptes de l'agriculture nationale (CCAN) qui examine notamment l'augmentation du revenu agricole. Composée de hauts fonctionnaires de l'Agriculture, des Finances, du Plan et de dirigeants et personnalités du monde agricole, elle peut formuler des suggestions aux pouvoirs publics. Elle présente un caractère officiel dès 1964. Voir J. Allain, « La Commission des comptes de l'agriculture de la nation », dans *Les agriculteurs et la politique*, Paris, FNSP, 1990, p. 266-281.

38 M. Deneux et M. Debatisse l'utilisent de la manière suivante : « Nous voulons éviter d'être entraînés dans un processus de prolétarisation comparable à celui qui a marqué la pénétration du progrès technique dans la société industrielle. Nous voulons éviter la prolétarisation de la grande masse des paysans. »

Lettre de Georges Pompidou à Gérard de Caffarelli 10 décembre 1963[39]

Monsieur le Président,

J'ai pris connaissance avec la plus grande attention de votre lettre du 17 octobre 1963 par laquelle vous m'avez fait part de vos préoccupations sur les différents problèmes intéressant actuellement l'agriculture française.

Je crois utile, deux mois environ après notre dernier entretien[40], de refaire avec vous le point des diverses questions que vous avez soulevées dans votre lettre, et plus particulièrement de :

1°) l'action de l'État en matière d'investissements agricoles,

2°) le financement, par la taxe de résorption, de certaines exportations vers les pays de la zone franc,

3°) la position française au sujet des prix agricoles souhaitables dans le Marché commun,

4°) le problème particulier des productions animales,

5°) la position d'ensemble du Gouvernement en matière de prix agricoles.

1°) Je crois tout d'abord nécessaire d'apporter les précisions suivantes sur les conditions dans lesquelles s'exerce l'action de l'État dans le domaine des investissements agricoles :

a) Loin d'être caractérisé par une régression, le budget d'investissements du ministère de l'Agriculture est passé de 1 487 millions de francs en 1963 à 1 578 millions en 1964. Même si, pour tenir compte de l'augmentation du coût des travaux, on traduit les francs 1964 en francs 1963, il demeure que le budget de 1964 enregistre une augmentation appréciable des investissements agricoles. En outre, 120 millions de francs, non compris dans les chiffres qui précèdent, seront consacrés en 1964 à des investissements supplémentaires, financés par le FORMA.

b) Il ne suffit pas d'accroître l'effort d'investissement, il faut en adapter sans cesse les orientations aux besoins nouveaux de l'activité agricole. Dans cet esprit, au cours des dernières semaines, deux réalisations importantes ont été engagées :

---

[39] CHAN, 5AG2/1086. M. de Caffarelli est président de la FNSEA depuis le Congrès de mars 1963, en remplacement de Joseph Courau.

[40] G. Pompidou a reçu les fédérations syndicales le 9 octobre 1963, d'après son agenda pour l'année 1963.

- les investissements supplémentaires, financés par le FORMA, serviront à renforcer la structure des groupements de producteurs existants et à aider à la constitution de nouveaux groupements. Leurs orientations seront définies au Conseil de direction du FORMA où siègent des représentants de la profession agricole.
- la procédure d'attribution des crédits d'investissements accordés aux industries agricoles et alimentaires vient d'être accélérée, en même temps que des précautions ont été prises pour assurer l'adaptation progressive de ces investissements aux débouchés qui s'ouvrent à l'agriculture française, en fonction de l'évolution de la consommation et de celle des marchés extérieurs.

En outre, l'effort public dans ce secteur a été accru, puisque les 150 millions que l'État lui consacrait en 1963 étaient distribués sous forme de prêts, et que cette même somme sera désormais accordée sous forme de subventions.

c) Enfin, les dotations du Crédit agricole, pour 1964, s'établiront à un niveau supérieur à celui de 1963. J'ai demandé, de plus, qu'une étude soit effectuée sur l'ensemble des investissements réalisés par les agriculteurs français, qu'ils soient groupés ou non, et sur les moyens de financement utilisés pour ces investissements. Cette étude, dont la réalisation demandera un certain délai, permettra de prendre, en connaissance de cause, les mesures susceptibles de faciliter encore davantage la modernisation de l'agriculture[41].

2°) Vous avez attiré mon attention sur le fait que le produit de certaines taxes de résorption est partiellement utilisé pour financer des exportations vers les pays de la Zone franc.

Il est exact, en effet, que la Caisse interprofessionnelle du sucre, alimentée par une taxe de résorption payée à la fois par les producteurs et les transformateurs, verse, au cours de la campagne 1963-1964, 15 francs à tout exportateur du sucre vers les pays africains de la Zone franc. Pour apprécier la portée de cette politique gouvernementale, il convient néanmoins de tenir compte des éléments suivants :

a) Vous n'ignorez pas qu'en vertu du système dont vous réclamez la suppression, les pays d'Afrique ont, pendant de nombreuses années, payé aux producteurs français, plus cher que le prix mondial, le sucre qu'ils importaient. Ce n'est pas l'année où le cours

[41] Le 31 décembre 1963, un Comité consultatif sur les investissements agricoles est créé auprès du ministre de l'Agriculture.

mondial dépasse, non seulement le prix habituel de livraison aux pays d'Afrique, mais même le prix intérieur français, qu'il était moralement et politiquement acceptable de remettre en cause brutalement la politique auparavant pratiquée au bénéfice des agriculteurs et des industriels français. La décision de fixer à 15 francs cette année – contre 43,80 francs, au cours de la campagne précédente – la prime versée aux exportateurs vers les pays africains de la Zone franc constitue donc, de la part du Gouvernement, un effort très réel pour aller dans le sens de vos préoccupations, compte tenu de ce qu'il n'était pas non plus possible de faire brutalement abstraction des considérations qui précèdent.

b) De plus, pour la campagne 1964-1965, j'ai demandé à MM. les ministres de la Coopération[42] et de l'Agriculture[43] d'étudier un régime entièrement nouveau applicable aux exportations de sucre vers les États africains de la Zone franc. Ce régime devrait comporter, de la part des États africains, des engagements d'importations pluriannuels, susceptibles d'assurer des débouchés stables aux producteurs français. En ce qui concerne les prix, la référence au cours mondial serait de règle. Mais une formule devra être définie afin d'atténuer, au bénéfice des deux parties, les fluctuations de ces cours. En outre, il serait convenable de continuer à consentir un léger avantage de prix aux États africains, en contrepartie du débouché stable qu'ils assureront à nos producteurs.

   Ce régime de prix sera négocié à partir du 1er janvier 1964, avec chacun des quatorze États africains intéressés[44], afin d'être mis en application au 1er octobre.

c) Sur un plan plus général, les taxes de résorption sont une contribution des producteurs à la régularisation de leur propre marché, et ne sauraient, comme telles, être considérées comme des recettes budgétaires. L'excédent du produit d'une taxe, par rapport aux dépenses réelles de régularisation du marché, viendra donc en atténuation de la taxe de résorption qu'ils auraient dû verser l'année suivante.

   Je confirme, de plus, la décision que j'ai prise de supprimer le troisième acompte à percevoir sur la taxe de résorption concernant le sucre, et de reporter au 31 mars 1964 la perception du se-

---

42 R. Triboulet est ministre délégué chargé de la Coopération de novembre 1962 à janvier 1966.

43 E. Pisani.

44 À savoir : Mauritanie, Sénégal, Côte d'Ivoire, Dahomey (Bénin), Niger, Mali, Haute-Volta (Burkina Faso), Togo, Cameroun, Centrafrique, Gabon, Tchad, Guinée équatoriale, Comores.

cond. Je procéderai à cette date, à un réexamen de la situation du marché en vue de décider s'il y a lieu, ou non, de percevoir cet acompte.

J'espère donc que vous voudrez bien considérer que la politique du Gouvernement va, très largement, à la rencontre de vos préoccupations.

3°) Au sujet de la position française concernant les prix agricoles souhaitables dans le Marché commun, il serait inexact de considérer que le Gouvernement est, pour tous les produits, favorable à une politique de prix bas. La vérité est plus nuancée. Le Gouvernement considère que l'intérêt du Marché commun, pour l'agriculture française, réside avant tout dans l'ouverture de nouveaux débouchés. Mais il serait illusoire d'espérer profiter de ces débouchés et de réclamer en même temps, pour tous les produits, des prix systématiquement élevés. En effet, une telle politique, d'une part encouragerait exagérément les productions non rentables des autres pays membres de la CEE, d'autre part poserait de graves problèmes, soit d'écoulement à l'exportation, soit de relations avec les pays tiers, auxquels la cohésion du Marché commun ne résisterait pas.

La recherche des débouchés maxima pour l'agriculture française suppose au contraire une politique de prix agricoles plus différenciée. C'est pourquoi la politique du Gouvernement en matière de fixation des prix européens sera commandée par cette double nécessité : établir un niveau général des prix qui permette l'élévation du niveau de vie réel des agriculteurs, établir entre les différents prix des rapports rationnels qui encouragent les productions déficitaires au détriment des productions excédentaires, et les productions économiquement rentables au détriment des productions artificielles. Une telle politique apparaît, à l'examen, éminemment favorable à l'agriculture française, la mieux placée en Europe, au point de vue du sol et du climat.

4°) Vous avez évoqué également les problèmes propres aux productions animales qui sont – je l'avais reconnu bien volontiers au cours de notre entretien du 9 octobre – actuellement préoccupants. Je vous avais donc promis à cette date de faire étudier ces problèmes avec une particulière attention, afin de prendre, le plus rapidement possible, les mesures qui s'avéreraient nécessaires.

Depuis cette date, cependant peu éloignée, des réformes importantes ont été étudiées – et décidées – dans le but d'améliorer la rentabilité des circuits de distribution, et de permettre ainsi un accroissement de la part revenant aux producteurs, à l'intérieur des prix payés par les consommateurs : ces réformes auront pour effet non seulement d'accélérer la rationalisation et la modernisation du réseau d'abattoirs (condition indispensable à toute évolution des structures commerciales) mais encore d'inciter les collectivités locales à confier la gestion des abattoirs aux producteurs eux-mêmes, groupés par exemple en coopératives. Dans ce but, une subvention supplémentaire égale à 10 % du coût local de l'installation à construire, sera attribuée aux collectivités locales qui s'engageront à faire gérer leur abattoir par une société dans laquelle les producteurs agricoles de viande seront majoritaires[45].

D'autre part, les ministres de l'Agriculture et des Finances[46] ont, depuis plusieurs semaines, entrepris à ma demande des études sur les données actuelles de l'économie de la viande bovine, en fonction desquelles le Gouvernement décidera, au printemps prochain, au moment de la fixation des prix du lait et de la viande, les mesures d'encouragement propres à la production de viande bovine, qu'il conviendra de mettre en œuvre[47].

Les études en cours sont confiées à un groupe restreint de fonctionnaires et, parallèlement, des contacts avec les milieux professionnels ont eu lieu au sein du conseil de direction du FORMA. Vers le milieu du mois de janvier, je prendrai connaissance de ces travaux afin de définir quelques grandes orientations. Les professionnels seront alors associés, de plus en plus étroitement, à la préparation des décisions à prendre, soit au sein du Comité consultatif interprofessionnel compétent, placé auprès du FORMA, soit éventuellement, au sein d'un groupe de travail *ad hoc* fonctionnant au ministère de l'Agriculture[48].

5°) Je voudrais décrire maintenant les principes de la politique générale des prix agricoles que souhaite, sur le plan intérieur, pratiquer le Gouvernement.

Vous craignez que les mesures gouvernementales conduisent le revenu des agriculteurs français non vers la parité, mais vers une aggravation de leur situation par rapport au revenu moyen de l'ensemble des Français.

---

45 Un plan d'équipement des abattoirs auquel G. Pompidou accorde une attention particulière est élaboré dès 1963. Trois arrêtés du 8 janvier 1964 portent sur les abattoirs publics.

46 Respectivement E. Pisani et V. Giscard d'Estaing.

47 Des décrets du 29 mars 1964 fixeront les prix du lait et de la viande dans le contexte de l'application du plan de stabilisation ; ces prix sont considérés comme insuffisants par les milieux professionnels.

48 Le conseil de direction du FORMA a un caractère paritaire et a pour mission, depuis l'été de 1961, de proposer l'adoption de mesures pour orienter et régulariser les marchés agricoles et de contribuer à l'exécution de ces mesures. En juillet 1963, sa mission a été élargie à l'examen de l'amélioration des conditions de rémunération des producteurs et au développement de courants permanents d'exportation.

Je suis soucieux de tenir le plus grand compte des répercussions que peuvent avoir, sur le revenu agricole, les décisions que le Gouvernement est amené à prendre dans différents domaines, et notamment celui des prix. Mais les éléments d'information dont je dispose me font penser que l'évolution du revenu des agriculteurs français depuis 1960, a été meilleure que celle que vous décrivez.

Dans ces conditions, pour aboutir sur cet élément essentiel du problème agricole, à une appréciation, non seulement objective, mais encore généralement acceptée, le Gouvernement, loin de se dérober à un examen des conséquences de sa politique sur les revenus agricoles, est prêt à engager avec les organisations agricoles une discussion approfondie sur l'évolution du revenu des agriculteurs, et ce sur chacune de ses composantes. Il a décidé de créer, conformément aux indications que je vous avais données le 9 octobre, une Commission des comptes de l'agriculture dont, depuis deux mois, l'organisation et le mandat ont été étudiés en détail. Les textes la constituant vont paraître incessamment[49].

Ainsi, se trouve réalisée la principale condition du déroulement du premier rendez-vous annuel[50] entre le Gouvernement et les représentants de l'agriculture, qui aura lieu dans les premiers mois de 1964, immédiatement avant la réunion de la Commission des comptes de la nation. Ce rendez-vous aura pour objet de définir les conditions précises d'une réalisation progressive de la parité, notamment dans le domaine des prix, et de rendre conscientes les autres catégories sociales et professionnelles de la nation, de la situation du monde agricole, et des remèdes qu'elle appelle.

Dans ce cadre seul peut être résolu le problème des prix agricoles, et dans un sens probablement plus favorable aux agriculteurs qu'une stricte « actualisation » qui a l'inconvénient de faire varier chaque prix en fonction des seuls éléments propres au produit considéré, et d'introduire aussi dans l'économie agricole des éléments de rigidité peu souhaitables.

6°) Je citerai enfin, pour mémoire, car elles ne sont pas évoquées dans votre lettre du 17 octobre, plusieurs autres réalisations en matière agricole intervenues depuis deux mois.

La première d'entre elles concerne les importants avantages accordés aux groupements de producteurs, dont vous devez avoir eu connaissance à l'occasion de la séance tenue le 13 novembre 1963 au conseil de

---

49 Elle est créée officiellement le 7 février 1964 et se réunit dès le 18 mars.

50 Il s'agit de la Commission des comptes de l'agriculture ; cette Commission ne doit pas être confondue avec la Conférence annuelle réunie à partir de 1971. Elle examine, en 1964, pour avis, les rapports annuels sur la situation agricole de la France établis pour 1962 et pour 1963 en vertu de l'article 6 de la loi d'orientation, qui ne seront déposés sur le bureau de l'Assemblée nationale que le 9 mars 1965.

direction du FORMA. La nouvelle réglementation mise en place permettra aux producteurs de fruits et légumes de bénéficier désormais, en permanence, des aides importantes qui, appliquées pour la première fois au cours de l'été 1963, leur ont permis de surmonter les difficultés très grandes de cette campagne[51].

La seconde réalisation s'est matérialisée par le dépôt du projet de loi sur la garantie contre les calamités agricoles[52]. L'adoption de cette mesure, bien souvent réclamée par les organisations agricoles, permettra à la fois de faciliter le développement de l'assurance contre les calamités agricoles, pour celles d'entre elles qui sont assurables, et d'accorder des dédommagements, financés par une subvention budgétaire, aux victimes de calamités qui ne sont pas susceptibles d'être assurées. Il s'agit là d'un progrès très important dans la protection sociale et économique de l'agriculture française.

D'autre part, le dépôt d'une proposition de loi appuyée par le Gouvernement, sur le régime contractuel en agriculture[53], est destiné à promouvoir, entre producteurs et utilisateurs de produits agricoles, des relations nouvelles susceptibles d'assurer à de nombreuses catégories de producteurs, grâce à une meilleure orientation de leur activité, des revenus plus réguliers et plus importants.

Enfin, le groupe de travail sur les produits laitiers, comprenant des représentants de l'interprofession, a terminé, ainsi que vous le savez, ses travaux et a remis, le 28 novembre dernier, son rapport, dont j'approuve les orientations générales, et dont les conclusions seront, dès que possibles, mises en pratique.

Au total, on est en droit de considérer que de profondes réformes – les réformes véritables ne sont pas toujours les plus spectaculaires – sont actuellement engagées pour permettre une amélioration du sort des agriculteurs français, et que depuis deux mois, le mouvement de ces réformes s'est encore accéléré. J'en surveille personnellement, et la conception, et l'application. Ces réformes demandent du temps comme

---

51 Des décisions sont prises dès le mois de décembre 1963 pour stimuler la création de groupements de producteurs mais leur constitution est lente en 1964.

52 Loi du 10 juillet 1964 qui complète les dispositions du Code rural en instituant un régime de garantie contre certaines calamités agricoles.

53 G. Pompidou fait référence à un projet de « contrats d'élevage », avec constitution de groupements de producteurs, financés par des prêts du Crédit agricole. Des décrets de novembre 1962 et août 1963 déterminent des modalités de fonctionnement pour les groupements de producteurs. La loi évoquée est celle du 6 juillet 1964 tendant à définir les principes et les modalités du régime contractuel en agriculture. Elle repose sur une proposition de loi d'origine parlementaire, du 10 mai 1963, votée en décembre 1963 par l'Assemblée nationale, amendée en mai 1964 par le Sénat, avant d'être adoptée le 26 juin 1964.

c'est le cas pour toutes les vraies réformes. Elles demandent aussi la confiance et la compréhension du monde agricole et de ses dirigeants, sans la collaboration desquels aucune action véritable ne saurait être menée à bien. Je souhaite que des échanges de vues permanents puissent s'instaurer entre le Gouvernement et les organisations agricoles, persuadé que c'est de cette façon, et de cette façon seulement, que pourra se réaliser la progression vers la parité de revenu entre l'agriculture et les autres activités du pays.

Veuillez agréer, Monsieur le Président, l'assurance de ma considération distinguée.

*

* *

Ce cadrage s'inscrit dans une perspective plus large, celle de la planification. Et Georges Pompidou l'énonce encore plus clairement à l'Assemblée nationale, le 26 novembre 1964, lors du débat sur le Ve Plan où il présente des objectifs de long terme (perspectives 1985) pour l'avenir de l'agriculture française. L'accent est alors mis sur la modernisation pour constituer des exploitations agricoles bien équipées et compétitives.

*

Extrait du discours de Georges Pompidou à l'Assemblée nationale 26 novembre 1964[54]

[...]

Dans le rapport sur les principales options du Ve Plan que le Gouvernement a soumis au Parlement[55], il est indiqué que « les directives que le Gouvernement se propose d'adresser au Commissaire général pour la suite des travaux d'élaboration du Ve Plan ne seront arrêtées qu'après les débats parlementaires et compte tenu de leurs enseignements ». Ce que le Gouvernement a tiré de ces débats, je l'ai écrit dans un texte dont je vais vous donner lecture.

[54] CHAN, 5AG2/1086.

[55] Il s'agit du rapport présenté par le Commissaire général du Plan, M. Massé, le 23 septembre 1964 au Conseil économique et social et qui a donné lieu à un long débat parlementaire jusqu'au vote du 26 novembre 1964.

Pour l'agriculture, le Gouvernement entend tout d'abord poursuivre son action dans les trois domaines sur lesquels porte la politique agricole :

- la mise en place du Marché commun agricole, qui doit assurer à nos producteurs des débouchés plus importants à des prix rémunérateurs ;
- le soutien du revenu agricole. L'option retenue est celle d'une progression du revenu par exploitation agricole de 5,3 à 5,5 % par an correspondant à une revalorisation, par rapport aux autres revenus, de l'ordre de 2 % par an, et conduisant au doublement du revenu réel de chaque exploitant en environ 15 ans ;
- la transformation des structures agricoles et rurales. La Commission de l'agriculture sera invitée à étudier les programmes à mettre en œuvre pour accélérer l'aménagement des structures d'exploitation et l'organisation de la production agricole pour réaliser un environnement rural adapté aux besoins individuels et collectifs ainsi que la promotion individuelle et sociale des agriculteurs.

Les commissions de modernisation seront invitées à centrer leurs travaux sur la définition de véritables objectifs de structures tendant, avec les caractéristiques propres à chaque secteur, à la constitution d'unités de production bien équipées et aux dimensions suffisantes pour affronter avec succès la compétition internationale.

*
* *

B. L'intégration de l'agriculture dans l'économie générale : la nécessité d'une reconversion progressive

Georges Pompidou est conscient des effets pervers de la modernisation agricole et des mutations économiques et sociales sur le monde agricole : exode, concurrence, changements des modes de vie, etc. Pour y pallier, il invite les élus de la majorité, réunis à Nice en novembre 1963, à réfléchir sur les modalités d'une reconversion des structures de production.

*

Extraits du discours de Georges Pompidou à Nice 24 novembre 1963[56]

[...]

Quels sont les domaines essentiels de ce progrès économique et social ? J'en rappellerai quelques-uns : le logement, cadre de la vie familiale, l'éducation, moyen pour tous de développer pleinement ses capacités, les dépenses sociales [...], l'action en faveur de l'agriculture, secteur économique et social menacé par certaines données de l'évolution, l'action régionale essentielle pour maintenir l'équilibre et l'harmonie entre nos provinces et qu'il faut associer au développement des transports. [...]

Quelques mots maintenant de notre agriculture. Chacun connaît les problèmes immenses qu'elle pose et qui sont très variés. Il en est de régionaux : je pense aux régions où le morcellement excessif des exploitations ne permet pas à celles-ci d'être rentables. Je pense à celles où les conditions de sol et de climat imposent une modification profonde des productions. Il est des problèmes plus difficiles encore, par exemple, la nécessité de régulariser les marchés pour mettre les agriculteurs à l'abri des surproductions brutales ; nécessité de les assurer contre les calamités agricoles ; nécessité de leur donner une participation plus large dans les profits, tels qu'ils résultent de la vente au consommateur. Il faut encore, tout en laissant le mouvement de migration vers les villes s'accomplir à un rythme normal, assurer néanmoins le maintien à la terre d'un nombre suffisant d'agriculteurs à la fois pour le service de notre agriculture et pour l'équilibre économique et social de la nation. Il faut encore bien sûr nous préoccuper du sort des agriculteurs âgés. Au total, le problème est de faire la révolution agricole sans que le paysan en souffre et conduire l'exploitation agricole vers un régime aussi rémunérateur que celui de toute autre activité. Et bien, la Ve République n'a pas rusé avec le problème : dès 1960, la loi d'orientation agricole préparée par le Gouvernement de Michel Debré a posé les principes de notre action. La loi complémentaire du 8 août 1962 a précisé les méthodes et nous avons fait déjà beaucoup pour réformer les structures : règlement des cumuls d'exploitations, textes d'application permettant la constitution des SAFER, textes d'application pour le FASASA. Nous avons, pour organiser les marchés, défini les groupements de producteurs, précisé leur

[56] CHAN, 5AG2/1086. G. Pompidou présente un bilan de l'action gouvernementale.

rôle, qui sera accru grâce au vote prochain de la proposition de loi déposée par les membres de l'UNR-UDT sur l'économie contractuelle[57].

Nous préparons des textes pour la réorganisation du marché de la viande. Nous avons réorganisé les sociétés d'intervention et le FORMA. Nous avons refondu l'organisation du marché du vin. Un décret est en cours d'établissement pour l'organisation du vignoble. Nous avons, enfin, pris un certain nombre de mesures contre les calamités de ces dernières années et nous avons un texte de loi sur les calamités agricoles, qui est à l'examen au Conseil d'État et qui pourra être voté pendant la prochaine session parlementaire[58].

On sait, par ailleurs, l'effort considérable qui a été fait pour assurer aux agriculteurs la parité en matière de régime social et on sait enfin que dans le cadre de la politique des revenus, nous préparons la création d'une Commission des comptes de l'agriculture.

À toute cette action, s'ajoutent les efforts incessants que nous faisons au sein du Marché commun pour fait aboutir la Politique agricole commune. Michel Debré se rappelle sans doute ce que fut l'action gouvernementale pour obtenir l'adoption des « Règlements », le 14 janvier 1962[59]. Aujourd'hui, avec la même énergie, la même passion, nous espérons aboutir avant la fin de l'année à ce que les derniers « Règlements » soient adoptés.

S'il ne dépend que de nous, la Politique agricole commune sera enfin une réalité complète et ouvrira aux producteurs des perspectives éminemment favorables.

*

* *

Cette reconversion que Georges Pompidou ne cesse de réclamer jusqu'en 1974, doit s'effectuer selon une logique libérale qui ne peut cependant exclure un « interventionnisme protecteur » fixé par le Plan, comme il l'indique au cours de la campagne présidentielle de 1969.

*

---

57 Cette proposition déposée par E. Bricout et rapportée par A. Moulin, débouche sur la loi du 6 juillet 1964 sur le régime contractuel en agriculture.

58 Ce sera la loi du 10 juillet 1964 sur les calamités agricoles, suivie du décret du 29 octobre 1964 pris pour son application.

59 Il s'agit des premiers règlements pour la mise en place du Marché commun agricole à partir de la création d'organisations communes de marché et d'un Fonds européen d'orientation et de garantie agricole (FEOGA).

Extrait de l'émission de *RTL* : « Un candidat face au grand jury »[60] 30 mai 1969[61]

Georges Pompidou : [...] Je crois donc à l'importance capitale de l'économie. Cette économie, pour nous Français, présente actuellement deux caractéristiques. Il y a une économie qui est bien portante, bien lancée dans l'industrie et dans l'agriculture et il n'y a qu'à l'encourager et à la laisser faire de son mieux. Et puis, il y a une économie qui est en retard, qui souffre de la mutation, que ce soit dans l'industrie, dans le commerce, dans l'agriculture. Le rôle de l'État, c'est d'aider à sa transformation, mais en protégeant socialement les victimes éventuelles de cette mutation pour qu'elle ne se fasse pas avec des misères, comme nous l'avons vu trop souvent au XIXe siècle, notamment en ce qui concerne la classe ouvrière.

Qu'est-ce que cela signifie ? Cela signifie que là où les choses vont, je crois au libéralisme, à l'initiative et à la concurrence, et que là où elles ne vont pas, je crois qu'il faut, au contraire, que l'État intervienne davantage et protège. Au total, il faut que ce libéralisme et cet interventionnisme protecteur soient dominés par une idée générale, des objectifs généraux et ce que j'appelle le Plan, mais le Plan dans une conception qui, à mes yeux, soit souple et doive sans cesse évoluer.

*
* *

À de nombreuses reprises, Georges Pompidou fait état de cette intégration de l'agriculture nécessaire pour l'expansion de l'économie générale. Ce fut le cas à Dinard, en septembre 1964, à l'occasion des Journées d'études UNR-UDT. Dans le discours qu'il prononce, il met également l'accent sur la relation entre l'agriculture et l'industrie, et sur l'intérêt d'une réorganisation des structures et des marchés pour que l'agriculture française ait une place prépondérante au sein de l'agriculture de la CEE.

*

---

60 Présentation de J. Carlier, questions de R. Andrieu (rédacteur en chef de l'*Humanité*) et de J.-C. Vajou (chef du service politique de *Combat*).

61 CHAN, 5AG2/1088.

Extraits du discours de Georges Pompidou à Dinard 24 septembre 1964[62]

[…]

Il nous faut une industrie puissante, il nous faut une agriculture rénovée assurant non seulement le ravitaillement du pays et le niveau de vie des producteurs mais déversant ses produits sur les deux cents millions d'habitants du Marché commun qui doivent devenir nos clients et nos clients à des prix convenables. […]

Nous avons comme deuxième ligne celle de la décentralisation, avec comme double objet de désengorger la région parisienne et de maintenir ou d'établir une vie industrielle dans les régions où le recul de l'activité artisanale ou de l'activité agricole commence à apparaître menaçant. Je pense à ces régions de l'Ouest ou du Sud-ouest ou du Centre, où la paralysie risquerait de s'installer si nous n'avions pas une politique dynamique et tendant à y créer des activités et des emplois.

J'ai déjà dit ce que nous allions faire dans ce sens en ce qui concerne la régionalisation des investissements. Je rappelle aussi la création du FIAT[63], que j'ai confié à Olivier Guichard qui travaille directement avec moi, dont nous portons le budget cette année-ci de 100 millions à 150 millions [...], instrument extrêmement précieux car il me permet soit d'intervenir immédiatement lorsqu'il y a urgence en tel ou tel endroit, soit d'amorcer la pompe, de donner, en quelque sorte, le coup d'envoi pour obliger le ministère compétent à jouer la partie. [...]

Quant à l'agriculture, je n'ai pas besoin de vous dire les efforts que nous avons fait pour la réforme des structures en ce domaine. Depuis la loi d'orientation agricole que Michel Debré et Edgard Pisani firent voter, un grand nombre de textes législatifs ou réglementaires ont paru. Plus encore, l'action a suivi. Nous avons notamment, et je parle de ce que l'on connaît le moins, nous avons fait de considérables efforts pour l'organisation des marchés agricoles. Un certain nombre de textes ont réorganisé complètement le marché du vin d'une façon que je crois satisfaisante et d'ailleurs il semble bien que sur ce point, tout le monde soit satisfait. De même en ce qui concerne la viande, avons-nous mis au point un certain nombre de mécanismes qui nous ont permis de passer l'année 1964, à propos de laquelle on vous a annoncé cent fois la catas-

---

62 CHAN, 5AG2/1086.

63 Le Fonds d'intervention pour l'aménagement du territoire a été créé par le décret du 13 février 1963 en même temps que la Délégation à l'aménagement du territoire et à l'action régionale (DATAR). Il fait suite au Fonds national d'aménagement du territoire (FNAT) créé en 1950 à l'instigation du ministre de la Reconstruction et de l'Urbanisme, M. Claudius-Petit.

trophe, de la passer fort bien. En fin de compte, les prix au détail ont, avec quelques dents de scie, été relativement stables ; les prix à la production ont été stables et nous n'avons eu ni l'effondrement des cours et cette nécessité de stocker que nous avons connue dans le passé, ni la pénurie et le manque si ce n'est momentanément à la suite de certaine manifestation qui finalement n'a pas profité à ses auteurs[64]. Il en est de même en ce qui concerne les fruits et légumes ; les dispositions que nous avons prises l'an dernier en matière de réorganisation du marché ont fait que l'été 1964 s'est passé du point de vue de la commercialisation des fruits et légumes de façon presque parfaite, en tout cas meilleure que jamais dans le passé. Je reconnais que la température y a aidé, mais cela n'est pas le seul élément.

Non seulement nous nous préoccupons de la réorganisation des structures, mais nous nous préoccupons surtout, comme je le disais au début de préparer notre agriculture à être l'agriculture essentielle du Marché commun. Et c'est pourquoi nous continuons à mener inlassablement le combat avec nos partenaires européens pour aboutir à un véritable Marché commun agricole, à des prix communs, toutes choses qui sont nécessaires pour qu'enfin nous puissions dire qu'il y a Marché commun, car nous n'accepterions jamais un Marché commun industriel sans Marché commun agricole. Ainsi notre agriculture trouvera des débouchés considérables qui lui sont nécessaires si elle veut pouvoir élever rapidement son niveau de vie sans réclamer sans cesse des hausses de prix qui ne seraient pas à la longue compatibles avec la stabilité monétaire ni avec les possibilités des citadins.

*
* *

En octobre 1964, soumis à des pressions professionnelles (manifestations paysannes) et parlementaires (motion de censure), Georges Pompidou réaffirme la nécessité d'intégrer l'agriculture française dans l'économie générale, en particulier pour satisfaire aux exigences d'un Marché commun agricole. En réponse aux critiques adressées au Gouvernement, il réitère ses choix : l'ouverture européenne combinée à une réforme des structures et à une politique de prix maîtrisés.

*

64 Le Premier ministre évoque la grève des livraisons de bétail organisée à l'initiative de la FNSEA, du 31 janvier au 10 février 1964.

Intervention de Georges Pompidou lors du débat parlementaire sur une motion de censure 27 octobre 1964[65]

Ne comptez pas sur moi pour dissimuler aux paysans de France que la liste de ceux qui ce soir réclameront impérieusement l'application de la loi d'orientation se confondra pour sa quasi-totalité avec la liste de ceux qui ont voté contre ladite loi.

Les lignes de force de cette politique sont au nombre de trois : la réalisation du Marché commun agricole, la réforme des structures, la réorganisation des marchés agricoles.

Un des faits dominants de notre époque est sans aucun doute la crise générale des agriculteurs. Or il se trouve que, de tous les grands pays européens, Grande-Bretagne comprise, la France est le seul qui produise nettement plus qu'il ne consomme pour la quasi-totalité des produits agricoles. Cette production augmentant sans cesse, le problème majeur auquel nous avons à faire face est un problème de débouchés. Nous ne pouvons trouver de débouchés que, soit sur le marché mondial à des prix très bas et qui imposent par conséquent des subventions budgétaires très lourdes, soit à des prix convenables à l'intérieur du Marché commun européen. Il va de soi que nos intérêts ne coïncident pas avec ceux des pays importateurs, au premier rang desquels l'Allemagne, qui préfèrerait acheter sur le marché mondial et qui connaît d'autre part, pour la fixation même des prix des difficultés intérieures sérieuses.

C'est pourquoi le Gouvernement a dû jeter tout le poids de la France dans la balance pour que nos partenaires acceptent de s'engager dans la voie du marché européen unique. C'est pourquoi il a fallu peser de tout le poids de la France pour que les règlements de ce marché unique soient mis au point dans les délais prévus. C'est pourquoi, et sans que cela ait, croyez-le bien, le moindre rapport avec les contingences actuelles, le Gouvernement continue de presser avec la même énergie nos partenaires pour qu'on en finisse et qu'on fixe le prix des principales denrées : céréales, lait, viande. C'est pourquoi, il s'opposera avec résolution à ce que le problème des produits agricoles soit abordé dans la négociation dite Kennedy tant que les décisions européennes préalables n'auront pas été prises sans retour. Dissocier le Marché commun industriel du Marché commun agricole, accepter d'entamer la négociation de Bruxelles sans que le Marché commun agricole ait pris ses contours définitifs, serait fermer à notre agriculture les débouchés dont elle a besoin pour vivre.

---

65 JO, *Débats parlementaires*, séance du 27 octobre 1964, p. 3 961-3 964.

Mais il va de soi que si le marché européen est la seule solution satisfaisante et globale des problèmes, nous devons prendre les dispositions nécessaires pour qu'en attendant le résultat final notre agriculture soit mise en état de répondre à cette vocation européenne et pour que les agriculteurs français soient en mesure de subsister dans des conditions convenables.

Ceci c'est le problèmes des structures. Il est certain que les exploitations sont trop souvent de taille insuffisante, qu'elles sont morcelées ou dispersées à l'extrême, que les méthodes de culture sont parfois mal adaptées, que l'équipement agricole est tantôt insuffisant, tantôt mal utilisé, les machines manquant ici, étant ailleurs trop coûteuses pour être amorties convenablement sur des exploitations trop étroites.

Mais si je suis convaincu, comme tout le monde, que notre agriculture a besoin de réformer ses structures et de concentrer ses exploitations, je ne considère ni comme fatal, ni comme souhaitable que « réforme de structures » se confonde purement et simplement avec accélération de l'exode rural. Bien au contraire, il est à mes yeux indispensable à l'équilibre économique, social, politique et même moral de notre pays que subsiste une classe nombreuse d'agriculteurs travaillant sur des exploitations familiales et y trouvant la juste rémunération de leur travail.

Une telle politique, qui exige des transferts sociaux importants et un grand effort d'information et de formation, est celle que nous avons mise en application, que nous continuerons et que nous accentuerons.

Et sans doute le problème des prix ne peut en aucune manière être éludé. Mais, que ces prix demain soient européens ou qu'ils soient français, ils ne peuvent résoudre les difficultés de ceux qui socialement m'intéressent le plus, je veux dire les petits exploitants ou ceux qui peinent sur des terres ingrates.

Augmenter les prix, c'est pour l'essentiel – et je ne parle pas des conséquences sur la stabilité générale des prix, sur le niveau de vie des travailleurs de la ville, sur la valeur même de notre monnaie – c'est, dis-je, servir par priorité ceux qui n'en ont pas besoin, c'est-à-dire les détenteurs des terres les plus fertiles, ceux qui les premiers ont eu le mérite mais aussi la possibilité de moderniser leurs exploitations et ont obtenu des rendements considérables.

Ce qui est vrai du maïs l'est des autres produits. Je sais que cette méthode ne plaît pas à tous. Elle déplaît en particulier à ceux des grands propriétaires qui sont à l'origine des manifestations récentes.

Mais je le dis clairement, si je me félicite de la force économique qu'ils représentent pour le pays, ce n'est pas sur eux que je m'apitoie, ce n'est pas eux que le Gouvernement se doit de subventionner.

On objectera sans doute que la solution européenne que nous réclamons se soldera nécessairement par un certain relèvement des prix de telle ou telle denrée. Je n'en disconviens pas. Mais tout d'abord, il faut être conscient que des prix européens trop élevés, entraînant une production artificiellement importante et par suite fermant le Marché commun à toute importation, soulèveraient de telles oppositions extérieures que nous serions condamnés à accepter des contingents d'importation, c'est-à-dire à annuler pour l'essentiel les bénéfices que notre agriculture peut espérer de ce Marché commun. Et d'autre part, il va de soi que la mise en place des prix européens devra s'accompagner d'une réorganisation complète de nos marchés.

Le jour en effet où la stabilité que nous sommes en train de retrouver pourra être regardée comme définitivement assurée, il va de soi que l'augmentation constante des prix agricoles sera aussi inconcevable que celle des prix industriels.

Dirai-je qu'à toutes ces raisons, si valables soient-elles, économiquement, si nécessaires soient-elles à qui veut prévoir, s'en ajoute une autre, essentielle à mes yeux, qui est la constatation, fréquemment vérifiée, que certains intermédiaires entre le producteur et le détaillant, qu'il s'agisse du négoce ou de l'industrie, prélèvent sur les produits une dîme excessive et qui prive nos producteurs d'une partie de ce qui leur est dû comme elle prive le consommateur de baisses de prix parfois possibles.

Comment ne pas constater que les subventions importantes – on les a rappelées : 800 millions, soit 80 milliards d'anciens francs – que nous dépensons pour le soutien des produits laitiers se trouvent en fait détournées de leur objet dès lors que, conçues à un moment où les produits de transformation avaient besoin d'être soutenus, elles continuent à être réparties de la même manière alors que ces produits sont à des prix élevés et que le lait de consommation est payé, lui, moins cher et parfois, dans des régions défavorisées, nettement au-dessous du prix indicatif ?

J'ajoute que la prime de ramassage, instituée l'an dernier précisément pour permettre aux producteurs de régions défavorisées par le relief ou la dispersion des exploitations, de ne pas supporter seuls le poids des frais exceptionnels dus à ce ramassage, n'a pu être versée dans la plupart des cas par suite de la complexité des mesures d'application, la preuve ayant été faite une nouvelle fois que l'excès dans la réglementation, si bonnes en soient les intentions, est paralysant.

J'ai donc décidé que cette prime serait simplifiée de façon à pouvoir être effectivement perçue. J'ai décidé qu'une enquête serait faite sur l'ensemble du circuit industriel, pour que nous puissions d'une part, diminuer éventuellement les profits s'ils sont exagérés, d'autre part, favoriser la rationalisation et la modernisation indispensables.

J'ajoute qu'il est des régions où la production laitière ne pourra jamais être que marginale, et que si nous devons dans l'immédiat apporter aux producteurs de ces régions un soutien, nous devons envisager aussi les mesures nécessaires pour que la production de la viande vienne relayer la production laitière et donner aux exploitants des revenus mieux assurés.

*
* *

L'insertion du secteur agricole dans l'économie générale a également une finalité sociale rappelée dans une allocution télévisée en février 1967, à l'occasion de la campagne pour les élections législatives.

*

Extraits de l'allocution prononcée par Georges Pompidou sur les antennes de l'ORTF 22 février 1967[66]

[...]

Notre politique se résume en un seul mot : « Progrès ». [...]

Au total, en quelques années, la France a changé de visage. Les retards se sont atténués, la modernisation de l'industrie, de l'agriculture se précipite, le commerce, petit et grand, et l'artisanat développent leur productivité, le niveau de vie s'améliore, nous avons commencé à construire un pays moderne, capable de tenir tête aux États les plus évolués de l'Europe occidentale. [...] Il faut faire disparaître progressivement toutes les inégalités.

Inégalités régionales d'abord. [...]

Inégalités des conditions ensuite.

Et d'abord, des agriculteurs. Certes notre agriculture est en pleine mutation, l'Europe lui ouvre de nouvelles possibilités. Mais il est certain que le niveau de vie et en particulier celui des petits exploitants, connaît un retard considérable. Il faut donc, il faut que tout en facilitant la retraite des agriculteurs âgés, tout en créant les conditions de vie propres à inciter les jeunes à rester à la terre, nous fassions que les exploitations

[66] CHAN, 5AG2/1087.

de type familial mais mieux structurées, mais mieux équipées, puissent devenir rentables. C'est ce que le Ve Plan a vu. Et c'est pourquoi il a prévu que le niveau de vie des agriculteurs devrait augmenter plus vite que celui des autres catégories.

Le Gouvernement y veillera tout comme il veillera à ce que, à l'intérieur du Marché commun, le jeu de la concurrence ne soit pas faussé. Que les professionnels de leur côté continuent de s'organiser à tous les stades de la production, de la transformation, de la commercialisation et l'agriculture française recueillera de larges profits grâce à ces 200 millions de consommateurs que lui offre le Marché commun agricole, réalisation combien difficile de la politique permanente, obstinée de la Ve République.

*

* *

Le 8 septembre 1967, dans un entretien télévisé, le Premier ministre indique qu'il est soucieux de dépasser une conception gestionnaire de court terme des questions agricoles au profit de projets de plus grande envergure : la coopération, le problème foncier, la rénovation rurale.

*

Extraits de l'entretien télévisé de Georges Pompidou avec Jean Boissonnat[67] et Pierre Sainderichain[68] 8 septembre 1967[69]

[...]

Je vous rappelle les textes très importants en préparation sur le statut de la coopération et qui ouvriront de grandes possibilités nouvelles à nos coopératives[70]. Pour les SAFER et l'assouplissement de leur gestion, pour l'indemnité viagère de départ qui pourra être donnée dans certaines conditions dès 60 ans[71] et d'autres encore : c'est le cas de l'aménage-

---

67 J. Boissonnat est journaliste pour le journal *La Croix*.

68 P. Sainderichain est journaliste à *Sud-Ouest*.

69 CHAN, 5AG2/1087.

70 G. Pompidou fait référence à l'ordonnance sur les coopératives agricoles du 26 septembre 1967 qui sera refondue par l'adoption, le 27 juin 1972, d'une loi relative au statut des coopératives agricoles.

71 Prévue par le décret du 28 octobre 1964. L'ordonnance du 23 septembre 1967 assouplit les règles relatives au prix de rétrocession, renforce le droit de préemption et offre la possibilité d'une prolongation de cinq à dix ans du délai de rétrocession.

ment du territoire et j'y tiens particulièrement [...], avec également la création des zones de conversion industrielle spéciales, [...] des zones de rénovation rurale Bretagne-Manche, Limousin-Quercy, Auvergne-Lozère et Aveyron.[72]

*

* *

Dans sa première conférence de presse en tant que président de la République, le 10 juillet 1969, Georges Pompidou insiste à nouveau sur la nécessité de mutations dans le domaine agricole dans une France devenue « un véritable pays industriel ».

*

Extraits d'une conférence de presse donnée par Georges Pompidou 10 juillet 1969[73]

[…]

Nous souhaitons, précisément parce que nous croyons que l'Europe doit être une réalité, que l'on approfondisse la notion européenne, c'est-à-dire que l'on fasse progresser la Communauté. À l'heure actuelle, il n'y a en réalité qu'une union douanière d'une part, et une communauté agricole assez difficile à faire fonctionner d'autre part. […]

En matière économique ? Le problème n'est pas d'y attacher mon nom. Le problème est que, pendant ces sept années, mon action, l'action du Premier ministre et l'action de son Gouvernement permettent d'aboutir à un certain nombre de résultats. Je l'ai dit. Je crois que le premier résultat économique, c'est de faire de la France un véritable pays industriel. Le second, c'est d'assurer les mutations, comme on dit, nécessaires, que ce soit dans le domaine agricole, que ce soit dans le domaine du commerce, par exemple, dans des conditions telles qu'elles ne créent pas un nouveau prolétariat misérable et qu'elles n'entraînent pas de souffrance.

*

* *

---

72 Le 24 octobre 1967 paraît au JO le décret sur la rénovation rurale. Voir le texte en annexe p. 408.

73 CHAN, 5AG2/1088.

Par la suite, il continue de préconiser cette reconversion, notamment au profit de l'élevage, pour relever des défis français (le développement régional harmonieux) et européen (des débouchés).

*

Extrait de l'allocution prononcée par Georges Pompidou à Pouilly-en-Auxois 29 octobre 1970[74]

[...]

Vous avez évoqué les problèmes de l'agriculture et en particulier de l'élevage. En effet, cette région est maintenant spécialisée tout particulièrement dans l'élevage et l'élevage de race charolaise dont nous savons les succès non seulement en France mais internationaux, ou la reproduction de bêtes qui sont particulièrement aptes à la production de viande. Vous savez qu'à l'intérieur du Marché commun, les perspectives de développement de l'élevage et en particulier du marché de la viande sont considérables, qu'à l'heure actuelle la Communauté est déficitaire de ce point de vue là et devrait l'être plus encore, bien entendu, si elle s'élargissait à la Grande-Bretagne, comme à l'heure actuelle il en est question. Il y a donc pour l'élevage et en particulier pour l'élevage de qualité, des perspectives favorables et que le Gouvernement cherche à aider par rapport à d'autres secteurs agricoles puisque vous le savez, nous avons tout récemment entrepris d'aligner nos prix intérieurs sur les prix européens et, par conséquent, nous aurons réalisé, en ce qui concerne le prix, l'augmentation de 12,5 % en quelque quatorze mois[75]. Je sais bien que cela est loin de parer à toutes les difficultés, je sais en particulier ce que seront les aléas de la conjoncture et les fluctuations que connaissent les cours et qui, en ce moment même sont ressentis d'une façon particulièrement sérieuse. Je sais aussi que l'élevage est de toutes les productions agricoles celle qui est la plus ingrate en ce sens qu'elle demande à l'agriculteur le plus de présence, elle est celle de toutes ces productions qui représente l'astreinte la plus grande et par conséquent qui décourage souvent la jeunesse soucieuse de plus de libertés que n'en permet l'élevage. Je pense, pour ma part, que la modernisation des exploitations d'une part, l'organisation de la profession

---

74 CHAN, 5AG2/1089. Pouilly-en-Auxois se trouve en Côte d'Or.

75 Le Président fait référence à la dévaluation du franc du 8 août 1969, à l'origine de la mise en place d'un système de montants compensatoires monétaires (MCM) pour éviter des distorsions de concurrence entre les prix agricoles français et les prix indicatifs européens.

surtout, doivent permettre de pallier les principaux inconvénients et de donner à cette production capitale pour la prospérité de la France, capitale pour notre situation intérieure dans la Communauté, et capitale également pour la conservation du capital de votre milieu rural et donc de notre stabilité sociale. Je suis convaincu que nous avons la possibilité de sauvegarder tout cela, de le transformer comme il convient et de donner finalement satisfaction à la fois aux besoins nouveaux et aux aspirations traditionnelles. Je fais appel surtout pour cela, je le répète, Monsieur le Maire, à l'organisation de la profession et les pouvoirs publics sont prêts à l'aider de leur mieux, mais là encore faut-il qu'ils trouvent devant eux une profession décidée à s'organiser et décidée à coopérer. Je sais que dans cette région, c'est le cas et j'en remercie ses dirigeants.

*

* *

Son allocution présidentielle à Murat, le 16 mai 1970, place l'agriculture dans un contexte général, celui de nécessités économiques générales et locales qui justifient les reconversions, une « rationalisation » des systèmes de production, de transformation et de commercialisation des produits agricoles.

*

Extrait de l'allocution prononcée par Georges Pompidou à Murat 16 mai 1970[76]

[...]

Voilà vos préoccupations en tant que magistrats municipaux. Mais vous êtes également les représentants des populations, et, à ce titre, vous vous faites l'écho de toutes les préoccupations de ces populations et des diverses catégories professionnelles. Ici, dans le Cantal, la première des catégories, la plus importante, celle qui fait vivre d'abord le département, c'est l'agriculture. Alors se demande-t-on, quel est l'avenir de l'agriculture, quel est l'avenir de l'exploitation familiale, quel est l'avenir de la production de viande et de la production de lait ? J'ai eu l'occasion d'en parler dans un discours qui, à l'époque, fit quelque bruit, vous vous en souvenez sans doute, le 14 octobre 1967, à Aurillac, lors

[76] CHAN, 5AG2/1090.

de l'inauguration du lycée agricole[77]. De tout ce que j'ai dit ce jour-là, je ne retire rien. Ce ne sont pas les plans qui peuvent être échafaudés à l'échelle européenne sans toute la connaissance des réalités sociales et en tout cas sans tout le respect qui leur est dû, ce ne sont pas non plus les rapports qui peuvent être rédigés par des hommes éminents, mais, dont le moins qu'on puisse dire, est qu'ils n'ont que peu de contacts avec la paysannerie, qui peuvent me faire changer dans ce domaine[78]. Tout d'abord, dans un pays comme celui-ci, la vocation est agricole et doit rester agricole. En second lieu, dans cette agriculture, tant à cause de la configuration géographique que pour des raisons sociales et politiques et pour ne pas faire de l'Auvergne un pays dépeuplé, il convient que l'exploitation familiale soit sauvegardée.

Mais il est évident que si cette vocation agricole doit être maintenue, que si cette exploitation familiale doit être sauvegardée, il faut qu'elles soient l'une et l'autre compatibles avec l'évolution de l'économie et avec les nécessités économiques. Je le disais déjà à Aurillac, vouloir livrer des combats d'arrière-garde, sauver des structures périmées, peut pendant un moment paraître une solution mais finalement, on recule pour mieux sauter.

Il faut donc résolument regarder les problèmes et tâcher de les résoudre. De même que pour les petites communes dont je parlais tout à l'heure, c'est dans l'entente, dans la coopération, et dans la modernisation que l'on trouvera la solution. Il faut en particulier, pour vous, Cantaliens, qui vivez pour l'essentiel de la production laitière et fromagère, que se créent des organisations communes permettant la rationalisation de la production, de sa présentation, de sa qualité, permettant un effort conjugué de propagande, d'information, afin d'assurer à vos productions un meilleur marché intérieur et un meilleur marché extérieur. Je le demandais en 1967. Pour autant que je sache, tout en ayant été écouté très chaleureusement, peu de progrès avaient été réalisés. D'après ce qu'on me dit, à l'heure actuelle, les choses semblent évoluer. Il semble qu'un certain nombre d'animateurs, comprenant les nécessités, entraînent derrière eux davantage les agriculteurs, commencent à mettre sur pied les formules, les structures qui permettront cette évolution.

Permettez-moi de vous dire non seulement avec la connaissance que je puis avoir des problèmes économiques, mais avec l'intérêt passionné que je porte à ce département et à cette région, qu'il faut s'engager résolument dans cette voie et qu'il faut montrer, une fois de plus, que si l'Auvergnat bouge lentement, quand il bouge, il ne s'arrête plus et il va loin.

---

77 Pour le texte intégral de ce discours, se reporter p. 213.

78 On peut penser que G. Pompidou fait allusion au plan Mansholt et au rapport Vedel.

Autre préoccupation, celle des commerçants et des artisans. Pour ma part, je la relie d'ailleurs en grande partie à l'ensemble des problèmes que je viens déjà d'évoquer à l'occasion des municipalités et à l'occasion de l'agriculture. Dans un pays comme celui-ci, le problème n'est pas de voir le petit commerce écrasé par la concurrence de ce qu'on appelle les grandes surfaces. Peut-être à Aurillac, verra-t-on apparaître quelque chose qui ressemble à une grande surface, ou plutôt à une moyenne surface, mais dans l'ensemble la vie du commerce et de l'artisanat repose ici sur le maintien d'une activité rurale et sur le maintien de ces centres d'activités ruraux que sont nos chefs-lieux de canton et d'arrondissement. Si nous maintenons cette activité, si l'agriculture est rentable, si, par conséquent, l'agriculteur achète, si nous développons aussi le tourisme, eh bien, le commerçant, l'artisan, trouveront tout naturellement à gagner leur vie.

*

* *

C. Le soutien de l'État au développement agricole

À caractère permanent, l'intervention de l'État est délimitée par les lois d'orientation de 1960-1962 et par un grand nombre de décrets d'application. Le soutien agricole relève d'une série de dispositions et est matérialisé par un ensemble d'actions, souvent à finalité de court terme, qui font l'objet d'une concertation avec les milieux professionnels, une concertation à laquelle participe le Premier ministre. Son courrier de décembre 1963 au président de la FNSEA[79] *en témoigne. Georges Pompidou s'intéresse de près aux questions agricoles en analysant leurs aspects techniques, les problèmes particuliers comme ceux des investissements agricoles, des prix des différents produits. Et il fait part de ses choix et de ses priorités à ses partenaires, par exemple en matière de promotion des groupements de producteurs, de développement des industries agricoles et agroalimentaires, de restructuration des abattoirs. Cependant, Georges Pompidou considère que les questions agricoles ne sont qu'un élément de la politique économique et il le souligne dans un entretien avec dix-neuf chefs d'entreprises, publié en juin 1964 par la revue* Entreprise. *Sa synthèse est éclairante sur son approche globale.*

*

[79] Voir texte p. 64.

Extraits de l'interview organisée par la revue *Entreprise* sur « La politique économique de la France » 26 mai 1964[80]

À l'heure actuelle, au point de vue économique, deux problèmes fondamentaux se posent :

- Le premier est celui d'assurer l'expansion sans compromettre pour autant la stabilité monétaire et des prix, maintien de l'expansion et du plein emploi, d'une part, maintien de prix stables et d'une monnaie stable, d'autre part. La conciliation est aussi nécessaire que possible. Il y a là une donnée fondamentale pour toutes les économies actuelles.
- Le deuxième problème est précisément quel doit être, compte tenu de cette donnée fondamentale, le rôle réservé à l'État d'une part, aux chefs d'entreprises et à l'initiative privée, d'autre part ? [...]

Il faut insister sur le rôle actif et déterminant de l'État qui ne peut s'en remettre au jeu des lois économiques. Cela pour trois raisons :

1. Des raisons nationales : l'État se doit d'orienter le développement de l'économie dans un sens plutôt que dans un autre, de donner priorité à certaines industries plutôt qu'à d'autres.
2. Il ne peut pas non plus s'en remettre aux lois économiques pour des raisons sociales, en ce sens qu'il doit éviter les à-coups sectoriels ou géographiques qui sont inévitables et qui créeraient, dans une prospérité globale, des îlots de misère ou de graves injustices. Cela est vrai dans tous les pays du monde. C'est vrai, en particulier, dans un pays comme la France, dans la mesure où la France se trouve dans une période d'évolution économique, et même de révolution, qu'il s'agisse de notre agriculture, de notre industrie ou de notre essor démographique.
3. Une participation directe à l'économie : l'État est d'autant plus amené à jouer un rôle économique essentiel qu'il est devenu, en France, le premier des patrons de l'économie. [...]

Une fois constaté le poids de l'État dans la vie économique, comment définir son rôle? L'État doit d'abord fixer les grandes perspectives, c'est-à-dire établir le Plan.

Il doit ensuite, par tous les moyens dont il dispose, en particulier le contrôle du crédit, les investissements, les avantages ou les pénalisations

---

80 CHAN, 5AG2/1086. Cette synthèse est publiée dans *Entreprise*, n° 458, 20 juin 1964, p. 21-50.

qu'il peut accorder ou infliger, orienter l'activité dans le sens de ces grandes perspectives. [...]

Si c'est là le rôle de l'État, il est évident que ce rôle varie en importance suivant les moments. Dans les périodes de crise, soit de récession, soit de tension, dans les périodes d'évolution difficile, l'État est amené à intervenir davantage. C'est ce qu'il fait, par exemple, en ce moment par le plan de stabilisation [...]. C'est ce qu'il fait également par l'aménagement du territoire, pour atténuer les effets de l'évolution, pour freiner dans une certaine mesure l'expansion de la région parisienne, pour, au contraire, essayer de sauver l'activité d'autres régions désavantagées. Cela le conduit quelques fois bien malgré lui à intervenir jusque dans le détail, comme il le fait, par exemple, dans les zones dites critiques.

Mais par contre, il est souhaitable qu'en période normale et en régime de croisière, l'État réduise son rôle au minimum, minimum qui est déjà considérable. [...]

Quant à la politique des revenus, il est probable que le Ve Plan la prendra à son compte. Cela ne pourra être d'ailleurs qu'un début, un effort pour définir une politique des revenus. Il est difficile de définir ce qu'est une politique des revenus. Cela consiste, dans notre esprit, à essayer de déterminer des taux de progression raisonnables et à tout le moins comparables pour les différentes sortes de revenus. Cela consiste, si vous voulez, par exemple, à essayer de donner aux revenus de l'agriculture une progression analogue et parallèle à ce que peut être celle des revenus de l'industrie ou des salariés. Cela consiste en même temps à essayer de définir ce que peut être une progression du revenu national global. [...]

*
* *

Indépendamment des orientations générales sur des dossiers particuliers auxquels il accorde une grande importance, Georges Pompidou donne des instructions précises aux ministres concernés et à ses collaborateurs. Il en est ainsi à l'occasion du conflit laitier de 1964.

*

Lettre de Georges Pompidou au ministre de l'Économie et des Finances et au ministre de l'Agriculture 20 octobre 1964[81]

Les conditions dans lesquelles s'est déroulé le mouvement qu'on a baptisé improprement « grève des producteurs de lait »[82] et qui, en réalité, a consisté en un accord entre les dirigeants syndicaux et les industriels en vertu duquel ces derniers ont détourné de la consommation vers la transformation le lait normalement collecté, ont révélé un certain nombre d'anomalies.

D'une part, il est apparu que certains producteurs de lait, et notamment les petits producteurs de régions défavorisées, ne percevaient parfois qu'une rémunération inférieure au prix indicatif fixé par le Gouvernement, alors que dans la majorité des cas les prix réellement pratiqués étaient supérieurs de 10, 20 et parfois 50 % à ce prix indicatif.

Une telle situation est d'autant plus anormale que l'État consacre au soutien des produits laitiers des subventions considérables qui se trouvent détournées de leur objet économique et social, puisqu'elles sont utilisées par les industriels ou par divers organismes afin d'accentuer l'inégalité entre les producteurs, et concourent paradoxalement à faire payer au consommateur des prix particulièrement élevés pour les produits de transformation.

Mais, il est apparu également, comme d'ailleurs l'a fait ressortir la comparaison avec les prix étrangers, qu'il s'agisse par exemple de beurre ou de lait condensé que le coût des opérations entre le ramassage du lait chez le producteur et la livraison de produits laitiers transformés au consommateur était anormalement élevé, et cela bien que l'institution l'an dernier par le Gouvernement d'une prime de ramassage ait eu précisément pour but d'atténuer l'effet des charges exceptionnelles pesant dans certaines régions sur ces opérations.

Ceci doit partiellement être imputable à la modernisation insuffisante de notre équipement industriel. Mais, il m'apparaît que les marges que se réservent les industriels, qu'il s'agisse de la pasteurisation, de la transformation ou du stockage, doivent être trop élevées et par suite être également responsables soit du faible prix payé au producteur, soit du prix élevé demandé au consommateur, soit même des deux.

Certaines des difficultés qu'a rencontrées le Gouvernement pour assurer, comme il en avait l'impérieux devoir, le ravitaillement des centres

81 CHAN, 92/AJ/1.

82 Ce mouvement a lieu au cours des mois d'août et septembre 1964.

urbains, ont également démontré que l'organisation du marché des produits laitiers présentait de nombreuses lacunes et favorisait les ententes et coalitions.

C'est pourquoi je vous demande de bien vouloir, en liaison avec M. le ministre de l'Agriculture, appliquer les directives suivantes :

1°) Il convient de charger immédiatement un petit groupe de fonctionnaires d'une mission d'enquête concernant les marges des industriels du lait. Si, comme je le pense, celles-ci sont dans de nombreux cas excessives, il conviendra de prendre les mesures indispensables pour les réduire et pour réintroduire la notion de concurrence en faisant le nécessaire pour que, suivant les cas, les producteurs ou les consommateurs en aient le bénéfice.

2°) Le fonctionnement de la prime de ramassage ne paraissant pas avoir été satisfaisant, il y a lieu d'en modifier et d'en simplifier les modalités, afin que soient atteints les objectifs auxquels tendait son institution.

3°) Cette prime ne pouvant à elle seule régler le problème des producteurs de régions défavorisées, il y a lieu de mettre en œuvre une politique d'aide aux éleveurs, destinée à promouvoir les adaptations nécessaires et à garantir aux producteurs un revenu convenable. Vous voudrez bien me faire des propositions à ce sujet.

4°) Le « Groupe de travail » que le Gouvernement avait chargé, il y a un an, d'examiner le marché du lait ayant remis ses conclusions, vous voudrez bien soumettre à un prochain Conseil interministériel un projet de réorganisation de ce marché. Ce projet devra notamment :

   a) préparer un plan de modernisation de l'équipement au niveau de la ferme, du ramassage et de certaines usines et déterminer le rôle que l'État pourrait jouer pour la mise en œuvre aussi rapide que possible de ce plan ;

   b) proposer une réorganisation de nos mécanismes d'interventions qui, conçus à l'origine pour le soutien du lait par le moyen d'interventions sur les produits transformés se trouvent actuellement à la fois dépourvus de sens et détournés de leur objet ; cette réorganisation devra notamment aboutir à un meilleur équilibre des prix payés aux producteurs, compte tenu éventuellement de la qualité du lait collecté.

Le Gouvernement entend, vous le savez, aboutir dans les mois prochains à une organisation européenne du marché du lait. Vos propositions devront donc tenir compte de cette éventualité. Mais, elles devront être susceptibles d'application unilatérale sur le marché intérieur français, pour le cas où la négociation de Bruxelles n'aboutirait pas dans les délais prévus.

Georges Pompidou

*
* *

De même, en janvier 1965, il est très attentif à l'élaboration d'une véritable politique de l'élevage, comme le confirme une annotation sur un compte rendu d'audience de son conseiller Pierre Lelong.

*

Note de Pierre Lelong pour Georges Pompidou, « Entretien avec les dirigeants de la Confédération nationale de l'élevage » 8 janvier 1965[83]

J'ai reçu récemment le président de la SIBEV[84] et les dirigeants de la Confédération nationale de l'élevage (bœuf et porc), qui sont aussi allés voir M. Pisani.

I. Pour le bœuf, les professionnels, évoquant la désaffection croissante des exploitants agricoles pour la production animale, demandent :

- une augmentation de 7 % du prix d'intervention par rapport au prix pratiqué cet hiver (ce qui fait 12 % par rapport au prix décidé le 1er avril 1964).
- une augmentation de 10 % du prix d'intervention par rapport au prix du 1er avril 1964. Il y aurait donc un resserrement de 6 à 4 % de la fourchette orientation-intervention.
- que le Gouvernement annonce dès maintenant les prix des deux campagnes suivantes, afin de donner confiance aux exploitants.
- que le plafonnement des prix de la viande au détail soit remplacé par une fixation des marges des commerçants, le système actuel favorisant l'écoulement des viandes de mauvaise qualité.

---

83 CHAN, 92AJ/1.

84 SIBEV : Société interprofessionnelle du bétail et des viandes, organisme d'intervention mis en place fin 1954 pour régulariser les marchés.

II. Pour le porc, dont les prix sont, d'ores et déjà, fixés différemment dans le cadre du Marché commun (le porc est considéré comme un produit transformé par rapport aux céréales, et son prix varie parallèlement à celui de l'orge, compte tenu de certaines marges), mes interlocuteurs ont évoqué :

a) des mesures de caractère assez technique et qu'il me semble, *a priori*, possible d'étudier et peut-être même de satisfaire (modification du mode de calcul des prélèvements extra-communautaires, par exemple).

b) ils m'ont indiqué que, puisque le Gouvernement français a admis à Bruxelles que le désarmement intra-communautaire soit terminé le 1er juillet 1967, il était préférable d'accélérer ce désarmement plutôt que de retarder le moment où les producteurs français seront en concurrence avec les producteurs allemands. Il est à craindre en effet que ceux-ci ne profitent des compensations prévues par l'accord du 15 décembre 1964, pour réaliser des investissements dans le secteur de la production porcine.

c) un accroissement des crédits budgétaires destinés à la sélection porcine, et de certains investissements intéressant ce secteur.

d) la mise sur pied du système d'intervention européen sur le porc, prévue par l'accord du 15 décembre, aussi rapide que possible.

e) sur le plan national, le relèvement de 4 % du prix d'intervention de la SIBEV (fixé à un niveau très bas, inchangé depuis plusieurs années).

Il faut noter que mes interlocuteurs, représentant les syndicats officiels, sont très éloignés de la tendance « Jeunes agriculteurs » plus sensibles aux récents efforts du Gouvernement en matière de viande bovine (contrats d'élevage, groupements de producteurs), et que, en revanche, ils sont très liés avec le commerce classique de la viande (M. Lemaire-Audoire par exemple).

Annotation de Georges Pompidou sur la note de Pierre Lelong :

Je répète qu'il faut prendre les problèmes agricoles dans leur ensemble. Ce que j'ai dit des produits laitiers est également vrai de la viande. Me préparer une lettre à M. Pisani pour lui donner mes instructions. Il doit préparer pour fin février une politique d'ensemble – viande-lait-céréales – en fonction des décisions prises ou probables du Marché commun. J'en dirai autant pour le sucre. Je désire que tout cela soit pris en bloc et non au coup par coup et en détail et qu'il soit manifeste que l'intérêt est à identifier.

*

* *

Si l'intervention de l'État est conçue dans une perspective de reconversion des structures au plan national, elle doit s'inscrire dans une perspective européenne. Elle est partie intégrante d'une politique gouvernementale tournée vers l'avenir et qui doit se solder par une réorganisation en profondeur des systèmes de production, comme Georges Pompidou le précise à Rodez en mai 1966.

*

Allocution prononcée par Georges Pompidou à Rodez 14 mai 1966[85]

Le problème.

Partir d'une situation donnée (une agriculture vieillie dans ses structures, attardée dans ses méthodes) pour aboutir à une situation future inéluctable.

I. Situation future : le Marché commun

Les illusions – certains ont pu s'imaginer que le Marché commun serait une organisation dans laquelle l'agriculture française monopoliserait un marché de près de 200 millions d'habitants et bénéficierait de prix très élevés.

Pourquoi sont-ce des illusions ?

- parce que les autres pays ne sont pas disposés à sacrifier leur propre agriculture,
- parce que plus les prix seront élevés, plus les agricultures défavorisées au point de vue climatique (ex. Allemagne pour le blé, Italie pour la betterave) pourront facilement se maintenir, voire s'étendre.
- parce que des prix élevés augmentant la production globale de la Communauté, la charge d'exportation des surplus deviendra écrasante et les pays importateurs (Allemagne, Italie), se refuseront à l'assumer.
- enfin, parce que dans un certain nombre de domaines, les méthodes industrielles supplantent les méthodes traditionnelles et rendent aléatoire l'avantage du sol et du climat : c'est déjà le cas

[85] CHAN, 5AG2/1087.

de l'aviculture (poulets, œufs), du porc, ce sera demain le cas de la viande bovine[86].

II. La politique gouvernementale

Ces considérations guidaient la politique du Gouvernement.

Il fallait d'abord imposer le Marché commun agricole à des partenaires qui souhaitaient que la CEE fût simplement industrielle. Ce fut l'objet de la « crise » de janvier 1962[87].

Il fallait ensuite faire que ce Marché commun agricole en fût un et pour cela refuser qu'il fût annihilé par des systèmes de contingents d'importations extracommunautaires : ce fut la cause de la « crise » avec l'Angleterre en janvier 1963[88].

Il fallait ensuite avoir des prix communs et des prix qui ne fussent pas trop élevés pour éviter une surproduction généralisée dans les six pays : ce fut la « crise » de décembre 1964 pour le prix commun des céréales[89].

Il fallait enfin obtenir un règlement financier satisfaisant, c'est-à-dire un règlement qui sans imposer à nos partenaires des charges excessives assurât une préférence réelle aux échanges intercommunautaires par rapport aux importations de l'extérieur : ce fut la « crise » du 30 juin 1965[90].

Il fallait au surplus que nous fussions assurés que les décisions prises ne pourraient pas être remises en cause par nos partenaires dont les intérêts étaient souvent concordants entre eux et opposés aux nôtres : ce fut l'autre aspect de la crise du 30 juin, portant sur le fonctionnement de la Communauté, la règle de l'unanimité et la possibilité pour le Conseil des ministres d'imposer ses directives à la Commission.

Le simple récit des événements montre à quel point il a fallu que le Gouvernement fasse preuve d'obstination et d'énergie pour franchir les obstacles. Que serait-il arrivé si nous avions cédé aux campagnes d'intoxication qui cherchaient à nous faire capituler devant les exigences

---

86 G. Pompidou fait allusion à la pratique de l'élevage « hors sol » qui est en plein essor, en particulier en Bretagne.

87 Évocation du premier « marathon agricole » de janvier 1962 qui aboutit aux premiers règlements fondateurs du Marché commun agricole.

88 Référence au discours du général de Gaulle qui rejette la première candidature britannique.

89 En décembre 1964, les Six parviennent à un « compromis » sur un niveau de prix européens pour les céréales.

90 Il s'agit de la crise dite de la « chaise vide » engagée à l'initiative du Gouvernement français sur instruction du général de Gaulle.

de nos partenaires sous prétexte que nous mettions en danger le Marché commun, alors que les faits prouvent que nous luttions seuls pour l'établissement d'un réel Marché commun ? Nous avons pu encore en avoir la preuve lors des discussions récentes pendant lesquelles ceux-là même qui avaient ouvertement pris parti pour la supranationalité et contre la règle de l'unanimité ont, pour la défense de leurs intérêts nationaux, exprimé leur refus d'accepter l'ensemble du Marché commun si on ne leur donnait pas satisfaction dans les domaines qui les touchaient particulièrement.

Au total, je puis affirmer que depuis plus de sept ans, le Gouvernement n'a cessé de lutter, au prix de quelles difficultés, pour défendre les intérêts de l'agriculture française, intérêts actuels et intérêts futurs. Pour aboutir, il est allé jusqu'à accepter, en contrepartie, de faire courir à notre industrie le risque de l'ouverture des frontières, avec dix-huit mois d'avance sur le rythme prévu par le traité de Rome.

III. L'avenir

Le Marché commun institué, il convient de mettre notre agriculture à même de s'y adapter et d'en tirer profit. Il s'agit de préparer l'avenir, et dans deux domaines différents :

a) À l'extérieur, dans la suite des discussions du Marché commun, il faut parvenir à une fixation des prix communs et à une organisation des marchés qui ne fassent pas uniquement le jeu des grandes régions céréalières, mais nous ouvrent des perspectives en matière de production de viande, de produits laitiers, de fruits et légumes.

Nous devrons en particulier veiller à ce que les prix communs soient réellement communs et non viciés par des subventions gouvernementales, que l'organisation des marchés garantisse leur loyauté, en particulier :

- en matière de viande bovine, par une définition précise des caractéristiques auxquelles s'applique le prix commun.
- en matière de produits laitiers en faisant que le prix plancher s'applique non pas seulement au beurre mais à la poudre de lait.
- en matière de fruits et légumes et d'aviculture, en obtenant que la réglementation comporte une protection suffisante des productions européennes et une organisation satisfaisante du marché intracommunautaire.

Nous devrons parallèlement avoir une politique de prix intérieurs qui permette de rejoindre les prix européens, ce que nous avons commencé pour les céréales en juillet 1965 et que nous poursuivrons, ce que nous avons résolument entrepris pour la viande et le lait dans nos décisions du 1er avril dernier, qui comblent une grande partie de la différence entre les prix français et les prix européens et prévoient dans le calcul du soutien des produits laitiers une place plus grande pour les produits azotés, favorisant ainsi particulièrement la production des fromages.

b) À l'intérieur, nous devons organiser la transformation de notre agriculture dans trois directions :

1) en l'orientant vers les productions rentables, c'est-à-dire exportables à des prix rémunérateurs : viande, lait, fromage.
2) en modernisant l'exploitation et les méthodes de production et d'élevage.
3) en réorganisant les circuits commerciaux, notamment en matière de viande.

C'est la politique qui est menée actuellement :

- par la loi du 8 juillet 1965 sur la modernisation du marché de la viande.
- par l'aide aux SICA viande : le Premier ministre, saisi par M. Bruel[91], a, en novembre 1965, fait décider par les ministres de l'Agriculture et des Finances la prise en charge par le FORMA du déficit global des SICA.
- par l'aide à la modernisation des méthodes d'élevage, marquée en février dernier par une augmentation des dépenses publiques en faveur du contrôle laitier et qui se traduira également dans diverses mesures en préparation au ministère de l'Agriculture.
- par l'aide à la modernisation des exploitations : subventions du FORMA aux installations de réfrigération du lait à la ferme, subventions accrues pour la modernisation des bâtiments d'exploitation décidées en février (le décret fixant les critères de répartition va être publié), etc.

Ceci pose d'ailleurs le problème des « structures ». Un gros effort financier est fait par l'intermédiaire des SAFER et du FASASA pour favoriser les regroupements ainsi que l'installation des jeunes grâce aux avantages donnés aux agriculteurs âgés qui se retirent. Certes, il y a des difficultés. Cela coûte très cher. Le fonds de roulement des SAFER est souvent insuffisant, notamment dans des régions pauvres comme le Massif central. Mais ces questions sont suivies et au total, des résultats obtenus. L'objectif n'est évidemment pas d'orienter l'agriculture vers des exploitations de taille industrielle. Si ceci est possible – et en grande partie réalisé – dans les grandes plaines du Bassin parisien, une grande

---

91 M. Bruel est alors à la tête de la Fédération nationale bovine et secrétaire général de la FNSEA.

partie de la France, et notamment le Centre, l'Ouest et le Sud-Ouest sont voués à l'exploitation moyenne. Le Gouvernement en est conscient et au surplus mesure l'intérêt pour la France et pour son équilibre social du maintien d'une importante agriculture de type familial. Il s'agit donc de faire que ces exploitations familiales soient rentables, compatibles avec les exigences légitimes des jeunes générations en matière de niveau de vie et plus encore de mode de vie. Des solutions existent, y compris pour les régions d'élevage. Nous les mettons en œuvre, progressivement au prix d'un gros effort financier.

La Ve République a accompli pour l'agriculture française un effort sans précédent. Au lieu d'une aide « à la petite semaine » permettant à nos agriculteurs de vivoter, elle a cherché dans la modernisation des structures et des méthodes d'exploitation et par une politique ferme et résolue au sein du Marché commun, à ouvrir à notre agriculture des perspectives de prospérité réelle et durable parce que économiquement saine. Cette politique a été menée successivement et inlassablement par les deux Gouvernements du général de Gaulle avec l'aide de ministres de l'Agriculture tels que MM. Pisani et Edgar Faure. Attaché par mille liens aux régions du Centre, je suis moi-même avec une particulière attention la solution des problèmes qui leur sont propres. Notre politique, parfois mal comprise dans le passé, commence à porter ses fruits, comme en témoignent les récents accords de Bruxelles et la transformation évidente, quoique encore incomplète, de nos campagnes. Elle sera d'autant plus efficace qu'elle pourra être conduite en accord avec la profession, c'est-à-dire avec les agriculteurs eux-mêmes. Loin de chercher la solution dans des décisions de bureaucrates ou de technocrates, nous entendons associer à notre action tous ceux qui y sont intéressés, les consulter avant les décisions, les faire participer à leur application ; que ce soit dans les commissions du Plan, dans les commissions de développement économique régional, dans les délibérations ou la gestion du FORMA, dans la répartition des aides budgétaires, dans la politique de crédit agricole, nous comptons sur les agriculteurs et sur leurs représentants qualifiés pour nous aider à réaliser la grande transformation économique qui donnera au monde rural la parité du niveau de vie et la participation à la prospérité nationale qu'il réclame à juste titre et que nous avons les premiers inscrites dans la loi.

*

* *

Ce principe est encore rappelé à la fin du mois de septembre 1966, à l'époque de la campagne des législatives.

*

Extrait du Manifeste du 30 septembre 1966[92]

[...]

Nous devons poursuivre la rénovation de notre agriculture et la mettre en mesure de tirer parti des vastes possibilités que lui ouvre le Marché commun.

Or, la modernisation de l'industrie et de l'agriculture exige d'abord une action concertée de l'État, une planification souple conjuguant une vue d'ensemble et une politique à long terme avec le libre déploiement des initiatives individuelles.

*

* *

Dans sa déclaration de politique générale du 18 avril 1967, le chef du Gouvernement confirme qu'il entend poursuivre sur la voie tracée en maintenant le cap de la transformation de certaines régions agricoles et la politique générale d'aménagement du territoire.

*

Extrait de la déclaration gouvernementale de Georges Pompidou à l'Assemblée nationale 18 avril 1967[93]

Assurément, une bonne partie du chemin a déjà été accomplie. Dans de nombreuses régions, l'agriculture a achevé sa transformation et doit être en mesure de tirer profit du marché de 200 millions de consommateurs qui va lui être ouvert. Mais il en est d'autres où cette transformation ne fait que commencer et où elle s'avère d'autant plus délicate que notre objectif reste la sauvegarde de l'exploitation de type familial. Au cours des dernières années, ont été mis en place des instruments de l'action, qu'il s'agisse des SAFER, du FASASA, des groupements de producteurs et des modalités d'encouragement à leur création, qu'il s'agisse encore des mécanismes d'intervention, notamment à travers le FORMA, qu'il s'agisse de la loi sur l'élevage[94]. Le Gouvernement sait que cette action doit, sur certains points, être accentuée, sur d'autres

92 CHAN, 5AG2/1087.

93 CHAN, 5AG2/1087.

94 Il s'agit de la loi du 28 décembre 1966 sur l'élevage qui prévoit une amélioration génétique du cheptel, la création d'établissements départementaux de l'élevage en vue d'une modernisation de ce secteur de production.

modifiée ou diversifiée. Il sait le lien qui existe entre la transformation de certaines régions agricoles et la politique générale d'aménagement du territoire. Il ne m'est certes pas possible aujourd'hui de développer le programme d'une action que nous entendons mener en liaison étroite avec les organisations professionnelles. Mais ce pourrait être l'objet d'un large débat ultérieur.

*

* *

Et il s'engage à accorder une attention particulière à des attentes plus spécifiques.

*

Extraits de l'intervention de Georges Pompidou devant l'Assemblée nationale 20 avril 1967[95]

[...]

J'en viens aux problèmes de l'agriculture qui ont été traités dans le détail, notamment par M. l'abbé Laudrin[96], lequel a évoqué leur caractère général ainsi que des aspects particuliers. Sur un point, j'ai la possibilité de lui répondre tout de suite, et je la saisis.

M. Laudrin a soulevé la question de la patente pour les aviculteurs. Je puis lui annoncer que l'étude qu'il souhaite et qui a été demandée par les organisations professionnelles est faite à l'heure actuelle par les services ministériels et qu'il est infiniment probable – il est même certain – qu'au cours de l'année, des dispositions interviendront en la matière. En attendant, la direction générale des impôts a d'ores et déjà suspendu l'émission des rôles des patentes pour les producteurs aviculteurs[97].

Deux problèmes fondamentaux ont été posés : celui de la propriété de la terre et celui de l'abaissement de l'âge exigé pour l'octroi de l'indemnité viagère de départ. Je dois dire qu'il n'est pas en mon pouvoir, aujourd'hui, de leur apporter des solutions. J'ajoute qu'ils revêtent une gravité extrême, qu'ils exigent une longue réflexion et que je serais

95 CHAN, 5AG2/1087.

96 L'abbé H. Laudrin est député du Morbihan.

97 En 1968, la loi de finances rectificative du 2 août exonère de la patente les élevages non industriels de porcs et de volailles.

heureux qu'ils fassent l'objet, au préalable, dans cette Assemblée, d'un débat ouvert et véritable.

En effet, le problème du prix de la terre et de sa propriété soulève de très graves difficultés et toutes les solutions à la fois méritent d'être examinées et entraînent des conséquences qui ne sont pas toujours celles qu'on désire[98].

Quant à l'abaissement de l'âge exigé pour l'octroi de l'indemnité viagère de départ, il est hors de nos possibilités financières de prendre une mesure de cet ordre immédiatement et d'une façon générale. La demande qui a été formulée et sur laquelle nous nous sommes déjà interrogés, pose une question sérieuse, celle de la possibilité de prendre des mesures différenciées suivant les régions[99].

Le problème, qui d'ailleurs a été soulevé notamment lors du congrès de la Fédération nationale des exploitants agricoles, est de savoir s'il doit y avoir de la part du Gouvernement deux politiques agricoles, l'une pour les régions d'agriculture évoluée, l'autre pour les régions en voie d'évolution.

C'est un problème qui, intellectuellement, est soluble mais qui, juridiquement, je dirai dans la conformité de notre tradition nationale, et compte tenu des difficultés qu'il comporte, mérite un examen approfondi.

Je le répète, je souhaite que de telles questions puissent prochainement faire l'objet d'un grand débat agricole dans cette Assemblée[100]. [...]

Le problème de l'agriculture est lié étroitement, tout au moins dans les régions dont a parlé M. Laudrin, à celui de l'aménagement du territoire. Et ici se pose également la question de la différence de traitement entre les régions. [...]

*

* *

En octobre 1967, devant les députés, Georges Pompidou précise que le soutien doit revêtir une forme économique et sociale pour

---

[98] G. Pompidou fait allusion à la fois aux problèmes de fonctionnement des SAFER et au débat pour la création de Sociétés agricoles d'investissement foncier (SAIF).

[99] Une ordonnance de septembre 1967 avancera de 65 à 60 ans l'âge requis pour bénéficier de l'IVD. Cette mesure exceptionnelle ne sera appliquée que dans cinq régions.

[100] Ce débat a lieu le 18 octobre ; il porte principalement sur les problèmes de l'élevage et du marché de la viande. « Le débat dure onze heures et M. E. Faure, ministre de l'Agriculture, tient la tribune pendant plus de deux heures. », dans *L'année politique 1967*, PUF, Paris, 1968, p. 73.

« favoriser la mise en place d'une agriculture ultra-moderne », de manière progressive, une agriculture qui soit adaptée à des contraintes externes (le Marché commun) et internes (l'expansion économique). Il s'agit de faire une « révolution », en liaison étroite avec les dirigeants de la profession. En outre, au nom d'une « solidarité nationale », il marque sa volonté de s'engager sur la voie d'une politique agricole et rurale régionalisée pour combler des disparités naturelles et faire face à certains effets de la modernisation de l'agriculture et de la création du Marché commun agricole.

*

Extrait du discours de Georges Pompidou à l'Assemblée nationale 10 octobre 1967[101]

[...]

J'en viens à un sujet dont chacun se préoccupe particulièrement. Je veux dire l'agriculture. L'agriculture constitue une des richesses fondamentales de la France. Elle est aussi, à l'évidence, un secteur où une évolution profonde était nécessaire. Là encore notre politique a été, volontairement, double : d'une part, favoriser la mise en place d'une agriculture ultra-moderne, susceptible de production de masse, d'autre part, faire que l'évolution des régions d'exploitation traditionnelle, tournées de préférence vers les productions animales, s'accomplisse progressivement et sans dommages excessifs. Sur le premier point, le résultat a été en grande partie obtenu et demain le Marché commun offrira à nos productions céréalières et betteravières de grandes et fructueuses possibilités. Sur le second point, il y a des difficultés. Mais comment s'en étonner quand on mesure l'importance des mutations nécessaires ? L'effort de l'État est énorme : l'ensemble des prestations sociales en faveur de l'agriculture avoisine 10 milliards soit quatre fois ce qu'il était en 1958, et là-dessus l'État en prend à sa charge environ 72 %. Le budget de 1967 consacrera plus d'un milliard et demi de francs au soutien de la production laitière. Nous achetons le beurre 8F60, le cours mondial est tombé à 1F80 et nous en stockons 120 000 tonnes. La part des cotisations versées par les agriculteurs au BAPSA[102], qui représentait encore en 1966 plus de 30 % des dépenses ne représentera pas, en 1968, 23 %. La loi sur l'élevage[103] a institutionnalisé et accru notre

[101] CHAN, 5AG2/1087.

[102] BAPSA : budget annexe des prestations sociales agricoles.

[103] Loi du 28 décembre 1966.

aide aux producteurs de viande, domaine dans lequel les interventions du FORMA en 1967 représentaient au minimum 170 millions de NF.

Ainsi, en même temps que nous cherchons à favoriser une évolution, nous tâchons par une aide massive, de faire que cette évolution s'accomplisse sans dommages sociaux. Est-ce dire que tout soit parfait ? Bien loin de là ! Une révolution de cet ordre ne s'accomplit pas sans à-coups. En face d'une agriculture désormais assurée de son avenir subsiste encore une agriculture menacée et anxieuse. En face d'agriculteurs âgés désireux de finir leur vie comme ils l'ont commencée et comme faisaient leurs pères, une génération de jeunes s'exaspère de ne pas trouver immédiatement réalisées les conditions de l'exploitation familiale rentable de demain. À cela s'ajoutent les crises de conjoncture, comme c'est le cas à l'heure actuelle particulièrement pour la viande de porc, à cela s'ajoute la concurrence de l'extérieur dont nous nous préoccupons ces jours-ci, à cela s'ajoutent les tâtonnements du Marché commun. On a trop dit à nos agriculteurs que le Marché commun leur serait bénédiction. Ce ne fut pas, en tout cas, le fait du Gouvernement. Je me souviens que le 1er juillet 1965, au lendemain de la dernière crise de la Communauté, je me trouvais en Bretagne dans une assemblée composée pour l'essentiel d'élus et d'agriculteurs. À tous qui disaient leur inquiétude ou leur mécontentement devant l'attitude du Gouvernement, je répondais : le Gouvernement entend faire aboutir le Marché commun, mais pas à n'importe quelle condition et en abdiquant ses propres responsabilités, notamment vis-à-vis des agriculteurs. Et j'ajoutais : « Ne vous y trompez pas, le Marché commun n'aura pas que des avantages, en particulier pour vous, Bretons, pour votre aviculture, pour vos élevages de porcs. » Ces paroles ne recueillirent alors qu'incrédulité. Les faits aujourd'hui sont là.

Toutes ces difficultés, nous ne pouvons les éliminer du jour au lendemain. Mais nous continuerons notre effort pour les atténuer et les dominer progressivement, en accentuant au besoin notre action dans ces différentes directions :

1. améliorer le sort des hommes
2. moderniser les exploitations et les moyens de production
3. valoriser les produits et rechercher des débouchés.

Cette politique est coûteuse. Au total et tout compris, elle représente 13 milliards et demi de nouveaux francs. Nous le faisons non pas parce que nous considérons l'agriculture comme une parente pauvre qui a besoin de subsides, mais pour lui permettre de rester une grande richesse nationale et de faire sa transformation dans les conditions les meilleures et les plus humaines. Certains ont pu dire et écrire que nous n'avions pas su choisir et que si nous avions consacré à la seule modernisation des structures ce que nous avons donné aux œuvres sociales, aux retraites, au soutien des prix, nous aurions pu gagner des années. C'est vrai. Mais c'est volontairement que nous n'avons pas fait ce choix, qui eut entraîné pour toute une génération d'agriculteurs des sacrifices intolérables.

Nous continuerons donc. Nous accentuerons l'action en faveur des productions animales et dans quelques jours, à Bruxelles, notre représentant défendra l'augmentation du prix de la viande pour corriger l'échelle des prix de la Communauté, qui a fait la part trop belle aux céréales contre l'avis du Gouvernement français. Par l'abaissement, dans les régions les plus touchées, de la limite d'âge de l'IVD à 60 ans et par l'augmentation de son montant entre 60 et 65 ans, par des crédits nouveaux pour les zones spéciales de rénovation ou d'action rurale et par l'intervention systématique du FIAT dans ces zones, par l'intervention du FORMA en fonction des prix du marché, nous continuerons d'accélérer les mutations, tout en atténuant les conséquences sociales et en ménageant les transitions[104]. Nous le faisons par conscience de l'intérêt général et par sentiment de solidarité nationale. Nous le faisons et continuerons de le faire en liaison étroite avec les dirigeants de la profession. Mais j'ajoute et j'ai le devoir d'ajouter que nous ne céderons pas à des violences inadmissibles, profondément néfastes aux intérêts réels des agriculteurs, et organisées parfois dans des conditions et avec des moyens qui sont bien loin du mécontentement spontané qu'on prétend invoquer. Je regrette, pour ma part, particulièrement dans la motion de censure, la référence à des incidents récents que nul ne peut que déplorer s'il a le sens de l'État et dont j'ai de bonnes raisons de penser que la majorité des agriculteurs les désapprouve. En tout cas nous ferons, en tous lieux et en toutes circonstances, respecter la loi[105].

Mesdames et Messieurs, si je me suis étendu longuement sur le problème agricole, c'est qu'il est un des plus importants en France à l'heure actuelle. Nul mieux que moi ne ressens et ne comprends l'angoisse qui s'est emparée de nos agriculteurs, en dépit même de l'amélioration indiscutable de leur niveau de vie, à la pensée que leur profession pouvait être condamnée par l'évolution, que leur mission séculaire de nourrir les hommes pouvait cesser à la fois d'être rentable et respectée. Je voudrais qu'ils reprennent confiance en leur avenir, en leurs activités qui

---

[104] Le Premier ministre indique qu'il a fait le choix de poursuivre la révolution agricole mais qu'il entend s'engager dans le même temps sur la voie d'une politique de rénovation rurale. Quatre jours plus tard, il prononce son discours d'Aurillac.

[105] La motion de censure déposée le 3 octobre s'en prend à la politique du Gouvernement relative à l'agriculture en ces termes : le Gouvernement n'a pas « établi une politique juste et efficace pour sauvegarder l'agriculture française du marasme, poussant les agriculteurs aux manifestations et à la révolte, portant ainsi l'essentiel de la responsabilité des incidents graves qui se sont produits ».

restent essentielles à la France de demain et à l'Europe toute entière, même si les conditions de vie et de travail progressivement se transforment. Le Gouvernement est décidé à les aider, à repenser constamment les modalités de cette aide ; il souhaite pouvoir compter sur leur collaboration et sur un effort de solidarité à l'intérieur de l'agriculture elle-même.

*

* *

Président de la République, Georges Pompidou maintient cette orientation en insistant sur la place de l'agriculture dans le développement économique français.

*

Extrait d'une conférence de presse donnée par Georges Pompidou 2 juillet 1970[106]

[...]

Pierre Legrand-Krugell (Agence Agra-Presse) : Monsieur le Président, l'exemple récent de Nancy nous a prouvé qu'on pouvait mobiliser l'opinion pour l'équipement d'une grande métropole. Pour l'agriculture, c'est souvent plus difficile sinon l'inverse. Or, avec son environnement rural, elle intéresse directement un Français sur trois au moins. Vous avez dit à Strasbourg[107] que l'agriculture devait contribuer à créer une puissance économique française. Pensez-vous engager votre autorité pour que les agriculteurs et les ruraux puissent être associés à un grand dessein dans l'ensemble de l'économie française ?

Georges Pompidou : Le grand dessein des agriculteurs c'est de nous donner une agriculture puissante et prospère. Ils l'ont entrepris, grâce au ciel, ils ont toujours bénéficié de mon soutien et ils l'auront toujours. Et dussé-je être le seul même à l'échelle européenne, je soutiendrai que l'agriculture est pour la France une richesse fondamentale. De même que je soutiendrai que l'exploitation familiale doit rester la base de notre agriculture dans la plus grande partie de notre territoire. Voilà ma conviction. Et, par conséquent, j'espère que vous aurez la satisfaction et

106 CHAN, 5AG2/1090.

107 À l'occasion d'un déplacement en Alsace au cours duquel il évoque la situation agricole, en particulier à Strasbourg, le 27 juin 1970.

que l'opinion des agriculteurs sera rassurée, au moins en ce qui concerne la pensée du chef de l'État.

*

* *

Dans le discours qu'il prononce à Saint-Flour, le 26 juin 1971, Georges Pompidou met l'accent à nouveau sur la « complémentarité entre l'agriculture et l'industrie considérées à l'échelon national », tout en soulignant que l'expansion sera soutenue par une CEE élargie au Royaume-Uni et par des perspectives nouvelles de débouchés.

Mais pour le chef de l'État, il convient également de procéder à une diversification en matière de développement agricole en fonction des potentialités régionales. Il insiste sur cet aspect à l'occasion d'un voyage en Lorraine en avril 1972, et souhaite que les régions agricoles défavorisées poursuivent une modernisation accélérée.

*

Extrait du discours prononcé à Toul par Georges Pompidou 13 avril 1972[108]

Traditionnellement, vous le disiez, Monsieur le Maire, Toul était le centre commercial d'une région essentiellement agricole. Aujourd'hui encore, cette vocation existe et je dois même vous dire qu'à mon avis, elle n'est pas suffisamment utilisée, qu'il s'agisse des arbres fruitiers et du maraîchage, qu'il s'agisse de la vigne et du vin gris toulois. La demande est supérieure à l'offre et vous avez, agriculteurs de la région de Toul, fruitiers, maraîchers et vignerons, la possibilité en modernisant vos exploitations et en les développant de trouver un très important marché, et particulièrement tout près de chez vous, dans la vaste agglomération de Nancy, liée à Toul et à Lunéville.

*

* *

[108] CHAN, 5AG2/1090.

Extrait du discours prononcé par Georges Pompidou à Sarrebourg 14 avril 1972[109]

Sarrebourg est traditionnellement le centre d'une région rurale. Et c'est encore le cas. Qu'il me soit permis de dire aux agriculteurs de cette région que je souhaiterais très vivement qu'ils manifestent un peu plus d'enthousiasme pour le remembrement[110] ; qu'ils comprennent que quelles qu'en soient les difficultés, quels qu'en soient les inconvénients momentanés, il faut bien arriver à donner à notre agriculture, à votre agriculture, un cours plus moderne et nouveau si nous voulons, comme vous le voulez, comme je le veux maintenir durablement une agriculture, une agriculture familiale. Et de ce point de vue là, je ne voudrais faire de la peine à personne, à Sarrebourg, mais je dois dire que l'arrondissement de Château-Salins a montré l'exemple et que dès maintenant il a fait de très grand progrès en matière agricole, comme en témoignent ces deux grandes laiteries et le développement progressif de la production en même temps que de la transformation.

---

109 CHAN, 5AG2/1090.

110 Prévu comme moyen d'aménagement foncier par l'article 13 de la loi d'orientation de 1960, il ne donne pas les résultats escomptés. On constate une lenteur dans la mise en œuvre et il concerne au milieu des années 1960 surtout les régions riches du nord de la France. L. Rieveau, « Où en est le remembrement rural en France ? », dans *Études rurales*, juillet-septembre 1965. Sur ce problème du remembrement, voir A. Dumas, *Le remembrement rural*, Paris, Sirey, 1963 ; M. Poirée et J. Roche, *L'aménagement foncier et rural et la technique du remembrement*, Paris, LGDJ, 1968. J. M. Schmerber, *Le remembrement rural*, Paris, LGDJ, 1963. À noter que le Ve Plan (1966-1970) a fixé un objectif de 750 000 hectares à remembrer par an à partir de 1970, ce qui n'est réalisé qu'à environ 50 %.

CHAPITRE II

Une révolution sociale

A. Son cadrage : des lois sociales en faveur des agriculteurs

Dès 1962, Georges Pompidou affiche son intention de conduire une politique sociale agricole en vue d'une « amélioration nécessaire des conditions de vie de nos agriculteurs ». Il en définit les contours en décembre à l'Assemblée nationale. Il s'agit de poursuivre l'action du Gouvernement de Michel Debré et de la compléter en retenant le principe d'une « solidarité nationale » et en la fondant sur une « collaboration des représentants de la profession »[1].

Par la suite, Georges Pompidou ne cessera de mettre en avant ce thème en insistant sur les mesures prises par le Gouvernement pour faciliter l'insertion des paysans dans l'économie et la société dans une perspective de « parité » avec les autres catégories socioprofessionnelles[2]*. Et il proclame en permanence que cette politique sociale ne doit pas être limitée à des aides mais reposer sur un projet global de « réforme des structures » agricoles. Il conclut son discours à Nice, le 24 novembre 1963, en soulignant : « Rendre la France plus efficace et plus moderne, établir plus de justice dans la condition des Français, qu'il s'agisse d'un meilleur équilibre entre les régions, entre les professions (je pense à l'agriculture), à l'intérieur des professions (là, je pense aux salariés), tel est notre objectif permanent. Il n'est pas jusqu'à cet instrument de justice sociale incomparable que constitue une véritable politique des revenus qui, petit à petit, ne progresse. »*[3] *Il s'en explique à nouveau en 1966.*

*

[1] Voir l'extrait de la déclaration de Georges Pompidou devant l'Assemblée nationale, le 13 décembre 1962, p. 43.

[2] Le concept de « parité » affirmé comme principe général de la loi d'orientation de 1960, n'a pourtant pas été retenu comme objectif prioritaire du IVe Plan approuvé au cours de l'été 1962. Ce concept aux contours économiques et sociaux difficiles à déterminer en raison de multiples disparités tant entre les régions qu'entre les exploitations est surtout défendu dès la fin des années 1950 par la FNSEA et par les Chambres d'agriculture.

[3] CHAN, 5AG2/1086.

Extrait d'une interview de Georges Pompidou par Jacques Fauvet lors de l'émission « Face à face » 28 mars 1966[4]

[...]

Jacques Fauvet : Si la Ve République venait à disparaître – sait-on jamais ! – on saurait, on sait par quoi elle aurait marqué son époque dans le domaine de la politique étrangère, notre discussion vient de le prouver. Dans le domaine de la décolonisation, l'expérience l'a illustré. Et peut-être dans le domaine des institutions, l'avenir répondra. Mais on voit plus mal, quand même, après sept ans de Ve République, ce qu'a été son acquis économique et social. Le gaullisme depuis toujours se veut réformateur. Et qu'a-t-il réformé – dans ce domaine économique et social, je ne parle pas des autres – depuis 1958 ?

Georges Pompidou : [...] En matière agricole, M. Michel Debré avait fait la loi d'orientation. Mon Gouvernement a fait la loi complémentaire. Nous avons fait la législation sur les SAFER. Nous avons fait l'indemnité de départ. Nous avons fait le fonds social. Ce sont des réformes de structures. [...]

*

* *

Après les évènements de mai 1968, son approche sociale en faveur du secteur de l'agriculture est encore plus marquée et s'appuie sur l'idée de créer un revenu minimum « pour les petits agriculteurs ».

*

[4] CHAN, 5AG2/1087.

Extraits d'une déclaration de Georges Pompidou 19 juin 1968[5]

Les décisions qui ont été prises à la suite de la crise économique et sociale ont également des conséquences sur l'agriculture.[6] [...]

Nous avons envisagé un certain nombre de mesures dont le détail sera communiqué à la presse prochainement. Elles seront soumises à un prochain Conseil des ministres pour faire l'objet d'un accord définitif. Ces mesures auxquelles j'ai d'ores et déjà donné mon assentiment, concernent le domaine social : en effet, nous prévoyons des dispositions pour réduire la charge des cotisations en matière d'assurances sociales pour les agriculteurs, notamment les petits. Elles concernent également le taux de l'indemnité viagère de départ qui sera augmenté. Elles portent aussi sur la fiscalité puisqu'elles comportent l'engagement d'augmenter l'abattement à la base en matière de taxe complémentaire. Est également admis le principe d'une compensation en matière de TVA pour les vins d'appellation contrôlée et certains vins de qualité supérieure. Enfin, est prévu un relèvement des plafonds d'exonération de la patente pour les élevages avicoles. En dehors de la fiscalité il y a aussi le domaine de l'équipement où quelques crédits supplémentaires sont accordés pour financer de nouveaux équipements. Enfin, il y a des mesures en matière de crédit et aussi des mesures de soutien des marchés par l'intermédiaire du FORMA, mesures qui déjà, dans l'ensemble, sont considérables mais qui vont s'accroître, et en particulier se compléter par des interventions dans deux secteurs : l'aviculture et les fruits et légumes.

Les dirigeants de la profession agricole rendront compte à leurs conseils d'administration de ces conversations dans la journée de demain. Le Gouvernement en sera saisi prochainement pour adopter les textes, l'intention du Gouvernement étant évidemment d'éviter à l'agriculture de porter le poids des mesures qui ont été prises et au contraire de pratiquer dans le domaine agricole une politique sociale, en particulier à l'égard de ceux qui ont les revenus les plus faibles. C'est pourquoi nous avons également envisagé d'accepter le principe d'un minimum de revenus pour les petits agriculteurs (dispositions déjà prévues dans la loi complémentaire), d'étudier les modalités qui assure-

---

5 CHAN, 5AG2/1088.

6 G. Pompidou a pu discuter de cette question en mai et juin 1968 avec les dirigeants agricoles qui ont été reçus à Matignon : les 22 et 25 mai, la FNSEA, le 27 mai les représentants des 4 organisations (dont Blondelle, de Caffarelli, Guillaume, Martin, Driant, Bonjean, Raffarin), P. Martin de la CNMCCA est reçu le 21 juin, R. Blondelle et P. Collet pour les Chambres d'agriculture, sont accueillis le 28 juin, selon l'agenda de G. Pompidou pour l'année 1968.

raient aux petits agriculteurs – avec d'ailleurs des contreparties dans la mesure où ils s'engageraient à des conditions permettant le remembrement et le regroupement – d'assurer donc aux petits agriculteurs un minimum dans le niveau de vie. Comme ceci demandera un certain temps pour une mise au point complète, d'ores et déjà pour les petits producteurs de bétail une mesure transitoire interviendra qui leur permettra de compenser certains frais qui sont rendus nécessaires par une politique de modernisation et de rationalisation de l'élevage notamment dans le domaine de la prophylaxie. Nous cherchons avant tout à étendre à l'agriculture l'esprit des décisions qui ont été prises dans le domaine des salaires au cours des dernières semaines. Voilà en gros notre attitude actuelle. Nous touchons maintenant au point final de la crise que nous venons de vivre : remettre la France au travail rapidement, complètement, énergiquement, et d'autre part, préparer dès maintenant la politique économique qui permettra à notre industrie et dans un autre domaine, à l'agriculture, de supporter les conséquences de cette crise et de continuer à progresser dans le cadre de la politique générale qui reste libérale et qui demeure sur le plan économique et sur le plan européen notre ligne de conduite.

*

* *

En 1972, le 16 mars, dans une conférence de presse, Georges Pompidou dresse alors un bilan de l'action sociale en faveur des agriculteurs en soulignant : « les dépenses sociales au profit de l'agriculture, inscrites au budget de l'État, ont été multipliées par douze »[7]*. Il s'appuie sur une note de son conseiller, Michel Woimant, qui estime que « la charge totale pesant du fait de l'agriculture sur la collectivité nationale et européenne » est « au moins de 20 milliards de francs pour 1972 » et que « l'on peut considérer que la charge totale résultant pour la collectivité des régimes sociaux agricoles dépasse 10 milliards, même avec le mode de calcul le plus faible », alors que « la politique des structures mise en œuvre par le CNASEA ne correspond qu'à une enveloppe de 850 millions de francs »*[8].

*

[7] CHAN, 5AG2/1090.

[8] CHAN, 5AG2/102, note de M. Woimant à M. Jobert, « Aide financière apportée par la collectivité nationale à l'agriculture », le 2 mars 1972.

B. La démarche : améliorer le revenu et le pouvoir d'achat des agriculteurs

L'intégration du secteur agricole dans l'économie générale implique une contribution de l'agriculture « à la fois à l'expansion et la stabilité », en considération d'une modération de l'élévation des prix des denrées alimentaires. Georges Pompidou est partisan d'une régulation avec intervention de l'État « conjuguée avec celle de la profession ». À de multiples reprises, il préconise une réorganisation des circuits de transformation et de distribution des produits agricoles.

Une telle approche d'économie dirigée doit être compatible avec une « politique de revenus » agricoles. Le Premier ministre l'explique le 14 mai 1963 à l'Assemblée nationale en soulignant que les mesures prises pour les marchés de la viande et pour les produits laitiers vont dans ce sens.

*

Extraits d'un discours de Georges Pompidou à l'Assemblée nationale 14 mai 1963[9]

[...]

Il faut donc avoir à la fois l'expansion et la stabilité. L'expansion est allée jusqu'ici à un rythme convenable ; mais la stabilité pourrait être menacée si la hausse des prix que nous avons connue en 1962 et au début de 1963 continuait à progresser au même rythme. C'est pourquoi nous avons pris un ensemble de mesures. [...]

Il faut agir sur la masse monétaire et le crédit, sur les prix, à propos desquels je dirai simplement que nous irons jusqu'à l'action autoritaire s'il le faut, comme la taxation ; mais chaque fois que nous le pourrons, nous procèderons par accords avec les professions et un récent exemple prouve qu'on parvient à de bons accords.

Il faut agir sur la réorganisation des circuits de distribution et, pour cela, le ministre des Finances vous a parlé de la nécessité d'un remembrement du commerce. Il faut agir sur les secteurs où l'intervention de l'État doit être conjuguée avec celle de la profession et c'est le cas du marché de la viande. [...]

9 CHAN, 5AG2/1086.

Dans tout cela, l'économique rejoint le social, et c'est bien naturel, car l'économie n'a de sens que si elle aboutit à l'homme.

Ce qui nous préoccupe, ce sont évidemment les objectifs sociaux de notre politique. Quels sont ces objectifs ?

Il s'agit – on l'a dit aussi – d'une politique des revenus. Mais en quoi consiste la politique du revenu ?

Elle ne consiste pas simplement à suivre la progression des revenus. Elle consiste, d'abord, dans l'harmonisation des revenus, ensuite dans l'harmonisation de leur progression pour les établir au niveau le plus juste possible, c'est-à-dire à un niveau qui tienne compte d'une base élevée et d'une hiérarchie liée aux capacités et aux services rendus à la collectivité.

Vous avez ironisé à ce propos sur « l'année sociale ». Vous nous avez dit : « En fait d'année sociale, vous en êtes à l'année de rattrapage ! » Mais le rattrapage, c'est précisément cela. Le rattrapage c'est, si je puis dire, le nivellement par le haut : c'est le fait de permettre aux plus mal payés de rejoindre le niveau supérieur. Voilà notre politique. [...]

La deuxième préoccupation c'est précisément de nous intéresser aux catégories les plus défavorisées, de tâcher d'élever leur niveau de vie et leurs moyens. [...]

En deuxième lieu, outre la majoration que nous prévoyons pour les familles au 1er août prochain, [...] il y a le problème de l'agriculture, que plusieurs orateurs ont évoqué à juste titre et dont je voudrais dire un mot.

Nous avons pris récemment, en ce qui concerne le prix du lait, une mesure dont on a beaucoup parlé, puisqu'elle réalise une augmentation sensible de ce prix suivant un système de calcul nouveau, le prix du lait étant fixé annuellement, au lieu d'être modifié deux fois par an.

Pourquoi avons-nous pris cette mesure ?

Pour deux raisons. La première est que nous considérions le prix du lait comme un prix particulier parmi les prix agricoles, parce qu'il constitue en quelque sorte le salaire du petit agriculteur et, par conséquent, nous avons fait un effort spécial, au titre des transferts sociaux, car économiquement une telle mesure ne se justifiait pas, notre production laitière étant excédentaire et augmentant chaque année infiniment plus que la consommation.

C'est pour cette raison que nous avons pris cette mesure. Nous l'avons prise, d'autre part, pour amorcer, par là même, une certaine réorganisation du marché des produits laitiers avec la collaboration de la profession. En effet, la politique des prix en matière agricole ne saurait suffire, c'est trop évident. Il y faut des réformes de structure. Nous restons donc profondément attachés à la loi d'orientation agricole comme à la loi complémentaire.

Un certain nombre de textes ont été publiés dans ce domaine au cours des dernières semaines[10]. D'autres le seront[11], car il faut aboutir – progressivement sans doute, mais il le faut – à une refonte de nos structures qui fasse que la propriété agricole soit rentable, c'est-à-dire que l'exploitant puisse vivre sans être pour autant et même partiellement à la charge de la société. Lui-même à la longue ne le supporterait pas.

*
* *

Georges Pompidou ne manque jamais de signaler dans ses interventions, les effets positifs de l'action sociale du Gouvernement. Par exemple, à l'occasion d'une conférence de presse, le 16 septembre 1964, il peut se réjouir d'une « augmentation certaine du revenu net agricole ». Mais il nuance son propos en faisant état des aléas d'une telle situation qui justifie une intervention régulatrice de l'État.

*

Extrait d'un entretien télévisé de Georges Pompidou 16 septembre 1964[12]

[...]

Question d'un journaliste de l'ORTF : Expansion, projet de relance de l'économie, ce sont des questions qui relèvent surtout de l'industrie. Nous n'avons pas encore évoqué le problème agricole où pourtant depuis quelques semaines une certaine agitation se manifeste. Vous avez prévu quelque chose pour les paysans ?

Georges Pompidou : Je ne vous ai pas parlé d'agriculture et pourtant j'y pense souvent, vous savez. On m'a même reproché il y a quelques temps dans les journaux de ne penser qu'aux agriculteurs à cause de mes origines terriennes. L'agriculture, si je n'en ai pas encore parlé, c'est parce que c'est un sujet trop vaste et trop important pour que nous puissions le traiter ici en deux minutes. Alors, si vous le voulez bien, je

---

10 Il s'agit des trois décrets du 6 mai 1963 relatifs aux migrations rurales, aux mutations d'exploitations favorisant l'aménagement foncier ou l'installation de jeunes agriculteurs, à l'IVD versée par le FASASA.

11 Décret du 22 mai 1963 relatif aux prêts à long terme du Crédit agricole.

12 CHAN, 5AG2/1086.

vous propose que dans quelques temps nous ayons un nouvel entretien consacré cette fois aux problèmes agricoles. Aujourd'hui, je vous dirai simplement ceci : tout d'abord, on essaie de faire croire que la Ve République se désintéresse des agriculteurs, et bien, les chiffres, chiffres indiscutables, ceux de la Commission des comptes de la nation, démontrent qu'en 1963 par rapport à 1958, le revenu moyen de l'agriculteur, c'est-à-dire le revenu global divisé par le nombre des exploitations s'était amélioré plus que celui de la plupart des autres catégories professionnelles[13]. Et d'ailleurs, ceci, je ne le regrette pas. C'était souhaitable et c'était même nécessaire étant donné l'inégalité profonde dont on partait, s'agissant des agriculteurs. Mais enfin, c'est un fait. Quant à 1964, je suis convaincu que la récolte est bonne et je peux affirmer que le revenu de l'agriculture en 1964 sera supérieur à celui de la récolte de 1963. Cette récolte est bonne, elle est même excellente dans des domaines comme celui du blé, comme celui du vin. Cela ne me permet pas encore, bien sûr, de vous donner des pourcentages précis. Nous sommes à une période de l'année où on ne connaît pas tous les résultats et où il y a encore une part d'incertitude. Seulement, cela n'empêche pas que certaines régions, que certaines cultures ont souffert, qu'elles n'ont pas profité autant que d'autres de la progression, pour des raisons de structures, par exemple ou bien pour des raisons tenant à l'année, à la sécheresse.

Nous avons, je le disais, une excellente récolte de blé et qui même, contrairement à ce qu'on prétendait, dépasse nos prévisions. Mais par contre, nous savons parfaitement qu'il y a une mauvaise récolte de maïs. C'est pourquoi nous serons amenés certainement à prendre des mesures pour compenser les effets de cette sécheresse ou de cette mauvaise récolte. Seulement, je ne vois pas pourquoi, sous prétexte qu'il y a certaines catégories ou des régions qui ont souffert, on prendrait des mesures globales aux dépens du consommateur et pourquoi on traiterait de la même manière le producteur qui a cette année amassé une superbe récolte ou une bonne récolte et certains petits paysans qui ont subi des calamités ou des inconvénients particuliers.

Vous voyez, je me laisse entraîner, je vous en ai déjà trop dit. Nous nous reverrons prochainement pour cet entretien agricole, mais je voudrais vous dire une chose auparavant : c'est que je sais parfaitement, croyez-le, les pensées politiques qui se cachent derrière certaines des campagnes auxquelles vous faisiez allusion.

---

[13] Selon le Commissariat au Plan, entre 1961 et 1962, l'augmentation du revenu agricole aurait été de 6,8 % ; il n'est plus que de 3,5 à 4 % l'année suivante.

*
* *

Extraits d'une conférence de presse tenue par Georges Pompidou 16 septembre 1964[14]

Voici un an presque jour pour jour, le ministre des Finances et moimême faisions connaître à la presse l'ensemble des mesures que le Gouvernement avait décidées et qui, pour la commodité du langage furent réunies sous le titre « Plan de stabilisation ». [...]

Pour l'agriculture, les perspectives de la campagne 1964 permettent de tabler sur une augmentation certaine du revenu net agricole par rapport à son niveau de 1963. Sur le montant de cette progression, je me garderai bien de donner ici des pourcentages tirés des estimations des services, qui comportent à cette date une part de prévision donc d'incertitude. Mais je puis affirmer, pour répondre à certaines déclarations, que dès 1963 et par rapport à 1958, l'augmentation de revenu net, une fois déduites les charges courantes d'exploitation, était, compte tenu évidemment de la diminution du nombre des exploitations, de 3,5 % par personne active, et cela exprimé en francs constants. À titre indicatif, je signale qu'également en francs constants, l'augmentation des revenus du capital en 1963 (par rapport à 1958) n'était que de 9,5 %. Les chiffres que je donne sont les chiffres officiels de la comptabilité nationale. On me dira qu'ils ne tiennent pas compte des amortissements ni des charges financières. C'est exact. Mais ils ne tiennent pas compte non plus des transferts budgétaires ou fiscaux ni des recettes annexes. C'est ainsi que le seul concours financier de l'État aux prestations sociales agricoles est passé de 1 443 millions de francs nouveaux en 1958 à 3 102 en 1963.

Croyez bien que je ne trouve pas cet effort injustifié ni cette augmentation du revenu agricole excessive, sachant le retard dans lequel se trouvaient nos paysans et particulièrement les petits exploitants. Croyez bien aussi que je me rends parfaitement compte des inégalités qu'il peut y avoir entre les régions en fonction de l'évolution des structures ou de l'état des récoltes, par exemple cette année entre la superbe récolte de blé et la très mauvaise récolte de maïs. Mais j'ai voulu simplement par ces chiffres montrer à quel point certaines affirmations générales étaient discutables.

Il va de soi, en effet, mesdames et messieurs, que tout n'est pas parfait. Il y a dans l'industrie, des secteurs, ou des entreprises qui souffrent.

---

[14] CHAN, 5AG2/1086.

Il y a dans l'agriculture, je le répète, des catégories ou des régions qui n'ont pas bénéficié autant que d'autres de cette amélioration de revenu, et qui en 1964 ont connu des difficultés particulières. Il appartient au Gouvernement de faire, quand il le faut, et là où il le faut, les interventions et les aménagements nécessaires et je puis vous assurer que c'est ma préoccupation constante, chaque fois qu'une situation anormale se révèle. [...] Mais ce que je ne puis admettre, c'est que l'on mette au passif du Plan de stabilisation les difficultés propres à certains secteurs et qui sont le fait de contingences particulières. [...]

De tout cela, je conclus qu'objectivement comme diraient les marxistes, la situation économique est bonne. [...] Je ne dissimule pas que nous avons été aidés par la chance et que la douceur de l'hiver comme la bonne qualité de la récolte de 1964 ont été des éléments importants de notre succès. Mais ils n'ont pas été les seuls. La chance d'ailleurs a toujours besoin d'être aidée. Ainsi, la chaleur de l'été a facilité l'écoulement régulier et facile de la récolte de fruits et légumes. Mais l'organisation que nous avons mise sur pied l'an dernier y a également contribué. De toute manière, le succès pour être durable, demande à être consolidé.

*

* *

Dans le discours qu'il prononce à Dinard, en septembre 1964, Georges Pompidou développe la stratégie retenue et les moyens utilisés en vue d'une amélioration de la condition sociale des agriculteurs (œuvres sociales, mesures de régularisation des marchés).

*

Extraits du discours prononcé par Georges Pompidou à Dinard 24 septembre 1964[15]

En faveur de l'agriculture, nous avons fait un effort particulier. C'est l'aide aux œuvres sociales, ce qu'on appelle l'aide au BAPSA et c'est également le développement de ce qu'on appelle le FASASA ; nous avons augmenté la retraite versée aux vieux agriculteurs qui quittent la terre. Je rappelle enfin la loi sur les calamités agricoles, que vous avez votée.

[15] CHAN, 5AG2/1086.

Au total, on peut dire que le pouvoir d'achat des salariés et des agriculteurs a augmenté, depuis 1958 et notamment ces dernières années, plus que jamais dans le passé.

Et il y a deux points sur lesquels je voudrais attirer votre attention, car on n'en parle pas suffisamment. Le premier, c'est l'action de ce qu'on appelle le FORMA, créé sous sa forme actuelle en 1961 par Michel Debré et Edgard Pisani déjà ministre de l'Agriculture, et dont nous avons depuis dix huit mois assoupli et modifié l'action[16], et qui fait que nous avons grâce au FORMA un moyen d'intervention que nous utilisons constamment, sans qu'on le sache sauf dans les milieux professionnels, et qui nous permet de régulariser les marchés agricoles, et par là de soutenir le niveau des revenus des agriculteurs. Car je veux rappeler cette vérité d'évidence : quelques produits mis à part, le propre des produits de l'agriculture c'est que dès qu'ils sont en excédent, les cours s'effondrent. C'est pourquoi l'action de ce FORMA, qui intervient tantôt pour éviter des hausses excessives à la consommation quand il y a pénurie, tantôt au contraire, très fréquemment, pour régulariser les cours à la production et les empêcher de s'effondrer quand il y a, pour une raison ou pour une autre, afflux excessif, l'action de ce FORMA est non seulement une forme de notre action économique, de notre action sur les marchés agricoles, c'est une action sociale au profit tantôt du consommateur, le plus souvent des agriculteurs et des producteurs. Voilà pour le FORMA. [...]

Tout cela doit aboutir, comme on l'a dit, à la politique des revenus. Cette politique vise à faire croître les revenus de façon juste et régulière, bien entendu globalement car nous ne prétendons pas planifier les revenus de chaque individu. Ce que nous essayons, c'est de donner des orientations, de fixer des directions et de répartir globalement les masses provenant de l'expansion entre les différentes catégories sociales d'une façon plus juste et plus humaine que par le passé. Le Ve Plan va amorcer largement cette politique.

Voilà mes chers amis, un tableau un peu désordonné, rapide quoique long, de l'action à la fois raisonnable et dynamique que nous cherchons à mener avec vous, avec votre appui.

*

* *

16 Prévu par la loi d'orientation de 1960, il est érigé en établissement public par le décret du 29 juillet 1961 et ses fonctions sont élargies en 1964 en matière d'intervention pour régulariser les marchés.

Et dans son discours électoral d'Alençon du 11 juin 1969, il insiste sur le fait que l'objectif de la politique agricole est « l'amélioration du revenu et des conditions de vie des agriculteurs »[17] *qui présente quatre volets :*

- *une politique sélective des prix et de soutien des marchés ;*
- *une politique multiforme de modernisation des structures ;*
- *une politique sociale en faveur des agriculteurs et des exploitations familiales ;*
- *une politique régionalisée d'aménagement du territoire.*

*

C. Un impératif : concilier l'intérêt général et celui des producteurs agricoles

Pour le Premier ministre, l'amélioration du revenu des agriculteurs ne peut être obtenue par le seul canal des transferts sociaux. Elle doit surtout résulter de réformes des structures qui doivent permettre progressivement un rapprochement, sur le plan économique, de l'intérêt du producteur de celui du consommateur en matière de prix alimentaires. Pour y parvenir, il convient de procéder à une « réforme profonde des circuits de distribution », avec le concours de l'ensemble des organisations professionnelles concernées. Georges Pompidou expose cette thèse le 12 septembre 1963, lors d'une conférence de presse.

*

Extraits de la conférence de presse donnée par Georges Pompidou 12 septembre 1963[18]

Si le ministre des Finances[19] et moi-même avons tenu à exposer à la presse les décisions du Conseil des ministres, c'est sans doute à cause de l'ampleur et de la complexité de ces décisions, mais aussi pour marquer l'importance particulière que nous leur attachons. [...]

Si l'on observe la situation actuelle de l'économie française, elle apparaît au demeurant satisfaisante. La progression de la production

---

17 CHAN, 5AG2/1089, pour de plus larges extraits voir p. 224.

18 CHAN, 5AG2/1086.

19 Valéry Giscard d'Estaing.

industrielle est considérable, la production agricole prise globalement et en dépit des intempéries récentes ne cesse de s'accroître et le niveau de vie des Français connaît une amélioration dont les statistiques donnent une image insuffisante par rapport au spectacle de prospérité qu'offre la France à qui la parcourt. […]

J'indiquerai tout d'abord que, même si le problème des prix est le premier et le plus urgent dans nos préoccupations, notre plan n'est pas un simple plan de lutte contre la hausse des prix. La hausse des prix n'est qu'un résultat : résultat d'une hausse trop rapide des salaires dans le secteur privé, de la revalorisation du revenu des agriculteurs, de l'augmentation considérable des salaires du secteur public et nationalisé, de la lourdeur et du caractère suranné de notre appareil de distribution. [...]

Parmi les mesures annoncées, la cinquième (après réduction des liquidités par l'emprunt, après réduction des dépenses de l'État,...) propose d'accentuer l'effort, déjà commencé quoi qu'on en dise, pour la réforme profonde des circuits de distribution aussi bien par le moyen de la fiscalité que par l'encouragement au regroupement ou, comme on dit, au « remembrement » des entreprises commerciales, par l'appui des producteurs agricoles pour leur organisation jusqu'au stade de la distribution en gros, par la collaboration entre les services de l'État et les organisations professionnelles du commerce.

La sixième mesure doit consister à entreprendre enfin une action spécifique immédiate sur les prix qu'il s'agisse des prix des services et des prix industriels dont le contrôle général sera institué, [...] qu'il s'agisse des prix alimentaires dont la stabilité sera recherchée dans toute la mesure compatible avec l'état des marchés mondiaux, les saisons et les récoltes qui malheureusement ne nous obéissent pas. [...]

Pour sa réussite cependant, il faut mettre autre chose que des mesures techniques sur lesquelles l'accord des spécialistes finit toujours par se réaliser. Il nous faut d'abord le concours des organisations professionnelles, qu'il s'agisse du patronat, du commerce, des agriculteurs ou des syndicats ouvriers. Il est certain que si chacun maintient ses revendications et exige que les sacrifices soient faits par tous, sauf par luimême, nous n'aboutirons pas. On ne peut demander la revalorisation de 2 % des prix agricoles et espérer la stabilité des prix alimentaires. [...] C'est pourquoi je me propose de convier les organisations professionnelles et syndicales à suivre, dans le cadre d'un comité qui sera créé à l'intérieur du Conseil supérieur du Plan, l'exécution de notre plan de stabilisation. En même temps, un autre comité devra s'attacher à la mise en place progressive de cette politique des revenus dont je pense que la réalisation est difficile mais chaque jour plus nécessaire. Outre ce concours en quelque sorte organique, il nous faut l'adhésion et le concours de l'opinion. [...]

*
* *

La question des intermédiaires de la transformation et de la commercialisation des produits préoccupe souvent Georges Pompidou, surtout en 1964, dans le contexte de la grève du lait. Il donne à cette occasion des instructions fermes aux ministres des Finances et de l'Agriculture[20].

Après les évènements de mai 1968, dans une déclaration au quotidien Ouest France, *le 20 juin 1968, Georges Pompidou revient sur la nécessité d'une approche du développement économique qui inclut le secteur agricole.*

*

Déclaration de Georges Pompidou à *Ouest France* 20 juin 1968[21]

La Bretagne, qui de nos provinces, est à la fois une des plus fières et des plus patriotes, mais aussi une de celles qui connaissent les plus grandes difficultés, comprendra qu'elle perdrait toute chance de développement et de prospérité, si la France tombait dans l'anarchie ou dans la dictature totalitaire. Elle sait qu'il faut un État républicain à la fois fort et libéral pour mener à son profit une politique de protection et de modernisation de l'agriculture, d'industrialisation accentuée, de large décentralisation. Elle sait qu'il faut une économie prospère pour financer son développement industriel et son équipement. Elle sait que le Gouvernement du général de Gaulle est le seul qui puisse lui apporter la satisfaction de ses justes revendications. Ce qui est vrai de la Bretagne est vrai de toutes nos provinces de l'Ouest, exposées elles aussi à souffrir des transformations de la société moderne.

*
* *

---

[20] Voir lettre de Georges Pompidou au ministre de l'Économie et des Finances, V. Giscard d'Estaing, et au ministre de l'Agriculture, E. Pisani, datée du 20 octobre 1964, reproduite p. 90.

[21] CHAN, 5AG2/1089.

Candidat à l'élection présidentielle, Georges Pompidou développe également largement le thème d'une action sociale ciblée sur les catégories les moins favorisées, dont la « petite agriculture », ce qui pose le problème récurrent des « transferts sociaux ».

*

Extraits du discours de Georges Pompidou devant le groupe UDR 29 avril 1969[22]

Mes chers amis, chers compagnons,

J'ai fait connaître ce matin ma résolution d'être candidat à l'élection présidentielle. [...]

Il n'est pas question que je fasse ici l'exposé d'un programme, d'abord, vous le savez, le mot n'appartient pas au vocabulaire gaulliste et le général de Gaulle non seulement ne l'employait pas, mais le rayait dans les déclarations ministérielles ou autres chaque fois qu'il l'apercevait. [...]

Ce n'est qu'à partir d'un pays prospère qu'on peut faire de la justice sociale. [...] Le social [...] ça consiste d'abord à épargner ou à ménager les catégories qui sont menacées par cette évolution, que ces catégories n'aient pas à souffrir à l'excès de ces mutations. [...] Tout le monde doit se préoccuper aussi du sort qui est réservé aux agriculteurs, aux petits commerçants, aux petits artisans, aux ouvriers et aux cadres déclassés et qui se trouvent dans une situation très difficile à cause de l'évolution, c'est là la première des politiques sociales, la seconde c'est de faire que les richesses que l'on crée, que ces richesses soient réparties de façon égale, de la façon la plus égale possible, c'est avant tout un problème de répartition, c'est là que des réformes progressives sont à faire, beaucoup ont été déjà faites, les transferts sociaux vis-à-vis de la petite agriculture, vis-à-vis de tous les travailleurs par la sécurité sociale. [...]

*

* *

[22] CHAN, 5AG2/1088.

Intervention de Georges Pompidou devant les secrétaires fédéraux de l'UDR 2 mai 1969[23]

[…] Progrès social, qu'est-ce que cela signifie ?

Cela veut dire d'abord, à mes yeux, que c'est une erreur de ramener la question sociale à la question ouvrière. Certes, il y a une question ouvrière ; elle est ancienne, elle date du début du XIXe siècle au moins. Mais le niveau de vie de la classe ouvrière n'a cessé de s'améliorer. [...]

Le problème de la condition ouvrière demeure, et je vais en dire un mot. Mais nous savons très bien que l'évolution actuelle crée de nouvelles perturbations dans d'autres couches sociales.

Je pense à la petite agriculture, je suis convaincu qu'il faudra maintenir une certaine agriculture familiale, pour des raisons sociales et politiques mais je suis aussi convaincu qu'il faut bien voir les problèmes que cela pose et prévoir des transferts sociaux et un effort national important. D'ailleurs cet effort est déjà bien engagé.

*
* *

Extrait d'une interview de Georges Pompidou par *Europe n° 1* 15 mai 1969[24]

[...]

Quant aux subventions à l'agriculture, elles sont extrêmement élevées. Notre budget en faveur de l'agriculture est actuellement énorme mais, à mon avis, il doit le rester tant que nous n'avons pas réussi à faire que le niveau de vie de nos agriculteurs soit devenu convenable. Il y a une agriculture moderne, il y a encore une agriculture qui est en retard, qui est malheureuse, qui n'est pas riche, qui est même pauvre, je la connais bien, je la connais probablement mieux que ceux qui en parlent, et j'estime que nous devons continuer un effort national pour cette agriculture, non pas pour faire vivre des gens de la charité, mais pour la transformer et permettre à l'exploitation familiale de se maintenir et de devenir rentable. À ce moment là et automatiquement les subventions iront en diminuant.

---

[23] CHAN, 5AG2/1088.

[24] CHAN, 5AG2/1089.

*

* *

Le Premier ministre est aussi attentif à un autre problème social, celui de l'exode des campagnes.

*

Extraits du discours de Georges Pompidou prononcé à l'Association de la presse parlementaire 1er juin 1966[25]

[...]

Il y a l'évolution de l'agriculture, le fait que de plus en plus on produira davantage avec moins de bras dans l'agriculture, que par conséquent une partie importante de la proportion agricole de la population française sera amenée à se diriger vers les villes, il y a le développement de l'urbanisme, il y a le développement de l'industrie. [...]

À l'heure actuelle nous avons le choix et nous ne pouvons pas l'éviter. Ce choix nous l'avons fait, nous avons choisi résolument l'évolution, c'est pourquoi nous avons fait aboutir le Marché commun, c'est pourquoi nous sommes prêts à la négociation Kennedy et par conséquent à un abaissement des droits de douane, ce qui veut dire à une concurrence accrue.

*

* *

En 1969, Georges Pompidou met à nouveau en relation la reconversion de la population active agricole et la modernisation de l'agriculture.

*

Extraits d'une conférence de presse de Georges Pompidou 22 septembre 1969[26]

[...]

Troisième constatation – elle aussi réconfortante – c'est que dans l'ensemble de ce revenu national, la part de l'industrie a crû considéra-

---

[25] CHAN, 5AG2/1087.

[26] CHAN, 5AG2/1089.

blement. Non pas que notre agriculture soit restée stagnante : de 1958 à 1968 sa production en volume, en marchandises, augmente de 4 % et comme dans le même temps, le nombre des agriculteurs actifs diminue de près de 30 %, en fin de compte la productivité de l'agriculteur actif a augmenté de près de 8 % par an, plus que la moyenne nationale. Je n'oublie pas bien sûr qu'il y a des différences importantes par région. [...]

J'ajoute qu'à l'intérieur de cette population active, la répartition n'est pas satisfaisante. Toujours en 1913, il y avait 7 millions et demi d'agriculteurs ; il n'y en a plus que 3 millions. Où sont passés ces 4 millions et demi de travailleurs qui ne sont plus dans l'agriculture ? Ils ne sont pas passés dans l'industrie. Nous avons à l'heure actuelle dans l'industrie, à quelques milliers près le même nombre de travailleurs qu'en 1913 : un peu moins de 6 millions. C'est dire d'ailleurs, au passage, les progrès de notre productivité puisque nous avions plus que triplé notre production sans augmenter le nombre de travailleurs. Mais où sont-ils passés alors ces 4 millions et demi ? En partie dans le bâtiment et les travaux publics, mais surtout dans ce qu'on appelle le secteur tertiaire, c'est-à-dire les fonctionnaires, les employés, les professions libérales, le commerce. Il y a donc un premier effort à faire pour améliorer ces conditions. [...]

Il faut d'abord poursuivre naturellement la modernisation de notre agriculture et le regroupement des toutes petites exploitations agricoles.

*

* *

Cette évolution lui semble inéluctable mais il convient d'y trouver des remèdes en termes d'amélioration des conditions de vie des ruraux et d'organisation du développement territorial afin de maintenir des activités. Cette approche est notamment évoquée à l'occasion d'un voyage en juin 1972 en Normandie.

*

Extrait du discours prononcé par Georges Pompidou à Bellême 10 juin 1972[27]

[...]

Vous [monsieur le maire] avez évoqué avec passion votre Perche, ce Perche que notre histoire administrative a, en effet, divisé entre quatre départements et qui à travers cette division garde le sentiment profond de son unité, de ses caractéristiques, de sa sensibilité, son économie aussi fondée essentiellement sur l'agriculture. D'abord et avant tout, le problème est celui du développement de notre agriculture et de la possibilité pour elle de maintenir dans des conditions convenables une population suffisante à la terre. Si, dans le passé, le département de l'Orne, le Perche en général, ont souffert de cette émigration, ce ne fut pas seulement vers la région parisienne : vous savez que le Canada a reçu beaucoup de Français partis d'ici et qui sont restés fidèles à notre langue, à notre pensée et à travers elles à notre pays, si donc il y a eu cette émigration c'est d'abord à cause de cette démographie très développée, de tout ce monde rural, de cette jeunesse constamment renouvelée, c'est aussi parce que l'agriculture progressivement nourrissait moins de monde, parce que les exigences devenaient plus grandes, et que, vous le savez bien, l'agriculteur d'aujourd'hui ne se contenterait pas de ce qui faisait la vie d'un paysan d'il y a cinquante ans. Il y a donc d'abord le problème de l'agriculture, qui doit trouver sa solution à la fois dans un remembrement des exploitations, un élargissement des exploitations qui sont encore trop restreintes, mais aussi dans une modernisation des méthodes, non seulement d'élevage et de culture, mais aussi de la commercialisation.

Je suis convaincu qu'avec la proximité de la région parisienne, qui est une consommatrice importante, avec les possibilités que nous ouvre le Marché commun, avec celles nouvelles que nous donnera l'entrée de la Grande-Bretagne dans le Marché commun, l'agriculture de l'Ouest, l'agriculture du Perche doit pouvoir gagner très honorablement sa vie, dans des conditions qui correspondent aux exigences d'aujourd'hui, pour ce qui est du travail et de l'existence des hommes et des femmes.

*

* *

[27] CHAN, 5AG2/1090.

Georges Pompidou poursuit son voyage dans le Perche[28]*. À Pin-la-Garenne, il évoque l'évolution du milieu rural (exode, concentration des exploitations).*

*

Extrait de l'allocution de Georges Pompidou à Pin-la-Garenne 10 juin 1972[29]

[...]

Nous devons d'abord être conscients que l'évolution moderne, inévitable se traduit par un développement de l'urbanisation, par un développement de l'industrie. C'est un fait. Nous devons être conscients aussi qu'une des raisons pour lesquelles un certain nombre de jeunes quittent la terre, c'est que ceux qui restent à la terre sont à juste titre plus exigeants que leurs aînés ; et que, désirant avoir un niveau de vie bien supérieur, des conditions de vie bien différentes, il faut obligatoirement que leurs revenus soient plus importants et par conséquent que les exploitations soient plus importantes, et donc moins nombreuses. À cela, nous ne pouvons rien, c'est l'évolution. Il n'en est pas moins vrai qu'il peut être utile, et qu'il est même souhaitable, de retenir le plus de gens possible loin de la grande ville, soit dans les communes de moindre importance, comme Bellême que je viens de quitter, comme Mortagne où je me rends, soit même dans les villages comme le vôtre, dès lors qu'il y a matière à y créer quelques petites industries ou quelques entreprises à la mesure du pays.

*

* *

Dans son allocution à Mortagne-au-Perche, Georges Pompidou met l'accent sur une autre nécessité, celle de s'adapter, de reconvertir l'exploitation familiale.

*

---

[28] Ce voyage dans l'Orne est préparé par des notes qui lui sont remises par M. Woimant mais il s'inspire peu de leur contenu pour ses discours qui mettent plus l'accent sur des considérations locales que sur des perspectives nationales. CHAN, 5AG2/1002.

[29] CHAN, 5AG2/1090. Dans ce discours, le Président insiste sur la nécessité de revitaliser les zones rurales.

Extrait de l'allocution de Georges Pompidou à Mortagne-au-Perche 10 juin 1972[30]

[…]

Mais enfin il ne s'agit pas que de conserver et de moderniser, il faut aussi construire, il faut aussi faire : faire quoi ? Dans le Perche la ressource fondamentale ne peut pas ne pas être l'agriculture. Là aussi, des transformations vous en avez déjà connues et il faudra en connaître d'autres, vous en connaissez en ce moment même. Le Perche a montré dans le passé qu'il était justement capable de s'adapter, de se transformer : c'est au XIXe siècle seulement que s'est créé l'élevage du cheval percheron de trait ; aujourd'hui, évidemment il faut changer, il faut transformer tout cela et on est en train de le faire. Je crois que l'agriculture doit pouvoir continuer à fournir à une population abondante, à la fois les moyens de vivre et les moyens de tenir la terre, de lui garder son caractère et de ne pas faire qu'une région comme celle-ci devienne une espèce de réserve naturelle où les citadins viendraient le dimanche. Il faut en France, il nous faut une agriculture, une agriculture familiale à la base, une agriculture prospère, c'est-à-dire qui permette à ceux qui l'exercent de vivre bien, non seulement avec des ressources suffisantes, mais dans des conditions de vie satisfaisantes.

L'effort a été entrepris : il est long et difficile ; nous savons d'où nous partons et je sais personnellement d'où l'on part dans l'agriculture française ; je crois que beaucoup de progrès ont été faits. Il en reste encore à faire. L'aide de l'État dans ce domaine est nécessaire. Elle est très importante, mais elle ne peut s'appuyer que sur une population décidée elle-même à moderniser ses exploitations, à les mettre à la taille nécessaire et à faire le choix des productions en fonction des besoins, ce qui veut dire bien entendu, dans une région comme celle-ci, donner la première place à l'élevage et donner, dans cet élevage de plus en plus la première place à la viande, même si le lait reste bien entendu fondamental. […]

*

* *

[30] CHAN, 5AG2/1090.

D. Une finalité économique : des exploitations familiales modernisées

Georges Pompidou n'est pas insensible à la demande d'amélioration de leur condition socio-économique présentée par les exploitants agricoles. Si la priorité doit être donnée à l'expansion industrielle, il n'en demeure pas moins que l'agriculture ne peut pas être sacrifiée. Elle doit bénéficier d'un progrès dont les effets seront comparables à ceux des autres secteurs économiques, même si le rythme de la reconversion ne peut être le même. La condition des travailleurs de la terre doit se situer à un niveau voisin de celui des autres catégories socioprofessionnelles qui se trouvent dans des conditions comparables : c'est le concept de la « parité ».

Pour Georges Pompidou, cette recherche de la « parité » n'est pas une fin en soi ; elle doit être obtenue par une restructuration des exploitations agricoles. Une note de Pierre Lelong pour le Premier ministre – note destinée à préparer un entretien du général de Gaulle avec les dirigeants agricoles, le 8 mai 1964 – permet de comprendre les grandes lignes de la politique agricole du Gouvernement pour y parvenir.

*

Note de Pierre Lelong pour le Premier ministre « Problèmes actuels de la politique agricole » 5 mars 1964[31]

La présente note a pour objet de réunir les éléments qui devront être présents à l'esprit du président de la République lorsqu'il recevra les dirigeants des organisations agricoles.

I. État actuel des problèmes agricoles

A. Les prix

1°) Le prix du lait a été reconduit à son niveau de l'an dernier, quoique dans l'intervalle les coûts de production aient augmenté d'environ 1 %. Mais, en revanche, le volume de la production a augmenté de 5 à 6 %, les prix effectifs (résultant de l'équilibre de l'offre et de la demande) sont largement supérieurs au prix fixé par l'État qui n'a qu'un rôle indicatif ; enfin le Gouvernement maintient, comme il l'a promis, des mesures très efficaces

[31] CHAN, 92AJ/1.

de soutien des cours du beurre, qui agissent indirectement dans le sens d'un relèvement du prix du lait à la production.

2°) Le prix d'intervention de la viande de bœuf a été relevé de 4 %. De plus, le FORMA met en œuvre une politique de contrat et de crédits à l'élevage, qui donnera aux agriculteurs l'assurance de rentrées d'argent certaines, échelonnées dans le temps[32].

La hausse de 4 % du prix d'intervention a été sans effet réel sur les cours autre que psychologique. Mais, ceci est dû au fait que les prix réels du marché dépassent de 10 à 15 % le prix d'intervention, en raison d'une forte hausse qui s'est effectuée au cours de l'année 1963, dont les agriculteurs ont profité et continuent à bénéficier.

3°) Il convient enfin de rappeler que les prix agricoles, fixés à l'automne (betterave, maïs, riz) ont été stabilisés par rapport au niveau de l'année précédente, malgré une certaine hausse des coûts de production.

4°) La politique de prix suivie à l'égard des agriculteurs depuis le début du plan de stabilisation leur a donc été peu favorable. Mais elle s'est appliquée à partir du niveau extrêmement élevé qu'avaient atteint les prix agricoles après les hausses de 1962 et 1963.

Nous ne disposons pas de statistiques incontestables au sujet de l'évolution des revenus agricoles, qui a résulté de ces différents mouvements de prix. L'administration a présenté à la Commission des comptes de l'agriculture un rapport selon lequel la recette brute de l'agriculture avait augmenté de 9 % de 1963 par rapport à 1962. Ce chiffre est contesté par les organisations agricoles, et des réunions d'experts ont lieu en ce moment même pour déterminer où est la vérité. En matière de revenu agricole, il est donc préférable de ne pas citer de chiffres, et de renvoyer aux conclusions de la Commission des comptes de l'agriculture tout en émettant l'opinion qu'il y a une forte probabilité pour que, depuis trois ans, les revenus agricoles aient augmenté d'une façon plus que satisfaisante.

---

32 La politique contractuelle prévue par la loi d'orientation (articles 23 et 22) est mise en place lentement pour lier producteurs, transformateurs et acheteurs de produits agricoles. Les premiers accords interprofessionnels sont homologués en mars et mai 1962 par le ministère de l'Agriculture. Et le FORMA, sur le fondement d'un décret du 22 juillet 1963, est responsable des interventions de l'État sur les marchés agricoles. La loi du 6 juillet 1964 sera considérée comme la charte de l'intégration.

B. Les structures

La Ve République a mis en place une politique des structures foncières agricoles qui correspond à une profonde réalité : à la fois l'évolution technique et l'exode rural, particulièrement dans les régions de l'Ouest, rendent nécessaire l'intervention des mécanismes permettant de modifier plus rapidement que par le passé la taille des exploitations tout en permettant un certain nombre de mutations entre les exploitants. Les SAFER, le FASASA et les prêts fonciers du Crédit agricole, constituent ces mécanismes, dont l'intérêt politique est d'autant plus grand que la tendance « Jeunes agriculteurs » prend de plus en plus d'importance dans la FNSEA.

On a reproché à cette politique la lenteur de sa mise en application, les principes en ont été posés en 1960 ; les premières réalisations ont démarré à la fin de 1962. Ce reproche cependant n'est plus d'actualité. La grande majorité des dispositions de la loi d'orientation agricole et de la loi complémentaire sont maintenant appliquées. Celles qui restent encore à mettre en œuvre ne sont pas essentielles et demandent des études techniques et juridiques très poussées[33].

Cependant, l'expérience de la première année de fonctionnement montre que certains éléments de cette politique méritent d'être perfectionnés. Il existe surtout une discordance entre les mécanismes mis en place, qui visent à une restructuration rapide du patrimoine foncier agricole et les moyens financiers que l'État leur consacre, qui n'ont jamais été accrus. Ainsi, le volume des prêts fonciers consentis par le Crédit agricole et qui sont un élément essentiel de l'évolution des structures agraires, n'a pas été augmenté. Les milieux agricoles sont conscients de cette anomalie, qui leur permet d'alléguer que toute la politique mise en œuvre depuis 1960 n'a au fond guère de signification.

[33] P. Lelong fait référence à une série de dispositions prises en 1963. Entre autres, sur l'aménagement des structures foncières et rurales : le décret du 24 juin 1963 relatif aux opérations de réorganisation foncière de la propriété agricole et de remembrement des exploitations rurales ; le décret du 10 avril 1963 relatif à la mise en valeur des terres incultes. Parmi les difficultés, il y a l'interprétation de la législation sur les cumuls d'exploitations qui motive plusieurs réunions d'une Commission nationale des cumuls, transformée par décret du 3 août 1964 en Conseil supérieur des structures agricoles. Fin 1963, plusieurs décrets visent également une amélioration du fonctionnement des SAFER et des modalités de versement de l'indemnité viagère de départ (IVD) par le FASASA.

II. La politique agricole au cours des prochains mois

A. Éléments d'une détente à court terme

1°) Sur les prix :

a) Le prix du lait ne saurait être bien entendu relevé. On pourrait cependant, sous réserve d'études techniques, décider de payer le lait vendu au consommateur en fonction de sa qualité bactériologique.

D'autre part, le Gouvernement peut promettre de négocier à Bruxelles le règlement d'application sur le lait et les produits laitiers, en prenant soigneusement en considération les intérêts des producteurs, qui craignent que l'intervention de ce règlement n'aboutisse dans beaucoup de cas à des baisses de prix.

b) Le prix du blé sera à fixer le 1er juillet. Compte tenu de la décision prise sur la viande, il est impensable de le relever, ce qui accroîtrait les distorsions déjà existantes ente le prix des céréales et celui des produits de l'élevage. Cependant, le quantum (part de la production dont l'écoulement est garanti par l'État) pourrait être accru.

2°) Le Fonds d'orientation et de régularisation des marchés agricoles (FORMA) ne dépensera probablement pas en 1964 la totalité de la dotation dont il a bénéficié. Il s'en faudra de plusieurs centaines de millions.

On pourrait, soit reverser ces excédents au Crédit agricole qui s'en servirait pour accroître le volume des prêts fonciers, soit améliorer les conditions des contrats d'élevage, qui doivent servir à relancer la production de viande.

3°) C'est dans le domaine des structures, principalement, que des indications positives peuvent être données aux représentants agricoles. Encore faut-il prendre des précautions : la nécessité de réajuster la réglementation, édictée au cours de ces dernières années, et selon des modalités qui ne sont pas encore définies, devraient conduire à annoncer simultanément :

- la refonte des textes existants, ainsi que la décision de créer des Sociétés agricoles d'investissement foncier[34] ;

---

[34] Dans cette optique, par la loi du 31 décembre 1970, la constitution de Groupements fonciers agricoles (GFA) se substitue aux Groupements agricoles fonciers. Et le projet de créer des Sociétés agricoles d'investissement foncier (SAIF) est abandonné.

– un effort financier supplémentaire. Cela est bien l'essentiel pour l'opinion agricole qui reproche au Gouvernement de ne pas mettre son effort réel en accord avec sa politique[35].

B. Perspectives d'une politique à plus long terme

L'objectif d'une politique agricole à long terme devrait être d'amorcer une solution, acceptée par le monde agricole, au difficile problème des prix. La poursuite de la politique de stabilisation totale, menée depuis septembre 1963, ne sera pas toujours possible. En effet, même au cours du Plan de stabilisation, le Gouvernement a admis une certaine progression des rémunérations des autres catégories sociales. D'autre part, l'unification des prix, dans le cadre du Marché commun, imposera à la France des relèvements pour presque tous les produits.

Le principal est que cette progression, le jour où elle devra reprendre, se fasse d'une façon ordonnée. Il faut accoutumer les esprits à se détacher de la référence, produit par produit, aux coûts de production, telle qu'elle existe dans le décret du 3 mars 1960, qui reprend pratiquement l'indexation avec toutes les rigidités qu'elle comporte.

La politique des prix agricoles devrait désormais répondre d'une façon plus souple aux deux impératifs suivants :

– l'évolution normale du revenu de la population agricole, appréciée soit globalement, soit, si possible, région par région.
– l'orientation des productions agricoles, dont devra, par conséquent, tenir compte la politique de prix du Marché commun.

Pierre Lelong

*
* *

Si, dans sa lettre à Gérard de Caffarelli du 10 décembre 1963, le Premier ministre évoque ce concept de « parité », il n'en donne sa définition qu'à l'occasion d'un discours à Metz, le 1er octobre 1964, au cours duquel il souligne qu'il ne peut s'appliquer qu'à des exploitations « rentables ».

*

35 Un tel effort sera consenti à partir de la fin de 1964 par le biais du FORMA qui est habilité à participer au financement de certains investissements agricoles en faveur des secteurs de la viande, des fruits et légumes, des pommes de terre, de l'aviculture et du houblon.

Extrait du discours prononcé par Georges Pompidou à Metz 1er octobre 1964[36]

[...]

M. Driant[37], tout à l'heure, évoquait le problème de l'agriculture. Il existe en Lorraine. On a tendance à penser qu'une région comme celle-ci est avant tout une région industrielle. Or, nous savons qu'il y a en Moselle de très nombreux agriculteurs, qu'il y a 30 000 exploitants qui, à l'heure actuelle, exploitent des superficies de moins de dix hectares. Eh bien ! Il est évident que, dans l'évolution du monde d'aujourd'hui, des exploitations de cet ordre sont extrêmement peu rentables et supposent infiniment de privations et de dureté de vie. Il faut une évolution. Cette évolution, elle est inévitable. Mais notre devoir, et je n'en dirai pas plus aujourd'hui pour mille raisons que vous comprendrez, le devoir du Gouvernement, c'est de faire que cette évolution s'effectue d'une part en ménageant les agriculteurs, en leur évitant des transitions brutales et l'exode fatal et désespéré ; d'autre part, en ouvrant aux jeunes agriculteurs de demain les portes de l'avenir et la possibilité d'exploitations réellement rentables.

Telle est cette politique du Gouvernement. Politique sociale à l'égard de l'agriculture toute entière et en particulier des petits et des vieux agriculteurs. Politique d'avenir et d'ouverture, notamment par le Marché commun agricole pour les jeunes agriculteurs. C'est la seule qui leur permettra d'acquérir enfin ce que l'on appelle la parité qui ne doit pas être l'introduction de la vie citadine à la campagne, mais l'arrivée des agriculteurs à un niveau de vie comparable à celui des citadins.

*

* *

Quelques jours plus tard, dans un discours à l'Assemblée nationale, le 24 novembre, Georges Pompidou explique que la modernisation des exploitations doit s'inscrire dans un processus général de développement économique planifié qui doit mettre l'accent sur une réforme en profondeur des structures agricoles. L'objectif est de créer par « un vaste effort de remembrement et de regroupement des exploitations », « des exploitations rentables de taille familiale », étant précisé « qu'il n'est pas de l'intérêt national de promouvoir une agriculture industrialisée de type américain ».

---

36 CHAN, 5AG2/1086.

37 M. Driant est le maire de Metz.

*

Extraits d'un discours de Georges Pompidou à l'Assemblée nationale 24 novembre 1964[38]

[...]

À la base de notre politique se trouve une série de postulats dont le premier et le plus important est que l'activité économique n'est pas une fin en soi, mais un moyen. Elle a pour but d'améliorer le niveau de vie des Français, de permettre l'établissement entre les classes sociales, les professions, les régions, de rapports à la fois plus justes et plus rationnels, de donner à notre pays les moyens de tenir sa place dans la concurrence internationale aussi bien à l'intérieur du Marché commun que vis-à-vis des pays tiers, faute de quoi non seulement nous perdrions notre indépendance, mais nous nous viderions progressivement de notre substance au profit de pays plus puissants ou mieux dotés de richesses naturelles.

De ce premier postulat et des objectifs qu'il nous fixe, se déduisent deux impératifs inséparables : l'impératif de l'expansion, de la croissance continue et l'impératif de la stabilité monétaire. C'est un des traits du Ve Plan que de marquer les liens étroits entre ces deux objectifs et la nécessité de ne jamais sacrifier l'un à l'autre[39]. [...]

Ceci n'exige pas seulement de choisir l'expansion, mais de s'en donner les moyens : c'est une des raisons pour lesquelles, dès la définition des grandes options, le Ve Plan met l'accent sur des objectifs de structure que je ne peux qu'évoquer rapidement, mais dont la place sera essentielle dans l'action gouvernementale : réorganisation et modernisation des structures industrielles en vue d'encourager la création d'entreprises de taille internationale et le développement de la compétitivité ; c'est le problème des concentrations, des fusions, de la spécialisation. Évolution des structures commerciales, pour diminuer la charge que font peser sur les prix les circuits intermédiaires. Évolution des structures agricoles, grâce à un vaste effort de remembrement et de regroupement des exploitations, l'objectif étant d'aboutir à des exploitations rentables de taille familiale. Les réformes nécessaires sont en cours ou en préparation. Largement amorcées en ce qui concerne le secteur industriel, elles

---

[38] CHAN, 5AG2/1086.

[39] Le Ve Plan prévu pour la période 1966-1970 a pour objectif prioritaire la compétitivité de l'économie française par une rénovation et un renforcement des structures industrielles et commerciales. Il vise moins le développement du secteur agricole que l'aménagement du territoire rural.

devront cependant être accentuées par de nouvelles mesures d'incitation et par le développement du marché financier. Dans le secteur de l'agriculture, il est inutile que je rappelle l'effort entrepris : disons simplement qu'il sera poursuivi mais avec la volonté permanente de tempérer les nécessités économiques par les aménagements qui s'imposent pour des raisons sociales et humaines et par la conviction que nous avons qu'il n'est pas de l'intérêt national de promouvoir une agriculture industrialisée de type américain dans un pays de la taille et de la configuration de la France, même considérée comme le fournisseur principal de l'Europe. Dans le domaine commercial enfin, une étape décisive sera franchie par la réforme de la TVA et de la taxe locale que le Gouvernement soumettra au Parlement lors de la prochaine session.

*

* *

Dans son allocution de Rodez, en mai 1966[40], *Georges Pompidou confirme sa pensée : « l'objectif n'est évidemment pas d'orienter l'agriculture vers des exploitations de taille industrielle. [...] Le Gouvernement en est conscient et au surplus mesure l'intérêt pour la France et pour son équilibre social du maintien d'une importante agriculture de type familial. Il s'agit donc de faire que ces exploitations familiales soient rentables, compatibles avec les exigences légitimes des jeunes générations en matière de niveau de vie et plus encore de mode de vie. »*

Ce thème est très souvent repris. Dans une allocution télévisée, en février 1967, le Premier ministre est l'apôtre du développement agricole afin que « nous fassions que les exploitations de type familial, mais mieux structurées, mais mieux équipées, puissent devenir rentables ». Dans son esprit, il s'agit de concilier tradition et modernité.

*

40 CHAN, 5AG2/1087.

Extrait de l'allocution prononcée par Georges Pompidou à la Chambre de commerce et d'industrie de Paris, « L'avenir de l'économie française » 27 février 1969[41]

Le vrai problème, c'est de savoir ce que sera l'avenir de l'économie française dans un univers où notre situation est à la fois forte et fragile ; forte parce que nous sommes un pays qui a beaucoup de richesses : richesses en hommes, richesses en capacités, richesses agricoles, richesses industrielles et commerciales aussi, mais qui a aussi un certain nombre de faiblesses : notre agriculture, je n'en parle guère ici, car ce n'est pas notre problème, mais notre agriculture pose encore de nombreuses questions et son évolution est loin d'être terminée. [...]

À côté de ces mutations qui secouent tout le monde et qui créent des malaises, il y a les résistances à la transformation et nous les retrouvons aussi bien dans la petite industrie ou l'industrie familiale, dans le petit commerce, dans la petite agriculture. Tout cela crée un climat confus, où l'on ne sait si l'on doit se féliciter de voir, d'un côté, se créer des grands ensembles susceptibles de faire face à la concurrence internationale, ou si l'on doit se désespérer de voir disparaître des formes traditionnelles de la vie qui assuraient non seulement l'existence de ceux qui exerçaient ces commerces ou ces industries, mais qui assuraient en même temps aux usagers, aux clients, une forme de production et de services plus personnelle, plus adaptée et, je dirai, plus humaine.

*

* *

Candidat à la présidence de la République, à France Inter*, le 19 mai 1969, après avoir fait état de ses origines : « petit-fils de paysans », il tient à souligner « son action pour défendre la petite exploitation agricole familiale »*[42].

Le même jour, dans un entretien télévisé avec Christian Bernadac, il est cependant amené à considérer que l'évolution agricole ne relève pas d'un processus unitaire, ce qui l'amène à comparer « deux agricultures ».

*

41 CHAN, 5AG2/1088.

42 CHAN, 5AG2/1088.

Extrait d'un entretien télévisé de Georges Pompidou 19 mai 1969[43]

Christian Bernadac[44] : Alors, ça c'était le passé, tournons-nous donc vers l'avenir. Quel est, monsieur, votre programme ?

Georges Pompidou : Oui, c'est vrai, il faut parler de programme. Mais moi je n'aime pas le mot programme, vous le savez, il n'est pas gaulliste, car c'est un tissu de promesses qu'on tient ou qu'on ne tient pas. Je parle d'objectifs. [...] Mes objectifs : et bien, nous sommes en économie, il y a trois domaines essentiels : l'industrie, le commerce, l'agriculture. [...]

Christian Bernadac : Vous avez oublié, je pense, les agriculteurs. Les agriculteurs disent toujours « on nous oublie ».

Georges Pompidou : Eh bien écoutez, figurez-vous, je les ai gardés pour la fin. Je les ai gardés pour la fin parce que si quelqu'un ne peut pas les oublier, c'est bien moi, petit-fils de paysans et qui a encore beaucoup de cousins qui travaillent la terre et je vous assure, une terre qui n'est pas riche. Alors, en matière agricole, j'ai deux idées principales. Il y a une agriculture moderne, industrielle dans ses méthodes dans les grandes plaines du Bassin parisien, c'est elle qui va fournir la masse de céréales, de betteraves sucrières et autres avec lesquelles nous devons pouvoir fournir nos partenaires du Marché commun ; et puis il y a une petite agriculture familiale ; celle-ci souffre encore de son retard. Les superficies sont trop étroites. Les charges au départ, pour les jeunes, sont trop lourdes, l'équipement et, en particulier, le confort des foyers, est encore dans bien des régions insuffisant. Et je les connais ces régions, que ce soit la Bretagne, que ce soit le Maine ou la Normandie, que ce soit l'Auvergne, le Rouergue, le Quercy, je pourrais vous en énumérer pas mal, où j'ai passé beaucoup de temps. Il faut donc remembrer cette agriculture familiale, de telle sorte que nous ayons des exploitations plus importantes et mieux organisées et qui soient rentables. Mais il faut sauver l'agriculture familiale, parce que c'est à la fois une nécessité sociale et une nécessité pour la France même, que je ne veux pas transformer en de grandes villes d'un côté et une sorte de désert par ailleurs. Cela veut dire que nous devons, à l'intérieur du Marché commun, être extrêmement énergiques avec nos partenaires et, en particulier, repousser telle ou telle partie du plan Mansholt qui serait absolument dramatique pour cette agriculture.

---

43 CHAN, 5AG2/1088.

44 C. Bernadac (1937-2003), journaliste à la radio (1960-1963) puis à la télévision.

*
* *

Quelques jours plus tard, le 22 mai 1969, au cours d'une nouvelle émission télévisée, il expose, une fois de plus, les moyens de modernisation des exploitations familiales, à savoir le remembrement, des groupements de producteurs, le Crédit agricole, des équipements collectifs.

*

Intervention télévisée de Georges Pompidou 22 mai 1969[45]

Aujourd'hui au cours de cette brève émission, je voudrais parler agriculture et m'adresser aux agriculteurs, à leurs femmes et à tous les maires des petites communes rurales, qui connaissent si bien leurs problèmes. Je ne ferai aucune promesse électorale et d'ailleurs tout ce que je peux vous dire, je l'ai déjà dit dans mon pays, en Auvergne, à Aurillac, il y a deux ans, je crois, dans un discours dont les dirigeants de la profession se souviennent. Nous avons en France deux agricultures, l'une moderne, industrialisée, dirais-je même, dans les grandes plaines du Bassin parisien, par exemple. Celle-là connaît, elle connaîtra des difficultés naturellement, car les difficultés sont la loi de la vie. Mais elle est prospère, et elle fait partie de notre prospérité nationale, et je ne puis que l'encourager et lui souhaiter bonne chance. Et puis, il y a la petite agriculture, l'exploitation familiale qui, elle, vit de cultures diverses et, au fond surtout, de l'élevage ; qu'il s'agisse de l'élevage proprement dit, en vue de la production laitière, du beurre, du fromage, qu'il s'agisse du porc, qu'il s'agisse des volailles. Cette agriculture, elle est répandue un peu partout dans notre pays, que ce soit en Normandie, en Bretagne, en Poitou, en Maine, en Limousin, en Auvergne et dans toutes les vallées des montagnes, Pyrénées ou Alpes ou Jura ou Vosges et même dans les grandes plaines on en trouve. C'est elle qui a de la difficulté à vivre, c'est elle qui pose des problèmes importants. Faut-il, comme le disent certains (à l'échelle européenne en particulier), faut-il la condamner et faut-il dire il n'y a pas d'avenir pour l'exploitation familiale ? Eh bien, je réponds catégoriquement : « non »[46]. Je réponds non, parce que ces exploitations familiales sont nécessaires pour l'équilibre social de notre pays, la classe paysanne a toujours été un des éléments de stabilité et de sagesse. Et puis aussi, parce que je ne veux pas que la France se trans-

---

45 CHAN, 5AG2/1088.

46 Il s'agit d'une condamnation sans appel du plan Mansholt.

forme, dans une grande partie de son territoire, en une sorte de désert où il n'y aurait plus que quelques villes qui vivoteraient. Que faut-il faire alors ? Eh bien, il faut d'abord la regrouper, il est évident que les superficies sont trop étroites, dans la Manche, par exemple, moins de dix hectares par exploitation et ailleurs, on tombe jusqu'à cinq hectares ; c'est insuffisant. Il faut donc un regroupement, un remembrement. Il faut aussi de l'équipement, et je pense d'abord à l'équipement ménager, à la ferme elle-même. Comment veut-on que des jeunes gens et des jeunes filles s'installent et acceptent de vivre à la campagne s'il n'y a pas ce minimum de confort que l'on connaît à la ville ? C'est un problème d'électrification, surtout d'adduction d'eau, et c'est pour cela que j'ai créé notamment les zones de rénovation rurale, et que nous avons donné des crédits spéciaux pour hâter l'adduction d'eau[47]. Et puis, il y a aussi l'équipement professionnel et l'organisation. Et là, voyez-vous, il faut que vous acceptiez de vous grouper, de vous entendre, que ce soit dans des coopératives, dans des groupements de producteurs. C'est le seul moyen pour que ces équipements, qui sont très coûteux, ne se traduisent pas pour vous par un endettement ruineux. C'est le seul moyen pour que la productivité soit meilleure ; c'est le seul moyen aussi pour que vous puissiez lutter contre le commerce, profiter davantage des marges excessives que s'accordent trop souvent les intermédiaires entre le producteur et le commerçant, le détaillant. Cet effort d'équipement, l'État peut y aider, le Crédit agricole est fait pour cela, mais il ne suffira pas. Il faut encore que vous orientiez vos productions vers la qualité. Trop longtemps, en France, et je le sais, c'est le cas de mon Auvergne, trop longtemps nous avons cru les producteurs, que le consommateur devait avoir les mêmes goûts que nous ; mais aujourd'hui, nous ne vendons pas simplement aux Français, nous devons vendre à tous les Européens, nous devons donc nous plier à leurs goûts. Nous devons tendre à une qualité qui fasse qu'ils préfèrent les produits français aux autres, que ces produits soient d'une qualité uniforme, que ces produits soient présentés de façon uniforme et commode. Quand je pense, par exemple, qu'en Auvergne on fait toujours mon fromage de Cantal par fourmes de 40 kilos, eh bien, ce n'est pas bon pour le commerce, il faut le savoir, il faut changer.

Et j'en dirais autant du porc, par exemple. Nous savons bien qu'en Bretagne, en Limousin et ailleurs, on a traditionnellement un porc gras, et je sais, je suis de ces pays, qu'il est meilleur pour nous, mais que voulez-vous, la clientèle, le grand commerce, l'industrie de transforma-

[47] Les prévisions du Ve Plan en matière d'équipements collectifs pour l'aménagement de l'infrastructure rurale : voirie, électrification, adduction d'eau, aménagement régionaux, équipement forestier, n'ont été réalisées qu'à 60 % pour la période 1966-1968.

tion veut des porcs maigres. Et bien ! Faisons, faites du porc maigre ! Il faut se soumettre à la volonté du consommateur. Si vous faites cela, alors nous aurons des exploitations rentables, d'une superficie plus raisonnable, ayant des moyens de répandre ses marchandises, de les vendre facilement et à ce moment-là, je vous le garantis, le Gouvernement pourra vous aider. Il pourra vous aider, en particulier, en luttant contre les technocrates internationaux qui sont bien pires que les technocrates nationaux, contre lesquels souvent déjà vous protestez. Il pourra vous défendre en repoussant dans les plans du type plan Mansholt tout ce qui se traduirait par la ruine de notre agriculture familiale, de notre production laitière. Il vous défendra en faisant que dans le Marché commun, qu'il soit ce qu'il est ou qu'il s'élargisse, la priorité soit aux productions européennes, c'est-à-dire en matière agricole, aux productions françaises par dessus tout. Voyez-vous, mes amis, je puis vous appeler ainsi, il y a quelque temps, partant dans ma maison natale et me rendant dans le Lot, j'ai fait un petit pèlerinage à la ferme qu'exploitait mon grand-père, dans la Châtaigneraie ; j'ai revu la pauvre maison avec son escalier de bois, son balcon de bois, et une treille le long du mur, et j'ai mesuré à quel point, pour mon père et pour moi, la vie avait été transformée. Eh bien, la vie de nos campagnes elle se transforme actuellement, elle se transforme visiblement et il faut que l'État vous y aide. Mais il faut aussi que vous le vouliez, que vous vous groupiez, que vous vous aidiez vous-mêmes et alors, croyez-moi, vos fils et vos filles pourront envisager favorablement de rester à la terre, d'avoir des exploitations familiales, mais des exploitations rentables, avec un niveau de vie et des conditions de vie convenables, comme vous y avez droit, plus que personne, vous qui avez toujours fourni, dans toutes les guerres, les fantassins, ceux qui souffrent, ceux qui se font tuer, et vous qui êtes dans notre pays, un gage de stabilité et de bon sens.

*

* *

Son message s'adresse aussi à la jeunesse rurale qui doit être convaincue que l'avenir repose sur l'exploitation familiale viable.

*

Allocution de Georges Pompidou sur les antennes de l'ORTF 28 mai 1969[48]

À vous jeunes Françaises, jeunes Français, je m'adresse aujourd'hui.

Qu'attendez-vous de la vie ? D'abord un emploi qui vous mette à l'abri de la médiocrité, ou du chômage ; des conditions de vie qui vous permettent d'être heureux, logement confortable, larges facilités pour la garde et l'éducation de vos enfants, possibilité de profiter des loisirs. Vous attendez encore une société qui vous permette de progresser, d'améliorer sans cesse votre situation de départ, et puis sans doute aussi autre chose, de moins matériel. Tout cela dépend pour une bonne part de vous, pour une part de l'État. S'il s'agit, par exemple, de ceux d'entre vous qui souhaitent rester à la terre, il faut que vous puissiez trouver des exploitations familiales rentables, le confort à la ferme, afin que des jeunes femmes acceptent d'y vivre, des crédits pour fonder et développer votre exploitation. Eh bien, soyez justes, n'est-ce pas mon Gouvernement qui a créé l'IVD permettant aux agriculteurs âgés de se retirer, de faciliter le regroupement des terres afin que vos exploitations atteignent une superficie raisonnable ? N'est-ce pas mon Gouvernement qui a créé les zones de rénovation rurale, augmenté les crédits pour l'équipement professionnel, ceux d'adduction d'eau, qui seuls apportent le confort dans la maison, ceux de formation et de vulgarisation agricoles qui vous orientent vers des productions faciles à écouler. Mais cela ne dépend pas que de l'État.

À vous de vous associer, dans des coopératives, des groupements, afin de tirer le meilleur parti de la commercialisation de vos produits, afin d'utiliser les équipements collectifs au lieu de vous ruiner par des investissements individuels exagérés. À vous de vous organiser pour pouvoir avoir des vacances, comme tous les citadins, par des méthodes d'élevage moderne. N'oubliez pas, enfin, que faute d'un État fermement dirigé, la place de notre agriculture dans le Marché commun sera constamment menacée, surtout si l'Angleterre doit se joindre à nous. Il faudra une fois encore résister aux pressions des technocrates internationaux et à celle de nos partenaires dont les intérêts sont bien différents des nôtres.

*
* *

---

48 CHAN, 5AG2/1088.

Élu Président, Georges Pompidou défend toujours la même thèse. Lors d'une conférence de presse du 22 septembre 1969[49]*, il indique : « Il faut d'abord poursuivre naturellement la modernisation de notre agriculture et le regroupement des toutes petites exploitations ». Et, dans son discours d'Albi du 5 avril 1970, il rappelle : « L'agriculture familiale [...] a un avenir devant elle ».*

*

Extrait de l'allocution de Georges Pompidou à Albi 5 avril 1970[50]

[...]

Mais il ne faudrait pas confondre l'avenir des professions et des hommes avec le maintien des habitudes et quelquefois des routines. C'est vrai de l'agriculture où il est évident que notre agriculture a un grand avenir devant elle ; l'agriculture familiale, je n'ai cessé de le répéter, a un avenir devant elle, à condition, bien entendu, de s'adapter aux nécessités modernes et en particulier aux besoins du Marché commun.

*
* *

En juin 1971, à Saint-Flour, Georges Pompidou évoque à nouveau la nécessité, pour des raisons sociales, de « sauvegarder l'exploitation familiale ».

49 CHAN, 5AG2/1089.
50 CHAN, 5AG2/1089.

CHAPITRE III

L'atout européen de la France

Dans son discours du 7 mai 1971, à l'Hôtel de Ville de Toulouse, Georges Pompidou résume sa conception de la création d'un Marché commun pour l'agriculture française : « Notre agriculture, poursuivant sa modernisation, trouvera chaque jour davantage dans le Marché commun les raisons d'être de son activité et de sa productivité. »[1]

*

A. Le Marché commun agricole : une chance pour l'agriculture française

Comme le général de Gaulle, Georges Pompidou estime que la création d'un Marché commun agricole, dans le cadre de la Communauté économique européenne des Six, offre à la France des possibilités d'expansion économique nouvelles qu'il faut saisir. La constitution d'un Marché commun agricole est le pendant de la création d'un Marché commun industriel. Aussi, le 5 novembre 1964, répondant aux questions de la presse parlementaire et notamment de Robert Boulay[2]*, le Premier ministre, qui critique la position allemande, le souligne.*

*

[1] CHAN, 5AG2/1089.

[2] R. Boulay, né en 1920, secrétaire de la Corporation paysanne (1941-1944), rédacteur diplomatique et politique à *Libé-Soir*, à l'Agence Reuter, à *Paris-Presse-L'intransigeant*, (1944-1956), chef de service politique à *Paris-Presse-L'intransigeant* (1952-1965), rédacteur diplomatique à la *Voix du Nord* (1964-1968), rédacteur en chef puis directeur adjoint des informations de *Radio-Télé-Luxembourg* (1968-1971).

Extrait d'une interview de Georges Pompidou lors d'un déjeuner à l'association de la presse parlementaire 5 novembre 1964[3]

[...]

En ce qui concerne notre attitude à l'intérieur du Marché commun, je ne crois pas qu'il soit nécessaire que je parle longtemps : les positions ont été fixées de façon extrêmement claire.

Nous considérons que le Marché commun agricole est nécessaire au Marché commun tout court. Nous considérons que la France ne pourrait pas accepter le Marché commun industriel, c'est-à-dire en fin de compte une zone de libre-échange qui continue de progresser et de s'installer, cependant que le Marché commun agricole serait, d'une façon ou d'une autre, enlisé ou enterré.

À vrai dire le traité de Rome sur ce point est très imparfait. S'il avait réglé le problème de la politique agricole, nous n'aurions pas, depuis trois ans, à nous acharner à le faire. Mais le traité de Rome s'est borné, en matière de politique agricole, à un certain nombre de vœux pieux et par contre, il a déclenché le Marché commun industriel. Je dis, je répète, après le ministre des Affaires étrangères, ce que nous avons dit et répété à nos partenaires depuis trois ans : la France ne conçoit pas le Marché commun sans un Marché commun agricole. J'en viens à la question qui a été posée des engagements qui auraient été pris ou non par le Gouvernement du Chancelier Adenauer. Nous n'avons pas l'intention de nous immiscer, si peu que ce soit, dans les problèmes intérieurs de la République fédérale. [...] Ce Gouvernement a pris un certain nombre d'engagements. Parmi ces engagements, il y a celui de donner, avant le 15 décembre prochain, sa position sur le plan Mansholt, vous le savez, et il y a des engagements formels pour qu'à un moment donné soient fixés les prix communs des denrées agricoles, y compris le prix des céréales[4].

Et bien ! Ce que nous demandons au Gouvernement allemand, c'est de respecter ces engagements. Mais ce que nous demandons surtout au Marché commun agricole, c'est de progresser. Ce qui nous inquiète, c'est moins le fait que tel ou tel engagement ne soit pas tenu aujourd'hui, c'est le fait que depuis un an, nous piétinons. Alors qu'il y a un an, il semblait que la voie fut ouverte, on peut dire que depuis un an,

[3] CHAN, 5AG2/1086.

[4] G. Pompidou évoque le blocage allemand sur la fixation de prix européens pour les céréales qui ne trouvera une solution que par un compromis réalisé le 15 décembre 1964. Le plan Mansholt évoqué ici est en fait la proposition de la Commission au sein de laquelle Mansholt est responsable des questions agricoles.

on a fait du sur place. Ceux qui connaissent le cyclisme sur piste, savent ce que cela veut dire et nous voudrions être certains que ce sur place sera suivi à un moment donné par un démarrage foudroyant. Et nous voudrions aussi que ce démarrage fût dans le sens du Marché commun agricole et non pas dans le sens de la zone de libre-échange ou dans le sens d'une dispersion du Marché commun agricole à l'intérieur d'une soi-disant négociation agricole à Genève à l'occasion de la négociation Kennedy. Nous sommes très fermes sur ce point, et nous le resterons. Je n'ai pas à dire ce que nous ferons tel ou tel jour, d'ailleurs, nous ne le savons pas ; notre position arrêtée, c'est qu'il faudra que le Marché commun agricole se fasse, faute de quoi le Marché commun industriel périra. On m'a dit à ce propos : comment en sortirez-vous, le Traité de Rome n'a pas prévu de sortie. Mais il a prévu un Marché commun agricole qui tarde à se faire. De toute manière, le problème n'est pas de savoir si nous en sortirons ou si nous n'en sortirons pas, le problème est que si un des États essentiels au Marché commun, par exemple la France, à un moment ou à un autre, considérait que ce Marché commun ne peut plus avancer, que ce Marché commun est tué dans son âme et dans ses virtualités profondes. Et bien ! Ce Marché commun mourrait de sa belle mort, soyez-en certains, quels que soient les textes et quelles que soient les modalités qui seraient appliquées ou qui ne le seraient pas, d'ailleurs.

*

* *

À plusieurs reprises, Georges Pompidou avance l'argument de l'intérêt du Marché commun agricole pour l'économie française, en particulier en octobre-novembre 1965.

*

Extrait du discours de Georges Pompidou à Barbizon devant l'UNR 4 octobre 1965[5]

[...]

Ce n'est pas parce que nous aurons le Marché commun que nos agriculteurs envahiront le marché allemand, le marché italien. Je suis pour ma part convaincu, je l'ai dit aux agriculteurs dans les Ardennes, que les Allemands continueront à acheter leurs céréales, pour une grande partie,

[5] CHAN, 5AG2/1087.

hors d'Europe parce qu'ils désirent avoir en contrepartie des marchés pour leurs produits industriels. Le Marché commun agricole, c'est pour nous, essentiellement, la possibilité de faire porter par la Communauté européenne une partie des charges à l'exportation qui pèsent à l'heure actuelle sur la seule France[6]. Et c'est pourquoi nous ne pouvons pas transiger sur le problème du règlement financier. Si nos partenaires ne prennent pas leur part de cette charge que représente pour nous l'excédent de la production agricole française, il n'y a pas alors de Marché commun agricole. S'il n'y a pas de Marché commun agricole, il n'y a pas de Marché commun industriel possible car la faiblesse de l'industrie française est d'être obligée de supporter les impôts indispensables pour financer la charge de nos exportations agricoles ; par conséquent, en exigeant un règlement financier pour l'agriculture, en exigeant que nos partenaires acceptent résolument de prendre leur part de charges, nous faisons le jeu de notre agriculture, mais nous faisons aussi le jeu de notre industrie.

*
* *

Extrait d'une allocution prononcée par Georges Pompidou à Matignon 18 novembre 1965[7]

[…]

Outre l'effort fait pour la réorganisation des structures, la vulgarisation agricole et la sécurité sociale des agriculteurs, le budget avait prévu les importantes subventions nécessaires pour l'exportation d'une grande partie de la récolte de blé et cela dans des conditions de prix et de quantum conformes aux décisions prises dans le cadre du Marché commun. Nul ne peut contester que nous appliquions la Politique agricole commune dont nous restons les plus ardents défenseurs.

*
* *

---

6 G. Pompidou évoque l'intérêt particulier pour une France agricole exportatrice de pouvoir s'appuyer sur les principes de la préférence communautaire et de la solidarité financière. La mise en oeuvre du mécanisme des prélèvements à l'importation de produits extérieurs à la CEE et des restitutions pour les exportations vers les pays tiers d'excédents agricoles, couplés avec un système de prix garantis aux producteurs est une impérieuse nécessité pour le développement de l'agriculture française et pour son financement.

7 CHAN, 5AG2/1087.

Le Marché commun sert l'intérêt agricole de la France qui a une vocation exportatrice, notamment pour sa production céréalière. Georges Pompidou écrit à Gérard de Caffarelli, en décembre 1963, que « le Gouvernement considère que l'intérêt du Marché Commun, pour l'agriculture, réside avant tout dans l'ouverture de nouveaux débouchés ». Et, suite au règlement de décembre 1964, il fait remarquer à un journaliste de l'ORTF, le 9 mars 1965 : « Nous avons, à Bruxelles, gagné la bataille de l'agriculture française. »[8] *La priorité est alors au Marché commun pour les céréales mais Georges Pompidou attend beaucoup de la conclusion de règlements satisfaisants pour les autres produits.*

*

Extraits d'un entretien de Georges Pompidou à l'ORTF 22 décembre 1964[9]

[...]

Question : Venons-en maintenant, si vous le voulez bien à la dernière des grandes options que vous m'avez citées, une option qui n'est pas seulement nationale, celle-là, puisqu'elle concerne l'Europe. Il s'agit du Marché commun, qui vient d'atteindre à Bruxelles, avec les derniers accords signés sur le prix des céréales, ce que les aviateurs appellent « le point de non retour ». Et pourtant, je crois que nous avons frôlé la catastrophe de près.

Réponse de Georges Pompidou : Ah! Vous parlez des accords du 15 décembre[10]. Remarquez que cette date du 15 décembre ce n'est pas nous qui l'avions inventée. Elle avait été fixée d'un commun accord par les six pays il y a plusieurs mois. Je dois dire que la France y avait poussé. Mais enfin, il faut bien reconnaître qu'il a fallu que le Gouvernement et le général de Gaulle lui-même interviennent avec beaucoup d'énergie pour que tout le monde soit présent au rendez-vous. En tout cas on y était et le 15 décembre au matin tout était terminé. Tout était terminé, qu'est-ce que cela veut dire ? Cela veut dire qu'on avait fixé un prix des céréales qui sera unique dans les six pays du Marché commun à compter de 1967. Alors vous pouvez vous demander pourquoi le simple fait de fixer un prix commun des céréales soit si important. Et en effet il

---

8 CHAN, 5AG2/1087.

9 CHAN, 5AG2/1086.

10 À l'occasion de ce « marathon » agricole, les Six sont parvenus, malgré les réticences allemandes, à fixer des « prix européens » pour les céréales, moyennant certains aménagements en faveur de l'Allemagne, du Luxembourg et de l'Italie.

reste beaucoup de choses à régler : il reste à parler de la viande, du lait, du sucre, des oléagineux sans parler du règlement financier qui ne sera pas le plus facile à mettre debout. Et bien! Malgré tout nous pensons que la fixation du prix des céréales était l'obstacle le plus difficile de tous ceux que nous avons rencontrés jusqu'ici dans la progression vers le Marché commun agricole. Et parce que nous l'avons franchi nous estimons que désormais une grande espérance est ouverte. Espérance pour notre agriculture de devenir le fournisseur principal de deux cents millions d'Européens. Espérance pour l'Europe elle-même et en particulier pour un développement de l'union politique. Et à ce propos je voudrais ici rendre témoignage aux députés de la majorité qui, dans des circonstances difficiles et au milieu de quelles pressions, nous sont restés fidèles, et par là ont montré qu'ils avaient comme nous, je crois, le sens du véritable intérêt de notre agriculture et de nos paysans. Aujourd'hui, ils recueillent le fruit de leur courage et la satisfaction de nous avoir fait confiance. [...]

S'agissant de la grève du lait, du malaise paysan, ce sont des choses dont je ne voudrais plus parler car je considère qu'elles doivent désormais appartenir au passé. Nous avons, certes, dû résister à certaines revendications agricoles en matière de prix. Nous l'avons fait parce que d'abord il fallait sauvegarder la stabilité, péniblement acquise, encore très fragile ; nous l'avons fait aussi parce que nous voulions avoir de meilleures bases pour les discussions de Bruxelles. Mais nous l'avons fait en étant parfaitement convaincus que si la France est un pays industriel elle est aussi, et elle doit rester, un grand pays agricole. Et nous l'avons fait en promettant que nous interviendrions avec tout le poids de la France et avec toute notre capacité pour aboutir à Bruxelles à créer ce Marché commun agricole qui est la seule voie de la prospérité pour nos agriculteurs. Et c'est pourquoi je suis convaincu qu'à l'heure actuelle les paysans commencent à s'apercevoir que nous avons défendu leur intérêt véritable et que lorsque les parlementaires de la majorité le leur disaient, ils ne mentaient pas.

*
* *

La crise de la « chaise vide » du second semestre 1965 donne au Premier ministre l'occasion, en juillet 1965, de justifier à la télévision l'attitude de fermeté de la France sur la consolidation du Marché commun agricole, en particulier sur sa vision du règlement financier.

*

Extrait d'une déclaration télévisée de Georges Pompidou 27 juillet 1965[11]

[...]

Il faut, si vous le permettez que je revienne un peu en arrière. Le traité de Rome, tel qu'il avait été conclu, ne créait en fait que le Marché commun industriel. Or le Marché commun ainsi conçu mettait l'industrie française en concurrence directe avec l'extérieur et, notamment, avec la puissante industrie allemande. Il n'était supportable que s'il était compensé par un Marché commun agricole, fournissant à notre agriculture des débouchés importants à des prix rémunérateurs, et permettant ainsi à l'État, dégagé pour une bonne part de la nécessité du soutien de notre agriculture, d'alléger les charges pesant sur l'industrie.

C'est pourquoi, en janvier 1962, le général de Gaulle a exigé la création du Marché commun agricole avant d'accepter la deuxième étape d'abaissement des droits de douane. Mais on comprend bien que l'essentiel de ce marché commun agricole résidait pour nous dans le règlement financier dont l'objet est de répartir entre les six pays la dépense budgétaire considérable que représente l'exportation des surplus agricoles à des prix très inférieurs à ceux payés aux producteurs. L'esprit de ce règlement financier devait être de faire supporter cette charge pour une large part aux pays qui continueraient à acheter leur nourriture en dehors du Marché commun. Rien de plus normal, puisque cela permet à ces pays de la payer moins cher et constitue donc un avantage injustifié dans une communauté économique par rapport aux pays surproducteurs comme la France qui paient leur nourriture à un prix élevé et seraient de plus obligés, sans un tel règlement, de subventionner l'exportation des excédents.

Cette compensation nous avait été formellement promise en janvier 1962, avait été inscrite dans le premier règlement financier provisoire, puis dans le règlement définitif, confirmée à nouveau en décembre 1964. Or, quand il a fallu adopter à la date fixée depuis trois ans et demi le règlement pour la fin de la période transitoire, malgré des concessions considérables de notre part, nos partenaires sont revenus sur des engagements pris et réaffirmés à plusieurs reprises. Mieux, on a soulevé de multiples affaires, économiques ou politiques, qui étaient à la fois nouvelles et inopportunes. En réalité, tout a été remis en question.

Nous n'avons pu que constater l'échec. Pour l'avenir, nous verrons bien, il y a des solutions à tout et les prochains mois nous dirons vers quoi l'on peut aller. Mais ce qui est certain c'est que, si l'on veut qu'il y

---

[11] CHAN, 5AG2/1087.

ait Marché commun, il faudra qu'il y ait un Marché commun agricole et un règlement financier équitable. Ce qui est certain au surplus, c'est que nous n'accepterons pas que l'économie française tout entière soit dirigée du dehors sans que le Gouvernement puisse exercer les responsabilités qu'il assume vis-à-vis du peuple français. Le bon sens nous avertit et l'expérience nous prouve que nous ne pouvons pas laisser à une Commission qui n'a pas de vocation politique le soin de décider du niveau de vie des Français en même temps que du destin de notre agriculture et de notre industrie. Nous ne voulons certes pas empêcher l'Europe de se faire, je crois même que nous sommes le pays qui pousse le plus à sa réalisation, mais elle ne se fera que par la coopération résolue des pays qui la composent[12].

*
* *

Le 4 octobre 1965, à Barbizon, après avoir fustigé les remarques de l'opposition qui condamne l'attitude de la France dans les négociations européennes, il clame : « Nous avons notamment gagné lorsque, le 15 décembre, nous avons contraint nos partenaires du Marché commun à accepter le prix unique des céréales. »

*

Extrait du discours de Georges Pompidou à Barbizon devant l'UNR 4 octobre 1965[13]

[…]

Au cours de la session de l'automne 1964, au cours de la session de printemps, leurs leaders [ceux de l'opposition] ne sont pratiquement jamais montés à la tribune. On a essayé, à un moment donné, de dresser contre nous les agriculteurs. Ce fut la « grève du lait », ce fut la motion de censure. À l'époque, nous avons tenu ferme sur nos positions, nous avons exposé notre politique, nous avons dit que nous n'en bougerions point ; quelques-uns se demandaient si nous n'étions pas imprudents, en fait nous avons gagné. Nous avons notamment gagné lorsque, le

12 Le Premier ministre met l'accent sur deux problèmes ; l'un d'ordre économique : la France doit bénéficier financièrement de la solidarité financière, et l'autre d'ordre politique : la France ne veut pas de décisions communautaires susceptibles de porter atteinte à sa souveraineté économique.

13 CHAN, 5AG2/1087.

15 décembre, nous avons contraint nos partenaires du Marché commun à accepter le prix unique des céréales.

*

* *

Sur la question du règlement financier, Georges Pompidou fait preuve de beaucoup de fermeté[14].

*

Extraits d'une interview de Georges Pompidou 14 octobre 1965[15]

[...]

Le Marché commun, à lui seul, n'apportera aucun secours à notre industrie qu'il mettra au contraire en concurrence directe avec la puissante industrie allemande. Il n'apportera à nos agriculteurs qu'un soulagement partiel et momentané, dû surtout à la hausse des prix des céréales. Mais si notre industrie, si notre agriculture ne font pas un effort profond de renouvellement sur elles-mêmes, leur prospérité sera de très brève durée et elles n'auront aucune perspective d'avenir réel. [...]

Il s'agit, par conséquent, pour notre agriculture, qui produit plus que la France n'a besoin, d'adapter ses productions à la demande extérieure et, par exemple, produire davantage de viande, de fruits, de légumes, de beurre et de fromage, et à condition que ce soit avec des qualités et des prix compétitifs. De ce point de vue, l'augmentation des céréales décidée à Bruxelles serait assez trompeuse, et même dangereuse, si elle aboutissait à accroître encore cette production déjà excédentaire, bien que le Marché commun doive faire supporter la charge considérable, et d'ailleurs accrue, des exportations de blé par les six pays et non plus par la France seule, à condition, naturellement, que nous ayons un règlement financier convenable, celui précisément qu'on nous a refusé le 30 juin. À condition encore que ce règlement ne puisse pas être remis en cause

---

14 Le 9 septembre 1965, dans une conférence de presse, le général de Gaulle avait précisé l'attitude française, en déclarant notamment : « Ce qui s'est passé à Bruxelles le 30 juin au sujet du règlement financier agricole, a mis en lumière non seulement les persistantes réticences de la plupart de nos partenaires en ce qui concerne l'entrée de l'agriculture dans le Marché commun, mais aussi certaines erreurs ou équivoques de principe qui figurent dans les traités relatifs à l'Union économique des Six. C'est pourquoi la crise était, tôt au tard, inévitable. »

15 CHAN, 5AG2/1087.

par nos partenaires contre notre volonté ! Alors, vous voyez, ce n'est pas si simple.

Au total, et de toute manière, notre avenir économique est avant tout dans la transformation de notre industrie et de notre agriculture. Le Marché commun ne peut que rendre cette transformation plus nécessaire. Et c'est même une de ses qualités principales que de nous faire comprendre l'urgence du problème et l'importance de l'enjeu. Mais, qu'il s'achève ou non, l'effort sera le même et devra être accepté.

*

* *

Extrait d'une conférence de presse donnée par Georges Pompidou 16 décembre 1965[16]

[...]

Je comprends l'importance de ce problème [le Marché commun], au moment où je parle, à la fois sur le plan extérieur et sur le plan intérieur, puisque cette affaire européenne, et du Marché commun notamment, a été au centre de la campagne et, en particulier, au centre des préoccupations du monde agricole.

La négociation de Bruxelles sur le Marché commun est un tout. Quel est notre objet ? Notre objet, c'est, premièrement, de faire un Marché commun agricole qui en soit un et qui soit définitif. Ce n'est pas forcément acquis ; en deuxième lieu, que ce Marché commun agricole soit bien organisé, ce qui veut dire – et c'est bien plus important que de voir le financement sous cet aspect-là que sous l'aspect strictement de la charge financière dont je parlerai néanmoins tout à l'heure –, ce qui veut dire que l'organisation du Marché commun agricole doit avoir pour résultat de contraindre, non pas, bien sûr, par des ordres, mais par le jeu des mécanismes, de contraindre nos partenaires de s'approvisionner chez nous[17].

À l'heure actuelle, on dit : l'Allemagne nous achète beaucoup plus de produits agricoles. C'est en partie vrai. Mais elle nous achète quoi ? Elle nous achète des fruits et légumes, du maïs, de l'orge et des céréales secondaires. Et pourquoi nous en achète-t-elle ? Parce qu'elle les trouve

---

16 CHAN, 5AG2/1087.

17 Il s'agit de faire jouer le principe de la préférence communautaire et d'utiliser l'instrument des prélèvements à l'importation qui, à la différence des droits de douane, sont des taxes variables.

chez nous au même prix qu'ailleurs, voire meilleur marché, et en quantité disponible, alors que ce sont des produits dont le monde est souvent déficitaire. Marché commun ou pas, il y a de très grandes chances que toutes ces exportations vers l'Allemagne auraient lieu pour des raisons qui tiennent au marché mondial et pour des raisons de voisinage. Mais, par contre, l'Allemagne continue de s'approvisionner, pour la quasi-totalité, en blé non européen. Pourquoi ? Parce qu'elle trouve du blé à meilleur compte ailleurs, au prix mondial. C'est vrai. Et les règlements financiers peuvent conduire à éliminer cet inconvénient. Mais elle y trouve aussi une monnaie d'échange pour ses exportations industrielles. Et c'est pourquoi l'organisation du Marché commun, pour qu'elle nous soit profitable, qu'elle soit bonne pour nous, n'est pas facile, puisqu'il faut que non seulement il n'y ait pas d'inconvénients financiers pour les pays acheteurs à s'adresser à nous, mais qu'ils y soient incités.

C'est la raison pour laquelle nous discutons, depuis des mois, âprement le règlement financier, qui doit, par ses modalités, établir, à tout le moins, l'égalité devant les approvisionnements et si possible, améliorer la position des approvisionnements français par rapport aux approvisionnements tiers, pour les Allemands, et qui doit, accessoirement, diminuer nos charges budgétaires, ce qui est important aussi, moins par la somme que par l'inconvénient que ce déficit fait peser sur notre industrie. Il est certain que l'industrie française, vis-à-vis de l'industrie allemande, est, au départ, handicapée et que, si elle a une charge supplémentaire à porter, elle risque de l'être bien davantage.

Voilà ce qui nous guide. Voilà ce qui nous guide dans les modalités, voilà ce qui nous guide aussi dans la volonté que l'organisation du Marché commun, telle que nous la mettrons sur pied, ne puisse être remise en cause. Car, ce qui est apparu dans ces derniers mois, ce qu'on ne savait pas en 1957, ce qu'on ne savait pas encore en janvier 1962, c'est que la France est, au fond, le seul pays des Six qui soit dans son cas. C'est le seul qui soit profondément exportateur de produits agricoles. L'Italie, qui, à l'époque, croyait être de notre côté, a passé du côté des acheteurs et, par conséquent, nous ne pouvons pas imaginer qu'en ces matières, comme dans d'autres d'ailleurs, mais qu'en ces matières, un vote à la majorité puisse revenir contre des décisions essentielles déjà prises, puisse nous imposer des conditions dans les matières essentielles, car nous savons, par avance, que tous les autres intéressés seraient solidaires en face de nous. C'est pourquoi la discussion est difficile. Mettre ensemble six pays qui existent, cela suppose de la part de ces six pays des sacrifices et qu'ils sacrifient tous certains de leurs intérêts à un intérêt global commun, supérieur. C'est pourquoi, notamment, le 30 juin, pour essayer d'obtenir l'accord, nous avons été assez loin dans des concessions sur le plan financier, d'autant plus qu'il ne s'agissait –

ne l'oubliez pas – il ne s'agissait que de la période transitoire, intermédiaire, qui doit se terminer au plus tard en 1970 et il était même question, à ce moment-là, qu'elle se terminât le 1er juillet 1967. Donc, si nous consentions un sacrifice financier, nous le consentions pour deux ans et au maximum, pour cinq ans, et, de toute manière, ce sacrifice financier était inférieur à celui que nous sommes obligés de faire pour soutenir l'exportation de nos produits agricoles si nous sommes seuls. Mais le règlement définitif, lui, est conforme à ce que nous avons demandé au départ et il est admis qu'il est définitif.

Voici pour le règlement. Et je voudrais que les agriculteurs et les représentants de l'agriculture comprennent, non seulement à quel point ces problèmes sont difficiles, mais à quel point le Marché commun, sans agriculture, est dangereux pour nous, mais, avec l'agriculture, est périlleux pour notre monde agricole si nous n'y prenons pas grand soin et si les règles établies au départ, notre possibilité d'intervenir au cours des années, dans l'application, ne sont pas mises au clair et respectées. Car tout ne sera pas forcément drôle pour les agriculteurs. Que sera, en particulier, la résistance qu'offriront nos coopératives bretonnes ou normandes, s'agissant de produits laitiers, s'agissant d'aviculture, s'agissant d'élevage de porcs par rapport aux élevages industriels et capitalistes de Hollande ou d'Allemagne ?

Ce sont des questions sur lesquelles il m'est arrivé de me pencher profondément, moins pour la négociation, qui est menée par le ministre des Affaires étrangères, et fort bien, que pour en mesurer toutes les conséquences pour notre économie, c'est-à-dire pour les Français, qu'il s'agisse du monde industriel et qu'il s'agisse, plus encore, du monde paysan.

Je ne prétends pas que nous ayons toujours raison, mais ce que je vous garantis, c'est que se jeter les yeux fermés dans un Marché commun supranational, comme on dit, où les décisions nous échapperaient – les décisions essentielles –, où elles pourraient être prises contre nous, où ce sont les Hollandais, les Allemands ou les Italiens qui seraient chargés de fixer le prix auquel ils achèteraient nos produits, et bien ! C'est très léger et très grave pour l'avenir.

Ceci étant dit, je veux croire que tout le monde le comprend ; je crois que tout le monde se rend compte qu'il faut faire des concessions et je crois qu'à l'heure actuelle les perspectives sont favorables. Je crois même que, s'il n'y avait pas eu ballottage, l'issue serait en vue et, peut-être, datée ; je veux dire : on aurait pris date ; et si tout se passe bien dimanche – au sens où je l'entends – eh bien ! Les conclusions favorables ne devraient pas tarder.

*
* *

La déclaration de Georges Pompidou au Parlement, en avril 1966, avant la conclusion du « compromis de Luxembourg » précise de nouveau sa position.

*

Extrait d'une déclaration de Georges Pompidou devant le Parlement 13 avril 1966[18]

[...]

C'est, tout d'abord, l'accord de Luxembourg qui a mis fin à la crise ouverte le 30 juin à Bruxelles[19] et a permis la reprise des négociations de Bruxelles. Intransigeante sur les structures de l'Europe, la compétence réciproque du Conseil des ministres et de la Commission, comme sur le fait qu'aucun des pays participants ne peut se voir imposer de décisions contraires à ses intérêts essentiels, la France n'est pas moins résolue à promouvoir le Marché commun, considéré dans son ensemble, agricole aussi bien qu'industriel. Mieux, elle vise, par delà l'union douanière, à l'instauration d'une véritable politique économique commune dont la réalisation est à peine ébauchée. N'envisageant pas la Communauté comme une entité repliée sur elle-même à l'abri du tarif extérieur, elle est prête à favoriser les progrès de la négociation dite « Kennedy » et par un abaissement généralisé des droits de douane à favoriser le développement du commerce international dont elle attend un resserrement des liens entre les pays participants en même temps qu'un progrès général de l'économie et particulièrement de la sienne propre. Mais tout est lié et dépend à nos yeux de l'instauration du Marché commun agricole, donc de l'achèvement du règlement financier. Je me félicite que les derniers entretiens de Bruxelles permettent d'envisager l'avenir dans tous ces domaines avec un optimisme raisonnable et mesuré.

*
* *

Dans l'entretien télévisé du 11 janvier 1968 avec Xavier Marchetti de Paris-Match*, le Premier ministre réaffirme son attachement*

---

18 CHAN, 5AG2/1087.

19 Accord qui sera finalisé le 11 mai 1966 et qui met fin à la crise de la « chaise vide ».

à la réalisation du Marché commun, en précisant cependant que la France doit tenir compte des prétentions de ses partenaires.

*

Extraits d'un entretien télévisé de Georges Pompidou 11 janvier 1968[20]

[...]

Georges Pompidou : Chaque pays a ses intérêts qui sont ceux de son peuple et qui par conséquent sont parfaitement respectables. Et le problème c'est de faire que ces intérêts qui ne sont pas les mêmes, forcément, s'accommodent les uns aux autres. En deuxième lieu la France n'est pas demandeur, n'est pas fortement demandeur.

Xavier Marchetti : Si, sur l'agriculture vous allez l'être...

Georges Pompidou : Je veux dire par là que s'il doit y avoir Communauté économique, si la Communauté économique doit continuer à se développer, nous entendons que ce qui a été décidé et signé en matière de communauté agricole continue et soit mis en application.

Xavier Marchetti : Certes, mais nos partenaires ne l'appliquent pas pour l'instant.

Georges Pompidou : Si nos partenaires ne l'appliquent pas pour l'instant, c'est que la date n'est pas venue complètement.

Xavier Marchetti : Si, monsieur le Premier ministre...

Georges Pompidou : Si nos partenaires demain estimaient que cette Communauté ne peut pas vivre, qu'ils nous fassent des propositions de rechange, nous serions prêts à les examiner, le général de Gaulle l'a dit dans sa conférence de presse, rappelez-vous.

Xavier Marchetti : Oui, parfaitement.

Georges Pompidou : Autrement dit notre politique – elle est d'ailleurs très simple – consiste à connaître les intérêts français et à essayer de les ajuster en fonction des pays auxquels nous sommes liés. Nous sommes liés à l'intérieur du Marché commun, à nous d'ajuster nos intérêts à ceux des autres, et aux autres à ajuster leurs intérêts aux nôtres. Alors, nous verrons bien. Si nos partenaires ne voulaient pas appliquer les règlements agricoles, il est bien évident que nous irions à une crise très grave de la Communauté et peut-être à sa rupture, mais croyez-vous que nous en soyons là ? Vous me dites, ils n'en ont pas envie ! Cela dépend ; ils n'en ont pas envie quand leur intérêt n'est pas

---

[20] CHAN, 5AG2/1088.

en cause ; ils en ont envie quand c'est leur intérêt. Le problème n'est pas de savoir ce dont on a envie, le problème est de savoir finalement ce qu'on choisit. Est-ce qu'ils choisiront le Marché commun ou est-ce qu'ils choisiront la mort du Marché commun ? Eh bien moi, je suis convaincu qu'ils choisiront le Marché commun parce que c'est notre intérêt à tous les six. S'ils choisissaient autrement, nous nous adapterions.

Xavier Marchetti : Donc, le problème est réglé.

Georges Pompidou : Rien n'est réglé.

Xavier Marchetti : Supposons qu'il le soit. Nos partenaires acceptent le risque agricole, c'est ce que leur demande la France. À ce moment-là vous acceptez en contrepartie et c'est le jeu, le risque industriel.

*
* *

Par ailleurs, en juin 1969, dans le discours qu'il prononce à Alençon, après avoir marqué son attachement à la construction européenne, Georges Pompidou insiste sur la préférence communautaire et la solidarité financière qui profitent à la France, avant de conclure que le « Marché commun [...] a largement bénéficié à la France, puisque ses exportations agricoles vers ses partenaires ont quintuplé ».

Président de la République, Georges Pompidou ménage les Allemands et continue à défendre les principes du Marché commun, notamment dans le débat relatif à l'entrée du Royaume-Uni dans la CEE.

*

Note de Georges Pompidou à MM. Giscard d'Estaing[21] et Duhamel « Position par rapport aux Allemands sur les questions agricoles » 6 octobre 1969[22]

1°) Nous ne devons pas être agressifs vis-à-vis des Allemands. Nous laissons ce soin à la Commission.

[21] V. Giscard d'Estaing, né en 1926, a été ministre des Finances et des Affaires économiques de 1962 à 1966, puis ministre de l'Économie et des Finances de 1969 à 1974.

[22] CHAN, 5AG2/52.

2°) Nous devons insister pour une fixation rapide de la parité définitive du mark, sinon par décision gouvernementale, du moins par déclaration de la Bundesbank. Nous sommes résolument contre les changes flottants.

3°) Nous devons demander aux Allemands de baisser leurs prix, quitte à les compenser budgétairement. La formule de la taxe à l'entrée et à la sortie est la plus mauvaise car elle handicape tout l'avenir du Marché commun agricole et va contre la position que je prendrai à la Haye[23].

On peut imaginer aussi que les Allemands jouent de leurs taux de TVA sur les produits agricoles. Je crois savoir qu'ils sont prêts à cette solution qui permettrait de sauvegarder le principe et même la pratique des prix uniques communautaires, les agriculteurs allemands récupérant la moins-value par la possibilité de répercuter la TVA à un taux de 11 % au lieu de 5 à 6 % actuellement.

Tout ce qui tend à faire croire que nous acceptons par avance une révision du système actuel est directement contraire à notre position de politique générale et doit être écarté.

*

* *

Dans une allocution télévisée qui fait suite à la Conférence de La Haye de décembre 1969, il a l'occasion de présenter à nouveau sa position.

*

Extrait d'une allocution télévisée prononcée par Georges Pompidou 15 décembre 1969[24]

[...]

Chacun sent la nécessité d'avancer résolument sur la voie d'une union dégagée des rêves et des abandons, mais reposant sur la confiance, sur les réalités, sur des rapports étroits entre Gouvernements responsables, prêts à s'imposer à eux-mêmes des disciplines communes.

23 Le Président fait allusion à l'instauration, le 11 août 1969, suite à la dévaluation du franc, d'un système de montants compensatoires monétaires (MCM) perçus par la France à l'exportation et donnant lieu à des subventions françaises à l'importation de produits agricoles des Six, sauf pour le lait et la viande bovine.

24 CHAN, 5AG2/1088.

C'est ce résultat que nous avons cherché à La Haye en même temps que nous obtenions l'engagement de nos partenaires d'adopter dans les prochaines semaines le règlement financier définitif qui assure la continuité du Marché commun agricole et doit rendre l'espérance à nos agriculteurs dont je comprends l'inquiétude et dont je saurai défendre les intérêts.

*
* *

Extrait d'un entretien de Georges Pompidou avec Léon Zitrone 22 décembre 1971[25]

[...]

Léon Zitrone : Alors c'est un peu à l'homme de La Haye que je vais poser la question suivante : quelle va être l'influence des accords de Washington sur l'Europe et qui dit Europe, ma foi, pense aussi, pense peut-être surtout aux problèmes agricoles. Quels vont être les prix agricoles ? Quels vont être les revenus des agriculteurs à un moment donné où quatre pays de la CEE réévaluent leur monnaie ?[26]

Georges Pompidou : [...] Qu'il s'agisse de la préférence communautaire, qu'il s'agisse de la solidarité financière, qu'il s'agisse de l'unité des prix, ce sont là des notions acquises et pour le maintien desquelles la position française sera irréductible. Je le dis clairement, pour que chacun le sache. En défendant le Marché commun agricole, nous ne défendons pas seulement les agriculteurs, tous les agriculteurs européens et les agriculteurs français, qui peuvent compter, croyez-moi, et sur l'intérêt que je leur porte et sur mon obstination . nous défendons aussi la construction européenne tout entière. Tout le monde nous parle d'intégration, d'union et voici que le seul domaine où cette intégration soit, à l'heure actuelle, réalisée, on voudrait l'ébranler. Et bien, si le Marché commun agricole devait être ébranlé, à ce moment là, je vous le dis, il n'y aurait pas d'espoir d'union économique et monétaire, il n'y aurait plus de perspective d'union politique. L'Europe ne doit pas se perdre, la CEE ne doit pas se perdre dans une vaste zone de libre-échange. L'Europe doit affirmer sa personnalité politique vis-à-vis de tout le monde, y compris vis-à-vis de ses amis ou de ses alliés.[27]

---

25 CHAN, 5AG2/1088.

26 Il s'agit de l'Allemagne, des Pays-Bas et de la Belgique. L'Italie, quant à elle, dévalue la lire.

27 Le Président réagit face à des demandes américaines en vue d'une libéralisation des échanges des produits agricoles présentées le 8 décembre 1971 par M. Éberlé, repré-

*

* *

B. Face aux problèmes communautaires et au contexte mondial

La constitution d'un Marché commun agricole sur le principe de la préférence communautaire matérialisé par la mise en place d'un système de prélèvements variables à l'importation et de restitutions à l'exportation, contrevient aux dispositions libérales du GATT. La Communauté des Six doit, par conséquent, faire face à des pays tiers qui estiment que le protectionnisme communautaire leur porte préjudice. Le conflit est ouvert avec les États-Unis qui s'efforcent d'infléchir cette orientation dans les négociations commerciales internationales. Georges Pompidou défend en permanence la thèse du protectionnisme agricole des Six. En janvier 1963, devant les membres de la Chambre de commerce américaine, il expose sa position qui vise la recherche d'un consensus commercial avec les États-Unis.

*

Discours de Georges Pompidou à la Chambre de commerce américaine 23 janvier 1963[28]

[...]

On pourrait croire, en effet, en lisant les journaux ou en écoutant les radios qu'aussi bien dans le domaine industriel que dans le domaine agricole, les Français et les Américains ont eu, ces temps-ci, quelque peine à trouver un terrain de complète entente[29].

Le maintien par la France de certaines limitations quantitatives sur ses importations de produits agricoles en provenance des États-Unis a été critiqué, jusque devant des instances internationales telles que le GATT. Et nous, Français, de notre côté, nous nous sommes plaints de

sentant spécial du Président Nixon pour les négociations commerciales en cours dans le cadre du GATT. Et il affirme la position de la France avant la session de négociations qui s'ouvre le 14 janvier 1972.

28 CHAN, 5AG2/1086.

29 Le 7 mars 1962, dans le cadre des négociations tarifaires menées au sein du GATT, à Genève, entre les États-Unis et la CEE (Dillon round), les États-Unis ne s'opposent pas à la mise en place du Marché commun agricole. Mais le 7 décembre 1962, les États-Unis dénoncent le protectionnisme de la PAC.

certains relèvements du tarif douanier américain survenus au lendemain des négociations tarifaires de Genève. Nous avons appris également que sous des prétextes divers, parfois sanitaires, certaines entraves risquaient d'être apportées à nos exportations. Des voix se sont élevées pour taxer de dumping telle ou telle pratique de nos exportateurs et, de notre côté, nous avons estimé aussi que quelques-unes de vos ventes se faisaient chez nous à des prix anormalement bas. D'autres ont pensé que les conditions dans lesquelles devait être écoulé tel ou tel produit stocké pour des motifs stratégiques n'étaient guère satisfaisantes. [...]

Plus importante et plus digne qu'on s'y attarde est la question agricole telle qu'elle se pose dans le cadre du Marché commun. Les représentants qualifiés de la nation américaine se sont exprimés à ce sujet si fréquemment et si ouvertement que personne ne trouvera mauvais que je dise ici franchement à mon tour ce que nous en pensons du côté français.

Un Marché commun qui n'engloberait pas l'agriculture n'en serait pas un. Une Communauté économique européenne qui n'aurait pas de politique agricole n'en serait pas une et n'intéresserait pas la France. Sur ces deux points, il n'y a pas de contestations possibles et, en fait, je crois bien qu'il n'y en a point. On ne peut certes s'attendre à ce que la seule création d'un Marché commun permette de résoudre les problèmes si complexes et si difficiles qui se posent aux agricultures des pays industrialisés qu'elles soient de ce côté de l'Atlantique ou de l'autre côté. Et il serait illusoire de s'attendre à ce que, de la fusion des six politiques agricoles nationales distinctes, mais toutes plus ou moins protectionnistes, il sorte, dès le début, une politique sensiblement moins protectionniste que ne l'étaient les six politiques nationales initiales. Je crois que sur ce point aussi les esprits non prévenus reconnaîtront que l'accord peut se faire. Aussi, le vrai problème est-il, à mon avis, de savoir ce que sera l'orientation, dans l'avenir, de la Politique agricole commune des Six. Cette politique n'est pas encore précisée. Ce que les pays membres du Marché commun ont fait jusqu'à présent a été de mettre au point des mécanismes. À quoi viseront ces mécanismes ? Vers quels buts orienteront-ils les agricultures des six pays ? Telle est la question.

S'agira-t-il, comme on le craint parfois, d'un système autarcique, générateur d'excédents, de surplus qu'il faudra brader au dehors ? S'agira-t-il au contraire d'une politique différente qui tout en assurant aux agriculteurs le revenu et le mode de vie auxquels ils ont incontestablement droit et sans recourir à un malthusianisme que l'opinion n'accepterait pas, laisserait cependant la place à des échanges internationaux fructueux ? C'est à cette seconde hypothèse que je me range sans hésitation. Déjà les mécanismes que les Six ont prévus lorsque, le 14 janvier 1962, ils ont défini leurs premiers accords en matière agricole donnent aux pays tiers des garanties puisque les restrictions quantitatives ont été abolies. Moyennant paiement d'un prélèvement, et d'un prélèvement équitablement calculé, toutes les importations sont possibles.

Aussi sommes-nous, Français et Américains, déjà d'accord sur plus d'un point, à savoir que l'expansion de la production chez les Six dépendra avant tout du niveau des prix qui sera arrêté en commun et que si ces prix sont fixés, comme nous le souhaitons, à un niveau raisonnable, les fournisseurs étrangers auront lieu d'être rassurés. Or, vous savez que le plus souvent, les prix agricoles français sont les plus bas de la Communauté et vous savez aussi que le Gouvernement français s'efforce d'obtenir que les prix communs soient arrêtés à un niveau voisin des prix français. Je crois donc que les exportateurs étrangers ont encore devant eux, et ils le verront bien lorsque les prix seront fixés, des perspectives qui n'ont rien d'alarmant, étant entendu bien sûr qu'ils demeurent conscients du fait que la productivité de l'agriculture en Europe occidentale est appelée à se développer indépendamment de toute action gouvernementale.

Je suis donc d'avis que certains cris d'alarme que nous avons perçus – et comment ne les aurions-nous pas perçus – sont à coup sûr prématurés et se révéleront fort vraisemblablement injustifiés.

*
* *

Georges Pompidou cherche par ailleurs à rassurer les partenaires commerciaux de la France, ainsi que l'atteste sa prise de position du 27 mai 1963 lors d'une allocution qui s'adresse aux membres du Business International Corporation.

*

Extrait d'une allocution de Georges Pompidou aux membres du Business International Corporation 27 mai 1963[30]

[...]

En matière agricole, nous avons en France et aux États-Unis, des préoccupations semblables : nous aussi nous savons ce que sont les ennuis avec les producteurs de blé. C'est un problème délicat et nous espérons que nos partenaires européens nous aideront à le résoudre[31].

---

30 CHAN, 5AG2/1086.

31 Le Conseil des ministres de l'agriculture des 8-10 mai 1963 convient d'arrêter une position communautaire à prendre à Genève (Kennedy round). Les négociations dé-

Cependant, tout en recherchant une solution, nous avons la volonté de ne pas fixer des prix trop supérieurs aux prix mondiaux.

En fait, la France a les prix agricoles les plus bas de la Communauté européenne. La France n'a cessé d'inciter ses cinq partenaires européens à diminuer leurs prix agricoles, afin de les amener le plus près possible des prix français. C'est d'ailleurs là un objectif qui intéresse les États-Unis et le Canada. De toute façon, l'ensemble de la politique agricole des Six au sein du Marché commun tend à freiner les productions agricoles afin de parvenir à un équilibre en quantité et en prix. Ces objectifs ne sont pas en contradiction bien au contraire avec les intérêts américains.

*

* *

Si Georges Pompidou évoque souvent la question de la concurrence des pays tiers, il le fait pour justifier la nécessité de mutations économiques.

*

Extrait de l'allocution de Georges Pompidou devant les Jeunes Patrons 27 avril 1964[32]

[...]

Question de M. Matto : Monsieur le Premier ministre, Monsieur le ministre des Finances que nous recevions ici il y a un mois environ nous a vivement encouragés à abaisser nos prix de revient. Vous savez combien ces objectifs sont les nôtres et vous savez de même que nous regroupons tous nos efforts pour accroître la productivité de nos entreprises. Mais nous constatons que cela ne suffit pas, et que si les possibilités d'investissements ne sont pas améliorées par éventuellement un encouragement à des placements à long terme, d'une part, et si d'autre part les moyens mis en œuvre pour le développement de l'enseignement technique et de la formation professionnelle ne sont pas accrus, nous risquons de ne pas voir des objectifs atteints tant dans le domaine industriel que dans le domaine agricole. Quelles sont, Monsieur le Premier ministre, vos intentions à ces deux égards ?

---

butent les 25-26 juin 1963 après une offensive américaine contre la PAC (« guerre du poulet ») qui dure jusqu'en janvier 1964. Au terme des négociations, le 15 mai 1967, le différend commercial CEE/États-Unis sur le commerce des produits agricoles n'est pas résolu.

32 CHAN, 5AG2/1086.

Georges Pompidou : En effet, à l'heure actuelle, bien que nous soyons en France dans une période indiscutable d'expansion, comme le montre le marché de l'emploi, je crois que l'industrie française, de même d'ailleurs que le commerce et l'agriculture doivent considérer que les difficultés ne sont pas passées, loin de là, et qu'au contraire, elles se préparent à être plus grandes. Je crois que la phase idyllique du Marché commun est derrière nous et que va venir la minute de vérité, comme on dit, assez facilement dans les milieux politiques.

Vous allez sentir très durement que la concurrence à l'intérieur des Six, et en particulier la concurrence de l'industrie allemande, va devenir de plus en plus redoutable. [...] C'est une des raisons pour lesquelles nous faisons, nous essayons de faire une politique d'aménagement du territoire, pour ne pas risquer de voir se vider la France, en particulier la France du Midi, du Sud-Ouest et de l'Ouest, au profit de l'Est et au profit du couloir « lotharingien ». C'est d'ailleurs une raison – et je demande à tous les provinciaux d'en être conscients – pour laquelle la région parisienne doit maintenir un rythme d'activité très grand car la région parisienne est vraiment un élément capital de rééquilibre géographique à l'intérieur du Marché commun.

La deuxième raison qu'a l'État d'intervenir, c'est que son action sur le crédit, sur la fiscalité, sur les investissements est déterminante ou est, en tout cas, un des éléments déterminants de l'industrie française et de l'activité française. Alors, sur ce point, je puis vous répondre que nous avons parfaitement conscience à l'heure actuelle des efforts qui sont demandés à l'industrie française, d'autant plus que par la politique de blocage des prix qui est suivie, nous lui avons montré que la route n'était pas facile. Mais nous le faisons avec, je dirai, moins de scrupules, à la fois parce que cela nous paraît indispensable sur le plan de la stabilité générale, mais aussi parce que je crois vraiment que le problème du prix de revient – et donc du prix de vente – va devenir capital. À partir de maintenant, le producteur français, qu'il s'agisse de l'agriculteur, ou de l'industriel, doit avoir une espèce d'obsession de l'abaissement du prix de revient.

Pour cela, l'État peut l'aider. Et l'État peut l'aider en particulier en favorisant le crédit à long terme et en cherchant à faire que ce crédit soit moins coûteux. Et j'ai demandé, d'ailleurs, depuis plusieurs semaines, à Monsieur le ministre des Finances, de réfléchir à la question. Vous vous rappelez que la commission Laurain nous y avait incités. Nous envisageons – sans que je puisse vous donner aujourd'hui des précisions, parce que tout cela n'est pas encore décidé – nous envisageons un certain nombre de mesures à l'intérieur notamment du budget de 1965, pour aider, faciliter et stimuler l'investissement. Et non seulement l'investissement, mais la concentration et la fusion des entreprises.

Seulement, je ne voudrais pas m'arrêter sans vous dire que cela suppose en même temps beaucoup d'initiative et de volonté de la part des producteurs eux-mêmes. C'est vrai des producteurs agricoles, à qui nous le disons fréquemment, c'est également vrai des industriels.

*

* *

Et il est également important de noter que Georges Pompidou aborde à plusieurs reprises la question de l'ordre alimentaire mondial. Par exemple, il envisage « une organisation mondiale des marchés agricoles », pour la prise en considération de la situation des pays en voie de développement, en janvier 1964, à la Chambre de commerce franco-britannique.

*

Extrait du discours prononcé par Georges Pompidou à la Chambre de commerce franco-britannique 14 janvier 1964[33]

[...]

Quant à l'agriculture, je crois malheureusement que beaucoup de temps s'écoulera encore avant que les grands pays industriels d'Europe occidentale et les États-Unis réussissent à dominer politiquement le problème. Chaque fois que mes fonctions m'amènent à rencontrer les chefs de Gouvernement étrangers, leur préoccupation numéro un, sur le plan politique, c'est celui de leur agriculture et de leurs agriculteurs. À cet égard, j'ose dire que nous sommes tous logés à la même enseigne.

Après bien des aléas et des incertitudes, les Six ont finalement accepté et décidé une Politique agricole commune, ce qui signifie que lorsque le Marché commun entrera dans sa phase finale d'application, l'agriculture des Six ne fera qu'un et qu'il y aura un seul marché agricole à l'intérieur des Six. Je ne crois pas que ce soit une raison pour les pays tiers d'être inquiets. Bien entendu, ils auraient le droit d'être inquiets si, à l'intérieur de ce Marché commun, le niveau des prix agricoles était tellement élevé que cela donnerait un nouvel élan à la production agricole, favorisant ainsi une production dans des conditions économiques malsaines. Or, sur ce point particulier, la position française est tout à fait opposée et tend au contraire, à des prix agricoles les plus modérés possible de façon que la production soit économiquement rentable et

---

33 CHAN, 5AG2/1086.

saine. En définitive, les pays extérieurs au Marché commun n'ont pas à être inquiets, car au total les Six du Marché commun sont largement importateurs de produits agricoles et ne viendront pas troubler l'équilibre général des marchés commerciaux agricoles. Le véritable problème, c'est celui de l'ensemble des pays en voie de développement pour lesquels l'agriculture est fondamentale.

On ne trouvera une solution à ce problème qu'en la cherchant à l'échelon mondial. Il faudra parvenir à une organisation mondiale des marchés agricoles de façon à instaurer une espèce de règle d'harmonisation, aussi bien pour la circulation que pour les prix des marchandises. C'est pourquoi, économiquement, ce serait une absurdité de conserver des prix intérieurs extrêmement élevés en comparaison d'un prix mondial extrêmement bas.

Dans ce cas, les échanges ont alors tendance à se faire sur les prix intérieurs les plus élevés et très peu ont lieu sur la base du cours dit mondial. Un accord à l'échelle mondiale aura non seulement pour résultat de régulariser les prix des marchés agricoles, mais permettra l'amorce d'un meilleur équilibre des échanges entre pays industriellement évolués et pays en voie de développement.

*
* *

En décembre 1966, à la séance de clôture de l'Assemblée annuelle des Chambres d'agriculture, l'occasion lui est donnée une nouvelle fois d'évoquer cette question et de formuler une proposition qui lui permet de mettre en relation politique agricole nationale, Politique agricole commune et aide au tiers-monde.

*

Extrait du discours de Georges Pompidou aux Chambres d'agriculture 9 décembre 1966[34]

[…]

Il faut donc que tous les États industrialisés se rassemblent – ou qu'un certain nombre d'entre eux s'entendent – pour assumer les charges de ces subventions (aux pays non solvables), selon une clé de répar-

34 Pour le texte intégral, voir la revue *Chambres d'agriculture*, 1er janvier 1967, p. 35-37.

tition différente, bien entendu, des exportations agricoles de chacun [...].

C'est la solution qu'a cherché à faire progresser sans relâche la diplomatie française, depuis huit ans : sur le plan international, Plan dit « Baumgartner-Pisani » ; sur le plan européen : règlement financier de la Politique agricole commune.

*
* *

Sur un autre plan, lorsque la question de l'élargissement de la CEE est débattue, Georges Pompidou ne peut rester indifférent à la dimension agricole de la candidature britannique. Suite au veto du général de Gaulle du 14 janvier 1963, il s'efforce de justifier la position française. À l'occasion d'un déjeuner qui lui est offert le 5 février 1963 par la presse diplomatique, il affiche la fermeté de la France pour la réalisation d'un véritable marché commun agricole. De son point de vue, le Royaume-Uni n'est ni en mesure ni disposé à se plier aux principes de fonctionnement du Marché commun agricole des Six qui ne saurait être dilué dans une zone de libre-échange.

*

Interview de Georges Pompidou 5 février 1963[35]

[...]

Journaliste du *Daily Telegraph* : Vous aviez dit le 11 janvier, ainsi que l'a relaté *Le Figaro*, que malgré les difficultés rencontrées dans les discussions sur l'adhésion de la Grande-Bretagne au Marché commun, vous aviez bon espoir que celle-ci pourrait obtenir les délais nécessaires pour adapter son agriculture aux obligations du Marché commun. Un fait nouveau est-il intervenu entre cette déclaration et la conférence de presse du général de Gaulle du 14 janvier ?

Georges Pompidou : En fait, dans la circonstance qu'évoque l'article que vous citez, je me rappelle très bien – et l'un de vos confrères ici présent peut en témoigner – avoir fait preuve d'un certain pessimisme à propos de l'entrée de l'Angleterre dans le Marché commun, contrairement à l'opinion de ce confrère et ceci à la suite de déclarations qu'avait faites ce jour-là M. Heath. Ceci étant, je crois que tous les

---

[35] CHAN, 5AG2/1086. Cette interview est donnée par les journalistes de la presse diplomatique lors d'un déjeuner au Pavillon Dauphine.

problèmes trouvent un jour leur solution et nous n'avons jamais dit que la porte du Marché commun était fermée pour l'Angleterre. Nous croyons, au contraire, encore aujourd'hui, qu'elle y entrera. Mais elle ne peut et doit y entrer qu'aux conditions propres à ce Marché commun, celles du traité de Rome. Et il apparaît à l'évidence que nos conceptions ne sont pas les mêmes que celles du Gouvernement britannique. [...] À aucun moment on n'a senti du côté britannique la volonté de prouver qu'il n'y avait pas de véritable problème de fond et qu'on était prêt à appliquer les règles fondamentales du traité de Rome sur ces points essentiels que sont la Politique agricole commune, le règlement financier et également les rapports avec les pays de l'EFTA[36].

M. Broussine de *La Nation* : Un certain désaccord existe quant aux raisons de la rupture de la négociation de Bruxelles. Du côté britannique, on affirme que celle-ci était sur le point d'aboutir, mais du côté français, on déclare qu'elle était dans une impasse. Pouvez-vous préciser sur quels points le désaccord était fondamental entre la Grande-Bretagne et les pays du Marché commun ?

Georges Pompidou : [...] Sur les importations de produits agricoles du Commonwealth, nous n'avions nullement avancé et, ce qui est plus grave encore, nous n'avions pas davantage progressé sur la notion de Politique agricole commune, cette notion que nous avons fait accepter par nos partenaires des Six non sans difficultés, et qui consiste à faire de cette agriculture des six pays une entité, une unité. À partir du jour où le Marché commun fonctionnera complètement, il n'y aura plus en effet six agricultures liées par des accords ou des ententes, mais une seule agriculture ; il y aura six pays produisant des produits agricoles et les consommant entre eux. Naturellement, puisque cette zone dans son ensemble est importatrice de produits agricoles, elle importera des produits de l'extérieur car le Marché commun ne va pas consister à convaincre les Européens qu'ils doivent renoncer à consommer des produits de l'étranger, à aider à résorber l'excédent de production agricole d'autres pays, tels que les États-Unis, le Canada, l'Argentine, etc. Mais il va de soi que ces importations ne pourront venir qu'en supplément de la production agricole du Marché commun, sauf pour le pays importateur à se soumettre à l'obligation du prélèvement versé à la caisse commune. Voilà l'essentiel qui se complète d'un règlement financier assez complexe qui n'a pas encore été définitivement mis au point mais repose sur un accord de principe des Six qu'il s'agit maintenant d'élaborer et dont on peut dire que l'élaboration s'est trouvée arrêtée par les négociations sur l'entrée de la Grande-Bretagne. Or, sur tous ces

[36] EFTA : European Free Trade Association. En français, il s'agit de l'AELE – Association européenne de libre-échange.

points fondamentaux, nous ne sommes jamais arrivés à un accord avec celle-ci. La Grande-Bretagne n'a notamment jamais dit, au cours des quinze mois de négociations, si le tarif extérieur du marché commun s'appliquerait ou non à des partenaires de l'EFTA. Nous avons estimé, et je reconnais que notre point de vue n'a pas été unanimement partagé, que sur le fond il n'y avait ni accord, ni entente et j'ajoute même que dans la mesure où certains de nos partenaires des Six pouvaient se rapprocher de la thèse anglaise, ils tendaient par là même à s'éloigner du Marché commun dont la conception en matière agricole n'avait pas été acceptée sans résistance et sans difficulté. C'est pourquoi nous avons pensé que dans l'état actuel des choses, il était plus normal et plus souhaitable de suspendre les négociations. [...]

Un journaliste du *Chicago Daily News* : On a accusé dernièrement les États-Unis de souhaiter voir se diluer le Marché commun en une vaste zone de libre-échange. Cette accusation est-elle justifiée et pensez-vous que la politique actuelle des États-Unis d'intervenir dans le Marché commun présente des dangers pour l'économie européenne ?

Georges Pompidou : En ces matières, les accusations ne sont jamais justifiées. [...] Je ne sais pas si les États-Unis souhaitent que le Marché commun soit dilué dans une grande zone de libre-échange mais je dis qu'assurément les intérêts de l'agriculture américaine sont à première vue en contradiction avec les intérêts de l'agriculture européenne telle qu'elle est conçue dans le traité de Rome et le traité agricole de janvier 1962[37]. [...] Comme pour toutes divergences d'intérêts, je suis convaincu d'ailleurs qu'on peut finir par les résoudre en rapprochant les points de vue. [...] Mais je ne crois pas qu'ils aient pour autant la volonté de diluer le Marché commun.

*

* *

En visite à Londres en juillet 1966, le Premier ministre précise à nouveau la position de la France.

*

[37] Il ne s'agit pas d'un traité mais de règlements pour la mise en place d'un Marché commun agricole, conformément aux dispositions du traité de Rome.

Conférence de presse tenue par Georges Pompidou à Londres 8 juillet 1966[38]

[...]

Nous avons bien entendu parlé avec le Premier ministre et les membres de son Gouvernement des problèmes propres à l'Europe occidentale et en particulier de celui que posent les rapports entre la Grande-Bretagne et la Communauté économique européenne. Rien ne pouvait être plus utile que cet examen quelques semaines seulement après l'adoption définitive à Bruxelles des principes de base du règlement agricole financier commun. [...]

J'ai évoqué également l'importance pour nous des problèmes agricoles, le fait que dans le traité de Rome, le problème agricole n'ait été traité que superficiellement, les difficultés considérables, les crises mêmes qu'il a fallu dominer pour aboutir à une réglementation compliquée, réglementation qui est loin de nous satisfaire nous autres Français, en particulier à cause du niveau élevé des prix mais aussi d'une réglementation que nous avons acceptée comme nos partenaires grâce à des concessions réciproques. Il y a donc là toute une construction qui a été extrêmement laborieuse. Nous n'avons absolument pas le désir d'empêcher la Grande-Bretagne d'entrer dans le Marché commun, nous sommes au contraire tout disposés à l'y voir entrer et j'ajoute que ce serait pour l'Europe et probablement pour la France, à bien des égards, un avantage. Mais il va de soi que cela suppose auparavant que la Grande-Bretagne ait pris, elle, les décisions nécessaires pour être en mesure au point de vue financier et économique, d'accepter les règles du Marché commun et qu'elle ait également pris ses décisions vis-à-vis d'elle-même en ce qui concerne la réglementation agricole. Qu'il y ait des transitions nécessaires, je n'en disconviens pas, mais la construction a donné trop de mal à bâtir pour que l'on puisse repartir à zéro. [...]

Question : À propos de l'entrée de la Grande-Bretagne dans le Marché commun, vous avez parlé, M. le Premier ministre, de transitions indispensables. Lesquelles ?

Georges Pompidou : Je crois que transition cela veut dire essentiellement étapes, n'est-ce pas ? Nous avons établi nous-mêmes, à l'intérieur du Marché commun, des étapes de transition. Je prends un exemple : le prix des céréales. Nous avons fixé, à la fin de 1964, un prix commun pour les céréales et nous nous sommes donné trois années pour le mettre en place. Nous avons fixé différentes étapes pour la diminution

[38] CHAN, 5AG2/1087.

puis la disparition des droits de douane intérieurs ; il est évident par exemple qu'il serait nécessaire d'avoir un certain nombre d'années de transition, d'étapes successives pour permettre la disparition des droits de douane entre la Grande-Bretagne et les Six.

*

* *

Le candidat à l'Élysée, se prononce pour une adhésion, sous conditions, du Royaume-Uni dans la CEE en juin 1969 en déclarant : « Si l'Angleterre devait rejoindre l'Europe, il faudrait que ce soit en acceptant la Politique agricole commune, ouvrant ainsi des débouchés supplémentaires à nos produits. » Les conditions d'entrée des Britanniques sont rappelées par le Président lors d'un entretien télévisé avec Jean Ferniot en juin 1971.

*

Extrait d'un entretien télévisé de Georges Pompidou avec Jean Ferniot[39] 24 juin 1971[40]

[…]

Il [le général de Gaulle] avait dit : « Ce qui m'ennuie avec le Marché commun, c'est qu'il nous brouillera avec l'Angleterre. » Et comme vous le savez, en 1968 ou 1969, dans les derniers mois de sa présidence, il a fait une tentative vers l'Angleterre qui a échoué à cause du Gouvernement anglais de l'époque.

Alors, d'autre part, je constatais que nos partenaires ne voulaient plus avancer, qu'il n'y avait que très peu de chance, en particulier, de faire que le Marché commun agricole fut reconduit et installé, si je puis dire, définitivement. Et c'est pourquoi, à la Conférence de la Haye, je leur ai mis le marché en main très clairement. Et j'ai obtenu, d'une part, que le marché agricole devint définitif, en échange d'autre part, de l'ouverture de la négociation avec la Grande-Bretagne. […]

39 J. Ferniot, né en 1918, a été chef du service politique de *France-Soir* (1959-1963), corédacteur en chef de *L'Express* (1963-1966), chroniqueur gastronomique à ce même journal (sous le pseudonyme de l'Oncle) (1963-1969), éditorialiste à *Radio-Luxembourg* (1967-1983) et à *France-Soir* (1967-1970), rédacteur en chef, adjoint au directeur général de *France-Soir* (1969-1970).

40 CHAN, 5AG2/1089.

Alors, j'ai posé les questions de la façon la plus claire. Je lui ai dit d'abord : acceptez-vous ce qui est la base du Marché commun agricole, c'est-à-dire la préférence communautaire, en vertu de laquelle on s'approvisionne, d'abord, à l'intérieur de la Communauté ? Et le Premier ministre britannique a confirmé de la façon la plus nette ce qui avait d'ailleurs été dit déjà publiquement par la représentation britannique à Bruxelles.

*

* *

Le Président répète que l'engagement britannique, c'est l'adhésion au principe de l'acquis communautaire. Après l'avoir évoqué dans son discours de La Haye du 1er décembre 1969, en mai 1971, face à la perspective d'importations de Nouvelle-Zélande dans la CEE, via le Royaume-Uni, il souligne : « Mais il ne faudrait pas en conclure que la Grande-Bretagne, une fois entrée dans la Communauté, continuera à s'approvisionner ailleurs, comme elle l'a fait jusqu'à présent. »[41] Aussi, en mars 1972, il assure que la France sera intransigeante sur ce point.

*

Extrait d'une conférence de presse donnée par Georges Pompidou 16 mars 1972[42]

[...]

Avoir voulu et obtenu que la Grande-Bretagne accepte tous les principes du Marché commun agricole, préférence communautaire, unité des prix, solidarité financière, cela veut dire que de nouveaux développements et de nouveaux débouchés s'offrent à notre agriculture, mais cela veut dire aussi que le Gouvernement français s'engage à défendre le Marché commun agricole contre touts les pressions qui se manifestent ou se manifesteront.

*

* *

41 Extrait d'une interview de Georges Pompidou à la BBC, le 17 mai 1971, CHAN, 5AG2/1089.

42 CHAN, 5AG2/1090.

Son Premier ministre, Jacques Chaban-Delmas, est le porte-parole de l'approche de Georges Pompidou dans une interview accordée à l'Agence France-Presse en avril 1972.

*

Interview de Jacques Chaban-Delmas à l'AFP 17 avril 1972[43]

[...]

Première question : Afin de mieux informer, avant le référendum, les agriculteurs, M. Debatisse, président de la FNSEA, a demandé au Gouvernement des « éclaircissements » sur les conséquences pour les paysans français de l'élargissement de la CEE, il lui a demandé aussi des engagements quant au maintien de la PAC. Quelle réponse pouvez-vous leur apporter ?

Jacques Chaban-Delmas *:* Je connais l'attachement de la FNSEA, en général, à la PAC dont personne ne peut nier qu'elle a constitué, depuis 10 ans, le cadre de l'expansion de notre économie agricole. Vous avez certainement remarqué avec quelle insistance le Chef de l'État a manifesté au cours de ses dernières interventions sa détermination à maintenir la PAC. Le Gouvernement, pour sa part, fera ce qu'il faut pour atteindre cet objectif. Nous venons encore de le prouver à diverses occasions et d'abord, c'est l'essentiel, lors de la négociation pour l'élargissement de la Communauté, et très récemment encore lors des premières négociations commerciales avec les États-Unis qui ont accompagné, après la Conférence des Açores, le règlement des difficultés monétaires. Les tentatives américaines visant à contrôler indirectement les décisions de la Communauté en matière de prix ont été repoussées avec fermeté. La France quelles que soient les pressions de l'extérieur n'admettra pas que la PAC puisse être remise en question.

Deuxième question : Les ministres de l'Agriculture des Six viennent de fixer les prix agricoles pour la prochaine campagne et de donner enfin le coup d'envoi d'une véritable politique européenne des structures. Ne craignez-vous pas que, dès l'an prochain, la Grande-Bretagne et le Danemark, en raison de leur situation et de leurs traditions économiques, ne soient tentés de remettre en cause cette politique.

Jacques Chaban-Delmas : Il va de soi qu'après l'élargissement de la Communauté, le Conseil des ministres, comme par le passé, continuera à fixer les prix agricoles tous les ans avant chaque campagne.

---

[43] CHAN, 5AG2/75.

Nous ferons en sorte, dès l'année prochaine, que continue d'être pleinement accepté l'objectif du traité de Rome, selon lequel la PAC doit assurer « un niveau de vie équitable à la population agricole, notamment par le relèvement du revenu individuel de ceux qui travaillent dans l'agriculture ».

Cet objectif a d'ailleurs été solennellement accepté au même titre que l'ensemble de la charte communautaire par tous les pays candidats, donc par la Grande-Bretagne et le Danemark.

En outre, le Conseil des ministres de la Communauté a adopté en faveur de la modernisation des structures agricoles, les décisions les plus importantes qu'il ait jamais prises depuis la création de la Communauté. Or, consultés à ce sujet, ni les Britanniques, ni les Danois qui ont pourtant des agricultures dynamiques n'ont remis en cause la finalité de ces mesures. Ils ont d'ailleurs souscrit lors des négociations non seulement aux principes de la solidarité financière mais à ses modalités telles qu'elles sont prévues dans les règlements communautaires.

Je vous rappellerai, par ailleurs, que le Gouvernement dans le souci d'un traitement équitable de ce secteur d'activité et de son avenir, a inclus dans le VIe Plan une procédure de conférence annuelle agricole qui lui permet d'être parfaitement informé de la situation sous tous ses aspects de l'agriculture et des agriculteurs dans notre pays.

Troisième question : M. le Premier ministre, vous venez de nous donner des assurances sur la détermination du Gouvernement à défendre l'Europe verte. Mais chacun peut constater que cette politique présente des failles. Ainsi, tous les étés on jette des pêches et des poires à la décharge publique et chaque hiver des pommes de terre jonchent les routes du Nord. Enfin, les organisations agricoles font remarquer qu'il n'existe toujours pas de réglementation communautaire pour certains secteurs. Quelles sont les intentions précises du Gouvernement ?

Jacques Chaban-Delmas : Je sais bien que cette politique n'est pas encore parfaite. Nous nous employons en permanence avec l'aide de nos partenaires à compléter la réglementation des marchés agricoles afin de la rendre plus efficace.

Je puis vous dire que déjà la Communauté s'est engagée, à notre demande, pour les fruits et les légumes et pour l'aviculture, à présenter rapidement des propositions tendant à modifier la réglementation de ces marchés afin d'éviter l'effondrement des cours dont vous parliez et afin de donner aux producteurs des garanties plus sûres de revenus.

Quant à la production porcine qui mérite une attention toute particulière, nous ferons en sorte que le rapport de la Commission soit effectivement soumis au Conseil avant la fin de l'année.

Enfin, à la suite d'une demande pressante de la France, vous savez que la Commission vient de déposer une proposition de règlement du marché de l'alcool actuellement en cours d'examen.

En bref, sur ces quatre questions, il ne me semble pas que l'élargissement de la Communauté puisse, de quelque manière que ce soit, modifier le calendrier qui est déjà établi.

J'ajouterai que depuis plusieurs années, la France est intervenue à plusieurs reprises pour que la Commission élabore un règlement organisant le marché de la viande de mouton. Nous veillerons à ce que le règlement qui sera élaboré, nécessairement en liaison avec les nouveaux partenaires de la Communauté, assure à nos agriculteurs les mêmes garanties que celles dont ils bénéficient actuellement.

Quatrième question : Cette PAC est effectivement en place mais les évènements monétaires récents prouvent que l'édifice est fragile et que l'instabilité monétaire fait peser une menace permanente sur le fonctionnement du Marché commun. Quel remède pensez-vous que l'on puisse y apporter ?

Jacques Chaban-Delmas : Je vous dirai très nettement que l'édifice n'est pas aussi fragile que vous le dîtes, la meilleure preuve c'est que ces difficultés monétaires récentes, qui ont beaucoup compliqué le fonctionnement du Marché commun, ont été surmontées sans que les principes sur lesquels repose la PAC aient été remis en cause.

La Communauté s'engage dans la voie de l'union économique et monétaire européenne. Cela a été décidé lors de la Conférence de La Haye réunie à l'instigation du chef de l'État. Comme vous le savez, c'est le lendemain du référendum que les écarts entre nos monnaies qui constituent justement la principale menace sur l'unité des prix agricoles, seront réduits pour être progressivement supprimés.

Vous n'ignorez pas qu'en Europe, nous sommes engagés dans la voie d'une coopération de plus en plus étroite entre nos économies. La politique agricole qui a été, dès 1958, un objectif fondamental de la France, sera maintenue, développée et renforcée. C'est la raison pour laquelle je dis que le monde agricole doit approuver sans réserve ce pas en avant que nous proposons de faire.

*
* *

Extrait d'une interview donnée par Georges Pompidou au *Times* 10 mai 1972[44]

[...]

Question n° 3 : Certaines critiques de votre politique européenne appartenant à la majorité ont dit que l'adhésion de la Grande-Bretagne au Marché commun ajouterait son « atlantisme économique » à « l'atlantisme politique » de la République fédérale. Ne craignez-vous pas qu'à l'occasion des discussions entre les Dix sur l'union économique et monétaire d'une part, sur la Politique agricole de l'autre, la Grande-Bretagne ne défende un point de vue moins « européen » que la France. Les négociations commerciales entre la Communauté et les États-Unis l'an prochain, dans le cadre d'un « Nixon Round » ne risquent-elles pas d'accentuer ces divergences ?

Georges Pompidou : La négociation du traité de Bruxelles, et notamment de l'Acte d'adhésion a essentiellement consisté en ceci : la Grande-Bretagne et les autres pays candidats se sont engagés à se soumettre dès leur entrée dans la Communauté, aux mêmes obligations que les six pays qui en sont actuellement membres. Ces derniers leur ont reconnu en échange les droits dont ils jouissent eux-mêmes et les exceptions à ces règles ne constituent que des mesures de transition qui étaient d'ailleurs indispensables pour faciliter leur adhésion au Marché commun.

Tel était bien le sens général des conversations que j'avais eues avec le Premier ministre de Grande-Bretagne, les 20 et 21 mai 1971[45].

D'une façon moins juridique, on peut considérer qu'en adhérant à la CEE, la Grande-Bretagne s'est engagée à appliquer ce que l'on appelle « l'acquis communautaire », c'est-à-dire essentiellement l'union douanière et la Politique agricole commune. Elle s'est également engagée à approuver les orientations qui avaient été prises par les États membres dans le domaine de l'union économique et monétaire.

*
* *

En janvier 1974, Georges Pompidou revient encore sur cette notion de l'acquis communautaire.

*

---

44 CHAN, 5AG2/1090.

45 Entretien entre E. Heath et G. Pompidou à Paris.

Extrait du discours de Georges Pompidou à l'Hôtel de Ville de Poitiers 24 janvier 1974[46]

[...]

Il y a d'abord un acquis communautaire, et cet acquis communautaire c'est une zone dans laquelle les produits industriels et autres circulent librement à l'abri d'un tarif extérieur commun. C'est un volet. Le deuxième volet, c'est le Marché commun agricole qui organise l'agriculture européenne et qui a été, jusqu'ici, profitable à notre agriculture autant que la liberté douanière a été profitable à tel ou tel autre de nos partenaires.

Cet acquis, nous y sommes particulièrement attachés. Il n'y a aucune raison d'y toucher, nous le défendrons farouchement. Si nous sommes amenés à parler constamment du Marché commun agricole, c'est parce qu'il est volontiers attaqué par d'autres et qu'il fait partie d'un ensemble dont nous estimons qu'il doit être sauvegardé intégralement. Quand on a construit de bonnes fondations, il faut d'abord les garder et les préserver.

*
* *

À la même époque, le Président défend la thèse selon laquelle la France ne profite pas plus que ses partenaires du Marché commun agricole si on considère celui-ci dans le système global de la Communauté économique européenne.

*

Extrait d'une conférence de presse tenue par Georges Pompidou 27 septembre 1973[47]

[...]

Charles Hargrove (*Times* de Londres) : La France donne parfois à l'étranger l'impression de traîner, voire même de bloquer certaines initiatives en matière de politique européenne et en particulier en matière de politique régionale européenne. Or, c'est la France qui, au moment du Sommet de Paris, en octobre de l'an dernier, a été un élé-

46 CHAN, 5AG2/1090.

47 CHAN, 5AG2/1090.

ment moteur de cette politique régionale[48]. C'est grâce à elle qu'elle a été adoptée. La Grande-Bretagne, en particulier, considère cette politique régionale comme un réajustement dans la Communauté des profits et des pertes entre les différents pays qui en sont membres. Dans cette Communauté donc, à tort ou à raison, dans mon pays, on considère que la France a été un des principaux bénéficiaires, sinon le principal bénéficiaire. Qu'en pensez-vous, Monsieur le Président ?

Georges Pompidou : Il y a deux aspects dans votre question. L'affaire de la politique régionale et la question de savoir si la France est la grande bénéficiaire, la profiteuse, comme on dit, du Marché commun. Je vous sais gré de ne pas avoir cité le Marché commun agricole, mais tout le monde sait bien que c'est de cela qu'il s'agit. Alors je vais commencer, si vous le voulez bien, par faire le point là-dessus et peut-être étonnerai-je.

Il ne faut pas oublier que lorsqu'a été créé le Marché commun agricole, en même temps les six pays ont accepté que soient supprimées toutes les barrières douanières en matière industrielle. Or, pour vous donner un chiffre, les échanges de produits manufacturés entre la France et la République fédérale allemande, avant 1958, étaient très légèrement déficitaires. À la suite de la réforme monétaire de 1958, ils étaient même équilibrés, ils sont à l'heure actuelle, à notre détriment, de près de 7 milliards de nos francs, cela au profit de la RFA. Je ne lui en veux pas, je constate.

En ce qui concerne l'agriculture, je puis vous dire que la production agricole française a cru depuis l'instauration du Marché commun d'environ 93 %, que la moyenne au sein de la Communauté est de 96 % et qu'en Hollande, par exemple, sa progression est de près de 150 %. Je puis vous dire que chaque agriculteur français a, en gros, reçu à travers le Marché commun agricole, depuis maintenant plus de quelques 15 ans, 2 000 de nos francs, et que l'agriculteur néerlandais, lui, a reçu quelque chose comme 10 000 de nos francs. Je puis vous dire qu'à l'hectare, nous sommes, le Luxembourg mis à part, le pays qui a eu le moins de subventions. Je puis vous dire que la progression des exportations agricoles allemandes a été au moins égale à la progression des exportations agricoles françaises. Évidemment, la base de départ n'était pas la même et donc les quantités ne sont pas les mêmes. Mais ce n'est pas notre faute si les plaines du Bassin Parisien sont plus aptes que telle autre région européenne à l'agriculture, pas plus que nous ne reprochons à

48 À l'occasion du Sommet de Paris (19-21 octobre 1972), proposé par G. Pompidou, les chefs d'État décident la création d'un Fonds européen de développement régional (FEDER) pour remédier aux déséquilibres structurels et régionaux à l'intérieur de la Communauté des Neuf.

tout le Bassin Rhénan, à toute la Ruhr, d'être mieux doués pour la grande industrie et le grand commerce international que telle de nos régions françaises.

Au total, je ne fais de querelles en ce domaine à personne et je souhaite qu'on ne nous en fasse pas, et en particulier que la Grande-Bretagne, permettez-moi de vous le dire, M. Hargrove, reconnaisse que l'augmentation des prix mondiaux en ce qui concerne les prix alimentaires, fait qu'elle s'alimente à meilleur compte au sein de la Communauté qu'elle ne se serait alimentée sur le marché international.

Le véritable profit pour tous, c'est le développement économique et commercial extraordinaire. Il a été inégal, mais il a été partout important. Et par conséquent, je crois que nous pouvons tous nous féliciter du développement de la Communauté et que nous n'avons pas à compter, sou par sou, n'est-ce pas, comme les Auvergnats ou les Ecossais, celui qui a le plus gagné ou celui qui a le plus perdu... Nous y avons tous gagné et c'est bien d'ailleurs pour cela que la Grande-Bretagne et d'autres pays ont voulu y entrer.

*

* *

Au début de l'année 1974, Georges Pompidou justifie à nouveau l'intransigeance française face à toute remise en cause du Marché commun agricole.

*

Extrait d'une interview donnée par Georges Pompidou 23 janvier 1974[49]

[...]

Question : Dans l'ensemble de l'économie régionale du Poitou-Charentes, l'agriculture représente 1/3 environ du revenu par habitant, notamment grâce à l'élevage. Les problèmes de la viande sont donc ressentis ici avec une certaine inquiétude. Quels sont les apaisements que vous pourriez apporter, que pourriez-vous en dire ?

Georges Pompidou : Vous savez, mon rôle n'est pas d'apaiser, en la matière, mais d'informer, de fixer exactement la position de la France. On la connaît d'ailleurs, elle est extrêmement ferme dans ce domaine et on nous considère même comme des espèces de maniaques du Marché

49 CHAN, 5AG2/1091. Cette interview est accordée par le Président à un journaliste de la télévision régionale Poitou-Charentes.

commun agricole. Comme si, pour nous l'Europe ça consistait uniquement, n'est-ce pas, à priver les autres pour que nos agriculteurs en profitent.

Je trouve que c'est une vue étroite et j'ajoute inexacte des choses. Nous savons que la Communauté est déficitaire en viande et notamment en viande bovine. Il serait donc absurde de ne pas favoriser l'élevage. Il y a la conjoncture. Il y a des moments où, pour une raison ou pour une autre, les prix baissent et d'autres où les prix montent. Il est bien certain que notre devoir c'est d'essayer de mettre les éleveurs français à l'abri de ces incertitudes et si on les encourage à élever et à produire de la viande, de leur permettre de la produire dans des conditions satisfaisantes, c'est-à-dire rémunératrices. Et en troisième lieu, il faut comprendre que c'est une politique qui dépasse la France. Nous avons fait l'Europe, nous avons commencé à faire l'Europe sur quoi ? Sur le fait qu'au point de vue industriel, il n'y a plus de barrières douanières et que par conséquent les pays les plus industrialisés y trouvent de grands avantages. Et, à côté de cela, sur le fait que l'agriculture et en particulier l'agriculture française, permet de nourrir dans de bonnes conditions et dans la sécurité les habitants de la Communauté. Nous sommes donc attachés profondément à ce Marché commun agricole parce qu'avec l'Union douanière ce sont en réalité les seules réalisations solides actuelles de l'Europe. Et nous y sommes d'autant plus attachés que dans le désordre général, international, sur le plan monétaire, sur le plan économique, eh bien, il y a là quelque chose de solide et à quoi il faut se tenir ferme, en attendant qu'on puisse progresser dans d'autres domaines.

*

* *

Dépassant le cadre de la CEE, Georges Pompidou est partisan de la conclusion d'accords internationaux pour régulariser les échanges mondiaux de produits agricoles, à condition que ne soient pas remis en cause les principes du Marché commun agricole. Sa position est ferme pour les négociations commerciales organisées dans le cadre du GATT lorsque sont abordées les questions agricoles[50]*. Elle est rapportée dans une note de mai 1972.*

*

---

[50] Il s'agit du Nixon round. Le 11 février 1972, la négociation dite « Éberlé » se termine par un accord entre les États-Unis et la CEE qui envisage des négociations ultérieures pour une libéralisation accrue des échanges dont ceux qui portent sur les produits agricoles et par conséquent sur la PAC.

Extrait d'une note de Jean-René Bernard à Georges Pompidou « Les négociations commerciales au GATT » 15 mai 1972[51]

[...]

Agriculture.

1°) La conception américaine reprise avec des nuances par les autres grands pays exportateurs (Canada, Australie, Nouvelle-Zélande), et volontiers par les pays sous-développés, est que le libre-échange devrait s'appliquer progressivement à l'agriculture dans les mêmes conditions que pour l'industrie, à l'avantage des « producteurs les plus efficients ». La Politique agricole commune serait fondamentalement transformée pour assurer l'accès des exportations des pays tiers, et diminuer ou supprimer la concurrence que les excédents communautaires leur fait subir sur le marché international : réduction des productions par abaissement graduel des prix jusqu'au cours mondial, mais aussi, si besoin, par des limitations quantitatives des superficies ou des récoltes ; stockage des produits excédentaires, diminution de la protection aux frontières (prélèvements remplacés par des droits de douane beaucoup plus faibles) ; diminution puis abolition des restrictions à l'exportation ; réformes de structure pour adapter l'agriculture à ces nouvelles conditions et aide directes aux revenus pour compléter les ressources des producteurs[52]. [...]

2°) La conception traditionnelle de la CEE, inspirée par la France, a déjà été présentée dans la négociation Kennedy : elle affirme l'intérêt des accords internationaux par produits pour les principaux d'entre ceux-ci (céréales, sucre, produits laitiers, viande voire oléagineux). Ces accords respectent les systèmes agricoles de chaque pays, y compris les régimes de protection aux frontières, mais viseraient à harmoniser les politiques de production, notamment quant aux prix, afin d'assurer un développement plus rationnel de ces productions, et donc un meilleur équilibre du marché mondial. Cette conception vise certes à sauvegarder

---

51 CHAN, 5AG2/65 ou CHAN, 5AG2/89.

52 Le rapport Flanigan du 4 juillet 1972 dont les milieux agricoles européens n'auront connaissance qu'au début de 1973, s'attaque à la Politique agricole commune en reprenant cette argumentation et en la considérant comme une manifestation du régionalisme économique européen.

la PAC, mais aussi à stabiliser les marchés, et à éviter ainsi une concurrence coûteuse.

L'opposition globale et doctrinale entre les deux thèses [...] ne concerne en réalité qu'un domaine limité : les céréales et beaucoup plus marginalement quelques produits de moindre importance (tabac, agrumes, conserves de fruits). [...]

Des négociations sur les produits en cause, avant tout les céréales, pourraient peut-être aboutir à des solutions raisonnables ; par exemple des engagements réciproques pour limiter le niveau des prix intérieurs, un point où Américains et Européens pourraient éventuellement se rencontrer.

Il reste que :

– du côté américain [...] on repousse apparemment l'approche par produit ; la PAC est mise en cause dans son ensemble [...] ;
– du côté européen, la CEE ne peut attendre aucun avantage tangible, sur le plan commercial, de la négociation agricole. Étant donné les capacités respectives de concurrence, la réciprocité n'a guère de sens.

*
* *

Georges Pompidou a confirmé ses instructions aux négociateurs français à l'occasion d'un Conseil interministériel restreint en janvier 1972.

*

Extrait du relevé de décisions du Conseil interministériel 18 janvier 1972[53]

Étaient présents :

M. le président de la République

M. le Premier ministre

M. le ministre de l'Économie et des Finances

M. le ministre de l'Agriculture

M. le secrétaire d'État auprès du ministre de l'Agriculture

M. le secrétaire général de la présidence de la République

M. le secrétaire général du Gouvernement

---

[53] CHAN, 5AG2/63. Ce relevé est établi par Georges Pompidou le 21 janvier 1972.

M. le secrétaire général du ministère des Affaires étrangères

M. le directeur des Affaires économiques et financières au ministère des Affaires étrangères

M. le directeur des Relations économiques extérieures au ministère de l'Économie et des Finances

I/ En ce qui concerne les négociations commerciales avec les États-Unis, la délégation française :

- peut accepter que la Communauté participe à des discussions de caractère pratique ne mettant pas en jeu l'autonomie des politiques communautaires.

Le Premier ministre arrêtera en tant que de besoin les modifications que nous pourrions accepter au mandat à donner à la Commission. Ces modifications éventuelles devraient être arrêtées en fonction d'une ligne générale raisonnable qui ne tiendrait pas compte uniquement de nos préoccupations propres, mais qui prendrait en considération, d'une façon uniforme, les intérêts commerciaux et agricoles de l'ensemble des États de la Communauté ;

- doit, par contre, dans les négociations à moyen et à long terme, refuser toute procédure ou toute discussion qui pourrait aboutir à donner aux États-Unis un droit de regard quelconque sur les politiques de la Communauté ;
- enfin, les différentes négociations commerciales à moyen et à long terme, qui peuvent être envisagées devront être regroupées dans une négociation unique qui prendrait place au sein du GATT à partir de 1973. [...]

III/ En ce qui concerne les conséquences, sur les prix agricoles exprimés en monnaies nationales, du réalignement juridique des parités des monnaies de certains États membres de la Communauté qui devra suivre l'acceptation par le Congrès des États-Unis de la dévaluation du dollar telle qu'elle est définie par les accords de Washington, la délégation française prendra, le moment venu, une position favorable à une augmentation de l'unité de compte de 2,5 %.

Par ailleurs, les montants compensatoires qui pourront subsister au profit de la République fédérale allemande ne devront pas durer plus d'une campagne.

Le Premier ministre déterminera, compte tenu de ces contraintes, les instructions relatives aux prix qui devront être données à la délégation française. Les décisions concernant l'unité de compte et les prix de la campagne qui va s'ouvrir devront être simultanées.

Enfin, l'esprit général de la résolution du 25 mars 1971 sur les structures agricoles, résolution laquelle la France a donné son accord, devra être respecté[54].

Georges Pompidou

[54] Le Conseil « agriculture » des 22-25 mars 1971, après 40 heures de négociations parvient à s'accorder sur une conception d'ensemble de la PAC et, en particulier, sur des hausses de prix et sur le principe d'actions communes dans le domaine des structures agricoles. Le plan Mansholt « agriculture 1980 » ayant été rejeté, la « réforme de l'agriculture » ne doit plus reposer que sur l'adoption de directives structurelles. Elles seront arrêtées le 17 avril 1972.

CHAPITRE IV

Les lignes directrices de la politique agricole de Georges Pompidou

A. L'inflexion pompidolienne de 1965

Si le Premier ministre a fait siennes les thèses d'Edgard Pisani jusqu'en 1964, à partir de cette année, face au malaise paysan, il décide d'assouplir la politique agricole en privilégiant la politique des prix, leur relèvement, à celle des structures. Le remplacement d'Edgard Pisani par Edgar Faure traduit cette réorientation qui n'est pas fortuite.

Le changement est le résultat d'une réflexion qui amène Georges Pompidou à se positionner par rapport à un ministre de l'Agriculture contesté par les milieux professionnels.

De son côté, Edgard Pisani expose un bilan et des perspectives en décembre 1964. Il suggère une loi-programme agricole en vue d'une relance de la politique agricole française. Il s'adresse au président de la République et au Premier ministre dans une longue note qui alimente la réflexion de Georges Pompidou.

*

Note d'Edgard Pisani « Orientations de la politique agricole après les accords de Bruxelles » Décembre 1964[1]

« Le 15 décembre 1964 a consacré la vocation européenne de l'agriculture française : l'accord de Bruxelles apporte la réalisation de prix uniques attendue depuis longtemps. C'est un acte politique fondamental : le plus difficile a été accompli, désormais la construction agricole de l'Europe est irréversible.

1 CHAN, 92AJ/1.

L'avenir est riche de promesses, mais lourd d'exigences pour la France : elle doit faire en sorte que son agriculture, dont le potentiel égale celui de ses cinq partenaires, soit prête à la confrontation.

Or, cette agriculture est loin de répondre aujourd'hui à sa vocation nouvelle : mal à l'aise dans le cadre national, trop accoutumée à la protection et à l'assistance, elle n'est pas encore prête à affronter la concurrence.

L'Europe est pour elle un marché aux dimensions nouvelles ; mais c'est aussi la nécessité de conquérir ce marché et de satisfaire une clientèle plus exigeante. Le rétablissement de mécanismes plus libéraux entraînera, dans le même temps, l'abolition d'aides et de privilèges.

L'agriculture française doit donc faire rapidement sa mutation.

Il est encore temps : la Politique agricole commune n'est pas complètement définie ; la France, d'autre part, conserve pour deux à trois ans une suffisante liberté d'action en ce domaine.

Au surplus, si elle accule l'agriculture française à l'effort, l'Europe offre par là même à la France l'occasion très exceptionnelle de remettre en cause des institutions hétéroclites, et de réintégrer l'agriculteur dans la collectivité. La politique développée par le Gouvernement depuis cinq ans peut en recevoir une impulsion nouvelle ; elle doit aussi être puissamment accélérée en raison des échéances.

Tel est le contexte au début de 1965. L'heureuse coïncidence entre la transition vers l'Europe agricole et le Ve Plan (1966-1970) donne à la France l'occasion de mettre son agriculture en « condition européenne », et de l'amener à prendre une meilleure place dans la vie économique et sociale du pays.

Après avoir analysé les données nouvelles de l'agriculture, le moment est donc venu de déterminer les objectifs à atteindre et l'effort à consentir.

I. Les données nouvelles de l'agriculture française à la suite des accords européens

L'accord de Bruxelles du 15 décembre 1964 ne doit pas faire illusion : s'il comporte pour la France des effets bénéfiques, certaines de ses dispositions sont peu satisfaisantes.

A. Un bénéfice global pour la France

Pour les producteurs français de céréales, l'accord de Bruxelles va provoquer, après le 1er juillet 1967, un accroissement de 19 % de leur revenu par rapport à 1964. En effet, les prix d'intervention en culture progresseront avant le 1er juillet 1967, de 7,1 % pour le blé, 11,7 % pour l'orge et diminueront de 0,8 % pour le maïs. Le gain en revenu pour le producteur résultera surtout de la suppression des taxes de résorption qu'il supporte aujourd'hui. À quantités constantes, cela représente une plus-value de près de 1 milliard de francs par campagne ; mais les quantités ne demeureront sans doute pas constantes : déjà l'annonce des propositions du Plan Mansholt semble avoir provoqué en France une extension des emblavures. Pour l'ensemble des agriculteurs, l'accroissement de 4 à 5 milliards du revenu agricole attendu pour 1970, année terminale du Ve Plan, a beaucoup de chances de se trouver réalisé dès 1967.

Quant à l'État, il sera déchargé de la responsabilité des surplus. D'une part, le poids des excédents de céréales françaises sera réduit, peut-être même annulé par la demande européenne ; mais surtout, la charge en sera transférée au Fonds européen d'orientation et de garantie agricole (FEOGA). Les décisions de Bruxelles retiennent en effet le principe de faire supporter à ce fonds, à compter du 1er juillet 1967, la totalité des dépenses éligibles en matière de céréales, de même qu'en matière de viande de porc, de volailles et d'œufs. Par rapport à la campagne 1964-1965, et à quantités constantes, le gain pour le budget français, en 1970, peut être évalué à environ 500 millions pour les céréales, auquel il faudra ajouter ultérieurement l'incidence bénéfique des règlements relatifs au sucre et aux fruits et légumes.

Pour le consommateur français, l'application des prix indicatifs des céréales n'entraînera directement que des suppléments peu importants de dépenses. La suppression des taxes de résorption, qui constitue l'élément essentiel de l'amélioration du revenu des agriculteurs, sera sans effet pour les utilisateurs. La répercussion automatique de ces mesures entraînerait pour le consommateur une hausse de 3,5 centimes (+ 2,8 %) sur le kilogramme de pain, de 16 centimes (+ 2,2 %) sur le kilogramme de porc, de 5 centimes (+ 1,5 %) sur la douzaine d'œufs. Mais il n'est pas certain que les conditions du marché permettent ces répercussions. Pour la viande bovine et le lait de consommation, les hausses prévisibles résulteront plus de ces mêmes conditions du marché que de la fixation des prix indicatifs.

Ainsi, les conséquences, pour les consommateurs, de l'accord du 15 décembre 1964 ne sont pas d'une gravité de nature à réduire le caractère nettement favorable de cet accord pour la France.

B. Une mauvaise orientation des productions

Il n'en va plus de même si l'on considère son incidence sur la structure des prix agricoles : les incitations qui en résultent, risquent d'aller à rebours de ce qui serait souhaitable.

Parmi les céréales, les prix européens favorisent le blé tendre. Or ce produit est au niveau national celui pour lequel les excédents sont les plus lourds ; quant à la production européenne, elle suffit déjà à la demande ; le blé est aussi, avec l'orge, la céréale dont la culture est, dès à présent, la plus rémunératrice. À l'inverse, le sort fait au maïs est de nature à en décourager la production ; pourtant l'Europe est importatrice permanente de maïs.

Le prix d'orientation européen de la viande bovine doit être fixé en 1965, et son niveau ne peut être indépendant de celui du prix des céréales.

D'une part, il faut impérieusement encourager la production de viande : tant au niveau national qu'au niveau communautaire celle-ci est insuffisante. Il s'agit ensuite d'un produit plus « transformé », que la France a intérêt à exporter de préférence aux céréales. Enfin, en faisant contrepoids à l'orientation prioritaire de l'agriculture française vers la céréaliculture, le développement de l'élevage écarte une excessive fragilité.

D'autre part, l'incitation à produire de la viande repose essentiellement sur un rapport favorable entre son prix et celui du blé. La France connaît une concurrence directe entre spéculations végétales et spéculations animales ; ces dernières sont défavorisées parce que plus difficiles à mécaniser, plus exigeantes en main-d'œuvre et plus lourdes de servitudes humaines. L'incitation à l'élevage ne peut donc résulter que d'un écart de prix suffisamment attractif.

L'augmentation du prix du blé devrait ainsi entraîner une hausse plus que proportionnelle du prix de la viande bovine ainsi que du prix du lait dont le niveau contribue largement au développement de l'élevage. Pour la viande c'est une hausse de 20 % qu'il faudrait alors « absorber » avant le 1er juillet 1967.

Bien entendu, la solution du problème de la viande bovine doit également être recherchée par d'autres voies ; mais pour modifier les goûts du consommateur, pour améliorer les conditions de l'élevage, pour réformer les circuits d'abattage et de distribution, il faut du temps ; l'action par les prix, dont l'effet est plus rapide, ne saurait être écartée.

Sous peine de courir le risque de manquer de viande ou de voir compromis le niveau général des prix, la politique agricole de la France doit donc tendre à relever le revenu des producteurs de viande et à réduire l'incitation à produire du blé.

C. Une accentuation des disparités régionales

La suppression des taxes de résorption concentre l'enrichissement dans les zones de grande exploitation : Nord et Bassin Parisien. À production constante, vingt-six départements se partagent plus de 80 % de la plus-value résultant des accords sur le blé et l'orge.

La fixation de prix unifiés pour la viande et le lait ne corrigera qu'imparfaitement ces effets. L'intégration agricole se traduira donc par la pénalisation relative des contrées pauvres et par la promotion accélérée des régions de productions intenses et de revenus élevés. Les disparités seront accentuées, le fossé s'élargira entre deux mondes ruraux, dont l'un s'intégrera sans peine à l'Europe cependant que l'autre demeurera en marge du progrès.

D. Une rupture avec le passé

Heureusement, l'essentiel des accords du 15 décembre ne réside pas dans le compromis qu'il a été opportun d'accepter en matière de prix. L'essentiel, c'est le caractère irréversible de l'intégration des six agricultures qui exige de l'agriculture française une rupture avec le passé.

Ce passé a longtemps ignoré la concurrence internationale ; le protectionnisme y a maintenu certaines formes peu compétitives d'agriculture. En termes de rendement, la France n'est pas en bonne position face à ses partenaires, si l'on excepte l'Italie.

Sans un effort très nouveau pour accroître la productivité, la réalisation du marché unique entraînera, pour l'agriculture française, une sous-rémunération des facteurs de production. Et pourtant, les diverses aides qui compensent en partie cette situation devront, aux termes du traité de Rome, être supprimées. Comme d'autres secteurs de l'économie, l'agriculture va connaître en même temps l'épreuve de la vérité des prix et celle de la pleine concurrence.

Le passé que l'on doit abandonner est aussi un état. Actuellement, l'agriculture française demeure trop souvent un moment de mode de vie autant qu'une activité économique.

Il est impossible d'en demeurer là.

Le Gouvernement et le Parlement y ont déjà porté remède : la loi d'orientation agricole de 1960, celle de 1962 et les textes qui les ont développées, donnent au monde rural la faculté d'évoluer, lui permettent de s'intégrer à une économie dont le critère est le rendement, s'alignant en cela sur d'importants secteurs de l'agriculture, qui ont, depuis quelques années, mené à bien leur mutation.

Mais en contraignant ce monde rural à devenir un partenaire du marché européen, c'est un pas supplémentaire qu'on lui demande de franchir, ou plus exactement un rythme nouveau d'évolution qu'on lui impose.

Ce progrès constitue une rupture ; il n'ira pas sans heurts. C'est pourquoi l'État doit tempérer les chocs et réduire les inconvénients humains de l'évolution qui se précipite. Il ne s'agit pas d'en réduire les effets : la France accepte la rupture parce qu'elle veut le progrès, mais elle doit en payer le prix et orienter l'évolution nécessaire.

Cela ne saurait se faire au hasard : l'accord de Bruxelles oblige la France à mieux définir quelle agriculture elle entend se donner.

II. Les objectifs à atteindre

La politique agricole de la Ve République n'est en rien périmée. Il ne s'agit pas d'en inventer une nouvelle. Les outils juridiques élaborés depuis 1960 permettent de réaliser tout ce qui paraît nécessaire.

Mais l'intégration européenne qui souligne l'importance de cette politique, conduit à en précipiter le rythme. Le temps nous est en effet mesuré pour atteindre les objectifs que nous dicte la réalisation du marché commun agricole : l'orientation de nos productions, la conquête de nouveaux marchés, la modernisation de nos exploitations, et cela, dans la nécessaire sauvegarde de l'équilibre entre les régions françaises.

A. Une orientation des productions en fonction des débouchés

À cet ajustement aux débouchés, la France est deux fois intéressée : elle pourra transférer au FEOGA la charge des excédents, mais n'en sera pas moins coresponsable des surplus européens ; par ailleurs, c'est en se consacrant à une gamme de productions répondant à la demande qu'elle tirera de son sol le plus grand bénéfice. Deux questions doivent être dès lors formulées :

- Quelles sont les perspectives d'approvisionnement des six pays en 1970 ? On s'accorde à prévoir des excédents de beurre, de pommes de terre et de blé tendre ; l'équilibre serait atteint pour le sucre et les fruits, mais l'Europe devrait importer de la viande bovine, du vin, des céréales secondaires et du bois.
- Faut-il, pour chaque produit, rechercher l'ajustement de l'offre à la consommation ? Une résolution de cette nature n'aurait pas de sens, puisqu'on ne peut prévoir avec exactitude ce que produiront nos partenaires. En outre, il paraît à la fois illusoire et dangereux de viser l'équilibre : c'est la solution la moins confortable et la plus coûteuse qui conduit à une alternance de pénuries et de surplus. Enfin, la France écarte l'hypothèse d'une Europe fermée, visant à l'autarcie. Elle souhaite, au contraire, contribuer activement à l'organisation des marchés mondiaux. Elle maintient à cet égard le plan qu'elle a proposé en 1961 et 1962 à la conférence de Genève et dans le cadre de la FAO. Cela signifie que, pour

tous les produits où cela est raisonnable et possible, elle se fixera, compte tenu des aléas de la nature, des objectifs sensiblement plus élevés que la demande moyenne.

La nouvelle agriculture doit donc être orientée en fonction des productions qu'il faut développer. On peut affirmer que la France ne saurait sans risque accroître sa production de blé, de beurre et de sucre, étant entendu, pour le sucre, que le bilan français inclut la production des départements d'Outre-Mer. Il en est de même pour les volailles, les œufs et la viande de porc, car la prudence s'impose pour les « produits transformés » dont le cycle de production est très court. On peut également être assuré que l'Europe, et la France elle-même, demandent plus de viande bovine, plus de céréales fourragères et plus de bois.

Ce n'est sans doute pas simplifier à l'excès que de définir la politique nouvelle comme celle de la viande et de la forêt.

a) La production de viande bovine doit être encouragée, outre l'action par les prix, par la diffusion de techniques nouvelles et une action sanitaire intensifiée. Il faut commencer par un programme de recherche appliquée sur les moyens de donner à la production animale un degré suffisant de mécanisation et de productivité, moins éloigné de ce qui existe pour les spéculations végétales. En même temps, les surfaces consacrées aux productions fourragères et à l'élevage doivent être étendues ; cela signifie la reconversion de certaines terres, mais aussi la réalisation accélérée de divers projets d'hydraulique : aménagements d'une trentaine de bassins, assainissement de deux cent mille hectares de fonds de vallées inondables susceptibles d'être converties en prairies d'embouche, constitution de réserves d'eau et de parcs de matériels destinés à l'entretien des cours d'eau. D'autre part, la multiplication des étables collectives constituera, dans la formule de l'agriculture de groupe, le moyen de maintenir l'élevage. Enfin, l'on soutiendra le développement de l'industrie des aliments du bétail et l'on favorisera la culture des céréales fourragères par l'irrigation des terres à maïs, particulièrement en Aquitaine.

b) Sur la forêt française, les perspectives de consommation dans la Communauté européenne laissent prévoir un prélèvement de soixante millions de m^3 dans un demi-siècle, dont quarante seront consommés en France. Cela suppose une forêt de production de plus de dix millions d'hectares, qu'il s'agisse de production intensive (3 à 4 millions d'ha.) ou d'une sylviculture extensive. En outre, une réserve forestière d'environ quatre millions d'hectares jouera un rôle essentiel dans l'équilibre biologique du pays.

Pour atteindre ces objectifs, il est nécessaire de boiser près de trois millions d'hectares abandonnés par la culture et impropres au pâturage, et d'enrichir près de cinq millions d'hectares de forêts existantes. La cadence actuelle des travaux de reboisement, devra donc être portée de 63.000 à 150.000 ha. Parallèlement, des recherches seront poursuivies en vue de permettre l'utilisation des taillis qui demeurent aujourd'hui sans valeur.

Ces deux actions prioritaires concordent avec le souci d'un meilleur équilibre régional. Dans bien des zones où l'on n'envisagerait que le soutien artificiel ou l'exode quasi-intégral, le pâturage ou la forêt offrent une alternative ou une complémentarité qu'il est essentiel de mettre en œuvre.

B. La conquête des marchés

Il ne suffit pas d'orienter la production en fonction des débouchés ; il faut aussi s'assurer leur maîtrise.

Un tel objectif appelle la participation active et délibérée des agriculteurs : il faut que la profession prenne en main son intégration dans les circuits économiques.

Mais il exige aussi que l'agriculture dispose de l'équipement nécessaire à la transformation et à la mise au marché de ses produits.

a) L'intégration des producteurs dans les circuits économiques.

L'agriculture de demain doit constituer un pouvoir économique organisé, discipliné, suffisamment fort pour prendre part de manière positive au grand débat de l'économie de marché, et pour adapter la production à ce marché. Et ce n'est pas être exagérément pessimiste que de redouter l'anarchie dans laquelle cette adaptation pourrait se faire à l'échelle de l'Europe.

Il faut d'abord que les producteurs s'organisent pour maîtriser la production, de manière à conjurer la succession désordonnée d'excédents et de déficits. L'État peut déterminer des objectifs ; il ne prétend, par exemple, ni surveiller les emblavements, ni répartir les semences : c'est à la profession d'agir.

L'État a depuis quelques années, incité les agriculteurs à se grouper. Les moyens juridiques nécessaires existent, – groupements de producteurs et comités économiques –, et la politique récente a favorisé leur mise en œuvre, notamment par des aides financières qui se substituent aux aides apportées directement aux produits. L'agriculture prend ainsi conscience des lois économiques afin d'en mieux jouer le jeu, c'est-à-dire mieux adapter la production à la demande et se présenter en meilleure position sur le marché.

L'agriculture doit aussi s'associer au fonctionnement de ce marché. Dans le prix payé par le consommateur de produits agricoles français, la part du producteur n'atteint pas aujourd'hui 60 %. Or, tandis que l'État a été amené à prendre en charge les déficiences de l'agriculture, les activités qui conditionnent, transforment et distribuent les produits de la terre connaissent dans l'ensemble une situation encore confortable. Il est donc légitime que le cultivateur tente de s'assurer un certain contrôle sur ces fonctions intermédiaires.

L'État s'est efforcé de favoriser « l'intégration » de l'agriculture : la coopération permet au producteur de suivre son produit jusqu'au stade de la commercialisation. S'il n'est pas souhaitable que le secteur coopératif élimine tout secteur privé, du moins faut-il rechercher un meilleur équilibre entre eux. La coopération doit contrôler un pourcentage suffisant du marché pour jouer un rôle efficace dans son organisation.

En définissant, par la loi du 6 juillet 1964, les principes de l'économie contractuelle, le législateur a voulu tout à la fois favoriser l'association de l'agriculture avec le négoce et l'industrie et, par là-même, contribuer à une meilleure discipline du marché et à un partage plus équitable de ses fruits.

b) Un meilleur équipement pour transformer et commercialiser les produits.

Alors même que l'équipement des exploitations agricoles est jugé satisfaisant, on observe trop souvent une mauvaise adaptation de l'équipement lorsqu'il s'agit d'entreposer le produit, de le transformer ou de le vendre. Certes, d'importants progrès à l'initiative des producteurs et avec le soutien de l'État sont-ils à mettre au compte des années récentes. Il faut les accentuer dans les années qui viennent.

Cela implique d'abord des investissements matériels. Ainsi en est-il pour la viande ; la réforme des circuits de commercialisation dépend largement des abattoirs. Leur programme d'implantation, s'il appelle des modifications notables, doit être réalisé selon un rythme plus rapide. Ainsi en est-il également pour les fruits et légumes ; le développement des ateliers de conditionnement et des chambres frigorifiques, et la mise en place du réseau de marchés d'intérêt national ont montré combien certaines réalisations valorisaient le produit et favorisaient la qualité. En matière de céréales, il importe, en vue d'assurer simultanément la sécurité des approvisionnements et celle de nouveaux débouchés, de mettre rapidement en place des instruments nécessaires de report et de transit ; les capacités de stockage à créer avant 1970 sont de l'ordre de 7.500.000 quintaux pour le report, et d'un million de quintaux pour l'entreposage portuaire et frontalier.

L'État doit encore aider les produits agricoles à s'implanter sur les marchés qui commencent à s'ouvrir : il s'agit alors plus d'investissements incorporels que de réalisations d'ouvrages. Ainsi en est-il de l'effort à entreprendre pour l'industrie agricole et alimentaire : ordonner son implantation en fonction des orientations régionales de l'agriculture, favoriser sa modernisation pour que sa qualité et ses prix l'imposent au dehors, provoquer enfin sa concentration en des unités d'une dimension suffisante, telles sont, en ce domaine, les actions nécessaires.

L'effort le plus nouveau doit concerner la promotion des exportations agricoles : il faut développer à l'étranger les installations de stockage et de conditionnement, organiser des « centres d'éclatement » et multiplier les bureaux de vente et de publicité. Il faut en même temps encourager la prise de participations dans des entreprises commerciales ou industrielles étrangères. Il importe aussi d'assouplir les règles de fonctionnement de la Compagnie française pour l'assurance-crédit de l'État, et d'envisager l'octroi de prêts garantis à moyen terme.

C. La « mise en condition européenne » des agriculteurs et de leur exploitation

Jusqu'à présent, le sol et le climat sont apparus comme les grandes chances de l'agriculture française ; aujourd'hui, ces conditions naturelles sont à elles seules insuffisantes : ensoleillée, la France a peu développé la culture en serres, et les Allemands consomment des tomates de Hollande ; bien arrosée, la France a découvert tard l'irrigation, et l'Italie lui fait une rude concurrence pour les fruits et les primeurs. Il est temps que l'agriculture française fasse un meilleur emploi des possibilités de la technique.

Cela exige un effort accru en matière de recherche et de diffusion du progrès, s'appliquant à des exploitations qui soient capables de rentabiliser ce progrès et d'assurer un niveau de vie proche de celui des autres catégories socio-professionnelles de la nation.

a) La recherche et sa diffusion auprès des agriculteurs

Une politique visant à ouvrir au moindre coût les débouchés les plus avantageux et à permettre l'adaptation continue de l'agriculture à une économie en évolution permanente, exige une recherche dotée par moyens convenables. Or, aujourd'hui, ces moyens, rapportés au revenu national agricole, atteignent en France moins du tiers de ceux dont dispose la recherche agronomique des Pays-Bas.

L'effort doit porter également sur les outils de recherche appliquée que sont les centres et les instituts techniques, spécialisés par groupes de produits. Or certains secteurs essentiels sont mal couverts : viande bovine, produits laitiers, aliments du bétail, jus et conserves de fruits. Plusieurs organismes de cette nature doivent donc être créés ou regroupés et leurs ressources portées à un niveau plus élevé. Parallèlement, l'on étendra les possibilités d'action du Service d'expérimentation et d'information de l'Institut national de la recherche agronomique, de sorte que la coordination de la recherche et de la diffusion du progrès se fasse désormais de manière plus harmonieuse et plus énergique. Enfin, l'accent sera mis sur les études économiques et sur l'amélioration systématique de la connaissance des régions agricoles.

Ainsi doit-on décider en ce domaine un effort d'une dimension nouvelle, modeste au plan budgétaire mais capital au plan économique.

Mais cet effort ne portera ses fruits que s'il s'adresse à des agriculteurs capables de l'assimiler.

La formation intellectuelle de base s'est accélérée depuis quelques années, et ce rythme nouveau, dont le seul effet psychologique est essentiel, doit être conservé pendant plusieurs années encore. Il faut donc respecter le délai de dix ans, fixé en 1960, pour la mise en place des collèges et des lycées agricoles. La première période a été couverte par une loi de programme dont la période arrive maintenant à son terme. La deuxième partie devra également être programmée, de manière à bien marquer la permanence des objectifs en la matière.

Mais l'enseignement s'adresse aux classes jeunes, cependant que la mutation exigée de l'agriculture va incomber aux adultes. C'est une raison supplémentaire pour développer la formation individuelle et collective des adultes, amorcée ces dernières années. Il faut donc hâter la mise en place de réalisations comportant un équipement communautaire susceptible de servir de support à une action culturelle étendue et une information économique mieux diffusée.

b) Des exploitations capables de rentabiliser le progrès

La compétence de l'exploitant est une condition nécessaire pour que soit rentabilisé le progrès technique ; la qualité de l'outil dont dispose l'exploitant en est une autre. Ces deux objectifs se rejoignent dans une politique qui s'efforce de favoriser une bonne structure de l'exploitation et un rajeunissement des exploitants.

- Les outils nécessaires à l'amélioration de la structure des exploitations sont en place, sous réserve d'une éventuelle révision des rapports entre la possession du capital foncier et l'exploitation. Il importe seulement d'accentuer le rythme de leur intervention.

  - Le remembrement intéresse actuellement 600.000 hectares par an. Il est nécessaire de porter d'ici 1970 cette cadence à un million d'hectares et de tendre, en même temps, à un aménagement foncier intégral qui couvre au moins le quart des surfaces remembrées.
  - L'action des SAFER reste très limitée. Les moyens financiers dont elles disposent ne leur permettent pas de toucher plus de 3 %

du marché foncier. À ce niveau, leur efficacité reste très problématique, et on peut estimer que leur action n'aura d'effet réel que si elle peut intéresser au moins 10 à 15 % de ce marché foncier qu'elles ont pour mission de « moraliser » et d'orienter.

– En ce qui concerne les rapports entre la possession du capital foncier et l'exploitation, des aménagements devront sans doute être apportés au statut du fermage. Allant plus loin, la mise au point de Sociétés d'investissement foncier dont les exploitants agricoles seraient les fermiers, paraît de nature à drainer un certain volume d'épargne non agricole susceptible de favoriser la solution du problème foncier.

• « L'optimum de peuplement » ne peut être défini, et il n'est pas question de le réaliser par l'ouverture du Marché commun agricole, ni d'y tendre par des méthodes autoritaires.

Seuls des principes peuvent être posés : il s'agit de compromettre entre la nécessité économique d'organiser la production autour d'unités rentables et le souci légitime de sauvegarder l'entreprise de type familial. Le problème du peuplement est donc étroitement lié à celui des structures.

La France marche vers une agriculture assurée par un million d'exploitations et le Gouvernement doit encourager cette concentration. Deux actions sont, à cet égard, fondamentales : l'indemnité viagère de départ et la reconversion des jeunes en surnombre.

Le départ des exploitants âgés permet d'agrandir la dimension des exploitations qui demeurent et provoque un rajeunissement des agriculteurs. Ainsi sa dynamique est-elle double. Mais pour atteindre l'efficacité recherchée, l'indemnité viagère de départ doit être attractive. Cela suppose que son taux soit relevé et ses conditions d'octroi assouplies.

Quant à la reconversion des jeunes en surnombre, elle est liée à la formation professionnelle. La France manque de spécialistes ; il faut accroître en conséquence le nombre d'établissements techniques et de centres polyvalents de promotion. Parallèlement, l'effort de « rattrapage de formation de base » et de reconversion, notamment vers les carrières satellites de l'agriculture, facilitera le départ de la main-d'œuvre en surnombre.

c) Un niveau de vie proche de celui des autres catégories socioprofessionnelles.

Une population agricole moins nombreuse et rajeunie, mettant en valeur des unités de production plus rentables, doit pouvoir bénéficier d'un niveau de vie plus proche de celui des autres catégories de la nation.

Malgré les efforts déjà accomplis, il reste beaucoup à faire dans le domaine des investissements « de confort », faute desquels les meilleurs et les plus jeunes désertent la campagne. Dans trop de régions, la situation de l'habitat est encore très arriérée. La desserte en eau potable, à la cadence actuelle, demandera encore vingt ans. Ce délai doit être réduit à dix ans.

Pour l'assainissement, les délais pourraient être ramenés de vingt à quinze ans. Enfin, on doit accélérer le renforcement du réseau d'électrification, en vue d'assurer, vers 1975, aux exploitations agricoles, l'énergie nécessaire à une activité modernisée ; par la suite, l'adaptation permanente du réseau à la demande, sera confiée aux distributeurs d'électricité.

D. L'équilibre régional

La poursuite de ces objectifs ne peut ignorer l'équilibre souhaitable des diverses régions françaises. L'orientation de la production, comme la politique des structures, doivent y tendre.

a) Une redistribution régionale des tâches

L'agriculture française demeurera évidemment polyvalente, de sorte que l'optique du produit n'est pas contraire à l'optique de la région. Celle-là passera néanmoins avec celle-ci, et l'on se préoccupera, plutôt que de « réduire les disparités régionales », de donner à chaque partie du territoire national une activité répondant à ses potentialités. On peut, à cet égard, distinguer plusieurs types de régions.

Tout d'abord, des zones telles que l'Île-de-France, le Nord, les régions de vignobles, de culture intensive de fruits et de légumes dans lesquelles les rendements élevés permettront de profiter pleinement des débouchés accrus. Ces régions vont connaître un épanouissement rapide et n'appellent de la part de l'État qu'une politique d'accompagnement compte tenu de leur dynamisme propre.

Dans un second type de régions, les potentialités sont paralysées par des structures d'exploitation inadaptées, ou bien l'activité principale y est peu rentable.

Ces régions requièrent une « politique d'entraînement » en matière d'équipements collectifs, de structures et d'orientation sélective des productions. Il faut en somme donner à ces régions les moyens de « se mettre à niveau », donc de valoriser leurs potentialités et de rentabiliser leurs activités agricoles afin qu'elles rejoignent les régions du premier type.

Le troisième type de régions est constitué par les zones où l'agriculture ne nourrit pas ceux qui la pratiquent. Il y faut cependant maintenir un équilibre biologique et un minimum de peuplement, pour éviter leur désertification. Ces zones relèvent d'une « politique d'entretien » qui appelle des mesures de soutien, en faveur surtout de la prairie et de la forêt, et des transferts sociaux spécifiques.

b) Une redistribution régionale des moyens

La classification qui vient d'être esquissée entre trois grands types de régions, implique une mise en œuvre différenciée des objectifs généraux exposés plus haut. Il ne s'agit pas de faire sur l'ensemble du territoire, le même effort, ni de suivre le même rythme pour l'équipement de l'agriculture sous tous ses aspects.

Il faut, au contraire, tenir compte de la vocation propre de chaque région et de ses potentialités.

En ce qui concerne particulièrement la politique des structures, il importe de régionaliser les critères et les moyens d'action des SAFER et du FASASA. Comme le prévoit la loi complémentaire d'orientation, mais avec beaucoup plus de force qu'aujourd'hui, le FASASA doit avoir pour objectif, ici de favoriser la reconversion de la main-d'œuvre en surnombre, là de permettre la constitution d'exploitations plus importantes mises en valeur par des agriculteurs plus jeunes, ailleurs, enfin, de maintenir un minimum de peuplement.

La réalisation des objectifs évoqués ci-dessus permettra une amélioration de la marche vers la parité. Celle-ci doit consister en une plus complète insertion dans la communauté nationale d'une agriculture moins nombreuse, mieux équipée et plus soucieuse de rentabilité économique.

La parité ne serait qu'un mythe ou un slogan si elle devait concerner tous ceux qui la réclament aujourd'hui. Elle sera, au contraire, une réalité grâce à l'effort accru de la collectivité pour libérer le monde rural de ses handicaps, et des agriculteurs eux-mêmes pour participer davantage au dynamisme de l'économie nationale.

Cette agriculture moins nombreuse et plus prospère cessera, progressivement, d'être une charge pour la collectivité ; cela se traduira nécessairement par la remise en cause des aides économiques, des avantages sociaux et des inégalités fiscales. Il ne s'agit certes pas de supprimer brutalement les privilèges dont bénéficie actuellement l'agriculture, mais d'affirmer, dès à présent, qu'il en ira progressivement ainsi.

Ce mouvement est déjà amorcé. Mais l'Europe offre à la fois les moyens économiques et l'occasion politique de l'accélérer.

III. Les moyens à mettre en œuvre

Examiner le problème des moyens à mettre en œuvre, c'est envisager la réponse à apporter à deux questions :

- à qui doit incomber la charge financière des actions à entreprendre ?
- selon quelle procédure et quel partage de responsabilité ces actions doivent-elles être menées ?

A. Les moyens financiers : le partage des charges

En ce qui concerne les moyens financiers à mobiliser, il semble nécessaire de répondre d'abord à une question : à qui profiteront les fruits du Marché commun ?

Le Marché commun, lorsqu'il s'agit du commerce et de l'industrie, profite principalement au consommateur. Il est donc normal que la collectivité prenne en charge certaines reconversions, la réimplantation de diverses activités ou la réadaptation des travailleurs. En matière d'agriculture, il n'en va pas tout à fait de même : l'Europe apporte à l'agriculteur un avantage très certain, cependant que pour le consommateur, les bénéfices sont indirects puisqu'ils résulteront, pour l'essentiel, de la rénovation progressive des structures agricoles.

Aussi est-il juste de répartir entre l'agriculteur et la collectivité l'effort qu'implique la politique nouvelle. Ce partage évoluera avec le temps : à mesure, en effet, que l'agriculteur retirera un profit plus grand de la construction européenne, sa contribution pourra se faire plus importante. Quant à la collectivité, si l'on peut s'attendre qu'à terme elle n'ait plus à fournir qu'une participation complémentaire, il lui faudra, dans l'immédiat, consentir un effort accru pour amorcer l'évolution.

a) La participation de l'agriculture

Le revenu agricole va en quelques années, et toutes choses égales d'ailleurs, augmenter globalement de 10 %. Dès 1967, sa progression dépassera celle que lui aura fixée le Ve Plan, et ce gain anticipé se fera pour une part au détriment du consommateur : cela justifiera le retour progressif de l'agriculture dans le droit commun en matière sociale comme en matière fiscale.

D'autre part, comme on l'a vu, la plus-value résultant des accords européens comporte une mauvaise orientation des cultures : il est alors nécessaire d'envisager une reprise sélective d'une partie de cette plus-value, afin de corriger ces effets. Enfin, si un effort d'équipement vient enrichir le capital, il peut être équitable de faire participer ce capital à sa propre valorisation.

Ces constatations conduisent à préconiser les mesures suivantes :

• En matière sociale, les agriculteurs devront progressivement financer davantage leur propre régime de garantie.

En l'état actuel, les bénéficiaires couvrent moins de 30 % de ces dépenses, cependant que les taxes sur les produits agricoles y contribuent à concurrence de 10 % et le budget général de l'État à hauteur de 60 %. L'extension envisagée de la TVA au stade de la commercialisation entraînera la suppression des taxes uniques allégeant ainsi les prix de la consommation. Il sera donc nécessaire d'étudier le relèvement de la participation directe des agriculteurs, cet effort devant être proportionnel à l'augmentation des revenus.

Mais il faudra, en même temps, revoir les modalités d'assiette des cotisations, de manière à mieux refléter les revenus réels des cotisants, et relever leur taux selon des barèmes progressifs, de sorte que les transferts souhaitables se réalisent au sein même de l'agriculture. De même, les modalités de financement du régime social des salariés agricoles devront se rapprocher de celles du régime des salariés de l'industrie.

• En matière de fiscalité directe, certains agriculteurs bénéficient d'un véritable privilège. L'imposition des bénéfices agricoles, très modeste dans l'ensemble, l'est particulièrement pour les grandes exploitations ; en effet, le principe d'un forfait collectif repose sur le calcul d'une moyenne qui profite nécessairement aux exploitations de pointe où le plein emploi de la main-d'œuvre est assuré. Ce régime devra être révisé : il sera nécessaire d'instaurer un statut fiscal plus proche du droit commun. Toutes les unités susceptibles de fournir des justifications comptables devront être soumises au même régime que les entreprises industrielles et commerciales. Elles pourront être admises au bénéfice de forfaits individualisés.

D'autre part, l'on normalisera le statut de l'agriculture en matière d'imposition du chiffre d'affaires. Alors que la taxe sur la valeur ajoutée doit être prochainement étendue à la quasi totalité des secteurs de l'économie, ce serait une erreur que de refuser de l'étendre au producteur agricole. Cette extension est susceptible de permettre à l'agriculture de profiter pleinement du dynamisme inhérent au système de TVA, et de mettre fin, par là même, au régime particulier de remboursements ou de dégrèvements qui sont censés, aujourd'hui, compenser la rupture de l'imposition au stade des exploitations.

• L'atténuation de la plus-value.

Le gain résultant des accords de prix européens devra, pour sa plus grande part, demeurer acquis aux producteurs de blé, d'orge, de viande ou de lait. Mais, pour une moindre part, il sera prélevé sur ces productions avec le double propos de mieux utiliser, au sein de l'agriculture, l'enrichissement qu'apporte l'Europe, et par la différenciation des taux de prélèvements, de corriger les contre-orientations qui pourraient résulter des décisions de Bruxelles.

À cet effet, il est donc proposé de prélever une cotisation particulière sur les produits. Cette cotisation devrait être aménagée de façon telle qu'elle touche essentiellement le revenu des producteurs. Elle serait instituée progressivement, à mesure que deviendra effectif l'accroissement par paliers des prix en culture. Enfin, pour concourir à une meilleure orientation des productions, son taux variera selon les produits. Pour un taux moyen de 1 %, par exemple, de la valeur des produits, il pourrait être envisagé un taux réduit de 0,5 % pour les spéculations que l'on désire encourager – par exemple la viande bovine – un taux plus élevé de 2 % pour celles que l'on décide de freiner – par exemple le blé.

- La participation du capital à sa propre valorisation.

Il n'incombe pas à l'État de supporter intégralement la charge d'investissements qui valorisent la terre : l'aménagement foncier, le développement de l'hydraulique et le remembrement sont la source de plus-values en capital considérables. L'État ne les récupère que bien épisodiquement et de manière dérisoire, lorsqu'il y a des mutations.

Il est donc proposé d'imposer un capital foncier rural. Le but poursuivi n'est pas de compenser dans les caisses de l'État la dépense d'équipement qu'il consent chaque année au profit de ce capital, mais de décharger partiellement l'État de cette tâche et de la confier aux bénéficiaires eux-mêmes, qui utiliseraient les sommes ainsi collectées à la poursuite de l'équipement et de l'aménagement fonciers. Faute d'une autre assiette actuellement utilisable, cette contribution serait recouvrée sous forme additionnelle à la contribution foncière non bâtie, à l'instar de ce qui existe déjà pour le financement des Chambres d'agriculture.

b) La participation de la collectivité

L'effort supplémentaire que l'agriculture sera ainsi appelée à consentir sera nécessairement progressif comme son propre enrichissement. Aussi, l'aide de la collectivité à l'agriculture ne s'en trouvera pas réduite dans l'immédiat. Il lui faudra, bien au contraire, pour provoquer la mutation nécessaire, consentir, au plan budgétaire, un effort plus intense et plus ramassé, et orienter plus largement vers les placements agricoles les capitaux privés.

- L'État va bénéficier progressivement des recettes fiscales supplémentaires et d'économies résultant de l'intervention du FEOGA. D'autre part, les ressources supplémentaires prélevées sur l'agriculture doivent permettre de « débudgétiser » certaines actions.

On pourrait songer à mesurer ces gains en termes comptables et à rechercher une exacte récupération. En réalité, ce marchandage ne peut être envisagé : il faut retenir le principe que les ressources publiques consacrées à l'agriculture ne sauraient fléchir en un tel moment ; elles devront, au contraire, être accrues dans leur montant et concentrées dans leurs points d'application.

La relève de l'État par l'agriculture ne peut être progressive, alors qu'il s'agit de lancer un mouvement. L'élan doit être donné avec vigueur au départ, car on ne peut tout attendre du seul progrès de l'agriculture et de son seul effort. Au surplus, l'impulsion des premières années rapprochera le moment où l'agriculture se trouvera à même de contribuer davantage aux dépenses de la nation et d'assumer plus complètement les tâches qui la concernent. Enfin, c'est en épaulant très énergiquement la transition vers l'Europe, c'est par l'effort que l'on consentira entre 1965 et 1967 ou 1970, que l'on améliorera les chances de voir la France réussir son entrée dans la communauté agricole.

Les premières années de la Politique agricole commune seront capitales. Ceci implique que l'État intervienne d'emblée et avec force dans les secteurs de production et dans les régions où l'ampleur de l'évolution ou de la reconversion est la plus marquée. Il lui faudra donc recentrer son action sur certains investissements-clés qui conditionnent l'accroissement de la production de viande et la reprise d'une politique forestière. L'impulsion doit être d'autant plus énergique qu'il s'agira de la reconversion de régions plus attardées, ou de la « mise à niveau » de cultivateurs plus pauvres.

La réalisation d'une telle politique ne peut dépendre d'une équation budgétaire ou de la réalisation préalable d'économies. Ce doit être un objectif que le Gouvernement s'assigne publiquement et auquel il affecte les moyens nécessaires.

- Simultanément, il conviendra d'appeler l'épargne à contribuer spontanément à la rénovation de l'agriculture. Il s'agira d'abord d'encourager les placements de capitaux dans les activités agricoles et para-agricoles, par exemple dans les sociétés forestières et les sociétés foncières d'investissements. Ensuite, un « emprunt national de l'agriculture » sera lancé, en plusieurs tranches annuelles sur le marché financier ; le produit en sera essentiellement consacré aux équipements de stockage, de transformation et de commercialisation.

Pour réaliser cet emprunt, le plus expédient consisterait à utiliser le support du Crédit agricole. L'une des deux émissions annuelles d'emprunts à long terme (soit environ 700 millions en 1964) de cet organisme, devrait revêtir le caractère d'une tranche exceptionnelle « européenne ». Mais il n'y aurait pas de participation effective de la collectivité nationale s'il n'était pas fait appel aux épargnes non rurales : il faut donc envisager que le placement des titres ne soit pas réalisé par le seul intermédiaire des comptables du Trésor et des Postes, mais aussi par le système bancaire ; il pourrait également être fait obligation aux banques, aux établissements financiers et aux compagnies d'assurance de porter des obligations du Crédit agricole. En même temps, les plafonds d'émission devront être relevés et portés progressivement de 1.400 à 2.000 millions. Enfin, il sera nécessaire de réduire la part des sommes collectées que le Trésor conserve sous la forme de liquidités, ce qui augmenterait les emplois sans modifier dans une même proportion les souscriptions.

L'effort intense que l'on demande à la collectivité est temporaire. Rien, certes, ne sera terminé en 1970. Mais l'avenir de l'agriculture française sera assuré, si, au terme du Ve Plan et à la date de son entrée dans l'Europe, elle a été mise à même, grâce à cette impulsion, d'assurer son propre développement.

B. Les moyens institutionnels : le partage des responsabilités

a) Réforme des services administratifs de l'agriculture

Il faut d'abord que l'État se réforme lui-même pour prendre une vue globale des problèmes de l'agriculture, à l'échelle nationale, régionale ou locale.

Il n'est plus admissible de laisser l'administration de l'agriculture divisée à l'échelon local en six à huit services dont chacun affirme sa spécialité et son particularisme.

L'unité d'action exige le regroupement des services au plan départemental et régional, et l'institution, à tous les niveaux, d'un seul représentant du ministère de l'Agriculture. Ce responsable unique permettra la synthèse des programmes et la coordination des réalisations ; il facilitera en même temps la déconcentration de l'administration. Tel est l'objet de la réforme très prochaine des services extérieurs de l'Agriculture et de l'unification des corps d'ingénieurs.

De même, il faut que les services se reconvertissent, lorsqu'il s'agit moins d'administrer que de gérer, d'exploiter que de prospecter. Tel est le sens de la création récente d'un Office national des forêts chargé d'exploiter et de gérer le capital forestier de l'État et des collectivités locales.

b) Des institutions professionnelles rénovées

Actuellement les partenaires professionnels du ministre de l'Agriculture sont multiples et s'accordent rarement : les Chambres d'agriculture ont, de par la loi, mission de représenter auprès des Pouvoirs publics les intérêts supérieurs de l'agriculture ; le syndicalisme à vocation générale se présente comme le porte-parole des agriculteurs et exerce une action défensive et revendicative ; quant à la coopération, au crédit et à la mutualité agricoles, ils constituent essentiellement des « organisations de service ».

Mais, paradoxalement, tandis qu'un syndicalisme rajeuni tend à dépasser la revendication pour assumer une participation constructive à la politique agricole, l'institution dépositaire de prérogatives publiques et bénéficiant de ressources fiscales se cantonne souvent dans la contestation. Il y a là un facteur de faiblesse auquel il importe de remédier d'autant plus rapidement que la création de l'Europe agricole requiert l'existence d'une profession cohérente et bien structurée.

L'occasion semble venue de mieux répartir les rôles et, si besoin est, de mettre le droit en harmonie avec les faits. Sans abandonner son rôle de contestation, le syndicalisme à vocation générale devrait voir accentués son rôle de représentation des intérêts des agriculteurs français et sa participation à l'élaboration de la politique agricole. Parallèlement, le support juridique et financier que constituent les Chambres d'agriculture, pourrait être davantage utilisé pour l'exécution de tâches d'intérêt agricole et rural dont la profession doit, sous contrôle de l'État, avoir la responsabilité. Ceci suppose, naturellement que, surtout au niveau national, les Chambres d'agriculture renoncent à disputer au syndicalisme la représentation des intérêts agricoles.

Cette réorganisation permettrait une meilleure redistribution des tâches entre l'État et la profession dans la mesure où celle-ci a, à juste titre, le sentiment d'avoir atteint sa majorité. Elle assurerait une collaboration constructive entre des partenaires moins inégaux, collaboration plus nécessaire encore à mesure que les problèmes agricoles s'analysent à l'échelle de l'Europe.

c) Le relais de l'État par la profession pour certaines actions

Il ne suffit pas de réaffirmer les responsabilités de la profession ; il faut qu'elle ait les moyens financiers de les exercer, et qu'elle n'ait pas à demander ces moyens au budget de l'État. Une profession perpétuellement en quête de subventions, pour chaque aspect de son action, ne peut être un partenaire valable de l'État : le dialogue est faussé.

Ramener l'agriculture dans le droit commun en matière fiscale et sociale constitue déjà un effort considérable ; il serait illusoire d'espérer l'accroître encore par une contribution sur les produits et une cotisation foncière sans assortir ce prélèvement supplémentaire d'une procédure d'affectation.

En donnant à ces ressources nouvelles une individualité suffisante pour être réutilisées au sein de l'agriculture, il sera possible de transférer progressivement aux agriculteurs des tâches qui les concernent au premier chef. L'agriculture prendra ainsi en charge sa propre promotion ; l'État, n'ayant plus la responsabilité de tout faire, pourra concentrer son intervention sur les actions fondamentales.

Ainsi doit-on charger l'agriculture elle-même de promouvoir et de diffuser le progrès technique. À cette action serait affectée la cotisation sur les produits dont on a posé le principe, et que l'on recouvrerait au profit d'un Fonds national de progrès agricole, géré par la profession et conçu comme une entité distincte de l'État. Cet organisme consacrerait une partie de ses ressources à la lutte pour la qualité, notamment à l'action vétérinaire et à l'élimination de la brucellose qui ralentit l'essor de la production de viande. Pour le reste, il prendrait en charge la recherche appliquée, la vulgarisation et la promotion des ventes. Dès lors, se trouverait sensiblement allégée la contribution actuelle de l'État.

De même les Chambres d'agriculture devraient-elles être le support juridique et financier des actions concernant l'entretien du patrimoine foncier. Elles auraient, à cet effet, la disposition de l'imposition foncière additionnelle, évoquée ci-dessus, pour laquelle une certaine péréquation serait faite au plan régional. Qu'elles demeurent départementales ou qu'elles soient regroupées par régions, ces compagnies pourraient ainsi prendre en charge les actions concernant l'hydraulique, l'assainissement des sols et le remembrement, réalisées par des associations de propriétaires ou d'exploitants. Au surplus, certains de ces travaux, que l'on peut à juste raison classer parmi les opérations susceptibles d'amortissement, pourraient faire l'objet d'un financement complémentaire, imputé sur les capitaux collectés sur le marché financier par le Crédit agricole.

Tous les objectifs et les moyens qui viennent d'être définis, constituent un ensemble qui, pour être compris par les agriculteurs et emporter leur adhésion, doit être présenté comme l'expression globale d'une politique.

Sans garanties concrètes sur la réalisation effective de ces intentions, les exploitants hésiteraient à s'engager dans des voies nouvelles. Sans perspective certaine, l'État ne pourrait inciter l'agriculture à des réformes difficiles et dont le terme est souvent lointain.

C'est pourquoi cette politique requiert une consécration solennelle. Cette consécration doit revêtir la forme d'une loi de programme.

Reprenant les diverses dispositions budgétaires, fiscales et institutionnelles dont on a posé le principe, cette loi de programme donnera, à l'État comme à la profession, un cadre pour les opérations à entreprendre et une assurance quant aux ressources à attendre. Au surplus, par la portée qu'elle revêtira et par l'occasion qu'elle donnera au Gouvernement et au Parlement, de proclamer leur résolution, elle favorisera à elle seule la réforme de l'agriculture. Sa signification sera capitale.

Il faut, en matière agricole plus qu'ailleurs, guider le cours des choses avant qu'il ne se précipite. Pendant trois ou cinq ans la France devra soutenir énergiquement une évolution qu'elle avait déjà amorcée mais qui tend à devenir une révolution. L'Europe lui en offre l'occasion et lui en donne les moyens.

*

* *

Le Premier ministre analyse ce document et rédige une note manuscrite dans laquelle il livre ses observations.

*

Note manuscrite de Georges Pompidou sur la proposition de loi-programme d'Edgard Pisani Décembre 1964[2]

La note contient beaucoup d'idées justes.

Mais elle définit une action gouvernementale et non une politique législative.

Je ne vois pas l'utilité d'une loi-programme. Sans doute cela peut être matière à des succès pour le Gouvernement ou le ministre. Mais cela engage, les termes sont toujours trop précis, surtout après débats parlementaires et seront ensuite matière à revendications. Cela me fait penser aux « promesses » faites aux salariés du secteur nationalisé qui pendant vingt ans ressortiront la lettre Ribeyre ou le projet Jeanneney.

D'autre part, une loi-programme recense soit des actions administratives et réglementaires et alors c'est anticonstitutionnel, soit des intentions, et c'est non moins anticonstitutionnel (type loi d'orientation et même loi complémentaire), soit des engagements financiers et alors c'est dangereux. Je comprends les lois-programmes quand il s'agit de secteurs précis, volontiers sacrifiés par la rue de Rivoli, et comportant des travaux qui ne pourraient être inscrits que sur plusieurs exercices, par exemple Sports ou loi-programme Malraux, mais ici il s'agit d'une politique sociale, à long terme et on ne peut s'engager à l'avance à donner X francs au remembrement, par exemple, ou aux SAFER. Cela dépend de milles choses et notamment de la situation financière du moment.

2 CHAN, 92AJ/1.

Il y a donc là matière à exposé, à déclaration, pas à loi. J'ajoute que certains points méritent discussion. Par exemple, je ne crois pas qu'il faille accentuer le rôle des SAFER. Je ne crois pas qu'il faille mettre tout entre les mains de la profession. Je ne crois pas qu'il faille se gargariser de ce que la profession peut gagner aux dépens de la distribution. La distribution chère fait partie du confort des consommateurs. Bien sûr il y a un effort à faire et si les agriculteurs veulent faire de l'intégration verticale, il n'y a pas à les décourager mais on ne doit pas en prendre la responsabilité à l'excès. Après tout, pour des marchandises comme le livre ou la pharmacie, des marges de 35 % sont courantes. Et il n'y a pas les mêmes pertes qu'avec les denrées périssables, ni les risques de la prise ferme la plupart du temps. C'est dire que 60 % revient à la production, ce n'est nullement dérisoire comme on tend à l'affirmer.

Il est finalement normal qu'il faille de l'argent pour amener les choux-fleurs de Roscoff chez l'épicier de la rue du Bac ! Beaucoup plus de gens y travaillent que pour faire pousser le chou-fleur.

Donc, tout cela mérite estime et réflexion mais pas de loi. Se servir des comités pour déterminer une politique en partant de notes plus détaillées et moins synthétiques. Et cette politique pourrait faire l'objet d'une déclaration gouvernementale, et cela me paraît politiquement utile, mais pas une loi.

*
* *

Dans un deuxième temps et en réponse à la demande du président de la République, en vue d'une prise de position sur les propositions d'Edgard Pisani, Georges Pompidou adresse à Charles de Gaulle, le 22 avril 1965, une lettre dans laquelle il explique sa vision d'une éventuelle inflexion de la politique agricole.

*

Lettre de Georges Pompidou à Charles de Gaulle 22 avril 1965[3]

Mon Général,

Vous m'avez demandé mon sentiment sur les propositions contenues dans une note de Monsieur le ministre de l'Agriculture relative aux orientations de la politique agricole française.

---

[3] CHAN, 92AJ/1.

J'ai déjà fait connaître à M. Pisani mes premières réactions sur cette note qui contient beaucoup d'idées justes, mais je lui ai marqué ma réserve sur le principe d'une loi-programme.

Les propositions qui nous sont faites définissent en effet plus une politique gouvernementale qu'une action que la loi devrait nécessairement autoriser. La loi-programme s'applique utilement à des secteurs bien délimités où des travaux qui devront être exécutés sur plusieurs années méritent d'être précisés dans leur consistance et leur ampleur et assurés d'un financement assorti d'un échéancier. Il n'en va pas ainsi lorsqu'il s'agit de fixer une politique générale à long terme. Il ne faut pas demander à la loi ce qu'elle ne peut donner : qu'il s'agisse de recouvrir indifféremment des actions dont les unes sont de son ressort et d'autres du ressort du règlement, ce qui est anticonstitutionnel, qu'il s'agisse d'énoncer des intentions, ce qui l'est tout autant, ou même des engagements financiers dangereux dans une matière moins précise et moins facile à cerner que des programmes de travaux ou de fabrications.

Il reste que le document qui vous a été soumis mérite estime et réflexion. Sans retenir l'idée d'une loi, je n'exclus donc pas qu'il puisse fournir la matière d'une action gouvernementale d'une certaine envergure, qui donnerait à l'évolution de l'agriculture française le cadre et les moyens qu'exigera la Politique agricole commune lorsqu'elle aura trouvé son achèvement.

En conséquence, j'ai demandé à Monsieur le ministre de l'Agriculture de me préciser la portée et le coût de certaines de ses propositions, prévu la réunion de groupes d'experts dans les ministères responsables à Matignon, et convoqué pour le 29 avril un Comité sur les aspects financiers du projet, qui sont d'ailleurs liés aux questions de budget et au problème des « reprises ». Au terme de ces travaux, il sera possible de décider ce qui peut être retenu des propositions de M. Pisani et dans quelle forme le Gouvernement devra faire connaître ses intentions.

Voici pour la procédure. J'en viens brièvement au fond.

a) D'abord les objectifs qui nous sont proposés : sous réserve d'un examen plus approfondi et surtout de précisions, il semble qu'ils puissent, pour l'essentiel être admis. Il est vrai qu'une meilleure orientation des productions (M. Pisani définit la politique nouvelle comme celle de la viande et de la forêt), l'organisation de l'économie agricole française en vue de la conquête de nouveaux marchés, la « mise à jour » des agriculteurs, le respect des équilibres régionaux, sont autant de lignes de force pour une action gouvernementale.

J'estime cependant qu'il convient de soumettre à un examen plus serré, et peut-être à critique, certains de ces objectifs dès l'instant du moins que l'on quitte le domaine des généralités où les accords se font aisément. Je ne suis pas sûr que l'enseignement qu'on peut tirer actuellement de l'expérience des SAFER conduise à en accentuer le rôle. Je le suis moins encore qu'il faille à tout prix rechercher une intégration verticale dans l'agriculture allant de la production à la distribution des produits même si l'État doit dans certains cas encourager les efforts des agriculteurs dans ce sens. De même l'éclairage mis sur la politique des groupements de producteurs ne doit pas faire oublier que l'essentiel de l'action collective passe encore et continuera de passer par des coopératives dont le statut devrait être revu comme le montrent l'analyse du marché des produits laitiers (où la réglementation des coopératives serait un facteur d'augmentation du coût de la distribution) et l'étude des investissements dans les industries agricoles et alimentaires.

Enfin, le respect des équilibres régionaux est une notion à laquelle chacun souscrit volontiers, mais qui doit être précisée, peu de principes étant plus faciles à poser et plus difficiles à transcrire dans des actions raisonnables et efficaces.

Ces remarques, faites à titre d'exemples, montrent la nécessité de serrer de plus près les objectifs qu'on se propose, une partie des travaux à effectuer trouvant d'ailleurs leur place au Plan. C'est l'objet des études que j'ai demandées.

b) En ce qui concerne les moyens, M. Pisani a raison de poser d'abord le problème de la participation des agriculteurs au financement de certaines interventions où à celui du budget général. Ses propositions dans ce sens appellent souvent un préjugé favorable et méritent une étude poussée, qu'il s'agisse du rééquilibrage des régimes sociaux agricoles par l'accroissement de la part des dépenses couvertes par les cotisations des professionnels, en modifiant l'assiette de ces cotisations, ou de la nécessité de modifier la fiscalité directe ou indirecte. Certains de ces problèmes requièrent une solution rapide parce qu'ils sont liés à trois questions qui sont à l'ordre du jour : celle des « reprises », celle du déséquilibre de la Sécurité sociale, celle de la réforme des taxes sur le chiffre d'affaires.

Les autres propositions qui sont faites reviennent à demander ce que la note de M. Pisani appelle « une participation accrue de la collectivité », autrement dit un accroissement du budget du ministère de l'Agriculture et des disponibilités de la Caisse nationale de Crédit agricole. Dans un premier examen, j'ai eu le sentiment que les solutions proposées, un peu sommaires, étaient difficilement applicables. D'autres, plus complexes, paraissent préférables. Il est bien évident cependant que toutes se ramènent soit à une augmentation des crédits budgétaires, soit à un prélèvement accru sur la Trésorerie de l'État ou sur le marché financier au sens large.

Ces quelques remarques montrent à la fois l'intérêt qu'il faut attacher aux idées qui nous sont soumises et la nécessité d'études complémentaires avant qu'un jugement plus complet, comportant une évaluation sérieuse du coût de la politique proposée et permettant des choix, puisse être formulé. Déjà, le comité interministériel que je réunis le 29 avril permettra de se faire une opinion sur quelques suggestions importantes. Je serai en mesure, fin mai, de vous exprimer un sentiment plus assuré sur cette affaire, et de vous suggérer des conclusions tant sur le fond des problèmes que sur la forme et les modalités de présentation à l'opinion d'une éventuelle action gouvernementale.

Je vous prie de croire, mon Général, à l'expression de mes sentiments respectueusement dévoués.

Georges Pompidou

*

* *

B. Le discours d'Aurillac du 14 octobre 1967

Dans ce discours[4]*, le Premier ministre expose la dynamique (passé, présent, avenir) d'une politique agricole qui est élaborée dans un contexte de « révolution économique » et dans une perspective de rénovation des structures agricoles avec des « moyens en hommes et moyens financiers ». Il s'appuie sur un bilan positif, sur une conviction que les orientations retenues sont à consolider. Il s'agit en particulier de procéder à des rééquilibrages pour réduire les disparités régionales, géographiques ou liées aux productions, notamment par une « régionalisation de l'aide et de l'action de l'État ». La création de zones de rénovation rurale, la mise à disposition des ruraux de moyens financiers nouveaux, une régionalisation de l'action du FORMA et une meilleure organisation des producteurs sont des moyens envisagés pour y parvenir.*

Dans ce discours de mobilisation, Georges Pompidou préconise d'adopter une stratégie d'économie dirigée qui doit impliquer les pouvoirs publics et l'ensemble des forces vives dont des professionnels qui doivent être convaincus de la nécessité de réaliser la « révolution silencieuse » chère à Michel Debatisse.

*

---

4 Discours dont le texte a été rédigé par Georges Pompidou en personne selon P. Lelong. Entretien de Pierre Lelong avec V. Pradier, le 14 mars 1998, CHAN/AGP, 1AV332.

Discours prononcé par Georges Pompidou à Aurillac 14 octobre 1967[5]

Mesdames, Messieurs,

Je suis heureux d'inaugurer ce très beau lycée agricole, aux installations qui peuvent apparaître luxueuses, mais qui ont le mérite de mettre à la disposition du corps enseignant et des enfants tous les moyens d'un enseignement moderne, tourné vers le progrès de l'agriculture.

Ce lycée agricole fait partie d'un effort technique et intellectuel au profit du monde agricole, effort entrepris depuis quelques années et développé à une cadence exceptionnelle. Si l'on se rappelle que les crédits consacrés à l'enseignement agricole – investissements et fonctionnement – ont depuis 1958 été multipliés par dix, on prend conscience qu'il s'est agi véritablement de la création d'un enseignement agricole en France. Cet enseignement agricole est doublement utile : il manifeste l'importance de l'agriculture dans l'économie du pays ; il marque aussi l'importance et la nécessité d'une rénovation pour notre agriculture et pour les jeunes qui se destinent à la profession agricole ou aux professions annexes.

Que l'agriculture soit pour la France un élément essentiel de sa prospérité, de son économie, ce n'est pas dans le Cantal qu'il est nécessaire de le souligner. Mais cela est vrai à l'échelon national et d'autant plus vrai que le Marché commun doit permettre à l'agriculture française, non seulement de nourrir la population croissante de notre pays, mais aussi d'exporter une grande partie de ses produits à des prix rémunérateurs dans les autres pays de la Communauté. L'importance de l'agriculture ne peut donc pas être discutée. Son orientation est, en outre, dans un département comme celui-ci, déterminée par la nature. Le sol, le relief font que l'agriculture de certaines régions ne peut se tourner que vers les productions animales, élevage et industries laitières.

Nous nous trouvons donc devant deux données de base : une agriculture essentielle à la prospérité nationale et une agriculture dont l'orientation est dictée dans bien des régions par la nature, par le sol et par le climat. Mais à côté de ces données, il y a les nécessités de l'économie moderne qui doivent nous inciter à tirer de ces productions le meilleur rendement possible. Or, sur ce point, nous avions énormément de progrès à faire et il nous en reste encore, ne nous le dissimulons pas.

Pendant très longtemps, notamment dans les régions du centre, ou de l'ouest, l'exploitation agricole française a été fondée sur une conception

[5] CHAN, 5AG2/1087.

très différente de l'économie. Les agriculteurs vivaient essentiellement sur eux-mêmes, sur leurs propres productions, allant jusqu'à cuire leur pain. La subsistance de la famille sur les produits de la ferme était la règle. La part qui allait à la commercialisation, c'est-à-dire à la nourriture des habitants des villes était relativement réduite puisque la population agricole était très nombreuse et la population urbaine beaucoup moins.

Aujourd'hui, tout est changé. Nous nous trouvons en présence d'une révolution économique. Nous n'y pouvons rien. La trouverions-nous mauvaise qu'elle est là. D'ailleurs rien n'est mauvais dans le progrès. Le problème est de savoir en tirer parti. La révolution économique fait que l'urbanisation se développe, que les populations des villes grandissent et que les méthodes modernes d'exploitation permettent des rendements très supérieurs, donc une production fortement accrue. Il y a par conséquent nécessité pour les agriculteurs de pouvoir vendre des quantités de produits chaque jour plus importantes vers la ville ou vers les marchés étrangers proprement dits.

En même temps, l'évolution des mœurs, l'évolution du niveau de vie font que les jeunes agriculteurs d'aujourd'hui, à plus forte raison ceux de demain, n'envisagent pas de vivre dans les conditions difficiles qui étaient celles de leurs parents ou de leurs grands-parents. L'idée de vivre sur soi-même, sur sa propre exploitation est une idée dépassée. Ils veulent non seulement utiliser les méthodes modernes d'exploitation, mais aussi trouver leur subsistance, leurs vêtements, leur confort, les éléments de leur niveau de vie, dans le commerce, par l'achat effectué à la ville, des produits de l'industrie et de la transformation. Le problème de la rentabilité se pose dès lors directement. Est-ce que la vente des produits de leur exploitation leur permettra ces achats, leur permettra d'atteindre ce niveau de vie, et je dirai même plus encore, ce mode de vie que désormais tout le monde exige et en particulier les jeunes, et en particulier les jeunes femmes ? Voilà donc pour la France toute entière et plus encore pour ces provinces, particulièrement tournées vers l'agriculture, les problèmes qui se posent, surtout depuis la fin de la dernière guerre et depuis que l'évolution s'est accélérée.

Que peut-on faire, que doit-on faire, qu'il s'agisse des agriculteurs eux-mêmes, qu'il s'agisse de l'État et de l'aide qu'il peut leur apporter ? Je pense d'abord qu'il faut accepter et accepter résolument les données de l'évolution économique. Il ne servirait à rien de la refuser, de mener une sorte de combat de retardement qui serait désespéré, et qui se traduirait finalement par des misères, l'obligation de basculer du côté du progrès de toute manière, mais d'y basculer dans des conditions particulièrement difficiles et probablement inhumaines. Il faut donc accepter l'idée, il faut admettre que nos exploitations doivent devenir modernes, c'est-à-dire plus vastes, mieux remembrées, que les méthodes de production, de transformation, doivent être elles-mêmes complètement rénovées et suivre les progrès de la technique. Il faut se dire enfin, qu'au-delà même de la production et de la transformation, se pose, pour toute notre agriculture, un problème capital de rénovation des structures de la commercialisation.

Si nous acceptons donc cette idée de progrès, la tâche commune aux agriculteurs, à leurs représentants et à l'État, est évidemment de définir et de mettre en place les cadres de cette transformation, cadres juridiques, techniques, et d'organisation. C'est surtout depuis 1960, me semble-t-il, que cette politique de rénovation des structures à tous les échelons a commencé à se traduire dans les textes et dans les réalisations qui sont les cadres de cette rénovation. C'est la loi d'orientation, c'est la loi complémentaire, et ce sont d'innombrables textes législatifs ou réglementaires intervenus successivement. Récemment encore, par ordonnances, nous avons pris d'autres dispositions qui viennent compléter le cadre juridique et légal. Nous avons aussi institué un très grand nombre d'organismes qui se modifient d'ailleurs en fonction de l'évolution, qu'il s'agisse du développement de la coopération, de l'institution des SICA, des groupements de producteurs, et, du côté de l'État, de l'institution du FORMA, de sociétés d'intervention sur les marchés comme Inter-Lait et la SIBEV, du BAPSA, Budget des prestations sociales agricoles, du Fonds social appelé le FASASA dont l'objet est de répartir des subventions, des crédits d'État en vue de faciliter l'évolution et la transformation techniques et économiques, d'en adoucir et en effacer si possible les conséquences sociales. À l'heure actuelle, tous ces organismes sont en place, notamment le FORMA, notamment aussi les SAFER qui peuvent jouer un rôle important pour la restructuration des terres, notamment aussi le Centre national d'aménagement des structures agricoles qui gère désormais la FASASA et donc l'indemnité viagère de départ. Il y a là par conséquent, du côté de la profession, par les groupements de producteurs, les SICA, etc., les éléments de l'organisation future et il y a du côté de l'administration, les cadres d'une action conjuguée avec celle de la profession.

Mais, bien sûr, l'important n'est pas simplement de définir une politique, d'en avoir les objectifs et de mettre en place une organisation susceptible de réaliser cette politique. En fin de compte, l'important ce sont les moyens, les moyens en hommes et moyens financiers.

Les moyens en hommes ce sont, du côté de la profession, les cadres organisés de cette profession, ayant reçu une formation technique, que des établissements comme l'École nationale de l'industrie laitière, toute voisine, et bien d'autres, sont précisément chargés de préparer, en leur donnant la formation nécessaire. Du côté de l'État, les moyens en hommes signifient développement et réorganisation des services de l'agriculture.

Mais il faut aussi les moyens financiers. Ces moyens, nous savons bien qu'au delà des taxes particulières que l'on peut mettre sur tel ou tel produit pour aider par exemple à la vulgarisation, à l'action des Chambres d'agriculture, etc., au-delà de ces moyens qui restent limités, l'important c'est l'intervention de l'État.

Celle-ci est à l'heure actuelle, reconnaissons-le, reconnaissez-le, même si les résultats ne sont pas toujours à la mesure des désirs, voire des besoins, absolument considérable. J'ai rappelé il y a peu de jours à l'Assemblée nationale que l'État consacre à l'agriculture, chaque année, tout compris, 13 milliards 500 millions, c'est-à-dire 1 350 milliards d'anciens francs.

J'ai rappelé par exemple, qu'en matière de sécurité sociale, dont le bénéfice a été étendu aux exploitants agricoles par la Ve République il y a quelques années, la charge assumée par l'État représentait 72 % des prestations que les exploitants agricoles perçoivent. Ainsi, chaque fois qu'un exploitant agricole est remboursé dans les conditions légales de dépenses médicales, pharmaceutiques ou autres, près des trois quarts de ce remboursement proviennent non pas de ses cotisations mais d'une subvention du budget. Tout cela est fait pour permettre l'évolution et pour qu'elle ne soit pas ressentie trop cruellement. Il va de soi que les crédits d'équipement, de modernisation, sont eux-mêmes extrêmement importants. Même si par leur masse ils représentent moins que les dépenses sociales ou le soutien des produits, les crédits d'équipement sont essentiels puisque ce sont eux qui doivent permettre l'évolution de l'agriculture. À titre d'exemple, les crédits de remembrement ont été multipliés depuis 1958 par six et je passe sur tout ce qui est crédits destinés à l'enseignement, la vulgarisation, l'habitat rural, les adductions d'eau, crédits notamment pour les bâtiments d'élevage dont les besoins sont immenses, de sorte que dès 1967 nous avons déjà de beaucoup dépassé les crédits prévus par la loi de décembre 1966 et que pour 1968 nous avons décidé de prévoir de nouvelles augmentations.

Tout cela est en place, tout cela fonctionne, mais nous en sommes arrivés à un stade où apparaissent des différences dans l'évolution de chaque agriculture nationale. On s'aperçoit qu'il est des régions où le développement, la transformation ont été infiniment plus rapides, facilités par la nature du sol. Nous avons par exemple, dans les grandes plaines du bassin parisien, une agriculture très moderne, tournée vers les céréales et la betterave, qui dès maintenant a fait sa mutation et peut se considérer comme rentable ; au surplus, les prix fixés dans le Marché commun, sous la pression souvent de nos partenaires, de manière très favorable aux cultures céréalières, ont eux-mêmes aidé cette agriculture et lui ont donné les possibilités d'expansion qu'elle a utilisées pleinement. Au contraire, nous constatons que les régions d'agriculture traditionnelle, tournée davantage vers la production animale sont en retard dans leur transformation et en profitent moins rapidement. Il y a à cela beaucoup de raisons. D'abord, ce sont des régions où les exploitations, très dispersées, ne peuvent être regroupées que lentement. En outre, les conditions tenant au travail et au sol sont différentes. L'élevage exige des agriculteurs une vie plus astreignante, impose des servitudes plus grandes que les productions céréalières. Enfin, dans la fixation des prix du Marché commun, ces productions n'ont pas été avantagées par rapport aux autres, et cela contre le vœu du gouvernement français. Mais nous ne sommes pas seuls et il faut bien faire leur part aux thèses des autres. Ainsi les prix fixés sont-ils plus favorables aux céréales qu'à la viande. Ajoutons-y le fait que pour une au moins des productions, la production laitière, le Marché commun est excédentaire et les prix internationaux extrêmement bas.

Nous nous trouvons donc devant des difficultés que vous connaissez et qui se traduisent par la nécessité pour l'État d'intervenir sur les marchés. Interventions d'ailleurs pour lesquelles, ne l'oublions pas, l'État est à l'heure actuelle freiné, limité et quelquefois ligoté par les règlements de Bruxelles. Car le Marché commun, dont, bien entendu, les grands avantages futurs apparaissent à tous et qui a été pour les agriculteurs français une espérance, peut-être excessive, tout au moins à court terme, le Marché commun a des règles que nous sommes obligés d'accepter. Quand nous constatons qu'elles ne sont pas adaptées, nous devons discuter pour aboutir à leur modification, ce qui entraîne des retards. Néanmoins, nos interventions sont très nombreuses en particulier pour les produits laitiers, puisque en 1967, les interventions du FORMA en ce domaine pour l'exportation, l'achat et le stockage et par conséquent pour le soutien des cours vont représenter un peu plus d'un milliard et demi de francs nouveaux, c'est-à-dire plus de 150 milliards d'anciens francs. Quand on réfléchit à ce problème et à celui de la viande, on s'aperçoit qu'il y a des modifications à apporter au Marché commun et peut-être à notre politique d'aide à l'agriculture, aide conçue, je le répète, en vue de hâter, de faciliter sa transformation.

Tout d'abord, nous estimons qu'on doit encourager la production de la viande. Ceci a l'inconvénient d'entraîner un développement des productions laitières dont nous voyons l'excédent et le coût qu'elles représentent pour le budget de l'État et demain pour le budget du Marché commun. Même si la production de fromage coûte moins cher au budget que celle du beurre, il n'en reste pas moins que globalement la production laitière fait un tout et un tout chaque jour plus pesant pour l'économie et le budget.

Par contre, la viande bovine, à l'intérieur du Marché commun, n'est pas produite en quantité suffisante. Pris ensemble, les six pays de la Communauté sont déficitaires. On peut penser qu'un développement de cette production de viande devrait être possible et trouver son écoulement naturel à l'intérieur du Marché commun, à des prix réévalués par rapport aux prix des céréales. Il se trouve bien sûr, que cette idée que le Gouvernement a bien des fois proclamée et encouragée, en demandant aux agriculteurs de se tourner vers la production de la viande, se heurte, à l'heure actuelle, à un certain nombre de difficultés. Je ne parle même pas de la conjoncture ou de ce qu'a pu faire la sécheresse. Je parle d'obstacles moins occasionnels qui tiennent au fait, par exemple, que le Marché commun ne fait que commencer à fonctionner. Pour nos partenaires et en particulier pour les Italiens, acheter la viande à l'intérieur du Marché commun, c'est la payer plus cher qu'ils ne la payaient auparavant. Par conséquent, certains de nos partenaires cherchent à retarder le moment où ils seront obligés de s'adresser à la Communauté et notamment à la France et trouvent moyen, en invoquant tel ou tel règlement sanitaire, en obtenant des dérogations à Bruxelles, de continuer des importations venues de l'extérieur à des prix plus bas. Nous sommes là en présence des tâtonnements du Marché commun. Progressivement, les mécanismes de Bruxelles se mettent en place et je n'ai pas besoin de vous dire que nous faisons tout, pour faire prévaloir cette exigence fondamentale qui doit être la règle de la Communauté économique agricole, à savoir la priorité absolue donnée à l'agriculture des Six pour l'approvisionnement des Six, ce qui est, pour nous, Français, notre objectif et votre intérêt essentiels. C'est ainsi que récemment, nous avons fait décider par Bruxelles, à compter du 1er octobre, l'arrêt des dérogations qui avaient été consenties à l'Italie, pour son approvisionnement en veaux. Nous pouvons penser que d'ici quelques semaines l'arrêt de ces dérogations se traduira par un appel des Italiens sur nos marchés.

Mais il ne suffit pas de tout attendre du Marché commun, il faut d'abord se préparer pour en profiter pleinement et pour cela il faut pousser notre effort dans deux sens. L'un qui dépend de la profession, même s'il doit être aidé par l'État, et qui est son organisation en vue d'un marché international et non plus simplement local, ni même national, et l'autre, que j'appellerai : la régionalisation de l'aide et de l'action de l'État. Régionalisation de l'aide et de l'action de l'État, c'est une idée qui, depuis plusieurs années déjà couvait, était exprimée, ici ou là, c'est une idée qui, ces derniers temps, a pris toute sa valeur, précisément à cause de la différence dans le degré d'évolution et de prospérité entre les agriculteurs des différentes régions.

Dans ce domaine, quelques décisions ont été récemment prises qui sont la démonstration de l'efficacité à laquelle on peut parvenir lorsqu'il y a coopération entre la profession et l'État. C'est à la fin du mois de juillet que le président de la Fédération nationale des syndicats d'exploitants agricoles m'a écrit pour souligner l'importance que son organisation attachait à la régionalisation et pour suggérer un certain nombre de mesures. Ces mesures, nous y avions déjà réfléchi. Dès le mois de septembre, nous avons pu décider, à l'occasion des ordonnances et de décrets les complétant, la création de zones de rénovation rurale. Ces textes reprennent l'essentiel des mesures qui étaient souhaitées par la Fédération nationale des syndicats d'exploitants agricoles. Ainsi, en moins de deux mois, en présence d'une volonté de réforme manifestée clairement par la profession organisée et grâce à l'action de l'État, on a pu aboutir à une réalisation. Cette réalisation est pour l'instant dans les textes, je vais parler des moyens tout à l'heure, mais la publication des textes est déjà très importante ; elle supposait des moyens d'action, de la part de l'État, très énergiques, la possibilité de procéder par ordonnance, elle supposait aussi un choix entre des zones, entre des régions et ce n'est pas facile, croyez-le bien ; cela nous contraignait à éliminer tel ou tel département où les conditions n'étaient pas tellement différentes et qui aurait pu espérer être lui aussi classé. Bien sûr, le classement actuel n'est pas définitif mais il n'en reste pas moins que si l'on veut agir, agir vite, et avec efficacité, il faut que les moyens soient concentrés sur un nombre réduit de départements. Faute de quoi, il n'y aurait de nouveau qu'un saupoudrage de petites interventions, fort peu efficaces. Nous avons donc choisi et créé ces zones. Nous allons nommer dans les jours qui viennent, à la tête de chacune d'elles, une personnalité qui concentrera tous les efforts et tous les moyens entre ses mains, en liaison avec le Préfet régional et sous son autorité, mais avec la possibilité de réunir en ses mains, tous les moyens quel que soit le ministère et le budget dont proviennent ces moyens.

Il faut, d'autre part, des moyens financiers. Sur ce point des doutes sont parfois émis. Je sais que tout le monde est impatient et qu'à peine les textes sortis au Journal officiel, tout le monde s'attend à ce que les crédits arrivent à destination. Je vous demande de comprendre et d'admettre qu'entre le moment où l'on parle d'un texte, le moment où on le publie, le moment où sortent les décrets d'application, le moment où l'action de l'administration et du Gouvernement s'exerce pour dégager les crédits et pour les affecter, il se passe nécessairement un certain nombre de semaines et quelquefois de mois. Mais d'ores et déjà, les mesures ont été prises pour que ces nouvelles décisions se traduisent effectivement par des moyens nouveaux mis à la disposition de ces régions. Nous avons demandé aux différents ministères sur leurs crédits d'équipement de prévoir des affectations particulières qui sont distraites de la distribution nationale et qui sont accordées à ces zones. De même, il est prévu au budget du ministère de l'Économie et des Finances sur ce que l'on appelle les charges communes, un crédit spécial, ce que j'ai annoncé à M. de Caffarelli lorsque j'ai reçu le bureau de la Fédération nationale des syndicats d'exploitants agricoles. J'ai aussi l'intention, sur le Fonds d'intervention pour l'aménagement du territoire, le FIAT, d'affecter une part importante de crédits à des actions en faveur de l'agriculture dans les zones de rénovation. Nous allons donc avoir dès maintenant, dès les mois qui viennent, des crédits pour agir et nous allons commencer cette action. Dans quelques semaines, le Comité d'aménagement du territoire prendra des décisions sur un certain nombre de mesures précises.

Il n'y a pas d'ailleurs que cette forme d'action pour les zones de rénovation ; la régionalisation peut se faire également par l'intervention du FORMA. Le FORMA peut agir en matière d'orientation agricole, il a des crédits à cet effet et peut les attribuer particulièrement à certaines zones. Il peut aussi régionaliser ses interventions et notamment les interventions de la SIBEV en ouvrant des centres d'intervention dans des régions insuffisamment pourvues.

Donc régionalisation par l'action du FORMA, régionalisation aussi dans l'attribution de l'indemnité viagère de départ. Nous avons décidé, vous le savez, que l'indemnité viagère de départ pourrait être distribuée dès l'âge de 60 ans dans les zones de rénovation et d'action rurale. On a fait observer, je l'ai lu dans les déclarations de responsables agricoles, que, pour être efficace, une telle mesure supposait une augmentation du taux de l'indemnité, du fait qu'entre 60 et 65 ans ne s'y ajoute pas la retraite. Nous avons décidé qu'effectivement cette indemnité viagère de départ serait dans les zones de rénovation augmentée dans son taux. Les crédits sont prévus à cet effet.

Nous entamons donc une action régionalisée pour hâter la restructuration des exploitations et la mise à la disposition des jeunes d'exploitations plus nombreuses et mieux constituées. Nous encourageons cette évolution par l'intervention du FORMA, en facilitant le départ, dans de meilleures conditions, pour les vieux agriculteurs, en améliorant enfin l'ensemble de l'équipement qui donnera aux jeunes des exploitations mieux desservies à tous égards.

Cette œuvre de l'État ne peut être pleinement efficace que si elle est menée en coopération avec les organisations agricoles. Le ministère de l'Agriculture ne dispose pas d'un nombre de fonctionnaires tel que toute cette action puisse se faire autrement qu'en liaison étroite avec la profession. C'est ce qui se passe dès maintenant à l'intérieur de l'administration du FORMA, c'est ce qui doit se passer dans cette mise en place de nouveaux moyens, dans cette action globale et régionalisée. Cette action de l'État pour être menée en coopération avec la profession requiert une organisation plus solide, de la profession elle-même – je ne veux pas dire ici sur le plan syndical, je veux dire sur le plan de la production, de la transformation et de la commercialisation –. Nos agriculteurs vont avoir à leur disposition un marché national et même international qui demande une production différente de celle d'autrefois. Il ne s'agit plus pour chaque consommateur d'aller choisir dans la ferme qu'il connaît, chez le fermier qu'il connaît, le fromage préparé comme il l'aime « lui ». Il s'agit de vendre des productions de masse. Le commerce et la clientèle des villes, la clientèle internationale surtout, demandent une production de qualité régulière, de présentation identique et exigent donc un véritable bouleversement dans la production, dans la transformation et dans le conditionnement. D'autre part, il est bien évident que si l'agriculteur se borne à produire et ne s'occupe pas des étapes suivantes, il se trouvera livré purement et simplement sur les marchés au gré des intermédiaires, des industriels et des commerçants. Les prix seront alors non pas fixés dans l'intérêt du producteur et sous la pression des producteurs eux-mêmes, mais déterminés en fonction du seul intérêt des intermédiaires entre producteur et consommateur. Il faut donc que la profession s'organise pour intervenir au stade de la transformation – et c'est en grande partie fait, ne serait-ce que par les coopératives – et au stade de la commercialisation. Si le commerce n'a pas le monopole de la mise sur le marché, si les producteurs interviennent au moins partiellement ou associés à ces commerçants, ils pourraient obtenir que les marges des commerçants soient raisonnables et qu'une part accrue du profit revienne aux producteurs eux-mêmes.

Pour aboutir à ces résultats sur lesquels, je pense chacun, dans le monde agricole, est évidemment d'accord, l'État peut aider, inciter, encourager, donner des crédits, mais c'est avant tout de la volonté des agriculteurs et de leur capacité de s'organiser, à se grouper que tout dépend. Je prends, puisque je suis ici à Aurillac, l'exemple de la production fromagère dans le Cantal : nous avons encore 160 ateliers de fabrication de fromage dans le Cantal, il est évident que c'est beaucoup trop ; un effort est fait pour commencer à s'organiser, à se grouper, mais nous n'en sommes qu'au début et il faut accélérer la création de coopératives ou de centres industrialisés pour tirer réellement profit de la production de fromage.

Il faut surtout étendre cet effort à la viande. Des tentatives ont été faites jusqu'ici mais ont été peu suivies d'effet, quelquefois malheureuses. Il est prévu des crédits pour aider les SICA à se restructurer, à se forger une politique et des cadres et à mener leurs interventions mieux que par le passé. Là encore, ce n'est que dans la mesure où nos agriculteurs ne seront pas dépendants du commerce, des marchands de bestiaux sur les foires, dans la mesure où il y aura une organisation du marché avec une intervention des producteurs organisés et groupés et la possibilité donc pour l'État, notamment pour la SIBEV d'intervenir rationnellement, ce n'est que dans cette mesure que nous pourrons, que vous pourrez espérer réserver aux producteurs une meilleure part des profits. Or la production de viande devrait être très rentable, même si elle connaît des difficultés à l'heure actuelle, ce qui ne donne pas satisfaction, je sais bien.

Nous sommes tellement convaincus que c'est dans cette rénovation de la structure des exploitations et des techniques de la production, dans cette organisation par le groupement, par la coopérative, sous toutes ses formes, par l'entente et l'intervention des producteurs aux stades qui suivent la production et la séparent de la consommation, nous sommes tellement convaincus que là est l'avenir, que nous avons ces jours derniers pris, en accord avec le ministre de l'Économie et des Finances et le ministre de l'Agriculture, des dispositions nouvelles que nous allons déposer au Parlement, à l'occasion du vote du budget, la semaine prochaine. Nous avons pris au sujet de l'institution, au premier janvier prochain de la TVA, une orientation nouvelle. Nous ferons en sorte que le maniement de l'impôt – et surtout des mécanismes de remplacement pour ceux qui n'opteront pas pour la TVA – incite et favorise les regroupements et les transformations. Vous savez déjà, depuis la présentation du budget, que ceux qui n'opteront pas pour la TVA recevront de l'État, en compensation, un versement représentant 2 % de leur chiffre d'affaires.

Eh bien, nous allons proposer au Parlement que ce versement soit porté pour l'élevage de 2 à 3 % dès lors que la commercialisation du bétail répondra à certaines règles, permettant l'organisation et le contrôle, c'est-à-dire essentiellement quand il y aura immatriculation des bêtes. Nous avons prévu que ce versement pourrait être fait même à ceux qui vendent à d'autres agriculteurs, c'est à dire aux naisseurs qui vendent à des engraisseurs. Mais il va de soi, je le souligne, que cela suppose une organisation de la part des naisseurs et l'établissement avec les engraisseurs de contrats de moyenne ou de longue durée qui permettent aux naisseurs de ne pas être à la merci des engraisseurs et assurent à l'administration un contrôle sur l'immatriculation du bétail.

Nous avons prévu enfin que ce pourcentage de 3 % serait dépassé et porté à 4 % pour la production avicole et porcine, production avicole si importante en Bretagne par exemple, production porcine importante dans les régions du Centre, en Bretagne et dans certaines autres régions.

Ainsi donc, Mesdames et Messieurs, je voudrais devant un public particulièrement qualifié pour entendre parler d'agriculture, que vous preniez conscience de l'importance de l'effort qui est fait et qui doit être fait ; importance de l'effort demandé à la profession, dans son organisation ou sa réorganisation, dans ses rapports avec l'administration, et sa bonne coopération avec elle, importance de l'effort d'imagination et de l'effort matériel et financier que l'État fait et est prêt à faire. Mais cet effort doit aboutir et non pas simplement nous permettre de durer quelques temps encore. Il doit nous permettre de nous rénover, de nous transformer, et de devenir réellement l'agriculture répondant aux besoins de la France et de l'Europe de demain et assurant en même temps à nos agriculteurs un niveau de vie convenable. Il y faut, croyez-moi, une action conjuguée et une action de longue durée. Je ne suis pas sûr que notre action, que l'action de l'État soit toujours appréciée avec beaucoup de justice, je ne suis pas sûr que partout on se rende compte non seulement des efforts financiers qui sont faits, mais de l'effort administratif, de conception, de mise en place, qui est accompli, que l'on se rende compte du temps que les membres du Gouvernement, – pas seulement, croyez-le, le ministre de l'Agriculture – sont amenés à consacrer aux problèmes agricoles pour chercher des solutions à ces problèmes. De toute manière, compris ou incompris, nous continuerons, et je continuerai. Mais, je demande qu'on veuille bien, au lieu de critiquer, nous aider.

Si l'on veut comprendre que les producteurs ont un rôle essentiel dans cette action et que, s'ils n'y participent pas de tout leur cœur et de toute leur capacité, cette action perd les trois-quarts de son efficacité, si donc notre action n'est pas épaulée par la profession, n'est pas appuyée par elle, n'est pas menée en liaison avec elle, eh bien, je le répète, nous la continuerons, mais les résultats, pour les agriculteurs eux-mêmes, en seront moindres et en seront retardés. Quant à moi, je crois comprendre et connaître les problèmes de l'agriculture, je crois avoir fait et continué de faire ce que je peux pour l'aider dans sa transformation et dans son accession à une prospérité économique et à une vie moderne. Cette action sera poursuivie, mais puissions-nous d'une façon visible recevoir ici et ailleurs l'appui de tous les agriculteurs pour nous aider dans une entreprise difficile et de longue haleine, qui est de leur intérêt et de l'intérêt national le plus urgent et le plus immédiat. Si nous voulons bien tous nous y mettre et retrousser nos manches comme on disait, vous vous rappelez, au lendemain de la Libération, si nous voulons bien nous y mettre, dans un État solide, stable et mené avec autorité, soyez certains que nous aboutirons. Nous en aurons les moyens, puisqu'il y a un État, dès lors qu'il y aura une profession organisée et une volonté commune, mais il faut que les trois soient réunis, si l'on veut réussir. Pour moi, j'ai confiance, et j'ai confiance particulièrement en vous.

*

* *

C. Le discours d'Alençon du 11 juin 1969

Le candidat à la présidence de la République, dans le prolongement de son discours d'Aurillac, rappelle les objectifs d'une politique agricole conçue dans l'intérêt de l'économie générale et précise, à Alençon, les priorités de l'action gouvernementale en faveur du secteur agricole et des agriculteurs.

*

Extrait du discours de Georges Pompidou à Alençon 11 juin 1969[6]

À Alençon, Monsieur Georges Pompidou a traité plus particulièrement les problèmes agricoles.

Politique agricole :

L'objectif est « l'amélioration du revenu et des conditions de vie des agriculteurs ». M. Pompidou a distingué quatre éléments d'action que l'on a trop souvent tendance à opposer, alors qu'en fait, ils ne constituent que les moyens d'une même politique et qu'ils doivent donc être mis en œuvre simultanément :

1° Une politique des prix et de soutien des marchés qui implique que l'on oriente plus efficacement les productions en veillant notamment à l'organisation des marchés des produits animaux, moins favorisés jusqu'à présent que d'autres par la réglementation européenne. Une bonne orientation de la production est devenue une exigence fondamentale car si les techniques modernes permettent de produire tout, partout, il faut porter une plus grande attention à l'écoulement des denrées.

2° Une politique de modernisation des structures, pour améliorer la compétitivité de notre agriculture et assurer le plein emploi des hommes, des capitaux et du matériel ; elle doit porter sur quatre niveaux :

- au niveau de l'entreprise, par l'aménagement des structures foncières dans le sens d'une plus grande productivité et favorisant l'installation des jeunes ;

---

6 CHAN, 5AG2/1088. Extrait d'une dépêche de l'AFP.

- au niveau professionnel, en encourageant les groupements, afin d'accroître le pouvoir économique des agriculteurs ;
- à celui des industries agricoles et alimentaires qui vont être amenées à transformer une part croissante de produits selon des procédés nouveaux ;
- au niveau interprofessionnel enfin grâce à des ententes contractuelles garantissant les débouchés.

3° Une politique pour les hommes, afin de leur rendre confiance et sécurité ; formation professionnelle permanente, bourses d'études, assurances sociales ou pour ceux qui se retirent indemnité viagère et retraite décente. Enfin, suppression de la taxe complémentaire pour limiter les charges financières de ceux qui ont pu entrer dans la voie de la modernisation.

Beaucoup de mesures ont été prises dans cette direction qui me paraît bonne ; mais il faut les développer car il n'y a de véritable parité que dans une égalité des chances en matière de formation, a déclaré M. Pompidou.

4° Une politique d'aménagement du territoire, comprenant un effort intense en faveur de toutes les régions défavorisées pour élargir et compléter l'action déjà menée, en collaboration étroite avec la profession, par la création des zones de rénovation rurale. Ce progrès de la France toute entière exige d'ailleurs un effort particulier pour développer la vitalité de nos communes rurales et accroître leurs moyens.

Les exploitations familiales :

L'avenir réserve une place originale aux exploitations familiales qui sauront s'organiser, car rien ne les condamne à rester petites ni fermées sur elles-mêmes ; en effet, il y aura toujours une place pour des produits de meilleure qualité et inspirés des traditions locales qui font la diversité et la richesse de notre pays.

L'attachement à la construction européenne :

Elle devrait se poursuivre à un rythme satisfaisant et être cohérente.

Le chemin parcouru depuis 10 ans est immense ; l'économie agricole des six pays a été unifiée par des prix uniques et des règles communes pour 85 % des produits. Si des moments ont été difficiles, c'était pour mieux assurer la défense des principes fondamentaux de toute communauté : la préférence communautaire et la solidarité financière.

L'acquis du Marché commun :

Il a largement bénéficié à la France, puisque ses exportations agricoles vers ses partenaires ont quintuplé. Si l'Angleterre devait rejoindre l'Europe, il faudrait que ce soit en acceptant la Politique agricole commune, ouvrant ainsi des débouchés supplémentaires à nos produits.

Face aux récentes propositions de Bruxelles, M. Pompidou a demandé qu'elles soient examinées soigneusement et de façon réaliste par une concertation entre le Gouvernement et la profession, précisant en conclusion : « J'estime que les conditions peuvent être maintenant réunies pour passer à la période définitive du Marché commun ».

*

* *

D. Pour une approche européenne de l'exploitation familiale

Entre les deux tours de l'élection présidentielle, questionné par Xavier Marchetti, le candidat Georges Pompidou, toujours partisan de consolider le modèle de l'exploitation familiale l'envisage sur une échelle européenne.

*

Extraits de l'entretien télévisé de Georges Pompidou 12 juin 1969[7]

[...]

Xavier Marchetti : M. Levard vient de dire que vous connaissez parfaitement le problème agricole, c'est vrai il y a longtemps que vous vous en occupez et le gonflement du budget de l'agriculture lors de votre passage à l'Hôtel Matignon, prouve que vous vous êtes toujours attaché à l'avenir de l'agriculture. Vous en avez beaucoup parlé dans cette campagne et vous vous êtes beaucoup attaché à la défense de la petite exploitation familiale, celle qui a le plus de peine à vivre parce qu'elle est petite, parce qu'elle est mal équipée, parce qu'elle n'est pas dans le mouvement du progrès économique et chaque fois que vous avez pris la défense de la petite exploitation familiale, j'avoue qu'une question m'est venue à l'esprit : est-ce que vous êtes sincère, est-ce que vous êtes sincère en tant qu'homme mais pas seulement en tant que candidat ?

Georges Pompidou : Écoutez, M. Levard à l'instant disait : « on voit que vous êtes descendant d'agriculteurs », comment voulez-vous que je ne sois pas sincère ? Je suis d'un pays où ce problème est abso-

[7] CHAN, 5AG2/1088.

lument le problème quotidien et le problème de beaucoup de gens qui sont encore de ma famille, croyez-le. Alors je ne suis pas du tout d'avis que la petite exploitation familiale soit condamnée, je crois le contraire. Je crois simplement qu'il faut que les surfaces soient plus grandes ; je crois qu'il faut que l'organisation, le groupement, permettent une meilleure organisation d'équipements collectifs au lieu d'avoir des investissements qui chargent individuellement trop chaque exploitation et je crois en plus que, non seulement économiquement c'est viable, mais encore que c'est socialement nécessaire et que nous ne pouvons pas transformer la France en désert et que géographiquement ça n'est pas rationnel. Les États-Unis, le Canada, l'Argentine, sont d'immenses espaces où il est normal comme d'ailleurs dans le Bassin Parisien que nous ayons ces grandes propriétés et cette exploitation industrielle. Comment voulez-vous faire ça dans un pays de bocages ou de montagnes, ça n'est pas adapté au sol, ça n'est pas adapté à notre race et ça serait politiquement et socialement très fâcheux. Alors le problème c'est d'arriver à rendre tout cela rentable, je crois pour ma part que c'est viable et que c'est rentable à condition que certaines mutations s'accomplissent et ce sont ces mutations que j'essaie d'encourager par ce gonflement du budget de l'agriculture en même temps que j'essaie de les rendre moins douloureuses, en particulier en matière sociale, par la part de l'État dans les subventions pour la sécurité sociale des agriculteurs. [...]

Xavier Marchetti : Au plan économique puisqu'il faut y venir, si vous voulez bien, nous allons en terminer avec l'agriculture. Vous avez dit que vous êtes persuadé que la petite exploitation familiale a un avenir. Mais est-ce que, d'après vous, elle en a un dans le cadre européen même si l'on considère les propositions faites à Bruxelles et notamment le fameux plan Mansholt qui veut mettre en friches environ la valeur de dix départements français, qui veut envoyer aux abattoirs trois millions et demi de vaches qui produisent trop de beurre, etc..., etc... Si on suit ces conceptions européennes, qui sont malgré tout celles de la Commission de Bruxelles, comment la petite exploitation peut-elle s'intégrer dans un système pareil et en ce qui vous concerne personnellement est-ce que vous admettez ce plan Mansholt même pour le problème fondamental qu'il pose, à savoir est-ce qu'on peut laisser l'agriculture européenne coûter mille milliards anciens plus cinq mille milliards dans dix ans pour résorber les excédents.

Georges Pompidou : Tout d'abord, n'est-ce pas, je crois qu'il faudrait qu'on pose à l'échelle européenne le problème plus largement et qu'en particulier on se préoccupe de ce qui me paraît être la base même d'une communauté économique, c'est-à-dire de la priorité donnée aux productions de cette communauté. Or, vous savez qu'à l'heure actuelle par exemple, en matière de corps gras, il y a une augmentation vertigineuse des importations par exemple de soja américain, peut-être n'est-il pas normal de dire que nous produisons trop de corps gras et d'en importer des États-Unis qui ont bien autre chose à exporter que du soja. Ensuite, le plan Mansholt, c'est bien gentil, vouloir mettre en friches les terres françaises eh bien non, je n'admets pas que M. Mansholt nous mette en friches les terres françaises et le Gouvernement français sur ce point là sera catégorique je vous le garantis si c'est moi qui suis le président de la République et c'est la démonstration d'ailleurs de la nécessité d'un Gouvernement qui soit une autorité même sur le plan international qui soit capable de résister à des pressions, même si ces pressions s'appuient sur des raisons financières, économiques, qui ne sont pas sans valeur, je l'admets.

CHAPITRE V

Le bilan du Premier ministre

Le bilan de la politique agricole mise en œuvre entre 1962 et 1968, par les Gouvernements Pompidou, avec le concours de ses ministres de l'Agriculture, Edgard Pisani et Edgar Faure, est dressé en 1969. Il permet de mesurer l'évolution de cette politique au regard de la mise en oeuvre des lois d'orientation de 1960 et 1962 et de la constitution d'un Marché commun agricole à partir de juillet 1968.

*

« La politique agricole des Gouvernements de M. Pompidou »[1]

I. Réalisation du Marché commun agricole

Réalisation du Marché commun agricole du 30 juillet 1962, date de mise en application des premiers règlements agricoles concernant quelques produits (essentiellement céréales, porc, aviculture, fruits et légumes) au 1er juillet 1968, date à laquelle 85 % environ des produits agricoles français ont été mis en marché unique avec disparition des frontières intracommunautaires autres que fiscales.

Principales dates intermédiaires :

- 23 décembre 1963 : adoption des règlements sur les grands produits animaux, lait et bœuf. Ils seront mis en application le 1er novembre 1964 ;
- 15 décembre 1964 : fixation d'un prix unique des céréales, applicable en 1967 ;
- 11 mai 1966 : accord sur le financement de la Politique agricole commune ;
- 27 juillet 1966 : accord sur l'organisation du marché unique pour tous les grands produits ;
- 1er juillet 1967 : mise en vigueur du marché unique des céréales, du porc, de l'aviculture, des fruits et légumes ;

[1] CHAN, 5AG2/1001. Note sans date ni auteur.

- 1er juillet 1968 : mise en vigueur du marché unique du bœuf et des produits laitiers après une négociation en pleine crise française ;

Les résultats :

- De 1959 à 1967, les exportations agricoles françaises vers la CEE ont presque sextuplé : de 933 à 5 455 millions de francs ;
- Leur part dans nos ventes agricoles est passée de 27 % à 60 % ;
- Les prix de vente par la France vers la CEE ont augmenté de 50 à 100 % selon les produits tandis que les prix mondiaux baissaient ;

II. Grandes orientations de la politique nationale

Elles sont, pour la plupart, marquées par des textes de lois ou de décrets. La loi complémentaire d'août 1962, premier de ces grands textes, prévoit notamment :

- La création du FASASA et surtout l'octroi de l'IVD ;
- L'organisation des producteurs (groupements et comités économiques agricoles) ;
- L'action des SAFER ;

Dans ce texte et les suivants, on peut relever comme principales préoccupations :

1. La protection des agriculteurs contre les risques de l'existence :
   - Protection sociale :

     Accroissement des dépenses : 9,25 milliards de francs en 1968 contre 4,4 en 1962.

     Nouveaux textes : loi sur l'assurance des exploitants contre les accidents du travail en décembre 1966, ordonnance sur les assurances volontaires en septembre 1967.
   - Loi sur les calamités agricoles de juillet 1964 ;

2. L'encouragement à la modernisation et à l'amélioration des structures des exploitations agricoles.
   - Indemnité viagère de départ ;
   - SAFER ;
   - Possibilités accrues de prêts du Crédit agricole grâce aux décrets de juillet 1965 : Prêts fonciers à 3 %, un plafond de 150 000 F ; Prêts à moyen terme aux jeunes agriculteurs à 3 % ;
   - Amélioration du statut du fermage par de nombreux textes dont la loi de juillet 1967 (indemnités au preneur sortant) ;

3. L'organisation des producteurs.
   - Loi sur les groupements agricoles d'exploitation en commun d'août 1962 ;
   - Groupements de producteurs et comités économiques (loi complémentaire) ;
   - Loi sur l'économie contractuelle de juillet 1964 ;
   - Ordonnance sur la coopération de septembre 1967 ;
4. La formation des agriculteurs et enfants d'agriculteurs :
   - Loi programme sur l'enseignement agricole de 1962 ;
   - Régime des bourses aux enfants d'agriculteurs (instructions au ministre de l'Éducation nationale et parts de bourses supplémentaires) ;
5. La régionalisation des mesures de politique agricole, demandée par la profession (lettre de M. de Caffarelli) et mise en œuvre par le décret d'octobre 1967 sur les zones de rénovation rurale.
6. La collaboration entre profession et administration :
   - Accentuation du rôle du FORMA (Conseil mi-fonctionnaires – mi-professionnels) ;
   - Création du Centre national pour l'aménagement des structures des exploitations agricoles (CNASEA) par une loi de novembre 1965 et un décret de décembre 1966 (Conseil constitué selon le même modèle que le FORMA) ;
   - Vulgarisation confiée à la profession (Association nationale pour le développement agricole) par un décret d'octobre 1966 ;
7. La politique de l'élevage et de la viande.
   - Loi de juillet 1965 sur la modernisation du marché de la viande (abattoirs) ;
   - Loi de décembre 1966 sur l'élevage ;
8. L'ouverture vers une politique d'aide aux bas revenus :
   - Du fait du financement par l'État d'une grande part de la protection sociale agricole ;
   - Par des mesures de juin 1967 (entrevue du 19 juin avec la FNSEA et le CNJA) :
     - réduction des cotisations sociales des petits exploitants ;
     - de surcroît « dans l'esprit de la loi complémentaire le principe de mesures spécifiques concernant les exploitants familiaux à très faible revenus a été retenu » (Extrait du communiqué). En attentant et « à titre temporaire et immé-

diat » a été décidée une « aide forfaitaire aux petits éleveurs », devenue ensuite prime à la vache.

III. Principales évolutions chiffrées

1. La diminution de la population agricole active s'est opérée dans des conditions aussi humaines que possible, à raison de 130 000 personnes par an environ, pour atteindre quelque 3 millions d'emplois en 1968 contre 3 750 000 en 1962. La diminution a donc été de 3 à 4 % par an.

2. L'évolution des prix n'a pas toujours été jugée totalement satisfaisante par les agriculteurs. Mais le Marché commun a permis un sensible relèvement des prix en ouvrant des débouchés nouveaux :

- Le bœuf par exemple est passé en prix d'intervention par kg net en 1re catégorie de 4,38 à 5,72 F pendant la même période, soit une hausse de 30 % ;
- Seul grand produit resté sous régime purement national, le vin a vu son prix monter de cotation, oscillant entre 5 F et 5,30 F le degré-hectolitre entre 1963 et 1966 à plus de 6 F en 1967 grâce à l'application de la doctrine de la complémentarité quantitative ;

3. La hausse du revenu des agriculteurs avait été estimée dans le Ve Plan à 4,8 % par an et par exploitation en francs constants :

Les résultats ont été :

dans les trois années précédant le Ve Plan :

- 1963 : +10,2 %
- 1964 : +4,6 %
- 1965 : +4,8 %

dans les deux premières années du Ve Plan :

- 1966 : +5,2 %
- 1967 : +6,4 %

En 1968 : environ + 0,6 %[2] contrairement aux chiffres récemment publiés comme étant ceux de l'INSEE : -0,4 %, ce qui ne comprenait pas l'avantage résultant de la TVA estimé par la DGI[3] à 300 millions de francs (soit un point).

[2] L'estimation des professionnels est de -3,2 % après avoir été il y a quelques mois de -7 % ce qui en montre « la valeur scientifique ».

[3] Il s'agit de la Direction générale des impôts (DGI).

Il faudrait, dans un bilan complet, ajouter :

L'incidence de la prime à la vache (230 millions de francs), payée en 1969 seulement et pour laquelle les versements s'achèvent : elle est cependant afférente à 1968.

L'incidence du remboursement forfaitaire, substituable à la TVA, imputable à 1968, et dont le paiement est commencé.

4. Les dépenses budgétaires, consacrées à l'Agriculture, ont été approximativement de :

- 5 milliards de francs en 1960 ;
- 7,5 milliards de francs en 1963 ;
- 13,4 milliards de francs au budget primitif de 1968 ;
- 17 milliards de francs après adoption des budgets rectificatifs de 1968 ;

5. Les encours du Crédit agricole sont passés du début de 1959 au début de 1967 :

- de 3 milliards de francs à 18 pour le moyen terme (multiplication par 6) ;
- de 700 millions à 4,6 milliards pour le long terme individuel (multiplication par 6,5).

*
* *

« Six ans de politique agricole »[4]

1) Marché commun

Cette période a été dominée par la création et le développement du Marché commun agricole. Le 30 juillet 1962, le Marché commun des premiers produits agricoles était mis en vigueur. Les restrictions commerciales multiples édictées par des Gouvernements autarciques et inventifs étaient désormais soumises à une réglementation européenne et commençaient à se réduire. Avec l'achèvement, dans quelques semaines, des négociations en cours à Luxembourg et à Bruxelles, la liberté de circulation sera totale dans le Marché commun pour 85 % de la production agricole française : nos produits ne se heurteront plus ni à des droits de douane, ni à des contingents, ni à des prélèvements. Un débouché de douze millions de tonnes de céréales, six cent milles tonnes de viande de bœuf par an sera complètement ouvert.

---

4 CHAN, 5AG2/1001. Note anonyme du 17 avril 1968.

Mais ceci n'a été possible qu'après de nombreuses et longues négociations :

- décembre 1963 : décision sur le Marché commun du bœuf et des produits laitiers ;
- décembre 1964 : fixation du prix unique des céréales ;
- mai 1966 : décision sur la prise en charge par l'Europe des dépenses de soutien des marchés agricoles ;
- juillet 1966 : prix unique pour la plupart des grands produits ;
- juillet 1967 : ouverture complète des frontières pour près de la moitié de la production agricole française.

2) Politique des structures

L'évolution économique naturelle, renforcée par le Marché commun, nécessitait une adaptation au progrès. Il fallait que nos exploitations deviennent modernes, plus vastes, puissent utiliser tous les progrès offerts par la technique, mieux vendre enfin. Avec le soutien de l'Assemblée nationale, le Gouvernement a pu faire voter de nombreuses lois tendant à améliorer les structures. Elles ont permis, parmi bien d'autres actions :

- la constitution d'exploitations plus rentables et plus vastes, grâce au FASASA et plus particulièrement à l'indemnité viagère de départ. Créée en 1962, elle va être renforcée par un décret qui paraîtra dans quelques jours. Elle a pour rôle de faciliter le départ, dans de meilleures conditions, des vieux agriculteurs, et de mettre ainsi à la disposition des jeunes des exploitations regroupées et mieux constituées.
- l'organisation des producteurs en groupements et en comités économiques qui améliorent la production, la standardisation, la vente à de meilleurs prix au commerce qui s'est lui aussi concentré.
- le développement de l'élevage, grâce à la loi de 1966, assurant à un grand nombre d'agriculteurs la possibilité d'user de tous les progrès de la technique moderne, en matière de sélection des races ou de construction d'étables.

3) Développement de l'enseignement et de la formation

Depuis la loi de 1962 sur l'enseignement agricole, le nombre d'élèves des établissements secondaires a quintuplé, les crédits ont décuplé. Et au sein même de l'enseignement général, la place des enfants d'agriculteurs s'accroît, grâce notamment aux mesures qui viennent d'être prises en matière de bourses.

4) Moyens financiers

Les crédits figurant au budget de 1962 en faveur de l'agriculture s'élevaient à 644 milliards d'anciens francs. Ils ont doublé et se montent en 1968 à 1 340. La sécurité sociale a été étendue à tous les agriculteurs, mais l'État assume 72 % de cette charge, compte tenu des moyens financiers limités des agriculteurs.

5) Régionalisation de l'action gouvernementale

Toutes les régions n'ont pas aussi largement profité du progrès économique. Le Gouvernement concentre ses efforts sur celles qui ont le plus de difficultés. Les zones de rénovation rurale, créées en octobre dernier, viennent de bénéficier de nombreuses décisions complémentaires (programmes d'équipement, octroi plus généreux de l'indemnité viagère de départ, etc.).

DEUXIÈME PARTIE

GEORGES POMPIDOU, ANIMATEUR DE LA RÉNOVATION RURALE

CHAPITRE I

Un projet global d'aménagement du territoire

Georges Pompidou est attentif à l'évolution du monde rural. Il considère qu'il convient de dépasser le cadre du terroir, celui de l'agriculture, afin d'assurer un développement économique cohérent de l'ensemble du territoire. Il s'agit de prendre en compte les hommes, leurs conditions de vie, leur environnement, leurs attentes. Les campagnes électorales et ses déplacements dans le Cantal notamment lui donnent l'occasion d'affirmer son attachement au monde de la campagne et surtout sa détermination à agir en faveur des zones rurales les plus défavorisées.

*

Extrait d'une interview de Georges Pompidou pour *France Inter* Mai 1964[1]

René Marchand : Votre nom, Georges Pompidou, votre origine, Montboudif, cela évoque ce que l'on peut appeler le terroir. Alors, vous sentez-vous lié étroitement à ce monde de la campagne et tout particulièrement à votre Auvergne ?

Georges Pompidou : Tout Auvergnat est fondamentalement de l'Auvergne, qu'il soit du Cantal, du Puy-de-Dôme, de la Haute-Loire et même du Massif Central. Que je sois de race paysanne c'est absolument certain, que je sois provincial, c'est évident, mais j'ai aussi beaucoup vécu à Paris. Alors, là aussi, c'est compliqué. Il n'en reste pas moins que je me sens surtout heureux quand je me retrouve dans le monde de la campagne.

*
* *

Candidat à la députation à Saint-Flour, en février 1967, Georges Pompidou insiste sur son attachement aux terroirs et à leur développement global.

---

1 CHAN, 5AG2/1086.

*

Extrait de l'interview de Georges Pompidou pour *L'Auvergnat de Paris* 25 février 1967[2]

Question : Personne ne doute que, si vous êtes élu, vous ferez beaucoup pour la région. Quelles réalisations envisagez-vous déjà à Saint-Flour et dans la région pour aider à l'expansion de la vieille place forte ? Sur le plan touristique ? Sur le plan industriel ?

Georges Pompidou : Le but même de ma candidature est d'aider au développement du Cantal et en particulier de l'arrondissement de Saint-Flour, qu'il s'agisse du développement des communications, de l'expansion sur le plan touristique, de la création d'industries légères ou de la modernisation de l'agriculture (élevage, transformation du lait, commercialisation du fromage) dans le cadre des exploitations de type familial. Tout cela je ne cesse de le dire au cours de ma campagne et je ne crois pas utile de le développer ici.

*

* *

L'année suivante, il tient le même type de discours aux électeurs de Saint-Flour, Murat et Mauriac.

*

Extrait d'une déclaration de Georges Pompidou 16 juin 1968[3]

Lorsqu'il y a quinze mois, je me suis présenté à la députation, je vous disais ma volonté de servir les intérêts du Cantal. Notre département, trop souvent oublié dans le passé, pouvait et devait trouver dans la présence d'un de ses fils à la tête du Gouvernement l'occasion d'obtenir enfin l'aide de l'État pour l'amélioration de ses liaisons avec l'extérieur, la modernisation de son agriculture, le développement du tourisme et de l'industrie. Depuis quinze mois, j'ai mené cette action et vous en connaissez déjà les premiers résultats. Est-il besoin de vous dire que je suis bien décidé [...] à poursuivre.

---

2 CHAN, 5AG2/1087.

3 CHAN, 5AG2/1088.

*

* *

Georges Pompidou associe l'expansion économique à une politique d'aménagement du territoire national à fondement régional. Dès avril 1962, il décide de rattacher le Commissariat au Plan au Premier ministre. Il déclare ainsi au Parlement : « C'est ce Commissariat qui doit être le cerveau de la politique économique et sociale, [...] qui doit proposer entre les différentes régions du pays une répartition des activités et des revenus équilibrés et cependant conforme à la vocation naturelle de ces régions. Par là, il anime l'aménagement du territoire. »[4]

Le 24 novembre 1963, à l'occasion de la journée de la majorité, à Nice, il expose de nouveau sa conception de l'aménagement du territoire.

*

Extrait du discours de Georges Pompidou à Nice 24 novembre 1963[5]

[...]

Sur les problèmes d'aménagement du territoire et d'expansion régionale, je serai très bref : en effet, nous allons prochainement avoir un long débat sur ce sujet à l'Assemblée nationale, et il sera permis au délégué à l'Aménagement du territoire, mon ami Olivier Guichard, et à moi-même d'exposer les principes de notre action et nos projets.

Je rappellerai simplement ici, que j'ai tenu à donner à cet aspect de l'action gouvernementale une place toute particulière en créant les structures nécessaires, c'est-à-dire, la Délégation à l'aménagement du territoire[6], le Fonds d'intervention pour l'aménagement du terri-

4 Discours prononcé par Georges Pompidou, le 26 avril 1962 devant l'Assemblée nationale, voir p. 40.

5 CHAN, 5AG2/1086.

6 Créée par décret du 14 février 1963, la Délégation à l'aménagement du territoire et à l'action régionale (DATAR) est une institution publique interministérielle qui associe des approches politique, économique et administrative en privilégiant une logique du développement régional.

toire (FIAT)[7] et l'élaboration des tranches opératoires des plans régionaux[8].

*
* *

Sa vision n'est pas restrictive ; elle ne saurait se limiter au secteur agricole, à l'aménagement des terroirs. Elle est globale et relève d'une conception généreuse, celle du développement harmonieux qui ne peut être obtenu que par une intervention forte de l'État. L'outil de travail pour y parvenir est le Plan. En réponse aux questions de chefs d'entreprise sur « La politique économique de la France », le 26 mai 1964, Georges Pompidou explique : « L'État doit d'abord fixer les grandes perspectives, c'est-à-dire établir le Plan. [...] C'est ce qu'il fait [...] par l'aménagement du territoire, pour atténuer les effets de l'évolution, pour freiner dans une certaine mesure l'expansion de la région parisienne, pour, au contraire, essayer de sauver l'activité d'autres régions désavantagées. Cela le conduit quelques fois bien malgré lui à intervenir jusque dans le détail, comme il le fait, par exemple, dans les zones dites critiques. »[9]

Georges Pompidou revient également sur cette question dans son discours de Dinard du 24 septembre 1964 en précisant : « Je rappellerai ce que nous faisons pour l'aménagement du Languedoc-Roussillon, de la Corse, l'effort que par le FIAT, notamment, nous avons pu consentir à plusieurs reprises pour la Bretagne, le Massif Central, le Sud-Ouest. Tout cela fait partie d'une politique qui est plus encore une politique sociale qu'une politique économique. Car

---

7 Le FIAT est un fonds financier spécial « destiné à financer des opérations complémentaires d'équipement reconnues nécessaires à la mise en oeuvre de la politique d'aménagement du territoire ». Le Délégué à l'aménagement du territoire, O. Guichard, propose, à un Comité interministériel pour les problèmes d'action régionale et d'aménagement du territoire (CIAT), organe de décision créé par décret du 14 novembre 1960, l'attribution des fonds. L'arbitrage relève du Premier ministre G. Pompidou.

8 Il s'agit des programmes d'aménagements régionaux qui concernent la région Auvergne-Limousin (SOMIVAL) qui date de 1964, le Bas-Rhône Languedoc, les friches de l'Est, les Coteaux et les Landes de Gascogne, la Corse, la Provence, les marais de l'Ouest, qui sont antérieurs aux années 1960. Ils bénéficient de prêts du Fonds de développement économique et social (FDES).

9 CHAN, 5AG2/1086, pour de plus larges extraits, voir p. 88. Ce sont celles qui bénéficient d'autorisations de programme pour des aménagements régionaux, pour la création de parcs régionaux et les zones spéciales d'action rurale prévue par la loi d'orientation (Lozère, Morbihan, Creuse).

pour nous l'économie n'est qu'une base, elle n'est qu'un moyen et c'est les hommes qui sont l'objet, c'est le social qui est la fin. »[10]

La discussion sur le Ve Plan, à l'Assemblée nationale, le 24 novembre 1964, amène Georges Pompidou à souligner son attachement non seulement à l'aménagement rural mais aussi à l'amélioration des « structures agricoles, grâce à un vaste effort de remembrement et de regroupement des exploitations, l'objectif étant d'aboutir à des exploitations rentables de taille familiale ».

Le 13 avril 1966, dans une déclaration devant le Parlement, faisant allusion au Ve Plan, il explique une nouvelle fois sa position : « Plus que jamais, l'aménagement du territoire devient une part essentielle de l'activité générale et une de mes préoccupations principales, parce qu'assurer un développement équilibré entre nos diverses régions tant par la décentralisation que par la régionalisation des investissements publics est un combat permanent et parfois décevant. Il en est de même de l'équilibre à établir entre notre agriculture et les activités industrielles ou tertiaires. Le Ve Plan a prévu une revalorisation sensible et nécessaire du revenu agricole. Les perspectives du Marché commun, la révolution qui s'accomplit sous nos yeux dans l'agriculture nous obligent à un effort constant et important pour favoriser les restructurations, en atténuer les effets sociaux, ménager les transitions, aménager l'espace rural, développer les productions rentables, c'est-à-dire exportables sans subventions. C'est dans ces perspectives qu'ont été prises récemment les décisions en matière de prix du lait et de la viande. »[11] *Il s'agit, pour Georges Pompidou, comme il l'a indiqué dans son allocution à Rodez, le 14 mai 1966, de donner « au monde rural la parité du niveau de vie et la participation à la prospérité nationale qu'il réclame à juste titre et que nous avons les premiers inscrites dans la loi ».*[12]

À l'époque de la campagne présidentielle, il réitère sa volonté de poursuivre sa politique d'aménagement du territoire en faveur des campagnes et d'approfondir la rénovation rurale.

*

[10] CHAN, 5AG2/1086, pour de plus larges extraits, voir p. 76.

[11] CHAN, 5AG2/1087, pour de plus larges extraits, voir p. 157.

[12] CHAN, 5AG2/1087, pour de plus larges extraits, voir p. 94.

Extrait du discours de Georges Pompidou à Bayonne 10 juin 1969[13]

[...]

L'Aménagement du territoire répond au souci d'associer toutes les régions françaises au développement national et de les faire participer aussi aux fruits de ce développement. C'est le ciment nécessaire de l'unité politique de notre nation car il n'est pas admissible que dans un pays en pleine croissance comme le nôtre, certaines parties stagnent, voire régressent, tandis que d'autres progressent. [...]

Des problèmes de même nature [que la conversion industrielle], mais d'une ampleur encore plus considérable existent dans le monde rural. Les effets de la révolution industrielle atteignent inexorablement toutes nos campagnes et leurs habitants attendent légitimement que l'État les aide à faire le pas difficile qui mène à la ville ou à transformer sur place le cadre et les conditions de leur existence. La politique de rénovation rurale que j'ai lancée en 1967 n'est rien d'autre que cela et elle s'exprime par le souci de diversifier les activités en dehors du secteur agricole, de favoriser notamment les petites unités industrielles, d'y stimuler l'essor de l'artisanat et de doter les régions intéressées d'équipements correspondant à leur vocation nouvelle. C'est à cette condition que la mutation des activités agricoles cessera d'être une contrainte pour devenir finalement une libération.

*

* *

À nouveau, le 11 juin, dans son discours d'Alençon, il reprend ce thème.

*

Extrait du discours de Georges Pompidou à Alençon 11 juin 1969[14]

[...]

Une politique d'aménagement du territoire, comprenant un effort intense en faveur de toutes les régions défavorisées pour élargir et compléter l'action déjà menée, en collaboration étroite avec la profession, par la création des zones de rénovation rurale. Ce progrès de la France toute

---

13 CHAN, 5AG2/1089.

14 CHAN, 5AG2/1089.

entière exige d'ailleurs un effort particulier pour développer la vitalité de nos communes rurales et accroître leurs moyens.

*
* *

Le 30 octobre 1970, le président de la République, en visite à Lyon, a l'occasion de rappeler une nouvelle fois sa vision globale de l'aménagement du territoire.

*

Extrait du discours prononcé par Georges Pompidou à Lyon 30 octobre 1970[15]

[…]

Nous devons développer avec hardiesse et acharnement notre puissance économique, c'est-à-dire en premier lieu notre capacité industrielle. Nous devons sauvegarder et améliorer les conditions de vie des Français, non seulement par la construction d'un meilleur ordre social mais par une politique résolue de l'aménagement du territoire et de l'environnement, qu'il s'agisse des conditions de l'existence dans les villes, de la transformation du milieu rural ou de la protection de la nature et du combat contre les pollutions.

*
* *

Pour Georges Pompidou, cette approche de l'aménagement du territoire est conçue en fonction d'une logique nationale. À Matignon, il est opposé à une politique européenne des structures agricoles. À l'Élysée, s'il maintient cette optique, il l'affine en se déclarant favorable à une politique régionale européenne.

Sur une note pour Michel Jobert, relative à l'élaboration d'une telle politique, en mai 1972, il marque son accord aux suggestions de Jean-René Bernard. Celui-ci écrit que la France est contre « une DATAR européenne ou quelque chose qui y ressemble ». Pour lui, il faut « définir le cadre de la politique régionale commune avant l'élargissement de la Communauté afin que cette politique régionale ne soit pas trop importante ». Le FEOGA doit alors être utilisé pour

[15] CHAN, 5AG2/1089.

le financement d'actions régionales afin de « maintenir un lien suffisant entre l'origine agricole »[16] *des ressources et leur emploi.*

Mais cette position a été prise dès la fin de l'année 1970 à l'occasion d'un Conseil restreint en décembre dont le compte rendu souligne : « Le président de la République indique enfin qu'il se méfie de ces projets de DATAR européenne et déplore le gaspillage des fonds communautaires en faisant allusion au FEOGA. Dès qu'il y a de l'argent, on le dépense pour faire n'importe quoi. »[17]

---

16 CHAN, 5AG2/65 et AN, 5AG2/89. Note de J.-R. Bernard pour M. Jobert sur « la politique régionale », en date du 18 mai 1972.

17 CHAN, 5AG2/60. Compte rendu du Conseil restreint du 9 décembre 1970.

CHAPITRE II

Ses applications agricoles et rurales : la « régionalisation »

Georges Pompidou estime que le développement du monde rural exige un traitement particulier pour tenir compte de disparités régionales importantes en termes d'atouts et de contraintes liées aux milieux mais aussi pour exploiter des potentialités agricoles ou créer des activités nouvelles. Son approche est territoriale.

À l'occasion d'une conférence de presse, le 12 septembre 1963, il répond ainsi à Jean Lecerf du Figaro : « Nous avons essayé de définir comment les investissements et l'action de l'État pourraient agir sur telle ou telle région, dans le cadre de la politique générale d'aménagement du territoire. »[1]

À la même époque, dans un discours prononcé à Nice, le 24 novembre 1963, il souligne, faisant référence à l'exode rural, son souci d'aménager dans une perspective d'équilibre économique et social : « Il faut encore tout en laissant le mouvement de migration vers les villes s'accomplir à un rythme plus normal, assurer néanmoins le maintien à la terre d'un nombre suffisant d'agriculteurs à la fois pour le service de notre agriculture et pour l'équilibre économique et social de la nation. »[2]

Et de répondre, lors d'un dîner des Jeunes Patrons, le 27 avril 1964 : « Nous essayons de faire une politique d'aménagement du territoire, pour ne pas risquer de voir se vider la France, en particulier la France du Midi, du Sud-Ouest et de l'Ouest, au profit de l'Est. »[3]

L'alternative à « l'exode fatal et désespéré » lié notamment à l'abandon des exploitations agricoles « de moins de dix hectares ou peu rentables »[4] *est la création d'emplois locaux. C'est dans cette perspective qu'il prône à Dinard, le 24 septembre 1964, aux Journées d'études UNR/UDT une décentralisation créatrice d'activités et*

1 CHAN, 5AG2/1086.

2 CHAN, 5AG2/1086, pour de plus larges extraits, voir p. 73.

3 CHAN, 5AG2/1086, pour de plus larges extraits, voir p. 165.

4 CHAN, 5AG2/1086, discours prononcé par Georges Pompidou à Metz, le 1er octobre 1964.

d'emplois dans les zones d'exode rural : « Nous avons comme deuxième ligne celle de la décentralisation, avec comme double objet de désengorger la région parisienne et de maintenir ou d'établir une vie industrielle dans les régions où le recul de l'activité artisanale ou de l'activité agricole commence à apparaître menaçant. Je pense à ces régions de l'Ouest ou du Sud-Ouest ou du centre, où la paralysie risquerait de s'installer si nous n'avions pas une politique dynamique et tendant à y créer des activités et des emplois. J'ai déjà dit ce que nous allions faire dans ce sens en ce qui concerne la régionalisation des investissements. Je rappelle aussi la création du FIAT, que j'ai confié à Olivier Guichard qui travaille directement avec moi, dont nous portons le budget cette année-ci de 100 millions à 150 millions [...], instrument extrêmement précieux car il me permet soit d'intervenir immédiatement lorsqu'il y a urgence en tel ou tel endroit, soit d'amorcer la pompe, de donner, en quelque sorte, le coup d'envoi pour obliger le ministère compétent à jouer la partie. »[5]

Au cours d'un débat à l'Assemblée nationale sur le Ve Plan, en novembre 1964, Georges Pompidou insiste sur « la régionalisation du Plan et de la répartition des investissements, de telle sorte qu'aucune de nos régions ne restera à l'écart du mouvement vers le progrès ».

Le 26 novembre, sur la transformation des structures agricoles et rurales, il précise encore : « La Commission de l'agriculture sera invitée à étudier les programmes à mettre en œuvre pour accélérer l'aménagement des structures d'exploitation et l'organisation de la production agricole pour réaliser un environnement rural adapté aux besoins individuels et collectifs ainsi que la promotion individuelle et sociale des agriculteurs. »[6]

Durant l'année 1967, Georges Pompidou renouvelle son approche de la régionalisation en lui donnant un ton plus agricole. C'est ainsi que le 10 mars 1967, au cours d'une allocution télévisée, il promet de lutter contre les inégalités entre les régions.

*

5 CHAN, 5AG2/1086, pour de plus larges extraits, voir p. 76.

6 CHAN, 5AG2/1086, pour le contenu de ses interventions, voir JO, débats parlementaires, session de décembre 1964, p. 5 538 à 5 541 et p. 5 654 et 5 657.

Extrait de l'allocution de Georges Pompidou à l'ORTF 10 mars 1967[7]

[...]

Nous accentuerons le développement économique, nous poursuivrons chaque jour résolument la rénovation sociale par la lutte contre les inégalités entre régions, par l'amélioration du niveau de vie des agriculteurs, des catégories défavorisées, par la profonde transformation de la condition ouvrière. Sur les bases que nous avons établies solides, nous construirons une France moderne, une France prospère, une France pacifique, une France humaine et fraternelle.

*
* *

Le mois suivant, dans une déclaration gouvernementale à l'Assemblée nationale, le 18 avril, Georges Pompidou fait état des instruments utilisés en matière de « lien [...] entre la transformation de certaines régions agricoles et la politique générale d'aménagement du territoire ».[8]

Et le 20 avril, le Premier ministre pose le problème, soulevé lors d'un Congrès de la FNSEA, « de savoir s'il doit y avoir de la part du Gouvernement deux politiques agricoles, l'une pour les régions d'agriculture évoluée, l'autre pour les régions en voie d'évolution. C'est un problème qui, intellectuellement, est soluble mais qui, juridiquement, je dirai dans la conformité de notre tradition nationale, et compte tenu des difficultés qu'il comporte, mérite un examen approfondi. [...] D'ailleurs, le problème de l'agriculture est lié étroitement [...] à celui de l'aménagement du territoire. Et ici se pose également la question de la différence de traitement entre les régions. »[9]

Cette question de la régionalisation de la politique agricole donne lieu, au printemps 1967, à un large débat à la fois au sein des ministères concernés que des organisations professionnelles. Georges Pompidou s'y intéresse de près et intègre cette donnée dans son discours d'Aurillac et dans sa politique de rénovation rurale à l'automne de 1967.

*

7 CHAN, 5AG2/1087.

8 CHAN, 5AG2/1087, pour de plus larges extraits, voir p. 99.

9 CHAN, 5AG2/1087. Discours prononcé à l'Assemblée nationale.

Extraits d'une note de Pierre Lelong au Premier ministre « La régionalisation de la politique agricole » 26 mai 1967[10]

Par lettre […], M. de Caffarelli vous a écrit au sujet de la régionalisation de la politique agricole, thème qui, actuellement, préoccupe les organisations syndicales, et, par voie de conséquence, les cabinets de certains des ministres intéressés.[…]

Voici […] à titre d'information, un résumé de la façon dont se présente actuellement cette question, tant du côté des organisations agricoles, que des ministères intéressés.

A. Organisations agricoles

J'ai eu un entretien avec les représentants de la FNSEA et du CNJA qui m'ont remis des notes, lesquelles ont été également adressées à MM. Marcellin, Faure et Debré.

1. Position de la FNSEA

La FNSEA songe :

- à sélectionner un certain nombre de régions agricoles (elle ne dit pas lesquelles) d'une superficie très variable, allant de la commune au département, en passant par des zones de deux ou trois cantons.
- à organiser, dans ces zones, selon une procédure qu'elle ne précise pas, un réexamen de toutes les dépenses publiques touchant de près ou de loin à la situation de l'agriculture, de façon à modifier, dans les zones considérées, la répartition de ces dépenses, sans en accroître le volume.

On chercherait alors à s'attaquer par priorité aux « goulots d'étranglement » spécifiques à chaque région. Par exemple, dans les régions surpeuplées, les crédits de remembrement seraient supprimés, et, pendant cinq ou dix années, l'effort essentiel serait consacré à l'indemnité viagère de départ. Ailleurs, l'effort essentiel concernerait l'industrie alimentaire, etc. Sur le plan réglementaire ou même législatif (indemnité viagère de départ à 60 ans), cette façon de procéder obligerait à prendre quelques dispositions nouvelles. Sur le plan administratif, il y aurait un problème de liaison avec les institutions déjà existantes de la politique régionale (régions de programme).

---

10 CHAN, 92AJ/1.

La FNSEA voudrait, au départ, ne pas poser le problème de la régionalisation de la politique agricole sous un angle trop général, et faire réagir les pouvoirs publics sur le cas concret de quelques régions.

2. Position du CNJA

Le CNJA a conçu des propositions plus ambitieuses et théoriques, mais moins éloignées des structures administratives existantes. Il s'agirait :

a) de définir les régions prioritaires. Le CNJA propose officiellement de prendre en considération les régions de programme de Bretagne, Aquitaine, Midi-Pyrénées, Auvergne, Limousin et le département de la Lozère.

b) de soumettre à l'approbation des CODER[11] des programmes agricoles de développement régional comportant une modulation des aides publiques à l'agriculture, notamment en matière d'indemnité viagère de départ. La mise en œuvre de ces programmes supposerait la création de sociétés de développement régional agricole pour chacune des régions concernées. Ces sociétés, dotées d'un budget propre, travailleraient comme des petits FIAT régionaux et coordonneraient l'action des maîtres d'œuvre traditionnels (CNASEA[12], SAFER, administration locale).

c) l'octroi massif de l'indemnité viagère de départ apparaissant comme une condition préalable au développement économique des cinq régions choisies, l'indemnité viagère de départ devrait pouvoir être accordée à 60 ans dans les régions considérées. En outre, cet « élément fixe » devrait être doublé.[13]

Les possibilités d'action des SAFER devraient être accrues grâce à trois mesures :

- possibilité de garder les terres « en portefeuille » pendant 10 ans, au lieu de 5 actuellement ;
- élargissement du droit de préemption aux ventes par adjudication ;
- possibilité de louer les terres.

---

[11] CODER : Commission de développement économique régional. Les CODER ont été créées par un décret du 14 mars 1964.

[12] Centre national pour l'aménagement des structures des exploitations agricoles, chargé de mettre en oeuvre les crédits du FASASA depuis le 1er janvier 1967, en tant qu'établissement public national.

[13] L'IVD se compose d'un élément fixe de l'ordre de 7 à 8 F par jour et par agriculteur, et d'un élément mobile proportionnel à la taille de l'exploitation abandonnée.

Il est probable que l'adoption de ces mesures entraînerait un accroissement important des besoins financiers des SAFER intéressées.

En revanche, le remembrement serait mis en sommeil dans ces mêmes régions, car très souvent elles contribuent à la restructuration d'exploitations de surface insuffisante.

d) l'orientation de la population active agricole dans les cinq régions de programme considérées, vers d'autres secteurs d'activité économique, devrait être accélérée, notamment grâce à l'amélioration de la qualité de la FPA[14] dont la durée, actuellement fixée à 6 mois, devrait être allongée.

La mise en œuvre des propositions du CNJA impliquerait une révision des programmes régionaux pour les cinq régions considérées, et pour la période du Ve Plan.

Je crois devoir appeler votre attention sur la très grande sensibilité des cadres du syndicalisme agricole à ces problèmes. Leur orientation politique, au cours des prochaines années, dépendra largement du sentiment qu'ils auront de voir le Gouvernement les prendre ou non en considération.

B. Réaction des ministères concernés

1. L'Agriculture

D'après M. Pinchon[15], on envisage simplement, au ministère de l'Agriculture, de moduler les taux de certains investissements agricoles, selon les régions. M. Edgar Faure ne semble pas désireux de prendre lui-même la responsabilité d'une discrimination géographique en matière de répartition de crédits. Le Conseil d'administration du CNASEA, auquel j'assiste, a récemment été consulté par le ministre à ce sujet, et lui a « renvoyé la balle » » pour la raison, d'ailleurs valable, que seuls les Services du ministère de l'Agriculture disposaient des études et des éléments d'appréciation nécessaires.

2. Économie et Finances

Le cabinet de M. Debré considère avec sympathie les projets des organisations agricoles et a soumis à son ministre des propositions assez proches de celles de la FNSEA.

Dans un certain nombre de régions agricoles, on constituerait des « missions » chargées de modifier la ventilation actuelle du budget du

---

14 FPA : Formation professionnelle agricole prévue par la loi du 3 décembre 1966 sur la formation professionnelle.

15 M. Pinchon est le directeur de cabinet du ministre Edgar Faure.

ministère de l'Agriculture. Mais il n'est pas certain que cette manière de voir soit partagée par la Direction du Budget, ni que, lorsqu'il s'agira de faire sauter un « verrou » précis, par exemple l'âge d'attribution de l'indemnité viagère de départ, M. Debré donne facilement son accord.

3. *Plan et Aménagement du territoire*

M. Marcellin a marqué de l'intérêt pour les problèmes évoqués dans la présente note, et a chargé de les traiter, à son cabinet, un ingénieur agronome qui me semble avoir des vues réalistes et prudentes sur la façon de progresser.

D'autre part, j'ai eu un entretien avec M. Monod[16], délégué-adjoint à l'Aménagement du territoire, au cours duquel nous avons élaboré le schéma suivant :

- au cours des prochaines semaines, à titre expérimental, un examen détaillé des dépenses publiques intéressant le monde agricole, serait entrepris dans une région de programme. Cet examen devrait conduire à une meilleure ventilation des dépenses, en fonction des objectifs agricoles propres à la région, selon des taux et des critères dérogeant éventuellement aux règles nationales.
- la région considérée pourrait être l'Auvergne. Une mission comprenant des fonctionnaires de l'Agriculture, un fonctionnaire de la Délégation, et peut-être un représentant des Finances, pourrait être chargée de présenter des propositions. Il serait entendu à l'avance qu'au cas où celles-ci, sur certains points, pourraient le justifier, une aide du FIAT, jusqu'à concurrence de 5 ou 10 millions de Francs, pourrait être attribuée.
- le prochain Comité interministériel de l'Aménagement du territoire, début juillet, pourrait se prononcer sur le dossier. Mais il serait nécessaire que, dès avant cette date, la mission d'étude soit mise au travail.

*

* *

Dans un entretien télévisé avec Jean Boissonnat et Pierre Sainderichin, le 8 septembre 1967, Georges Pompidou parle de son attachement à l'aménagement du territoire et évoque « la création [...]

---

[16] J. Monod, né en 1930, est délégué adjoint (1966) puis délégué (1968) à la DATAR. Il fut également conseiller technique et adjoint au directeur de cabinet de Maurice Schumann, ministre chargé de l'Aménagement du territoire (1962).

des zones de rénovation rurale Bretagne-Manche, Limousin-Quercy, Auvergne-Lozère et Aveyron »[17].

À l'Assemblée nationale, le 10 octobre 1967, il revient sur les instruments destinés à promouvoir cette approche agricole et rurale : « Par des crédits nouveaux pour les zones spéciales de rénovation ou d'action rurale et par l'intervention systématique du FIAT dans ces zones, par l'intervention du FORMA en fonction des prix du marché, nous continuerons d'accélérer les mutations, tout en atténuant les conséquences sociales et en ménageant les transitions. Nous le faisons par conscience de l'intérêt général et par sentiment de solidarité nationale. »[18]

Quelques jours plus tard, dans son discours d'Aurillac[19] *du 14 octobre 1967, Georges Pompidou fait état de l'existence de fortes disparités régionales dans la modernisation agricole, opposant notamment les régions de grande culture et les régions d'élevage. De là découle la nécessité d'une régionalisation de l'aide et de l'action de l'État qui concerne des zones de rénovation rurale dotées de crédits spéciaux et qui doit être soutenue par la FNSEA.*

Ainsi, le 24 octobre 1967, par décret, est lancée une politique de rénovation rurale[20] *qui concerne quatre zones géographiques :*

- *la zone « Ouest », soit les départements du Finistère, du Morbihan, des Côtes-du-Nord, de l'Ille-et-Vilaine et de la Manche, ainsi que les cantons de la Loire-Atlantique classés en zone spéciale d'action rurale ;*
- *la zone « Limousin-Lot », soit les départements de la Haute-Vienne, de la Corrèze, de la Creuse et du Lot ;*
- *la zone « Auvergne », soit les départements du Puy-de-Dôme, du Cantal, de la Haute-Loire, de la Lozère et de l'Aveyron, ainsi que les cantons de l'Ardèche en zone spéciale d'action rurale ;*
- *les zones dites d'économie montagnarde définie par les arrêtés du ministre de l'Agriculture du 26 juin 1961 et du 3 août 1962.*

Cette politique d'aménagement du milieu rural est mise en place progressivement dans le cadre de programmes de reconversion adaptés aux régions concernées :

---

17 CHAN, 5AG2/1087.

18 CHAN, 5AG2/1087.

19 Se reporter au discours cité p. 212.

20 Pour le texte intégral du décret, voir annexe p. 408.

- *en termes d'orientation des productions agricoles : meilleur équilibre des productions animales en Auvergne, développement des industries de transformation de la viande de porc en Bretagne, encouragement aux secteurs bovin et ovin dans le Limousin ;*
- *en termes d'adaptation et de modernisation du secteur artisanal : assistance technique et financière, formation professionnelles, promotion de l'action coopérative ;*
- *en termes de création d'emplois non agricoles, d'activités nouvelles : tourisme par exemple.*

Président de la République, Georges Pompidou a toujours en vue une réduction des disparités entre les régions. Dans son discours de Saint-Flour, en juin 1971, il préconise une aide spéciale pour certaines régions : « Cette politique comporte encore un aspect régional et une aide spéciale pour un certain nombre de régions [...] que l'on appelle les zones de rénovation rurale. Cette création des zones de rénovation rurale, avait donné beaucoup d'espoirs ; certains l'ont discutée depuis. » Et d'ajouter « elle sera améliorée en faveur des " régions d'économie montagnarde" »[21]*.*

La même année, le Président parle du désenclavement, celui de l'Auvergne dans son discours de Saint-Flour, mais aussi celui de la Bretagne, bénéficiaire de crédits de rénovation rurale très importants, ainsi qu'il l'explique à Brest en octobre 1971.

*

Extrait du discours prononcé par Georges Pompidou à Brest 22 octobre 1971[22]

[...]

Cet effort général de désenclavement et de modernisation n'a pas été mené au seul bénéfice des activités industrielles : de meilleures communications avec les marchés de consommation de toute la France et de l'Europe bientôt élargie sont un atout essentiel pour les produits de l'agriculture. Et je sais que l'on peut se fier au dynamisme des cultiva-

---

21 CHAN, 5AG2/1090. Il faudra attendre la loi du 3 janvier 1972 relative à la mise en valeur pastorale dans les régions d'économie montagnarde. Pour de plus larges extraits, voir p. 280.

22 CHAN, 5AG2/1090. Dans ce discours, G. Pompidou annonce la reprise de la réforme régionale.

teurs et des éleveurs bretons pour exploiter ces chances comme aussi pour utiliser les possibilités que le Gouvernement leur a apportées depuis 10 ans : IVD et SAFER qui ont permis un début de réorganisation foncière spécialement bénéfique aux jeunes ; organisation économique des producteurs née à quelques lieues d'ici[23]. Malgré bien des difficultés que je ne méconnais pas, les résultats apparaissent aujourd'hui dans les paysages transformés, les niveaux de vie et les chiffres de production.

Si j'ajoute que la pêche n'est pas oubliée dans nos préoccupations, y compris européennes, si j'évoque l'aménagement du port de Roscoff, si je souligne que la Bretagne a bénéficié plus qu'aucune région des crédits de rénovation rurale, si je rappelle le développement industriel et universitaire de Rennes, la reconversion d'Hennebont et le développement spectaculaire de Lorient, alors je m'explique que pour la première fois depuis 50 ans, la population de la Bretagne ait augmenté sensiblement de 1962 à 1968, que la population de Brest se soit accrue de presque 50 % au cours des quinze dernières années, que l'agglomération doive atteindre, selon les prévisions, près de 400 000 habitants à la fin de ce siècle et qu'au total les effectifs du secteur industriel en Bretagne aient sensiblement augmenté, alors qu'ils sont restés pratiquement stables pour l'ensemble de la France.

*

* *

Georges Pompidou estime, par ailleurs, que l'Europe doit s'engager sur la voie d'une politique régionale pour réduire les déséquilibres régionaux.

*

Déclaration de Georges Pompidou au Sommet des Communautés 19-21 octobre 1972[24]

[...]

Désireux d'engager leurs efforts dans la voie d'une solution communautaire aux problèmes régionaux, ils [les Chefs d'États] invitent les Institutions communautaires à créer un fonds de développement régional, qui sera mis en place avant le 31 décembre 1973. Ce fonds sera

23 À Saint-Pol-de-Léon, à l'initiative d'Alexis Gourvennec.

24 CHAN, 5AG2/1090.

alimenté, dès le début de la deuxième phase de l'Union économique et monétaire, par les ressources propres de la Communauté ; son intervention, coordonnée avec les aides nationales, devra permettre, au fur et à mesure de la réalisation de l'Union économique et monétaire, de corriger les déséquilibres régionaux principaux dans la Communauté élargie, et notamment ceux résultant d'une prédominance agricole, des mutations industrielles et d'un sous-emploi structurel.[25]

---

25 Ce fonds européen pour le développement régional, c'est le FEDER.

CHAPITRE III

Environnement, protection de la nature et mise en valeur du patrimoine naturel

La protection de l'environnement et la valorisation des richesses du patrimoine sont des préoccupations du président de la République. Il s'en est relativement peu préoccupé à Matignon, bien que dans son esquisse de programme agricole de 1962, il ait parlé de « régions où la culture non rentable devrait reculer devant les parcs nationaux, les zones touristiques ou la forêt »[1]. Dans son esprit, ces créations se conçoivent dans le cadre de l'aménagement du territoire et n'ont qu'un rapport éloigné avec le développement agricole.

La question de l'aménagement de l'espace rural est examinée en conseil restreint en novembre 1969. Ce conseil envisage la mise en place de plans d'aménagement rural pour les zones de rénovation rurale. Et, à partir de 1970, Georges Pompidou va mener une campagne de sensibilisation en faveur de l'environnement et de la protection du patrimoine naturel.

Son action s'inscrit dans un contexte particulier ; l'année 1970 ayant été déclarée par le Conseil de l'Europe « Année européenne de la protection de la nature ». La France est particulièrement impliquée, comme l'atteste tout un ensemble de décisions et de manifestations.

*

« 1970 : année de la protection de la nature »[2]

En France, l'année 1970 marque le point de départ d'une politique de l'environnement qui se veut globale et planifiée pour le long terme. Quatre dates marquent l'action gouvernementale dans ce domaine :

1) En février 1970 est créée au ministère de l'Agriculture, une Direction générale de la protection de la nature qui regroupe des services jusque-là dispersés. Cette direction s'occupe essentiel-

1 Discours de Georges Pompidou prononcé le 13 décembre 1962 devant l'Assemblée nationale, pour de plus larges extraits, voir p. 43.

2 Extrait d'un rapport publié dans *L'année politique 1970*, PUF, Paris, p. 409.

lement du problème des pollutions des eaux [...] ; des nouvelles modalités à appliquer en matière de remembrement et de reboisement ; de la gestion des parcs nationaux. Cette direction travaille en étroite collaboration avec l'Aménagement du territoire et le Plan.

2) Le 10 juin 1970 furent ratifiées au Conseil des ministres cent mesures concrètes qui résultaient d'un très long travail du Comité interministériel de l'environnement (présidé par L. Armand) qui avait été créé sur décision du Premier ministre à la fin de 1969. [...] Au niveau administratif, il a été créé en juillet un Haut comité de l'environnement, composé de neuf représentants des ministères intéressés et neuf personnalités désignées par le Premier ministre en raison de leur compétence, chargé de proposer au Gouvernement les lignes générales d'une politique, de coordonner les différentes activités, intégrer les informations, arbitrer les intérêts, etc.
3) Fin novembre 1970, la Commission nationale d'aménagement du territoire, dans l'esprit des mesures prises en juin, proposa au Gouvernement un plan technique et financier de lutte contre les pollutions (eaux de rivières, littoral, déchets, pollution atmosphérique).
4) En décembre 1970, M. Duhamel, ministre de l'Agriculture, a exposé les actions entreprises par la Direction de la protection de la nature, en matière de produits chimiques, d'eaux douces, de déchets, et de protection des forêts, qui seront présentées au Conseil des ministres dès le début de 1971. [...]

1970 a été le réel point de départ d'une politique de l'environnement. Les mesures ont été inégales, les initiatives prises dans le cadre de l'année de la nature trop diverses, les « Cent mesures » lourdes à appliquer parce que mettant en œuvre quatorze ministères et secrétariats. Toutefois, dans l'ensemble, 1970 a marqué une rupture et une innovation dans ce domaine, dont la conséquence la plus nette sera en 1971 la création, le 9 janvier, d'un ministère de la Protection de la nature et de l'environnement. L'environnement est entré dans la vie publique comme débat et enjeu. [...]

Un livre a été publié en novembre, *L'Homme ou la nature* dont l'auteur est M. Edouard Bonnefous, membre de l'Institut[3]. [...] On considère que ce livre, dont le retentissement fut très important, a contribué à une prise de conscience de l'opinion à l'égard des problèmes de l'environnement.

---

3 E. Bonnefous, *L'homme ou la nature*, Paris, Hachette, 1970, 462 p.

*

* *

Le Président Georges Pompidou s'implique personnellement dès décembre 1969, pour la création d'une Direction pour la protection de la nature au ministère de l'Agriculture.

*

Note de Georges Pompidou « Création d'une Direction pour la protection de la nature » 19 décembre 1969[4]

Il me paraît nécessaire de créer au ministère de l'Agriculture, une Direction de la protection de la nature, qui répond à un besoin en même temps qu'à une aspiration profonde de l'opinion. Cette Direction devrait couvrir également la chasse, la pêche et les parcs nationaux.

Différentes questions sont posées. Tout d'abord : « gage » de sa création. Il est en effet normal qu'une Direction soit supprimée au ministère de l'Agriculture. Il n'en manque pas qui méritent ce sort et les regroupements sont faciles, ne serait-ce qu'entre la Direction de l'élevage et celle des services vétérinaires.

En second lieu, la création à laquelle je pense et que M. Duhamel approuve, devrait permettre de séparer deux activités très distinctes :

- La définition et le contrôle d'une politique de l'aménagement et de la protection de la nature (la forêt comprise), sur les plans touristiques, cynégétique et économique, dans le cadre normal d'une administration centrale et sous interventions directes.
- Les interventions en forêt, qu'il s'agisse d'exploitation commerciale ou d'aménagements d'intérêt collectif, en vue desquelles l'Office des forêts a été créé[5].

Il importera de ne pas faire tomber la nouvelle Direction sous la coupe pure et simple des ingénieurs des Eaux et Forêts au demeurant trop nombreux à l'Administration centrale.

Reste enfin le problème du cheval auquel je m'étais intéressé comme Premier ministre, ayant créé un Institut dont l'objet était de développer le sport hippique populaire. Dans les réorganisations envisagées, je crains que le ministère de l'Agriculture ne cherche à remettre la main

4 CHAN, 5AG2/70.

5 Il a été institué par la loi de Finances rectificative du 23 décembre 1964.

sur cet Institut, c'est-à-dire à redonner tous les pouvoirs à l'Administration des haras. Là encore, c'est un problème de « corps ». Or, il est évident qu'il n'y a aucun rapport entre sport hippique populaire et les objectifs, l'Institut doit se préoccuper du maintien d'une école française d'équitation et cela pose des questions de liaison avec les Armées. Mais, selon moi, de même qu'il faut se dégager de l'administration des haras, il ne faut pas non plus retomber purement et simplement dans une administration militaire trop hostile à la transition vers un sport hippique généralisé.

En résumé, je souhaite donc :

1° que la vocation très générale de gestion de la forêt par l'Office national des forêts soit réaffirmée, permettant à cet établissement d'être, pour le compte de l'État, et dans toute la mesure du possible, l'instrument pour la mise en œuvre d'une politique de protection de la nature ;

2° qu'une Direction de la protection de la nature, de la pêche et de la chasse soit créée avec une mentalité différente de celle de nos forestiers traditionnels et sans création de postes, par suppression d'une Direction existante au ministère de l'Agriculture ;

3° que le Premier ministre garde la haute main sur l'Institut du cheval avec son double objet : rénovation de l'équitation de haute école, développement du sport hippique populaire.

Georges Pompidou.

*
* *

Cette Direction est créée par un décret du 16 février 1970 et c'est en accord avec Georges Pompidou que le ministre de l'Agriculture, Jacques Duhamel, définit une série d'actions à entreprendre dans le domaine de la protection de la nature dès l'été 1970.

*

Lettre de Jacques Duhamel à Georges Pompidou 26 août 1970[6]

Monsieur le président de la République,

Pour enrayer une dégradation dont on mesure dès aujourd'hui toute la nocivité pour l'homme, la faune et la flore et dont on ressentira

6 CHAN, 5AG2/295.

bientôt les conséquences économiques, vous avez créé le 4 mars 1970, au sein du ministère de l'Agriculture, une Direction générale de la protection de la nature.

J'ai l'honneur d'appeler votre attention aujourd'hui sur un certain nombre de points relatifs à la mission que vous avez bien voulu me confier.

Mon Département est investi d'une large responsabilité à l'égard du monde rural qui représente le tiers de la population française et plus de 90 % du territoire national.

La politique de protection de la nature n'a pas seulement des aspects défensifs, elle doit dorénavant s'intégrer à une politique dynamique de l'aménagement du territoire. Elle peut contribuer à distribuer aux ruraux un pouvoir d'achat autre qu'agricole, contribuant ainsi à freiner les migrations internes et à limiter les tensions inhérentes à la mutation rapide du monde agricole.

La politique de protection s'accompagne donc d'une tentative de promotion, où la recherche et l'innovation tiennent une place importante.

C'est dans cette optique que la Direction générale de la protection de la nature a succédé à l'ancienne Direction des forêts. Le legs de celle-ci était déjà abondant (forêt, chasse, pêche, parcs nationaux et aménagement de l'espace urbain...). Des attributions nouvelles s'y sont ajoutées (haras, parcs régionaux, lutte contre les diverses formes de pollution...). Il importe donc aujourd'hui de donner à cette Direction générale, les moyens administratifs et financiers de ses responsabilités, sinon le sérieux de la politique gouvernementale dans ce domaine sera contesté au moment même où la succession fortuite d'accidents de diverses natures révèle la sensibilité croissante de l'opinion publique aux problèmes de pollution et, plus généralement, d'environnement.

La Direction générale fut créée à une date où le budget de 1970 était déjà en cours d'exécution. Cependant, j'ai tenu à concrétiser immédiatement la décision que vous aviez prise, en amorçant dès cette année une action cohérente.

D'une part, je m'efforce de mettre en œuvre dans le cadre du programme gouvernemental de l'environnement celles des mesures de sauvegarde qui relèvent de mes Services ; d'autre part et surtout, j'ai consacré à titre exceptionnel, sur les crédits du Fonds d'action rurale (10,4 millions) comme du Fonds d'action conjoncturelle (2 millions) près de 4 millions à la protection de l'espace naturel et plus de 8 millions à sa promotion.

Le même souci de faire passer rapidement cette politique dans les faits m'a conduit à prévoir en 1971 pour les actions spécifiques de protection de la nature un budget supplémentaire de 5 millions en crédits de fonctionnement et de 15 millions en crédits d'équipement.

Ainsi, la Direction générale de la protection de la nature bénéficierait au total en 1971 de moyens comparables à ceux dont disposaient en 1969 et 1970 les anciennes Direction des forêts et des haras avant que n'interviennent les blocages au profit du Fonds d'action conjoncturelle.

Bien qu'au regard des contraintes qui pèsent sur l'élaboration du budget 1971, les arbitrages rendus constituent un effort très substantiel, ce budget n'est manifestement pas à l'échelle des besoins. C'est pourquoi j'ai prescrit à tous mes services d'infléchir, dans toute la mesure du possible, en faveur de la protection de la nature, leurs activités habituelles afin d'accroître l'impact de cette politique et de rendre, par là, ses effets plus sensibles.

En effet, il est essentiel qu'apparaissent dans toute leur ampleur, dès l'an prochain, les résultats tangibles de votre initiative. L'opinion a pris conscience de l'étendue et de l'acuité du danger, aussi faut-il lui prouver que le redressement est amorcé afin qu'elle ne verse ni dans une critique systématique ni dans une peur irraisonnée. De surcroît, dans ce domaine, plus les interventions tardent, plus elles coûtent.

C'est pourquoi j'ai l'honneur de vous soumettre un programme additionnel qui, approximativement, doublerait les actions « protection de la nature » en les portant à un niveau global de 50 à 55 millions de francs.

Ce programme additionnel renforcerait d'abord, la protection : 4,5 millions de francs seraient, entre autres, consacrés aux « paravalanches », 4 millions à la lutte contre les incendies de forêts, et 4 millions à l'épuration des eaux comme au traitement des ordures ménagères.

Je suggère, pour des raisons techniques, économiques et psychologiques, de concentrer l'effort sur quelques points (une forêt, un cours d'eau, une ville et ses environs...) plutôt que de le disperser car il demeurera encore modeste.

Ce plan spécial accélèrerait ensuite la promotion de l'espace naturel à la fois pour la détente du citadin et le bénéfice du rural.

Notamment 7 millions de francs développeraient l'équipement populaire à l'image du ski et de la voile ; 5 millions en rénovant la chasse et la pêche valoriseraient notre capital et allégeraient notre balance des comptes ; 2,5 millions élargiraient l'accueil du public dans les parcs nationaux et régionaux tandis qu'une somme d'égale importance défendrait la « ceinture verte » des métropoles et équiperaient des fonds de loisirs dans certaines forêts peu productives.

Mais ces actions sont encore trop neuves en France pour ne pas accentuer les études économiques et techniques destinées à en déduire un véritable effort de formation et d'information. 1,2 millions de francs y seraient consacrés.

Pour financer ce programme additionnel de protection de la nature, je vous propose de recourir à deux sources extra-fiscales dont je suis le tuteur :

a) Les courses, sous forme de part du Trésor non affectée ou d'impôts, rapportent à l'État en 1971 plus d'un milliard de francs. La seule croissance des ressources ordinaires du Trésor, à ce titre, dépassera 50 millions l'an prochain. C'est pourquoi j'ai suggéré que la moitié de cette hausse (25 millions) soit attribuée à la protection de la nature. Par analogie je prescrirais aux autres affectataires : sociétés de courses, élevage, adduction d'eau, Ville de Paris, de réserver la moitié de l'essor dont ils bénéficieront eux aussi à des actions de même nature et dont ils me rendraient compte.

b) Mon collègue chargé des Finances objecte que l'on modifie d'autant l'équilibre du budget. Il a été alors envisagé de répartir ces 25 millions de francs proportionnellement aux gains des parieurs (à concurrence de 19,3 millions), de l'État (4,4 millions) et des sociétés de courses (1,3 millions). Sans doute la charge représenterait, pour les uns comme pour les autres, 0,325 % seulement des sommes perçues. Il ne faut pas se dissimuler toutefois que cette réduction au « marc le franc » serait susceptible d'amoindrir les jeux pendant un certain temps. Et surtout, en remettant en question la répartition des fonds du pari mutuel, elle risquerait d'ouvrir des appétits de nature à compromettre l'édifice des courses.

c) C'est pourquoi si ma proposition a) n'était pas retenue en définitive, plutôt que d'adopter le système b) je préférerai encore la reconduction en 1971 au profit de la protection de la nature du prélèvement exceptionnel de 20 millions de francs (loi Finances 1970 article 26 § II) en dépit de son plus faible montant, de son caractère dérogatoire, et du fait que seules les sociétés de courses en supporteraient la charge.

Cette solution aurait par contre l'avantage de ne pas remettre en cause les prévisions budgétaires puisqu'on ne l'envisageait pas initialement et que l'on acceptait même de renoncer formellement au prélèvement exceptionnel pour faire admettre aux sociétés de courses leur participation à l'hypothèse b).

Une autre ressource extra fiscale devrait alimenter à mes yeux cet effort accru en faveur de la protection de la nature ; il s'agit des droits fixes que l'État prélève sur les permis de chasse.

Cette amputation est évaluée en 1969-1970 à 40 millions de francs, soit près du tiers du produit des permis. On notera d'ailleurs que cette somme a presque doublé du fait de la création des permis départementaux, bi-départementaux et nationaux l'an dernier.

Avec âpreté les fédérations départementales comme le Conseil supérieur réclament que « l'argent des chasseurs revienne à la chasse », arguant du système en vigueur dès maintenant pour la pêche.

C'est pourquoi je pense qu'en 5 ans – c'est-à-dire la durée d'un plan et le temps nécessaire pour ancrer définitivement une politique de protection de la nature – le montant des permis de chasse que se réserve l'État doit être rétrocédé à ce programme spécifique ci-dessus défini par fraction de 8 millions de francs par an.

Je soulignerai d'ailleurs que ce plan spécial comporte une somme d'égale importance consacrée soit directement aux chasses sportives soit à l'aménagement de l'espace naturel à des fins de loisirs notamment cynégétiques.

La proximité des élections municipales met assez en relief la satisfaction, même immédiate et partielle, qui serait ainsi donnée aux deux millions de chasseurs, pour qu'il soit utile d'en souligner l'opportunité politique.

Selon ces propositions, le programme global de la protection de la nature 1971 – tournant autour de 50 millions de francs – serait financé en parties égales par l'impôt et par des ressources dérivées des loisirs. Sur le plan psychologique cet équilibre semble satisfaisant.

On conteste parfois la protection de la nature au nom de la rentabilité. Pour indispensable que soit cette référence elle ne saurait suffire et, moins encore, être entendue d'une manière exagérément étroite.

En effet, il est aussi réaliste de prendre en compte l'utilité sociale de certaines actions bien que leurs effets soient difficiles à mesurer. Certes la rentabilité de la protection de la nature est souvent indirecte ou à long terme, mais elle se traduit effectivement en gains de productivité ou en distribution de pouvoir d'achat.

Il va sans dire cependant que je demeure personnellement attaché à la rentabilité directe des opérations. Ma première préoccupation consiste justement à accroître leur rendement par rapport à leur coût. À cet effet, je cherche à réduire les prix grâce à la standardisation des chantiers et des matériels ; comme je vise à comprimer les frais des multiples établissements et sociétés confiés à ma tutelle en contrôlant strictement leur budget. Dans le même esprit je cherche à accroître la production de la forêt et de la chasse pour soutenir notre balance des comptes.

Vu ainsi, la protection de la nature n'apparaît pas seulement comme un impératif politique et social, mais aussi comme une activité créatrice de richesses économiques et soumise, au même titre que d'autres disciplines, aux lois de la productivité, de la concurrence et de la rigueur financière.

Ceci n'est pas le moindre argument à mon sens, pour justifier le dégagement de ressources nouvelles sur lesquelles je souhaite vivement que les propositions contenues dans cette lettre puisent recueillir votre approbation ;

Je vous prie, monsieur le Président, de bien vouloir agréer l'expression de ma très haute considération.

*
* *

Annotations de Georges Pompidou sur la lettre de M. Duhamel Septembre 1970[7]

Cette lettre pose une foule de questions.

La principale est la définition exacte de ce que nous avons appelé protection de la nature, ce qui entraîne un examen des attributions de cette direction et touche indirectement les vieilles administrations du ministère :

- Je note, par exemple, que le développement du sport équestre n'a rien à voir avec la protection de la nature ou alors tous les sports qui n'utilisent pas des installations artificielles deviendront du ressort de l'Agriculture : la natation, le ski, la pétanque : et pourquoi pas le cross-country, la navigation de plaisance, l'aviation de tourisme, etc. Le fait que les « haras » soient à l'Agriculture relève de l'élevage et non du sport. Qu'il y ait une liaison entre l'élevage et le sport est nécessaire, d'où l'organe interministériel que j'ai mis à Matignon, mais il ne faut pas que l'équitation devienne l'affaire de l'Administration des haras.
- De même pour l'incendie des forêts – ce qui relève de l'Agriculture (et de l'Office), c'est le bon entretien des forêts pour éviter les risques d'incendies – mais la lutte contre l'incendie ne peut relever que de l'Intérieur qui peut mobiliser les moyens de lutte.
- De même les « paravalanches » ne protègent pas la nature mais les hommes. Leur installation dépend, selon moi, soit du Tourisme, soit des Sports, soit de l'Intérieur. Je pense que c'est l'Intérieur qui devrait être chef de file, avec contact organisé entre lui

[7] CHAN, 5AG2/295, ces annotations sont antérieures au 9 septembre selon une note manuscrite sur le document d'archive.

et le Tourisme et les Sports (plus cela va, plus je me persuade que j'avais eu raison de rattacher le Tourisme à Matignon)[8]. Certes, il y a l'Équipement mais cela touche à trop de choses et a finalement trop d'incidences politiques pour dépendre d'un ministère strictement technique.

– L'épuration des eaux me paraît, par contre relever directement de la protection de la nature. Le problème des ordures ménagères est différent : certes, il intéresse directement la protection de la nature, mais il est un problème fondamental pour les collectivités locales. On peut imaginer néanmoins que l'Agriculture dispose de fonds lui permettant de subventionner des municipalités là où la destruction des ordures ménagères intéresse particulièrement la protection d'un site naturel.

Au total donc, je demande que l'on étudie de près la lettre de M. Duhamel, qu'on lui demande aussi de préciser les « projets » qu'il a en tête (il a raison de vouloir faire des actions ponctuelles efficaces plutôt que de gaspiller l'argent un peu partout) mais qu'en même temps on étudie les problèmes d'attributions pour me proposer des solutions d'ensemble.

*
* *

Sur la question de l'environnement, c'est également dès 1969 que sont mises en place, avec l'accord du Président, des structures pour s'occuper de cette question et proposer des actions. Ce sont les « Cent mesures » suggérées par un Comité interministériel de l'environnement qui sont approuvées le 10 juin 1970 en Conseil des ministres. À cette occasion, Georges Pompidou invite le Gouvernement à œuvrer dans cette direction en prononçant une déclaration sur l'environnement qui sert de référence pour s'orienter vers une politique de l'environnement rural.

*

8 Dans son Gouvernement, constitué le 8 avril 1967, P. Dumas est nommé secrétaire d'État, auprès du Premier ministre, chargé du Tourisme. Ce poste, supprimé en mai 1968, sera rétabli en mars 1971 en faveur de M. Anthonioz. Sous les Gouvernements de P. Messmer, il sera rattaché au ministère de l'Aménagement du territoire dont le titulaire est O. Guichard.

Déclaration de Georges Pompidou au Conseil des ministres 10 juin 1970[9]

Il ne s'agit que de la toute première étape d'une action qui demandera persévérance et obstination. Ce qui est en cause, ce sont les conditions mêmes et le cadre de vie des hommes. L'action à mener ne peut être qu'interministérielle : elle dépendra, entre autres, sous l'autorité du Premier ministre, de l'Aménagement du territoire que j'ai créé en 1963, du ministère de l'Agriculture où vient d'être créée, à ma demande, une Direction de la protection de la nature, du ministère de l'Équipement à cause de l'urbanisation, du ministère des Affaires culturelles, à cause de la protection des sites, et du ministère chargé des Sports et des Loisirs.

Il faut que nos villes restent ou redeviennent habitables, que les citadins aient à leur disposition ces biens élémentaires qui s'appellent l'eau, l'air pur, un peu d'espace et de silence ; que la nature soit à portée de tous ; que soient protégées nos côtes, nos plages, nos forêts, et, partout, les arbres ; que l'espace rural soit préservé pour la vie des agriculteurs et pour le repos des citadins ; en un mot que la civilisation moderne et industrielle s'insère dans la nature sans la défigurer et sans la détruire.

La France a l'immense chance de disposer encore de vastes espaces admirables dans leur diversité. Une action déterminée contre les « nuisances » de l'industrie et de ses produits, une politique de la construction qui ne soit pas seulement conçue en termes fonctionnels et de rentabilité, une éducation du public pour lui enseigner le respect de la nature, le développement des parcs nationaux, une organisation de la pêche et de la chasse qui assure la sauvegarde des espèces animales, un effort accru en faveur des sports de plein air et de promenades, tout cela fait partie de la politique dite d'environnement. Son objet est de faire que la société de demain soit humaine.

*

* *

Sur cette base, à partir de l'été 1970 et en 1971, plusieurs conseils restreints seront consacrés à la protection de la nature, à l'environnement, au patrimoine qui devient « un élément essentiel pour l'avenir de notre société », comme Georges Pompidou le souligne à l'occasion d'un voyage en Bourgogne.

*

9 CHAN, 5AG2/293.

Extraits du discours de Georges Pompidou aux Hospices de Beaune 29 octobre 1970[10]

[...]

Province diverse, ouverte à l'ouest vers le Bassin Parisien, au sud-ouest vers les pays de la Loire, au sud vers la vallée du Rhône, au nord vers la Lorraine, à l'est vers la Franche-Comté. Cette diversité, liée à la nature du sol, se reflète dans la diversité des productions agricoles parmi lesquelles vos vins illustres, s'ils connaissent une renommée mondiale (et à Beaune on sait et on le sent mieux que partout ailleurs) ne représentent néanmoins qu'une faible part de la superficie cultivée, même s'ils constituent une richesse exceptionnelle. Le blé, les céréales secondaires, la betterave, l'élevage et particulièrement la fameuse race charolaise achèvent de faire de l'agriculture bourguignonne un ensemble équilibré de grande qualité. [...]

Grâce à ses richesses agricoles, à ses zones industrielles, à la base intellectuelle et technique que constitue l'université de Dijon avec ses 12 000 étudiants, et à un réseau de télécommunications modernes, la Bourgogne trouvera dans ce rôle de carrefour autoroutier européen les éléments d'un développement considérable. [...]

Il me reste à souhaiter que ce développement s'accomplisse sans détruire vos paysages, sans défigurer vos cités, sans nuire au vignoble admirable de la Côte-d'Or si bien nommée. Il y a là non pas seulement souci d'esthétique ou nostalgie du passé, mais un élément essentiel pour l'avenir de notre société. Il s'agit pour la France de développer sa production et donc sa puissance, de se moderniser et donc de s'industrialiser, sans pour autant méconnaître les périls de la civilisation technique, dont le plus grave serait de détruire le cadre de vie que nous ont légué les siècles et qui reste le mieux adapté à l'homme.[11]

*
* *

Dans la foulée de ce discours est mis en place, en juillet, un Haut comité de l'environnement. Puis, en janvier 1971, Robert Poujade

---

10 CHAN, 5AG2/1089.

11 G. Pompidou fait allusion à un concept nouveau, développé dans les instances de l'ONU et par le Club de Rome, celui du développement durable.

est nommé ministre délégué auprès du Premier ministre, chargé de la Protection de la nature et de l'environnement.[12]

La vision globale du Président a été clairement définie au début de l'année 1970 quand, en voyage aux États-Unis, lors d'un dîner de l'Alliance française à Chicago, le 28 février 1970, il affirme : « Il faut créer et répandre une sorte de " morale de l'environnement " imposant à l'État, aux collectivités, aux individus, le respect de quelques règles élémentaires faute desquelles le monde deviendrait irrespirable ». Pour Georges Pompidou, « la protection de l'espace naturel doit être désormais une de nos préoccupations premières ».

*

Discours prononcé par Georges Pompidou à Chicago 28 février 1970[13]

Avec ses huit millions d'habitants, ses 46 milliards de dollars de produit annuel brut, un revenu annuel par famille de 14 000 dollars, une production d'acier supérieure à celle de la France, Chicago n'a pas besoin d'éloge. La réalité de ses entreprises parle pour elle, comme la beauté de ses gratte-ciel qui évoquent les noms des plus grands architectes, tels que Mies van der Rohe. Dans l'aventure de l'Amérique moderne, du monde moderne, votre ville joue un rôle éminent que lui confèrent l'esprit d'entreprise et l'énergie de ses citoyens. Il n'en est pas de plus représentative des progrès extraordinaires accomplis par les États-Unis dans les domaines de la technique et de l'industrie.

Mais le rythme de cette évolution crée à l'homme de la fin du XXe siècle des problèmes inattendus. Pris de court par les transformations de son milieu dont il est pourtant directement responsable, il se demande s'il est encore capable de maîtriser les découvertes scientifiques et technologiques dont il attendait le bonheur. Tel l'apprenti sorcier, ne risque-t-il pas finalement de périr par les forces qu'il a déchaînées ?

L'emprise de l'homme sur la nature est devenue telle qu'elle comporte le risque de destruction de la nature elle-même. Il est frappant de constater qu'au moment où s'accumulent et se diffusent de plus en plus les biens dits de consommation, ce sont les biens élémentaires les plus nécessaires à la vie, comme l'air et l'eau, qui commencent à faire défaut.

---

12 CHAN, 5AG2/295. Voir décret du 2 février 1971 relatif aux attributions du ministre délégué auprès du Premier ministre chargé de la Protection de la nature et de l'environnement

13 CHAN, 5AG2/293.

La nature nous apparaît de moins en moins comme la puissance redoutable que l'homme du début de ce siècle s'acharnait encore à maîtriser, mais comme un cadre précieux et fragile qu'il importe de protéger pour que la terre demeure habitable à l'homme.

C'est en grande partie la conséquence d'un développement urbain qui a atteint des proportions alarmantes et préoccupe tous les responsables. Vous y êtes, à Chicago, particulièrement attentifs.

Dans l'entassement des grandes agglomérations, l'homme se voit accablé de servitudes et de contraintes de tous ordres qui vont bien au-delà des avantages que lui apportent l'élévation du niveau de vie et les moyens individuels ou collectifs mis à sa disposition. Il est paradoxal de constater que le développement de l'automobile, par exemple, dont chacun attend la liberté de ses mouvements, se traduit en fin de compte par la paralysie de la circulation. Le temps n'est pas loin où la marche apparaîtra comme le mode de transport le plus sûr et le plus rapide dans nos grandes cités s'il y reste encore des trottoirs ! Dès maintenant, des problèmes analogues commencent à se poser aussi pour l'espace aérien.

Plus graves sans doute que ces problèmes de circulation – encore qu'ils soient pour les hommes et en particulier pour les travailleurs une cause de fatigue physique et nerveuse considérable – plus graves sont les conséquences morales des conditions de vie dans les villes modernes. Je pense, par exemple, à l'accroissement de la criminalité, en particulier de la délinquance juvénile. La « ville », symbole et centre de toute civilisation humaine, est-elle en train de se détruire elle-même et de sécréter une nouvelle barbarie ? Question étrange, mais qu'on ne peut pas s'empêcher de poser, que vous vous posez avec une inquiétude que nous comprenons bien, nous autres Européens dont l'histoire a consisté à faire reculer au profit de la cité l'antique forêt hercynienne et qui, aujourd'hui, devons nous préoccuper de rendre sa place à la forêt. Voilà quelques-uns des défis à la société moderne, pour reprendre l'expression du président Nixon, dont nous commençons à prendre conscience et auxquels il importe de faire front. Pour y parvenir, il convient comme toujours de dénombrer les difficultés et de chercher les solutions convenant à chaque cas. Or, face à ce qui n'est, espérons-le, qu'un phénomène de croissance, nous constatons combien l'aménagement des institutions s'effectue avec lenteur par rapport au développement foudroyant des techniques. L'organisation de la société ne s'adapte pas à l'énorme essor et déplacement démographique qui provoque ces phénomènes « d'encombrement » bien connus des sociologues. Il y a là matière à études et à réformes pour les dirigeants des États comme pour les responsables des grandes villes.

Mais c'est un fait que chaque problème résolu en fait naître d'autres, en général plus difficiles, et que l'homme est amené à remettre en question la croyance à un progrès linéaire selon laquelle chaque succès de la découverte s'ajouterait aux précédents dans une chaîne continue conduisant au bonheur.

Ainsi, au moment même où les savants remportent leurs victoires les plus spectaculaires et les plus exaltantes pour l'esprit, apparaissent les premiers éléments d'un procès de la science. Plus que la science fondamentale dont rien ne peut arrêter le développement, ni contrôler les orientations, c'est de la technologie qui en procède qu'il est possible d'orienter les applications afin de mieux les adapter à l'homme et à son besoin de bonheur. Il faut créer et répandre une sorte de « morale de l'environnement » imposant à l'État, aux collectivités, aux individus, le respect de quelques règles élémentaires faute desquelles le monde deviendrait irrespirable.

Ce n'est pas un hasard si les États-Unis, pays à la pointe de l'expansion économique et du progrès technique, sont aussi le pays où se manifeste le plus grand intérêt pour les problèmes dits de « conservation ». La protection de l'espace naturel doit être désormais une de nos préoccupations premières.

Il s'ensuit que le rôle des pouvoirs publics ne peut aller qu'en s'étendant, car c'est à eux qu'il convient d'édicter les règles et de prononcer les interdictions. Mais l'application de ces règles ne peut être laissée à la seule discrétion des fonctionnaires ou des techniciens. Dans un domaine dont dépend directement la vie quotidienne des hommes, s'impose plus qu'ailleurs le contrôle des citoyens et leur participation effective à l'aménagement du cadre de leur existence.

J'ajoute que la solution gagnera à être recherchée dans un cadre international et dans la coopération de toutes les nations, en particulier de toutes les nations industrielles, également préoccupées des dangers qui les menacent et soucieuses de les écarter. Vous savez que le Président Nixon a pris des initiatives en ce sens. De même, la France et les États-Unis, dans leurs accords récents pour développer leur coopération scientifique et technique, ont à juste titre placé au premier rang des problèmes qui leur paraissent requérir une action commune, ceux de l'urbanisme, de la lutte contre la pollution, de l'aménagement des transports. En développant une coopération qui ne comporte, bien entendu, aucune exclusive, nos deux pays donneront un exemple dont je souhaite qu'il soit suivi.

J'ai, déjà, à plusieurs reprises, au cours de ce voyage, évoqué l'extraordinaire épopée de vos astronautes partis à la conquête de la lune. Parmi les images que la télévision a répandues à cette occasion, aucune ne m'a frappé autant que celle de la terre, aperçue pour la première fois du sein de l'espace interplanétaire. Enrobée de vapeurs, parée des couleurs impressionnistes, la terre nous est apparue comme un îlot perdu au milieu de l'immensité, mais dont nous savons qu'il est doté de ce privilège fragile et peut-être unique qu'est la vie. Quelle vision mieux que celle-là, étrange et pourtant familière, pourrait nous donner conscience de la précarité de notre univers terrestre et des devoirs de solidarité qu'implique la sauvegarde de la maison des hommes ?

*

* *

Le discours de Saint-Flour de juin 1971 intègre cette dimension environnementale et patrimoniale. Georges Pompidou explique : « Sauver la nature qui sera demain le premier besoin de l'homme, c'est sauver la nature habitée et cultivée. Une nature abandonnée par le paysan, même si elle est entretenue devient une nature artificielle et je dirai une nature funèbre. Toute autre formule d'ailleurs, serait non seulement déplorable, mais serait ruineuse. Même sur le plan économique, il est à mon sens plus rentable d'avoir des terres habitées et cultivées par les hommes, fût-on obligé d'aider ces hommes, que d'avoir de vastes réserves nationales, entretenues, conservées et protégées fatalement par un grand nombre de fonctionnaires. »[14]

Le Président est favorable, en 1972, à une coopération européenne pour la protection de l'environnement mais il n'a pas l'opportunité de la présenter dans le cadre d'un Sommet de la CEE.

*

Projet de lettre de Georges Pompidou aux chefs d'État et de Gouvernement de la CEE et des pays candidats[15]

La protection de la nature et l'amélioration du cadre de vie figurent parmi les tâches prioritaires auxquelles nos pays se trouvent aujourd'hui confrontés.

L'industrialisation intensive, la croissance souvent désordonnée des grandes agglomérations urbaines, soumettent nos sociétés à des tensions, qui à défaut d'une action résolue de la part des pouvoir publics, sont de nature à compromettre les bienfaits du développement économique.

Cette action pour l'environnement est engagée dans tous les pays industrialisés ; elle intéresse aussi bien la recherche scientifique et techno-

---

14 CHAN, 5AG2/1089, pour de plus larges extraits, voir p. 280.

15 CHAN, 5AG2/70. Ce projet de lettre n'est pas daté.

logique que la réforme des réglementations. Ces efforts sont partout appelés à s'intensifier sur le plan national. Toutefois, ils ne seront assurés de leur pleine efficacité que dans le cadre d'une coopération internationale.

Les pays européens ont, à cet égard, une responsabilité particulière. Dans la perspective du renforcement de leur solidarité, ils ont intérêt en effet à conjuguer leurs efforts et à assurer la cohérence de leurs politiques nationales en matière d'environnement.

Particulièrement attaché au développement de cette coopération, le Gouvernement français a préparé un document qui expose ses vues à ce sujet et formule un ensemble de propositions tendant, soit à l'exécution d'actions communes, soit à l'harmonisation des réglementations. Il lui paraît souhaitable que les états membres de la Communauté concentrent leurs efforts communs sur un nombre limité d'axes fondamentaux de recherche et d'action, au moyen de procédures souples et pragmatiques.

Le Gouvernement français qui a décidé de vous adresser ce document attacherait du prix à connaître les observations que les propositions françaises appellent de la part de votre Gouvernement.

*

* *

L'idée est toutefois retenue puisqu'un Conseil des ministres de l'Environnement de la CEE se réunit en juillet 1973. Il en découle que l'aménagement rural doit prendre en compte cet aspect et que l'intervention publique doit s'appuyer sur l'exploitation familiale pour réaliser une action de terrain conforme à cette perspective. « Nous voulons la sauvegarder pour des raisons sociales évidentes, pour des raisons politiques évidentes, mais aussi plus générales et dans le cadre d'une politique de l'environnement et du paysage français », déclare Georges Pompidou à Saint-Flour.

Cette orientation reste valable en 1973. Dans une note du 7 mai, évoquant les perspectives à court et moyen terme des missions du ministère de la Protection de la nature et de l'environnement, Philippe Seguin écrit à Édouard Balladur[16] qu'il convient « d'envisager une action décentralisée reposant sur l'opinion, les régions », soit « une politique régionale du développement de l'environnement et du cadre de vie ». Et de souligner que le ministre Robert Poujade « aura à faire admettre aux agriculteurs que sa politique ne se fait

---

16 Ils sont respectivement chargé de mission et secrétaire général adjoint de la présidence de la République.

nullement à leur encontre : ils n'en semblent pas totalement convaincus »[17].

Les concepts d'aménagement du territoire, de préservation de la nature et de l'environnement, d'exploitation du patrimoine naturel sont familiers à Georges Pompidou. Il profite d'une réunion sur le parc régional de la Camargue pour les développer[18].

*

Allocution de Georges Pompidou sur le parc régional de la Camargue 7 janvier 1972[19]

Messieurs,

Je me félicite de cette réunion et je vous remercie d'avoir contribué à la solution du problème de la conservation de la réserve de Camargue. Rien n'était plus utile dans l'organisation française telle qu'elle est que de permettre à l'État de prendre possession du sol et de voir lui-même comment pourraient être organisés l'entretien et la préservation de la réserve de Camargue, sous la forme du parc régional qui y a été instauré. Pour cette entreprise, il fallait une action de l'État, il fallait aussi la contribution et la compréhension de la Société des Salins. Je les en remercie, il fallait enfin, et c'était bien naturel, que vous-même, monsieur Hoffmann, qui avez déjà tant contribué à l'entretien et à la préservation de cette réserve, vous interveniez et à titre personnel et comme représentant du Fonds mondial de la nature.

À ce propos, je tiens à souligner l'intérêt qu'il y a à ce que dans ces problèmes d'environnement il existe non seulement un effort national mais une corporation internationale et, le Fonds mondial de la nature créé, et à l'heure actuelle présidé par le Prince Bernard des Pays-Bas, en est une démonstration et une preuve tout à fait efficace.

Nous tâcherons de faire de notre mieux pour que le résultat de ces dons et de cette négociation soit favorable au but qui est recherché. Ce but n'est pas seulement de permettre à des citadins ou à des touristes de visiter une réserve naturelle et d'en tirer les joies que donnent le paysage, le spectacle des oiseaux de l'étang de Vaccarès ou les prome-

---

17 CHAN, 5AG2/100.

18 Les parcs naturels régionaux sont institués par décret du 1er mars 1967. Ils impliquent les collectivités territoriales et peuvent bénéficier de concours de la DATAR. En 1971, celui de la Camargue s'étend sur environ 85 000 hectares.

19 CHAN, 5AG2/1089.

nades au bois des Rièges ; c'est aussi, dans un cadre plus général, de préserver la nature, c'est-à-dire de prendre conscience du grand problème qui est posé à notre XXe siècle finissant. Alors qu'au début de ce siècle la nature était considérée par l'homme comme une puissance menaçante et qu'il essayait de la dominer, à l'heure actuelle, elle apparaît au contraire comme un bien précieux, fragile, qu'il convient de protéger pour que la terre reste habitable à l'homme. Devant le développement de la production des biens de consommation de toute espèce, le grand péril du moment est que les biens élémentaires que sont l'air et l'eau soient menacés. Il ne faut pas simplement l'intervention des pouvoirs publics, il ne faut pas seulement les interventions généreuses à un moment ou à un autre, de tel ou tel, il faut aussi une éducation du public. Il faut essayer de créer, dans le public une « morale de l'environnement » pour reprendre une expression que j'ai déjà utilisée il y a longtemps dans une autre circonstance[20].

La Camargue, vous l'avez dit, est typiquement un des lieux qui pourraient être menacés et qui doivent être préservés, pour des raisons scientifiques, naturelles, touristiques, et d'une façon générale, parce que c'est un lieu qui est resté jusqu'ici à l'écart et protégé des inconvénients de la civilisation industrielle et de l'urbanisation. Il convient donc de le garder tel quel. Or, tout autour de lui, se présentent des dangers. C'est pourquoi dans la gestion de cette réserve de la Camargue, il ne conviendra pas simplement de l'entretenir en elle-même, de la protéger en elle-même, mais d'écarter d'elle les dangers que risquent de faire naître l'industrialisation de la région marseillaise, d'Arles et de Fos-sur-Mer. Il y a là une œuvre passionnante, difficile, à laquelle seront associés fatalement non seulement ceux qui géreront le parc régional mais encore tous les Français qui le visiteront, tous ceux qui y ont des intérêts, et aussi tous ceux qui aiment la nature et en particulier la Camargue.

Je vous remercie, Messieurs, de votre aide, de votre appui, et je suis convaincu que cet exemple symbolique sera suivi par d'autres.

---

20 Discours de Chicago, voir le texte intégral p. 271.

CHAPITRE IV

La relance présidentielle : une politique agricole et rurale

Pour l'élaboration et la réalisation d'une politique agricole capable d'intégrer des préoccupations environnementales et d'aménagement du territoire et de répondre à des attentes de la société, Georges Pompidou compte sur une mobilisation conjointe de l'État et des forces vives, sur un projet de développement rural. Ce dernier doit s'articuler autour des thèmes suivants, présentés dans son discours d'étape de Saint-Flour en juin 1971 :

- *la déconcentration (État) et la décentralisation (régions, intercommunalité) ;*
- *le développement des ressources régionales par le désenclavement (infrastructures) et la création d'activités nouvelles (tourisme vert et blanc) ;*
- *le développement agricole et rural, fondé sur la promotion de l'exploitation agricole familiale et bénéficiant d'un concours de l'État pour l'aménagement des campagnes, s'appuyant, en matière agricole, sur une hiérarchisation des prix, une maîtrise de la production (structures de transformation, circuits de commercialisation, coopération) organisée en collaboration avec les milieux professionnels.*

La politique agricole perd son autonomie sectorielle pour devenir un élément d'une politique rurale globalisante. Hélène Delorme[1] *interprète ainsi ce discours : « Pour Georges Pompidou, l'agriculture est la principale ressource des " provinces que la nature a tenues à l'écart de la grande industrie ". Pour leur permettre de le valoriser et de rester partie prenantes au destin du pays, la politique agricole ne doit plus être conçue seulement comme la gestion d'un secteur de production mais comme un élément d'une gestion de l'espace, intégrant toutes les données d'une politique d'aménagement du monde rural dans son ensemble. »*

*

1 H. Delorme, « Les années Chirac », dans *Les agriculteurs et la politique*, *op. cit.*, p. 423-425.

Discours prononcé par Georges Pompidou à Saint-Flour 26 juin 1971[2]

En venant à Saint-Flour, je viens rendre visite à mon département natal, remercier la circonscription qui par deux fois, m'a porté à l'Assemblée nationale, et le département qui m'a manifesté, au moment de l'élection présidentielle, une confiance presque unanime. En même temps, c'est une façon de rendre visite à une de nos provinces qui sont parmi les plus différentes de ce que l'on peut connaître à Paris, et que le pouvoir central risquerait d'oublier et de méconnaître s'il se laissait intoxiquer par l'atmosphère de la capitale et par ce qui est fatalement la technocratie des administrations centrales.

Nos provinces et en particulier celles que la nature a tenues à l'écart des développements de la grande industrie, peuvent et doivent attendre un certain nombre de choses de l'État. D'abord, qu'il leur fasse confiance et qu'il leur donne une plus grande liberté dans la gestion de leur propre développement. Ensuite, qu'il fasse l'effort de parer aux inconvénients les plus graves résultant d'un certain nombre de données de la nature et, en sens inverse, qu'il tâche de favoriser le développement des ressources qui sont le plus souvent la contrepartie de ces inconvénients.

Favoriser la déconcentration et la décentralisation

Sur le premier point, il s'agit de favoriser la déconcentration et la décentralisation.

Déconcentration, c'est-à-dire remettre aux administrateurs, aux préfets et directeurs départementaux ou régionaux, des pouvoirs de décision qui, à l'heure actuelle, appartiennent aux Administrations centrales.

Des mesures en ce sens sont en cours, à l'heure actuelle, certaines ont déjà été prises, d'autres attendent parce qu'un certain nombre de ministères sont particulièrement réfractaires à la déconcentration, mais avec un peu de volonté et un peu d'obstination, nous y arriverons.

Décentralisation, c'est autre chose, cela veut dire qu'à partir du moment où l'administration préfectorale et l'administration préfectorale régionale notamment, se trouve détenir davantage de pouvoir, il est normal, il est naturel et il est même nécessaire, qu'elle trouve en face d'elle une représentation des citoyens.

---

2 CHAN, 5AG2/1089.

J'ai annoncé à Lyon une réforme régionale[3]. Cette réforme est à l'étude, et sera mise à l'œuvre à l'automne. Il s'agira, encore que je ne puisse naturellement pas donner les détails d'un projet de loi que le Gouvernement n'a pas adopté dans les grandes lignes, il s'agira de placer, à côté du Préfet de région, et à la place des Commissions de développement régional actuelles, d'une part, un Conseil Consultatif qui gardera beaucoup des caractéristiques de ces CODER et qui représentera les diverses activités économiques et sociales, et d'autre part une Assemblée représentative des élus des différents départements, qui elle, aura pouvoir délibératif pour discuter en particulier des équipements qui intéressent la région. Ainsi les élus locaux seront-ils en mesure d'agir et d'influer directement sur les équipements spécifiquement régionaux.

Pour qu'une telle réforme puisse réussir, elle suppose d'une part, que les départements et les assemblées départementales soient représentés, et que celles-ci soient elles-mêmes tout à fait représentatives. C'est pourquoi nous serons amenés sans diminuer la représentation des cantons ruraux, à donner une représentation plus importante aux villes. D'autre part, cela suppose qu'à l'intérieur des départements, nos communes sachent s'unir, se grouper pour pouvoir travailler efficacement et à moindre frais à la réalisation d'équipements qui leur sont nécessaires et qui sont valables pour plusieurs communes.

Nous avons sur ce point adopté un projet de loi que vous connaissez, qui est extrêmement libéral, qui entend ne forcer personne qui incite les communes à se grouper sous différentes formes et suivant différentes modalités en laissant de toute manière à toutes nos communes leur identité propre mais qui doit permettre sur le plan des équipements et particulièrement des équipements collectifs, d'unir les efforts, d'unir les moyens et de coordonner les besoins[4].

Nous sommes dans un département où le regroupement communal est à la fois plus nécessaire et plus difficile qu'ailleurs. Je sais ce que

---

3 Allocution prononcée par Georges Pompidou à l'Hôtel de Ville de Lyon, le 30 octobre 1970. Il y déclare : la région « doit être conçue non comme un échelon administratif se surimposant à ceux qui existent, mais avant tout comme l'union de départements permettant la réalisation et la gestion rationnelle des grands équipements collectifs. » Un an plus tard, à Brest, le 22 octobre 1971, il insiste à nouveau sur l'intérêt d'une réforme régionale, CHAN, 5AG2/1089. La loi portant création et organisation des régions n'est adoptée qu'en 1972 : c'est la loi du 5 juillet 1972, modifiée par celle du 23 décembre 1972.

4 Par décret du 20 mai 1955 et par ordonnance du 5 janvier 1959 ont été institués des syndicats intercommunaux pour créer et gérer des équipements et des services collectifs. La loi du 31 décembre 1966 crée des Communautés urbaines. Mais G. Pompidou fait ici état de la loi Marcellin du 16 juillet 1971 en vue de l'élaboration de plans de fusion et de regroupement de communes.

sont ces grandes communes de montagne, avec de très vastes étendues et je vous dis en connaissant ce département et les problèmes de chaque commune que l'intérêt des maires, l'intérêt des communes, est de s'unir et de se grouper de façon diversifiée, de façon souple, mais de façon utile et efficace.

Favoriser le développement des ressources régionales

Je disais ensuite, qu'il convenait que l'État se préoccupât de pallier les inconvénients qui pèsent sur des régions comme celle-ci. Qu'est-ce que cela veut dire : cela veut dire avant tout pour le Cantal le désenclavement.

Parer aux inconvénients que représentent pour notre département le fait d'être enfermé dans ses montagnes, lui donner des relations faciles avec l'extérieur, cela comporte aussi bien les télécommunications, le téléphone que les communications proprement dites. Il n'y a pas que les routes, il y a les voies ferrées, il y a l'avion et je vois avec satisfaction commencer les travaux de l'aérodrome d'Aurillac, il y a enfin les routes.

Sur les routes, on a un peu raconté n'importe quoi, ailleurs et ici ; ne rêvons pas, et préoccupons-nous d'essayer de demander la mise sur pied d'un programme routier de l'Auvergne, programme routier global, et qui comporte les réalisations possibles et nécessaires afin de faciliter nos communications. Je pense d'abord et avant tout, à la route nationale 9, qui est l'ouverture vers le Nord et vers le Midi, mais aussi à d'autres, et en particulier, à la route de Massiac à Aurillac qui a fait couler tant d'encre.

Parer aux inconvénients, favoriser enfin le développement c'est-à-dire l'utilisation pleine des ressources d'une région et d'un département. S'agissant du Cantal, c'est d'abord le tourisme : vacances d'hiver, vacances d'été. Un effort sérieux a été accompli en ce qui concerne en particulier les sports d'hiver et nous avons vu se développer les stations du Lioran en même temps que les pentes du Puy Marie et du Sancy qui sont désormais très fréquentées. Ce développement, je pense, s'accentuera et la façon dont le ministre de l'Éducation nationale a fixé avec l'accord du Gouvernement et le mien, les vacances du Mardi gras pour l'année prochaine favorisera le tourisme d'hiver et par conséquent les sports d'hiver.

Tourisme d'été aussi, car si la mer et le midi ont un prestige inégalé, il n'en est pas moins vrai que la campagne et la montagne ont pour beaucoup de gens un attrait considérable et représentent pour les enfants et les vieillards quelque chose de plus sain et de plus revigorant. Pour développer le tourisme, il faut développer l'hôtellerie, et sur ce point je sais qu'il y a des mesures que l'on demande. En particulier, on souhaite que les prêts puissent être accordés plus libéralement, pour les hôtels de moindre capacité que la règle actuelle, car on considère à juste titre, que dans des régions comme celle-ci, l'hôtel idéal c'est l'hôtel qui est géré d'une façon familiale et qui peut donc difficilement dépasser une vingtaine de chambres.

Je suis disposé à appuyer cet effort, mais peut-être faudrait-il aussi que nos compatriotes qui démontrent, à Paris notamment, leurs capacités hôtelières, veuillent bien les démontrer un peu dans leur propre département.

Le problème agricole : un problème régional et national

Quel que soit l'intérêt du tourisme, la ressource essentielle de l'Auvergne et du Cantal restera l'agriculture. Et je voudrais m'y étendre car c'est un problème à la fois régional, certes, mais aussi national.

L'industrialisation, vous le savez, a été marquée comme l'objectif premier du VIe Plan, et elle sera sans doute encore l'objectif premier du VIIe Plan. Notre rang international, notre poids en Europe exigent que nous comblions notre retard dans ce domaine, mais il n'y a pas opposition, il y a complémentarité entre l'industrie et l'agriculture considérées à l'échelon national.

Aucune raison de craindre la régression

Le monde agricole a besoin d'une industrie en expansion, d'une industrie puissante. Il en a besoin d'abord pour lui fournir les produits d'équipement et de consommation qui lui sont nécessaires. Il en a besoin parce que de toute manière, le nombre des exploitations agricoles ne pouvant pas augmenter et tendant même à diminuer, dans certaines régions surtout, il faut bien que l'agriculture apporte un surcroît de main-d'œuvre à la jeunesse qui ne trouverait pas dans l'agriculture des emplois en nombre suffisant.

Le monde agricole a aussi besoin pour achever sa reconversion, pour alléger ses difficultés, d'un effort de solidarité de la collectivité nationale. À l'heure actuelle, le seul budget de l'État comporte 18 milliards de NF, soit 1 800 milliards d'AF de transferts au bénéfice de l'agriculture. C'est évidemment l'activité industrielle qui fournit les ressources nécessaires.

Mais la société industrielle n'a pas moins besoin de l'agriculture. D'abord l'agriculture nourrit les Français et son développement, dans ces dernières années, nous a donné l'indépendance sur le plan alimentaire. Alors qu'en 1962, au moment même où je devenais Premier ministre, nous ne couvrions nos besoins alimentaires qu'en important beaucoup plus que nous exportions, nos ventes à l'extérieur ne représentant que 62 % de nos achats ; à l'heure actuelle, nous avons équilibré nos échanges et ces échanges représentent dans le commerce extérieur une place très importante. Aujourd'hui, les exportations agricoles et alimentaires et les importations dans ce même domaine représentent 16 milliards de NF dans les deux sens. C'est dire l'importance de l'agriculture dans notre commerce extérieur. J'ajoute que le Marché commun nous a apporté sur ce point des avantages considérables, nous avons depuis sa mise en train, développé nos exportations agricoles vers les pays de la Communauté au point d'atteindre maintenant, un excédent commercial de 4 milliards et demi de NF. Aujourd'hui, l'Angleterre va venir rejoindre la CEE, l'Angleterre sur laquelle on pourrait disserter longtemps mais qui globalement est le premier pays du monde pour l'importation de produits alimentaires. C'est pourquoi notre agriculture n'a aucune raison de craindre la régression, et elle doit au contraire se donner comme objectif l'expansion.

Les déclarations de quelques techniciens de l'abstraction sont tout à fait contraires à l'évolution réelle[5].

Songeons que dans un monde où la population croît à un rythme très rapide, un monde qui, il y a peu de temps encore, comportait 500 millions d'habitants et qui en comporte aujourd'hui 3 milliards, le risque alimentaire n'est pas dans la surabondance, il est dans la pénurie.

Cette surabondance apparente, est en réalité le fait d'une mauvaise organisation des marchés et d'une inégalité excessive, entre les nations. Par conséquent, nous pouvons et nous devons nous donner comme objectif de développer nos productions agricoles.

Mais en attendant que les marchés internationaux soient mieux organisés, en attendant que le déséquilibre entre les pays qui meurent de faim et les pays développés se soit atténué, il faut bien non seulement produire mais vendre. Il faut que cette production trouve des acheteurs et il faut qu'elle assure un niveau de vie convenable aux producteurs.

Nous ne pouvons résoudre ce problème que par une politique de la qualité et je me félicite des efforts faits ici en ce sens grâce à la création du groupement laitier cantalien.

Lors même des négociations avec la Grande-Bretagne, et alors que l'idée qui avait été jetée dans les débuts par la Commission semblait quelque peu abandonnée, j'ai pensé un peu au Cantal en demandant au Premier ministre britannique, si le fromage de la Nouvelle-Zélande avait autant d'importance que le beurre. En fait, il suffit de penser à cet exemple pour voir nos possibilités. La Grande-Bretagne importe à l'heure actuelle 75 mille tonnes de fromage de Nouvelle-Zélande, or, les

5 Allusion au Plan Mansholt mais également au rapport Vedel, voir annexe p. 417.

accords qui viennent d'être passés font que pratiquement au cours de la période transitoire, ces importations diminueront et tendront à disparaître. Il y a là, pour nos producteurs de fromage, une nouvelle possibilité, il faudra la saisir.

Politique de la qualité, politique de la productivité, est-ce que cela veut dire qu'il faille aller vers la concentration par principe, et vers l'organisation de vastes fermes suivant les méthodes américaines ? Vous le savez, je l'ai dit bien des fois, je ne le crois absolument pas.

Sauvegarder l'exploitation familiale

Assurément, il faut que les exploitations atteignent une taille raisonnable, il me semble d'ailleurs que dans le Cantal c'est presque déjà réalisé. Mais je ne suis pas partisan de suivre l'exemple des continents nouveaux, ni de ce que l'on voit dans les pays de l'Est.

Et à ceux qui pourraient se laisser tenter par certaines propagandes, je conseillerai la lecture d'un article que j'ai lu récemment dans un journal d'extrême gauche, et qui faisait une description dithyrambique de l'agriculture dans un pays de l'Est européen. On nous y expliquait que l'on avait commencé en 1952 à ramener les exploitations à des superficies de l'ordre de 50 à 60 hectares. Puisque, en 1959, un nouvel effort avait porté le minimum de surface des exploitations à 3 500 ou 4 000 hectares et qu'enfin, on était arrivé à l'idéal en 1970 avec des exploitations de 20 000 à 30 000 hectares. On ajoutait d'ailleurs qu'évidemment ceci avait comporté des regroupements de population.

Ce qui veut dire que les paysans avaient été purement et simplement déportés vers des concentrations urbaines. Eh bien, nous n'en voulons pas et nous voulons sauvegarder dans nos régions surtout, l'exploitation familiale. Nous voulons la sauvegarder pour des raisons sociales évidentes, pour des raisons politiques évidentes, mais aussi plus générales et dans le cadre d'une politique de l'environnement et du paysage français.

La France ne doit à aucun prix devenir une poussière d'agglomérations urbaines dispersées dans un désert même verdoyant et même entretenu. Sauver la nature qui sera demain le premier besoin de l'homme, c'est sauver la nature habitée et cultivée. Une nature abandonnée par le paysan, même si elle est entretenue devient une nature artificielle et je dirai une nature funèbre. Tout autre formule d'ailleurs, serait non seulement déplorable, mais serait ruineuse. Même sur le plan économique, il est à mon sens plus rentable d'avoir des terres habitées et cultivées par des hommes, fût-on obligé d'aider ses hommes, que d'avoir de vastes réserves nationales, entretenues, conservées et protégées fatalement par un grand nombre de fonctionnaires.

Une politique d'aide importante

Tout cela suppose une politique agricole. Cette politique a été définie à l'origine par la loi d'orientation de 1960, la loi complémentaire de 1962, j'ai eu moi-même l'occasion d'en préciser certains aspects en 1967 à Aurillac, et c'est elle que nous poursuivons.

Cette politique comporte d'abord de ne pas contrarier, et même de favoriser le développement de la grande agriculture de plaine, elle comporte ensuite la nécessité de faciliter le départ des agriculteurs âgés, de façon à permettre un regroupement nécessaire des exploitations dans les régions de montagne, comme dans les régions de bocage. Cela s'est fait par la création de l'indemnité viagère de départ, et même de la pré-indemnité de départ dans les zones de rénovation rurale. Cette politique comporte une aide et une aide importante à l'heure actuelle, sous forme de transferts sociaux. N'oublions pas et n'oubliez pas, messieurs les représentants des agriculteurs, messieurs les Maires des communes rurales, si vous entendez autour de vous que l'on se plaigne des cotisations, qu'à l'heure actuelle, la collectivité paie finalement les 2/3 du régime social agricole.

En contre-partie, le maintien de cette aide doit comporter pour les plus favorisés de la grande agriculture de plaine, le retour au droit commun en matière fiscale, aussi bien qu'en matière de régime social. Cette politique comporte aussi un effort en faveur de l'habitat rural dans la mesure où nous savons que pour les jeunes et en particulier pour les jeunes femmes, ce qui les fait hésiter le plus à rester à la ferme, ce sont les conditions de vie et les conditions de confort. Certes on ne peut pas tout faire à la fois et d'un seul coup, mais il faut bien admettre que désormais, les jeunes ruraux n'accepteront pas de ne pas avoir à la ferme le minimum de confort que l'on trouve à la ville.

Un certain nombre de changements se sont produits qui ont transformé l'existence du paysan, mais beaucoup encore doit être fait en ce sens, qu'il s'agisse d'adduction d'eau ou d'électrification.

Une aide spéciale pour certaines régions

Cette politique comporte encore un aspect régional et une aide spéciale pour un certain nombre de régions, parmi lesquelles l'Auvergne, que l'on appelle les zones de rénovation rurale. Cette création des zones de rénovation rurale, avait donné beaucoup d'espoir, certains l'on discutée depuis ; ils ne se rendent pas compte que, dans un département comme le Cantal, elle a permis pour beaucoup d'équipements le doublement des crédits.

J'ajoute que, pour éviter précisément toute incertitude et toute suspicion, nous ferons le nécessaire pour créer un fonds spécial de telle manière que les crédits de la rénovation rurale soient globaux et séparés des crédits de chaque ministère et que l'on ne puisse pas prétendre qu'en réalité, ce sont les crédits normaux que l'on baptise crédits supplémentaires grâce à ce vocable de rénovation rurale.

En même temps, et ceci concerne surtout nos montagnes, le Gouvernement a récemment adopté un projet de loi, sur la mise en valeur pastorale dans les régions d'économie montagnarde qui n'a pas encore été soumis au Parlement, mais dont nous pensons que, pour les hommes de la montagne, il devrait permettre un regroupement du travail, une facilité supplémentaire et par conséquent le maintien de la vie et des pâturages dans des régions que l'on aurait autrement toutes les raisons d'abandonner[6].

Une hiérarchie des prix donnant priorité aux productions animales

Cette politique agricole comporte aussi, je ne le discute pas, un autre aspect qui est la politique des prix. Il faut sans aucun doute une politique des prix agricoles, on ne peut pas spéculer perpétuellement sur l'augmentation de la productivité ou sur la concentration des exploitations. On pouvait choisir d'autres voies au moment où l'on a choisi le système du Marché commun agricole. Mais il est normal et naturel que l'on ait une politique des prix qui permette par elle-même la rentabilité des exploitations.

Ce qui est important, c'est que cette politique des prix ne soit pas aveugle, que l'on distingue entre les productions et qu'en particulier, dans cette hiérarchie des prix on donne une priorité aux productions animales. C'est l'effort, vous le savez, que la France mène à Bruxelles constamment. Le ministre de l'Agriculture qui est ici, a récemment encore pu obtenir quelques résultats en ce domaine[7]. Nous ne cesserons pas en tout cas, de poursuivre cette action, et d'autant plus que la Communauté européenne – et ce sera encore plus vrai avec l'entrée de nouveaux pays – est largement déficitaire en matière de production de viande.

Une organisation en fonction de la demande

La politique agricole suppose enfin une organisation dans la production et dans la commercialisation, et que cette organisation soit faite en

---

6 Il est concrétisé par la loi du 3 janvier 1972 relative à la mise en valeur pastorale dans les régions d'économie montagnarde qui permet la création d'associations foncières pastorales et de groupements pastoraux.

7 Il s'agit de M. Cointat.

fonction de la demande, c'est-à-dire en tenant compte des besoins de la consommation urbaine et des besoins de la demande extérieure. C'est le seul moyen de défendre les agriculteurs, face aux industries de transformation et aux grands commerces qui sont de plus en plus concentrés ; et c'est pourquoi le Gouvernement a entrepris une action en faveur des groupements et des comités économiques[8]. C'est pourquoi tout à l'heure je me félicitais de la création du groupement laitier cantalien. C'est dans ce même esprit que s'inscrit la proposition de loi de M. Lelong qui porte réforme de l'ordonnance sur la coopération, proposition de loi que le Parlement aura à discuter[9].

C'est dans le même esprit enfin que nous poursuivons le développement de la formation professionnelle[10].

Une collaboration permanente entre la profession et l'État

Pour mener cette politique, je voudrais que tout le monde, et en particulier les représentants de l'agriculture comprennent la nécessité d'une étroite consultation et d'une collaboration permanente entre la profession et l'État. Certes, il n'est pas nécessaire que l'on soit du même avis pour se rencontrer, il n'est même pas nécessaire que l'on soit toujours d'accord sur les conclusions. Mais l'État ne peut avoir une politique et une politique intelligente et adaptée, que s'il est réellement au courant des besoins de la profession. Et la profession ne peut comprendre les nécessités d'une certaine adaptation, d'une certaine voie qu'elle doit suivre, que si l'État lui explique ses propres difficultés, ses propres problèmes et en particulier ceux qui tiennent au Marché commun et à l'extérieur.

C'est pourquoi dans l'agriculture et dans le domaine agricole plus peut-être que partout ailleurs, la concertation et la participation sont indispensables[11].

---

8 Dans le prolongement de la loi complémentaire (article 14 et 15), la loi du 6 juillet 1964 a fixé leurs modalités de fonctionnement et de financement.

9 L'ordonnance du 26 septembre 1967 relative aux sociétés coopératives agricoles, à leurs fédérations, aux SICA et aux sociétés mixtes d'intérêts agricoles est refondue par la loi du 27 juin 1972 relative au statut des coopératives agricoles qui leur donne un statut unique et assouplit certaines règles de fonctionnement.

10 La référence est la loi du 2 août 1960 relative à l'enseignement et à la formation professionnelle agricole mais elle est complétée par trois lois du 16 juillet 1971 portant sur la formation professionnelle continue dans le cadre de l'éducation permanente, l'apprentissage et le financement des premières formations technologiques et professionnelles.

11 Il convient de noter que Georges Pompidou utilise sans en préciser le contenu, les termes de collaboration, consultation, concertation, participation.

Mesdames et messieurs les Maires, messieurs les Conseillers généraux, je voudrais en terminant vous dire quel réconfort peut trouver, et trouve, le président de la République, à être un moment au milieu de vous.

Bon sens, esprit d'initiative, goût du travail, sens de l'économie, voilà des vertus que l'on vous reconnaît. Je pense que l'habitude ancestrale de parcourir nos plateaux et nos montagnes au pas lent du paysan, donne tout naturellement le goût des vastes étendues et le sens de la durée nécessaire pour atteindre le but. Puissiez-vous transmettre ces vertus à tous les Français.

*

* *

À l'occasion de l'ouverture de la première conférence agricole annuelle, le 15 juillet 1971, Georges Pompidou reçoit le bureau de l'APCA. Il précise à ses interlocuteurs que son discours de Saint-Flour n'est pas de circonstance mais doit être considéré comme un programme. Et il estime nécessaire de « moduler les mesures selon qu'il s'agit d'une agriculture de plaine, de bocage. »[12]

De son côté, le ministre de l'Agriculture Michel Cointat, entend intégrer la dimension rurale dans la politique agricole conformément à l'esprit du discours de Saint-Flour. Il le souligne dans une note de janvier 1971 adressée à Georges Pompidou, sur les « Perspectives à long terme pour l'agriculture » qui fait l'objet d'un commentaire de Michel Woimant.

*

Extraits d'une note de M. Woimant à M. Jobert à propos d'une note de M. Cointat, « La politique agricole » 23 février 1971[13]

[L'évolution de l'agriculture est] fondée sur l'habituelle trilogie : espace, produits, hommes. […] Il y a une assez grande convergence avec les orientations déjà définies par le président de la République à Saint-Flour. […] [L'analyse de M. Cointat qui souhaite être à la tête d'un « ministère de la vie rurale » est] très proche de celle de Saint-Flour avec quelques notations complémentaires :

---

12 Rapport dans *Année politique 1971*, PUF, Paris, 1972, p. 213. Voir aussi H. Delorme, « Les années Chirac », dans *Les agriculteurs et la politique*, *op. cit.*, p. 423

13 CHAN, 5AG2/102.

– l'orientation vers une exploitation familiale équilibrée [...] ; l'exploitation en polyculture d'une moyenne de 50 hectares se développerait actuellement d'elle-même et il suffirait d'accompagner le mouvement. [...]

M. Cointat souhaite un équilibre entre, d'une part l'agriculture et, de l'autre, la forêt, les villes, le respect des paysages[14] : Il faut essayer [...] de maintenir les bocages [...], réformer les méthodes de remembrement, de renforcer le contrôle des défrichements, de maintenir certaines zones naturelles, spécialement protégées comme les parcs régionaux et nationaux. [...]

En matière foncière il convient de réaliser la séparation de l'exploitation et de la propriété agricole grâce aux groupements agricoles fonciers et aux sociétés d'investissements fonciers.[15] [...]

Et si l'objectif à atteindre est celui de la parité, il convient cependant de retenir :

– la sélectivité des aides de l'État, géographique, sectorielle et humaine ;
– la globalisation des aides aux exploitations.

*
* *

Il convient aussi de noter que Georges Pompidou reste attaché au principe d'une politique des structures nationale. Lors de l'audience sur les perspectives de l'agriculture française qu'il accorde à Michel Cointat, le 27 mars 1971, il est d'accord pour « aboutir à un accord sur les structures, sans pour autant prendre une trop forte part de notre liberté en matière d'aides nationales. »[16]

---

[14] G. Pompidou partage ce point de vue en annotant « Il a raison », « Oui », CHAN, 5AG2/102, note du 27 mars 1971, date de l'audience accordée par Georges Pompidou à M. Cointat, pour évoquer les perspectives de l'agriculture française.

[15] La loi du 31 décembre 1970 a substitué aux Groupements agricoles fonciers les Groupements fonciers agricoles (GFA). Il s'agit de mobiliser des capitaux en faveur de l'agriculture. Des sociétés d'investissements fonciers, également dénommées Sociétés agricoles d'investissements foncier (SAIF) doivent réaliser un découplage complet entre la propriété et l'exploitation. G. Pompidou est séduit par cette idée mais il ne la fait pas aboutir. Entretien de L. Perrin avec V. Pradier du 25 juillet 1997, CHAN, AGP, 1AV/206. Sur cette question, M. Woimant explique que les milieux agricoles n'y sont pas favorables et que c'est Matignon qui freine. Entretien de M. Woimant avec V. Pradier, le 10 juillet 2001, CHAN, AGP, 1AV/840. Voir aussi C. Langlade-Demoyen, « Les SIFA », dans *Chambres d'Agriculture*, n° 308 du 15 janvier 1965, 28 p. et n° 310 du 15 février 1965, 20 p.

[16] CHAN, 5AG2/102, note du 27 mars 1971.

Le Président semble partager l'approche présentée par l'un de ses conseillers dans une note pour Michel Cointat qui préconise qu'il est raisonnable :

- *« d'éviter les reboisements excessifs dépassant 60 % de la superficie d'une région ;*
- *de maintenir des espaces verts et des zones agricoles dans les zones urbanisées et en voie d'urbanisation ;*
- *de mieux assurer le respect des paysages et notamment de réviser la politique du remembrement. [...]*

Il importe de freiner le départ des jeunes dans les régions où l'on peut craindre la désertification. Mais il ne faut pas considérer qu'aucun jeune ne devrait plus quitter la terre. Il y a encore des régions où la population agricole est fortement excédentaire et où le départ des jeunes de la terre doit être facilité : Ouest, Midi viticole, etc. »[17]

[17] CHAN, 5AG2/102, note pour M. Cointat, « Cadre de vie. Note d'orientation sur la politique agricole », non datées (probablement mars 1971).

CHAPITRE V

Bilan de l'aménagement rural au début de 1974

Créée à l'instigation de Georges Pompidou comme organisme de mission en vue d'impulser et de coordonner une stratégie d'aménagement du territoire, la DATAR fête ses dix ans en 1973. Parmi ses missions, celle de l'aménagement rural a pris une dimension nouvelle avec le lancement par le décret du 24 octobre 1967 d'une politique de rénovation rurale.

Cette politique d'aménagement régional du territoire concerne d'abord des zones à économie rurale dominante. Il s'agit d'une politique d'aménagement global qui inclut le secteur agricole et prend en compte l'ensemble des problèmes territoriaux du développement économique et social, selon une logique de partenariat administration/autorités locales et d'action à caractère interministériel.

En 1968, les zones de rénovation rurale couvrent 27 % du territoire, un tiers des exploitations agricoles et concernent 14 % de la population totale.[1] *Dès 1969, on considère que pour l'aménagement des campagnes, « la rénovation rurale est une des actions politiques les plus réussies de ces dernières années. »*[2]

Aussi, à cette époque, Georges Pompidou privilégie le développement des zones rurales et n'est pas favorable à la mise en place de « plans d'aménagement rural » de caractère général[3]*. Le relevé de décisions du Conseil interministériel du 6 novembre 1969 souligne : « L'adoption de plans d'aménagement rural devra résulter d'incitations et non pas d'une obligation juridique générale. Leur prépara-*

1 Les mesures sont différenciées selon les zones concernées mais des mesures de caractère général, réglementaires et financières, sont arrêtées à l'occasion des comités interministériels dont le premier a lieu le 4 avril 1958. Les dispositions régionales sont prises lors d'un Comité interministériel du 17 décembre 1968.

2 CHAN, 5AG2/53, note de M. Woimant pour le président de la République, « Préparation du Conseil restreint sur l'agriculture », le 11 octobre 1969.

3 Les Plans d'aménagement rural (PAR), définis par un décret de 1970, pris en application de la loi foncière de 1967 « ont pour objet de définir les perspectives souhaitables du développement et de l'équipement des territoires à vocation rurale ». Ils ont surtout une « valeur d'orientation ». En 1971, 42 ont été agréés par le ministre de l'Agriculture. Ils participent au développement socio-économique global et à la préservation de l'espace naturel.

tion devra être entreprise à partir d'initiatives locales. »[4] *Et le président de la République s'efforce, à partir de 1970, d'élargir cette dimension en lui ajoutant une politique de protection de la nature et de l'environnement.*

Le bilan dressé par la DATAR à la fin du Ve Plan incite à poursuivre cette politique de rénovation rurale au titre du VIe Plan. On y relève l'intérêt d'une programmation régionale d'équipements structurels et la pertinence des procédures de coordination et de concertation mises en place comme garantie d'efficacité des interventions de l'État. Et on relève que cette démarche est à l'origine du développement d'une conscience régionale en faveur d'un développement économique et social régional. Dans l'esprit de ses promoteurs, la politique de rénovation rurale du VIe Plan ne doit pas être uniquement agricole mais être considérée comme une politique de conversion de l'ensemble des secteurs économiques.

En février 1971, le Comité central de rénovation rurale insiste pour que les efforts consentis soient poursuivis jusqu'en 1975. Cette démarche est justifiée de la manière suivante : « Il est nécessaire de concilier le développement des zones rurales avec la priorité de l'industrialisation rapide de l'économie française, objectifs qui, à première vue, peuvent apparaître peu compatibles. Pourtant, très rapidement, la politique de rénovation rurale peut être rentable : une meilleure orientation des productions agricoles entraînera une baisse des dépenses de soutien des marchés, la diminution de la population active agricole se traduira à la fois par une meilleure productivité dans le secteur agricole et par l'augmentation de la productivité des agriculteurs qui entrent dans les autres secteurs. De toute façon, même si son coût immédiat n'est pas négligeable pour la collectivité nationale, la conversion économique des zones rurales est, à terme, une condition fondamentale du développement harmonieux de l'ensemble du pays. »[5] *Cette analyse est tout à fait conforme à la pensée de Georges Pompidou.*

À la fin de 1973, les résultats d'une révolution rurale silencieuse sont donc significatifs et traduisent le succès de la stratégie des petits pas mise en œuvre avec succès sous l'impulsion de Georges Pompidou.

*

4 CHAN, 5AG2/53, relevé de décisions de la présidence de la République du 12 novembre 1969.

5 *Chambres d'agriculture*, n° 455, 1er mars 1971, dossier « la rénovation rurale », p. 8.

Extraits du Bilan de l'aménagement rural[6]

L'action en faveur des zones rurales comprend essentiellement la politique de rénovation rurale définie par le décret du 24 octobre 1967[7] et heureusement prolongée jusqu'à la fin du VIe Plan.

1. Bilan de cinq années d'application

Un bilan rapide permet de discerner quatre points positifs :

1° La prise de conscience des problèmes de conversion rurale ;

2° La modulation régionale des aides de l'État ;

3° L'apport de moyens supplémentaires de financement ;

4° La mise en place d'un support administratif original.

Cette politique n'a cependant pas encore donné tout ce que l'on pourrait attendre d'elle d'autant qu'elle correspond à la fois à une nécessité vitale pour les régions exclusivement agricoles et frappées par l'exode rural et aux problèmes de l'avenir de nos sociétés qui ne pourra se faire sans un certain retour à la nature. Il paraît nécessaire de lui imposer six priorités nouvelles.

2. Les orientations de l'avenir

La première est de poursuivre des efforts financiers particuliers et prioritaires sur les investissements publics. Ces efforts sont en effet nécessaires pour rattraper les retards de certains équipements collectifs et pour mettre en place les équipements entraînants pour le développement économique.

En second lieu, il convient de continuer l'adaptation et la modernisation du secteur agricole dans le but d'améliorer le revenu des agriculteurs, d'une part en mettant en place des exploitations compétitives et, d'autre part, en développant une orientation plus satisfaisante des productions.

L'intensification des efforts pour le développement des secteurs secondaire et tertiaire – sans pour autant diminuer les aides au secteur agricole – par une politique volontaire et vigoureuse d'aide à l'industrialisation et au tourisme en milieu rural constitue une autre priorité.

En outre, il faudrait insister sur la formation des hommes, en mettant notamment l'accent sur la préformation et la promotion et en essayant d'adapter en permanence les moyens de formation aux ressources potentielles de main-d'œuvre et aux besoins du marché du travail.

---

6 *Année politique 1973*, p. 351 à 356.

7 Contenu présenté en annexe p. 408.

Toutes ces mesures ne peuvent aller, à l'heure de la régionalisation, sans un effort de simplification des procédures. La politique de rénovation rurale ne doit pas perdre son caractère spécifique essentiellement marqué par un effort exceptionnel et prioritaire d'équipement fait par la nation tout entière au profit des zones défavorisées. Mais ce caractère spécifique des actions de rénovation rurale ne doit toutefois se traduire par le maintien de procédures – financières notamment – particulières que dans la mesure où celles-ci sont nécessaires à son efficacité.

Enfin, il pourrait être bon d'étendre son champ d'application à certaines zones voisines des zones actuelles, quand la cohérence géographique de l'action l'exige.

Cet ensemble de réalisations, industrialisation des régions, décentralisation des activités tertiaires, aménagement de l'espace rural et grands aménagements touristiques, malgré les adaptations subies, se placent dans le droit fil de la politique définie par la DATAR depuis plusieurs années. [...]

3. Réflexions et critiques

Dans un domaine où la persuasion et la volonté politique comptent souvent autant que les incitations financières, on aimerait que les orientations soient mieux explicites et surtout davantage débattues avec les responsables de l'aménagement, c'est-à-dire les élus locaux. [...]

Sur le plan de la répartition des aides et sans vouloir inciter au saupoudrage, il faut bien convenir que les primes les plus nombreuses et les plus importantes sont allées aux régions déjà relativement favorisées et que les autres ont l'impression d'être quelque peu sacrifiées. D'autre part, même si celles-ci venaient à recevoir des aides financières comparables, le problème ne serait pas pour autant résolu car l'efficacité des incitations est beaucoup plus faible dans les régions pauvres que dans les régions riches. Ceci explique que, malgré de faibles différences dans le montant des aides consenties aux diverses régions, les taux de créations d'emplois soient très différents. [...]

Désormais, tout en intensifiant leur action en faveur d'une diffusion réelle des responsabilités, les pouvoirs publics devraient s'attacher à faire de la politique d'aménagement du territoire l'un des correctifs essentiels de ce qu'un sociologue a appelé « les désillusions du progrès ». [...]

À cet égard, il ne faut pas oublier que ce sont les régions délaissées par la rentabilité économique, comme la montagne, le littoral, les zones agricoles, qui représentent les meilleures possibilités pour réaliser cette civilisation post-industrielle équilibrée sans laquelle l'Occident lui-même ne pourra survivre.

Troisième partie

Georges Pompidou, partisan d'une action concertée

CHAPITRE I

L'impératif de la concertation professionnelle

La référence à la collaboration entre les pouvoirs publics et les milieux professionnels est omniprésente dans les discours importants de Georges Pompidou. Elle se présente comme son credo en matière de politique agricole et de politique d'aménagement du territoire. En cela, continuateur d'une tradition qui remonte à la fin du XIXe siècle, il entend rénover l'approche partenariale en se faisant l'apôtre d'une concertation élargie et plus active[1].

Dès avril 1962, il propose « de resserrer la collaboration avec les organisations professionnelles et syndicales »[2]. *Mais ce n'est qu'en mai 1963, dans un discours à l'Assemblée nationale, qu'il précise sa conception d'une « politique concertée » valable pour l'agriculture.*

*

Extraits d'un discours de Georges Pompidou à l'Assemblée nationale 14 mai 1963[3]

[...]

Pour reprendre ici un terme que j'ai déjà employé comme beaucoup d'autres, ce que nous voulons, c'est réaliser une politique concertée.

Qu'appelle-t-on une politique concertée ?

Cette politique consiste à faire en sorte que puisse s'instaurer entre l'État et les catégories directement intéressées, soit parce qu'il s'agit de

---

1 Sur le concept de l'économie concertée, voir F. Bloch-Lainé, *À la recherche d'une économie concertée*, Paris, Éd. de l'Épargne, 1962, 23 p. et pour une vue d'ensemble des rapports de l'État avec les organisations professionnelles, voir B. Bruneteau, *Les paysans dans l'État, le gaullisme et le syndicalisme agricole sous la Ve République*, Paris, L'Harmattan, 1994, 282 p. et *Les agriculteurs et la politique*, Paris, FNSP, 1996, 596 p.

2 Il marque ainsi sa fidélité à une stratégie en place depuis 1960 et portée par M. Debré et E. Pisani ; la loi d'orientation de 1960 souligne que la politique agricole sera mise en oeuvre « avec la collaboration des organisations professionnelles agricoles ».

3 CHAN, 5AG2/1086.

salariés, soit parce qu'il s'agit de secteurs où l'État fixe les prix, une discussion publique et que la consultation puisse se faire de façon en quelque sorte organique.

J'ai trop bien vu combien il est fâcheux pour l'État, après avoir discuté avec les organisations professionnelles pendant des jours et des semaines, d'entendre dire, le jour où la décision est prise, que c'est un diktat imposé sans consultation des intéressés.

Il convient donc pour la réputation des pouvoirs publics, et pour que chacun prenne vraiment ses responsabilités, que ces discussions, que ces consultations se fassent publiquement et organiquement. Bien entendu, ce système de consultations doit être largement étendu quand sont en cause des problèmes plus lointains, des problèmes d'organisation, d'évolution, qu'il s'agisse de la profession, des régions ou des métiers.

Nous avons, sur ce point, pris d'ores et déjà un certain nombre de mesures, notamment à la suite des grèves du mois de mars, et c'est ainsi qu'ont été réunies une table ronde pour les charbonnages et une table ronde pour les mineurs de fer, qu'une autre est prévue pour le commerce, ainsi qu'une autre pour la viande et les produits laitiers[4].

Ce principe des tables rondes, nous l'utiliserons pleinement chaque fois qu'un problème général se posera et que sa solution exigera la rencontre de plusieurs catégories sociales ou professionnelles. [...]

M. Gaston Defferre a dit à cette tribune que nous recherchions des solutions de facilité.

Croyez-vous vraiment qu'il soit facile de promouvoir, à la fois, une politique du logement, de l'éducation nationale, de la recherche, de l'équipement accéléré du pays, de transferts sociaux importants, de rénovation de l'agriculture et cependant de maintenir l'équilibre budgétaire ? [...]

S'il faut un certain courage pour refuser la facilité, la foi est aussi nécessaire pour mener cette politique.

Il importe d'avoir la foi dans le progrès social pour prendre quotidiennement les mesures qui, peu à peu, transforment les conditions de vie des travailleurs de la terre et de l'usine, des vieillards et des enfants, et cette foi, je l'ai profondément.

Je ne prétends pas à une année sociale. Le social n'est pas annuel, il est quotidien.

---

4 Elle est organisée en juin 1963. En 1961, M. Debré avait instauré ce système de consultation sous forme de « Table ronde » avec les leaders agricoles (réunions des 29 juin, 4 et 11 juillet).

Ces préoccupations, tant que je serai à mon poste, je les aurai chaque jour. Je souhaite seulement pouvoir me dire plus tard que, sous mon Gouvernement, le progrès social a été au moins aussi grand et peut-être plus que sous tout autre.

Notre joie est de réduire l'inégalité et d'instaurer plus de justice. Telle est la politique du Gouvernement et c'est bien naturel, après tout, car c'est cela le gaullisme.[5]

*

* *

Le Premier ministre considère que pour mener à bien les réformes de la « révolution silencieuse », il est indispensable de consolider les relations entre l'État et les milieux professionnels. Pour concrétiser cette approche, il décide d'institutionnaliser une réunion annuelle à partir de 1964. Il la justifie en décembre 1963 dans une lettre au président de la FNSEA auquel il écrit : « Ces réformes demandent du temps comme c'est le cas pour toutes les vraies réformes. Elles demandent aussi la confiance et la compréhension du monde agricole et de ses dirigeants, sans la collaboration desquels aucune action véritable ne saurait être menée à bien. Je souhaite que des échanges de vues permanents puissent s'instaurer entre le Gouvernement et les organisations agricoles, persuadé que c'est de cette façon, et de cette façon seulement que pourra se réaliser la progression vers la parité de revenu entre l'agriculture et les autres activités du pays. »[6]

Mais, pour Georges Pompidou, cette collaboration doit être étendue aux secteurs d'activité liés à l'agriculture. Dans un entretien télévisé, le 15 novembre 1963, évoquant la question de la stabilisation des prix, il souhaite un rapprochement des organisations professionnelles : patronat, commerce, agriculteurs, syndicats ouvriers.

*

[5] En octobre 1963, la *Revue française de l'agriculture* donne la définition suivante de l'économie concertée : « L'économie concertée, c'est celle dans laquelle les décisions sont prises à la suite d'un dialogue entre les pouvoirs responsables de la politique et la masse des intéressés représentées par leurs organisations professionnelles. » cité par B. Bruneteau, *op. cit.* p. 109

[6] CHAN, 5AG2/1086, pour le texte intégral, voir p. 64.

Extrait d'un entretien télévisé accordé par Georges Pompidou 15 novembre 1963[7]

[...]

Georges Pompidou : Il me semble que sur le plan intérieur, les problèmes les plus importants sont le Plan de stabilisation et le budget.

Question : Le Plan a fait l'objet d'une vaste campagne de publicité. On nous a incités à consommer abondamment des légumes secs, des confitures, des biscuits à des prix défiant toute concurrence. La viande, elle, ne s'est pas laissée attendrir et M. Giscard d'Estaing a dû se fâcher. Pensez-vous que le Plan soit un échec ou une réussite ?

Georges Pompidou : Il estime que les premiers effets sur la stabilité ont commencé à se faire sentir, en partie grâce à des mesures coercitives, parmi lesquelles il cite « la taxation de la viande ». [...] Je ne crois pas au miracle. C'est une œuvre de longue haleine et pour laquelle nous sommes obligés de faire appel au pays tout entier. Quand je dis au pays, c'est au public bien entendu. [...] Mais c'est aussi sur les organisations professionnelles qui existent dans ce pays, en particulier les organisations professionnelles et syndicales que nous comptons. Nous comptons, par exemple, en matière de distribution, sur les intermédiaires pour nous aider à rénover les structures de l'appareil de distribution. Nous comptons sur les industriels pour nous aider dans notre action par la diminution de leurs prix de revient ou par la réduction de leurs marges bénéficiaires. Nous comptons sur les salariés, les agriculteurs pour mettre un peu de modération dans leurs revendications. [...] Dans le budget de 1964, les crédits pour l'agriculture, qu'il s'agisse des investissements, de la rénovation et de l'action sociale, sont supérieurs à ce qu'ils étaient dans n'importe quel autre budget.

*
* *

Il n'hésite pas à s'engager personnellement pour défendre une politique gouvernementale mal perçue par les milieux agricoles, comme le Plan de stabilisation de septembre 1963. Son intervention du 29 novembre 1963 devant les Chambres d'agriculture l'atteste.

*

[7] CHAN, 5AG2/1086.

Extrait du discours de Georges Pompidou aux Chambres d'agriculture 29 novembre 1963[8]

[...]

Si je me trouve ici, aujourd'hui, avec le ministre des Finances et le ministre de l'Agriculture, c'est d'abord pour montrer, je dirais physiquement, l'intérêt que le Gouvernement apporte au monde agricole et aux mouvements agricoles. Mais c'est aussi si vous le voulez bien pour vous montrer à titre, j'oserais dire, presque personnel, l'attachement que j'ai pour notre agriculture et pour nos agriculteurs. Je suis ici en quelque sorte à un rendez-vous de l'amitié et c'est pourquoi je pense qu'au rendez-vous de l'amitié les absents ont toujours tort[9].

D'autre part, étant responsable de la politique économique, sociale et générale du pays, je ne me dissimule point qu'il est nécessaire d'avoir un contact permanent avec toutes les forces vives de la nation au premier rang desquelles je situe l'agriculture. Et, de ce point de vue là, je suis tout à fait d'accord avec ceux qui pensent que si l'évolution doit entraîner dans ce pays des changements profonds, il est bon et il est souhaitable que la France puisse garder une proportion de sa population importante à la terre, population naturellement en mesure de vivre convenablement de la culture de la terre. Ce n'est point une raison pour que je ne voie pas, et puisque M. Blondelle[10] a bien voulu m'annoncer sa franchise, il faut bien que le lui annonce aussi la mienne, ce n'est point une raison pour que je ne voie point le caractère de cette réunion qui, pour la première fois, rassemble à Paris tous les membres élus des Chambres d'agriculture dans un moment important pour eux et pour l'agriculture puisque, arrivant au terme d'un mandat, il est normal que vous vous réunissiez, que vous vous interrogiez sur les problèmes de la profession et sur la façon dont vous les aborderez. Il est normal également, qu'en pareil cas on donne le pas aux revendications sur les compliments et à ce qui reste à faire sur ce qui a été fait ; je ne vous cacherai pas d'ailleurs que bien que n'étant que depuis dix-huit mois dans la vie politique et au Gouvernement je commence à en avoir une solide habitude car ce ne sont pas simplement et seulement les agriculteurs qui ont des revendications à présenter, ce sont je puis le dire toutes les catégories sociales sans exception de la nation.

---

8 CHAN, 5AG2/1002.

9 Allusion à l'absence de certains responsables appartenant au courant des « Jeunes Agriculteurs ».

10 M. Blondelle est sénateur de l'Aisne, président de l'APCA et à la tête de la FNSEA depuis mars 1963.

M. Blondelle a bien voulu néanmoins au cours de son exposé rappeler quelques-uns des efforts qui ont été faits par le Gouvernement de M. Debré et le mien tout particulièrement en faveur de l'agriculture, en faveur de sa rénovation, en faveur de la transformation des structures, en faveur des investissements, de l'enseignement agricole, etc. Je reconnais que dans tous les domaines un effort a été fait par la loi d'orientation, précisée par la loi complémentaire que M. Pisani a fait aboutir, tout cela est passé dans un certain nombre de textes et de décisions parmi lesquels tout récemment encore nous avons fait prendre par le FORMA des décisions vous le savez permettant une aide aux investissements ainsi qu'une aide pour le fonctionnement des groupements de producteurs[11]. Et tout cela ne s'arrêtera pas. J'ajoute d'ailleurs qu'il est des domaines où ces crédits, ces efforts sont insuffisants, j'en citerai un, il n'a pas été évoqué mais je le crois important, c'est celui de l'hydraulique où j'ai reconnu récemment à l'Assemblée nationale que le triplement des crédits que nous avions réalisés depuis 1958 était encore une chose insuffisante mais que nous ferions nettement davantage dans les prochains budgets et je suis heureux de confirmer ceci devant le ministre des Finances qui sera obligé d'en tenir compte.

Je voudrais rappeler également l'importance particulière que nous avons attachée aux questions sociales et notamment à l'élévation progressive des prestations sociales et familiales pour tendre vers quelque chose que nous atteindrons je l'espère dans un intervalle rapide, c'est-à-dire vers la parité avec les autres catégories. Mais il est bien certain, que quelle que soit l'importance de cette action, quelles que soient les nécessités de réformes de structures et l'effort que nous faisons pour les encourager, quelle que soit d'autre part, la nécessité absolue de ménager les transitions et de permettre à ceux qui sont aujourd'hui à la terre de ne pas souffrir de ces transformations, quelle que soit je le répète, la nécessité d'assurer également le maintien à la terre d'une partie importante de la population française indispensable à notre équilibre politique et social, il n'en reste pas moins que l'agriculture a une fonction économique, elle est même la première de toutes puisque c'est elle qui nourrit les hommes, mais qu'en tant que fonction économique elle est obligée de se soumettre à un certain nombre de lois. Parmi ces lois figure d'abord et c'est l'objet principal de notre Plan de stabilisation qui n'a nullement pour but, croyez le bien de nuire à l'agriculture, bien au contraire, parmi, etc.[12]

---

11 Décret du 29 juillet 1961 relatif au fonctionnement du FORMA. Ce dernier intervient en particulier pour stimuler la création de Comités économiques agricoles en leur accordant des aides de fonctionnement.

12 Chahut dans la salle, le Premier ministre interrompt son discours.

J'ai connu dans ma vie beaucoup de paysans, j'en suis sorti, ils sont polis. Je suis d'une terre paysanne et j'ai l'habitude de savoir que les paysans ont le sens de l'hospitalité. Je suis ici votre invité et je déplore que quelques isolés se conduisent d'une façon que je regrette.

Je disais donc que, comme une fonction économique, l'agriculture est obligée de se soumettre à un certain nombre de lois et que la loi fondamentale pour la prospérité économique dans tous les domaines c'est le maintien et la stabilité de la monnaie. Tel est l'objectif et le seul objectif de notre Plan de stabilisation et j'ajoute qu'il n'y a pas une catégorie sociale en France qui ait autant souffert des dévaluations successives et des dégradations de la monnaie que la classe paysanne. Et d'ailleurs, nous le savons chaque fois que nous faisons appel à l'épargne, chaque fois que nous faisons appel à la confiance du pays, c'est dans les milieux paysans que nous trouvons la réponse toujours directe à cette question : la paysannerie est et reste pour la stabilité de la monnaie. Eh bien ! C'est là l'objectif de notre Plan. Il peut demander des sacrifices à tous, il en demande à tous. Nous avons, me disiez-vous, nuit à l'évolution que vous espériez des prix agricoles cet automne en écartant par avance certaines revendications d'augmentation mais nous avons aussi bloqué la totalité des prix industriels. Ils le sont ; ils sont bloqués et ils le resteront et s'il y en a qui ont des exemples précis à fournir aux services du ministère des Finances concernant des augmentations de prix des produits industriels depuis le 12 septembre il leur est facile de les faire connaître et le ministère des Finances donnera suite aux enquêtes nécessaires. Il y a, mesdames et messieurs, une deuxième nécessité pour la fonction économique agricole comme pour toute autre : c'est d'avoir un marché. Il ne suffit pas de produire il faut encore avoir des consommateurs. Il ne suffit pas d'offrir, il faut trouver des demandeurs et la prospérité d'un producteur ne peut être que dans l'extension de la consommation. Il est absolument illusoire de s'imaginer que par des méthodes d'un dirigisme désuet on aboutira à faire que ce qui est produit en trop soit consommé. Il faut donc ouvrir des marchés. Telle est notre loi et telle est votre loi, dirai-je aussi, notre volonté.

Or, c'est cela, en même temps que notre effort pour la stabilisation monétaire, c'est cela l'effort essentiel du Gouvernement : trouver aux productions de l'agriculture française qui augmentent en quantité considérablement par suite des moyens modernes divers, trouver à ces produits des marchés pour les consommer. Et c'est là que nous travaillons avec une force politique, une puissance de pression politique sur nos amis et alliés de l'Europe des Six dont je lis quelque fois les critiques, et bien ! C'est en réalité pour les agriculteurs qu'en permanence nous faisons pression sur nos amis pour réaliser ce Marché commun agricole et c'est pour ce Marché commun agricole que le ministre de l'Agriculture ici présent passe, on peut le dire, des journées et des nuits à Bruxelles. C'est là, selon nous, la seule solution durable, valable pour l'agriculture française et c'est pourquoi, je le répète, au-delà des actions particulières que nous faisons, que M. Blondelle rappelait mais que je ne veux pas évoquer ici car ce n'est pas l'heure de faire valoir les réalisations du Gouvernement, au-delà de certaines lacunes qui ont pu se produire et que nous tâchons jour après jour de combler, nos deux axes, je le répète, restent la stabilité de la monnaie d'une part, la réalisation du Marché commun agricole d'autre part. J'ajoute que les deux sont liés car si la monnaie française n'est pas stable il n'y aura pas de Marché commun [...]. Et c'est en même temps un marché de 200 millions d'habitants ouvert en priorité à ses agriculteurs européens, c'est-à-dire avant tout aux agriculteurs français. Que ceux qui ne veulent pas voir que là est l'avenir des paysans de demain dont on parlait, que ceux qui ne veulent pas voir que là est l'avenir d'une agriculture française et d'une paysannerie française, sachent bien qu'ils se trompent et que c'est parce que nous menons cette action que leurs enfants pourront être à la terre et que leurs enfants pourront vivre.

Voilà rapidement [...] l'essentiel de ce que nous pensons, voilà l'essentiel de ce que nous faisons et j'ajoute pour terminer qu'en toute sincérité jamais il n'y a eu au Gouvernement, que ce soit aux Finances, à l'Agriculture ou à la place du Premier ministre d'hommes qui donnent une dernière place à l'Agriculture avec autant d'intensité, aux problèmes agricoles, et je souhaite que tous les agriculteurs veulent bien s'en rendre compte et même s'ils ont des reproches ou des revendications à fournir qu'ils aient quand même dans le cœur un peu de reconnaissance de même que nous avons gardé dans le cœur un peu d'affection et même beaucoup d'affection pour nos paysans.

*

* *

Il s'agit de confronter des intérêts sectoriels et l'intérêt général. Il s'en explique lors d'un dîner offert par les Jeunes Patrons, le 27 avril 1964, en répondant à Robert Bardot.

*

Extrait d'une interview de Georges Pompidou 27 avril 1964[13]

[...]

Robert Barbot : Compte tenu du rapport de M. le président Toutée[14], quelle réponse votre Gouvernement entend-il apporter aux revendications des salariés de l'État, et plus généralement quels enseignements tirez-vous pour l'avenir de la pratique des conférences et tables rondes quant à la forme d'association des représentants des forces syndicales et professionnelles, des personnalités qualifiées et des représentants des pouvoirs publics à l'examen des grands problèmes économiques et sociaux du pays ?

Georges Pompidou : [...] Lorsqu'on croit profondément, comme moi, à la nécessité d'une collaboration étroite entre l'État et les organisations professionnelles et syndicales, on est un peu embarrassé. Dans un premier temps, on voit arriver un certain nombre de gens qui vous disent : « c'est épouvantable, il n'y a aucune collaboration, nous ne sommes pas tenus au courant, nous ne savons rien, il n'y a qu'oukases, diktats, etc. » À quoi je leur réponds depuis deux ans que je souhaite pour ma part une collaboration plus étroite. À plusieurs reprises, nous en avons donné des marques par les entretiens multiples que j'ai pu avoir personnellement en dehors même des contacts constants qu'ont mes collaborateurs et qu'ont les ministres compétents avec les organisations syndicales sans compter que nous avons réuni dans des organismes les diverses organisations professionnelles et syndicales dans des Comités et des Commissions tellement nombreux qu'un des plus grands syndicats ouvriers m'a dit récemment « ne nous créez plus d'organismes, il y en a tellement qu'on ne sait plus où donner de la tête, il y en a trop ! »[15]

Nous avons donc fait l'effort voulu, mais alors est apparue chez les organisations professionnelles et syndicales une sorte de réaction d'autodéfense : « Est-ce que nous n'allons pas vers l'intégration du syndicalisme dans l'État ; est-ce qu'on ne veut pas nous mener vers une espèce de corporatisme où l'État assimilerait le syndicalisme pour mieux le dévorer, en quelque sorte, et pour mieux le détruire ? » Eh

---

13 CHAN, 5AG2/1086.

14 Jean Toutée, président de section au Conseil d'État, a remis au Gouvernement, le 31 décembre 1963, un rapport sur les procédures de négociation des salaires dans le secteur public.

15 Cette multiplication concerne également l'agriculture. Une remise en ordre pour en limiter le nombre et fixer leurs attributions est effectuée par un décret du 3 août 1964 portant sur une refonte des organismes consultatifs siégeant auprès du ministère de l'Agriculture.

bien, en toute bonne foi, ce n'est pas ma position. En toute bonne foi, je crois, au contraire, qu'une participation constante des organisations syndicales et professionnelles, que ce soit à l'élaboration du Plan, que ce soit à la détermination de la politique économique de l'État, que ce soit en ce qui concerne les rapports sociaux, que ce soit en ce qui concerne les problèmes annexes que pose au monde du travail, des entreprises, la vie quotidienne dans le métier et hors du métier, je crois que pour toutes ces questions, il est capital d'associer les organismes syndicaux et professionnels à l'action de l'État. Je crois que l'action de l'État ne peut pas être bonne si elle ne repose pas sur une information approfondie, sur une collaboration qui ne veut nullement être une annexion, qui ne veut nullement dire que les organismes syndicaux et professionnels cautionnent la politique du Gouvernement, mais simplement qu'ils sont associés pour donner leur avis dans les domaines de leur compétence. Nous cherchons à le faire sur le plan départemental et régional à l'heure actuelle ; nous chercherons à le faire sur le plan national, nous chercherons à le faire en particulier pour l'élaboration d'une politique des revenus et je voudrais plaider la sincérité en disant qu'il n'y a, dans cette politique, que la volonté de donner au travail gouvernemental de meilleures bases et de créer un meilleur climat social et en rien de demander des approbations politiques dont je suis pour ma part convaincu que les syndicats et les organismes professionnels auraient le plus grand tort de les donner à qui que ce soit du Gouvernement ou de l'opposition.

CHAPITRE II

Les principes de la collaboration entre les pouvoirs publics et les milieux agricoles

Le Premier ministre interpelle fréquemment les organisations agricoles ou leurs responsables pour stimuler un dialogue constructif. Et il n'hésite pas à répondre personnellement à certains courriers qui lui sont adressés pour montrer l'intérêt qu'il porte aux questions agricoles et pour faire passer le message de la révolution agricole. En septembre 1962, par exemple, il répond aux dirigeants du CNJA qu'il partage leurs vues en s'efforçant de répondre à leurs attentes de manière concrète, son objectif étant « de se préoccuper, jour après jour, en liaison avec les organisations professionnelles, de la rénovation de notre agriculture ». Georges Pompidou souligne que leur lettre « est significative de la profonde mutation qu'accomplit actuellement l'agriculture française. Avec le recul de l'histoire ce phénomène humain apparaîtra comme une des dominantes de la vie de notre pays au cours des années soixante, et je me plais à reconnaître, qu'aux côtés de leurs aînés, les jeunes agriculteurs auront largement contribué à cette mutation. Dès mon arrivée à l'Hôtel Matignon j'ai tenu à vous recevoir et vous avez alors esquissé devant moi un tableau de vos préoccupations et des réalisations qui vous tenaient à cœur ».[1]

Partisan d'une collaboration avec les organisations professionnelles agricoles, Georges Pompidou n'hésite cependant pas à les tancer lorsqu'il estime que leurs positions ne sont pas conformes à l'intérêt de la France, en particulier à l'époque de la crise de la « chaise vide ».

*

[1] CHAN, 92AJ/1, pour de plus larges extraits, voir p. 53.

Extrait d'une interview de Georges Pompidou 9 mars 1965[2]

[…]

Vous vous rappelez, à l'automne, lorsque le Gouvernement a eu à faire face au mécontentement des organisations professionnelles agricoles : à ce moment là, un certain nombre de prophètes de malheurs, de tenants d'un système périmé, se sont réjouis ; ils ont cru avoir leur revanche, ils ont crié à la catastrophe ; ils ne croyaient pas, ils ne pouvaient pas croire que nous fussions sincères et clairvoyants quand nous disions que la voie de l'avenir pour l'agriculture française était le Marché commun. En tout cas, souhaitaient-ils que nous échouions ? Je n'en sais rien ; mais ils ne faisaient rien pour nous aider. Et jamais nos campagnes n'avaient reçu la visite de tant de revenants, pleins de sollicitude. Nous avons mené notre politique, nous avons déjoué tous ces calculs et nous avons, à Bruxelles, gagné la bataille de l'agriculture française.[3]

*

* *

Sur cette question du Marché commun agricole, les échanges des professionnels avec le Gouvernement de Georges Pompidou sont parfois vifs, en particulier au cours de l'année 1965.

*

Lettre des organisations professionnelles à Edgard Pisani 22 juin 1965[4]

Monsieur le ministre,

Les organisations agricoles françaises ont été vivement surprises et préoccupées par les informations publiées et les déclarations faites à la suite de la session des 14 et 15 juin du Conseil des ministres de la Communauté.

Elles ont en effet constaté que le Gouvernement français avait pris l'initiative du rejet des propositions de la Commission européenne en ce qui concerne le règlement financier, laissant ainsi supposer qu'il pouvait

---

[2] CHAN, 5AG2/1087.

[3] Le Premier ministre fait référence à l'accord du 15 décembre 1964 sur les prix européens des céréales.

[4] CHAN, 92AJ/1. Cette lettre est transmise par le ministre à Georges Pompidou, afin de préparer son entretien du 30 juin 1965 avec G. de Caffarelli.

y avoir de sa part un changement d'orientation de sa ligne de conduite dans le domaine de la Politique agricole commune, et du développement du Marché commun. Cette attitude préoccupe d'autant plus nos organisations agricoles, qu'elles avaient pu constater, en maintes occasions, la concordance de l'action du Gouvernement français avec les propositions de la Commission, cette concordance ayant eu des effets bénéfiques pour la réalisation accélérée de la Politique agricole commune.

L'opinion agricole est profondément troublée.

Sans entrer dans une argumentation juridique ou de procédure, elle considérait, notamment à la suite du communiqué du Conseil des ministres français, du 16 décembre dernier, que les accords de Bruxelles du 15 décembre 1964 ouvraient la voie à la réalisation du Marché commun agricole dans son intégralité pour le 1er juillet 1967. Elle estime aujourd'hui que les discussions du Conseil des ministres de la Communauté des 14 et 15 juin, ont pour conséquence de retarder tout à la fois la fixation de prix communs des principaux produits agricoles, l'unification des marchés, et la mise en œuvre d'un financement communautaire, aussi bien de la politique des marchés que de la politique sociale et des structures.

Le Gouvernement ayant en maintes circonstances déclaré que nombre de décisions fondamentales de la politique agricole française suivraient nécessairement les décisions prises dans le cadre de la Communauté européenne, l'opinion agricole considère que ces décisions longtemps remises seront encore retardées.

Pour les agriculteurs français qui se sont, dès l'origine, prononcés en faveur du Marché commun, il était de toute évidence que les accords du 15 décembre 1964 étaient le point de départ d'une accélération en matière de Politique agricole commune qu'ils considéraient comme nécessaire et inéluctable, sans se cacher aucune des difficultés que cette accélération portait en elle. Ils faisaient ainsi preuve d'une volonté d'adaptation et de modernisation dont il serait souhaitable que soient inspirés les autres grands secteurs de l'activité nationale.

Pour les organisations professionnelles agricoles qui ont très souvent été associées à la préparation des discussions de Bruxelles et qui n'ont jamais cessé de suivre le déroulement de l'application du traité de Rome, les propositions de la Commission européenne concernant le règlement financier étaient dans la logique des choses, et ces organisations sont aujourd'hui conduites à se poser un certain nombre de questions.

En premier lieu, elles désireraient savoir si un changement important est intervenu dans la politique du Gouvernement français à l'égard de la réalisation intégrale de la Communauté économique européenne et de l'accélération de la Politique agricole commune.

En deuxième lieu, elles désireraient savoir dans quelle mesure la position prise par le Gouvernement français à Bruxelles est susceptible de modifier les grandes orientations que le Gouvernement avait décidé de donner au Ve Plan ; les accords du 15 décembre avaient semblé concrétiser l'orientation « normative » du Ve Plan concernant l'augmentation de 5,5 % par an du revenu des exploitations agricoles. L'arrêt de la détérioration des revenus agricoles et le « rattrapage » prévu de 2 % par an des revenus agricoles paraissaient possible grâce aux ajustements de prix qui résultaient de l'accélération de la Politique agricole commune.

Par ailleurs, les équilibres du Plan s'accompagnent tout particulièrement de toutes les conséquences de cette accélération qui aboutissait en particulier à la responsabilité financière totale de la Communauté pour l'ensemble des produits à partir du 1er juillet 1967.

Sur des points plus limités, mais non moins importants, les organisations agricoles se permettent de formuler les remarques suivantes. Elles regrettent vivement l'abandon de l'affectation automatique des prélèvements au budget communautaire dès le 1er juillet 1967, celle-ci devant avoir le double effet de garantir :

- d'une part, le jeu de la préférence communautaire ;
- d'autre part, un financement automatique des dépenses à la charge du FEOGA, qu'il s'agisse des marchés, des structures ou des mesures sociales.

Aucun engagement n'a été encore pris concernant la fixation de prix communs et la responsabilité communautaire intégrale des marchés pour les principaux produits agricoles autres que les céréales et produits transformés, alors que les propositions de la Commission aboutissaient nécessairement à ces dispositions fondamentales. Il n'est sans doute plus nécessaire d'insister sur les conséquences graves du maintien prolongé d'un déséquilibre entre les différentes productions, les différentes catégories d'agriculteurs et les différentes régions de la France et de la Communauté. Le maintien prolongé de ces distorsions aura, sur le plan économique et social comme sur le plan politique, les plus sérieux inconvénients.

L'acceptation des propositions de la Commission incluait aussi le maintien de la position adoptée par la Communauté européenne, en vue des négociations au GATT. Le fait qu'aucun engagement formel n'existe plus dans le domaine de la fixation de prix européens communs à brève échéance affaiblit la position de la CEE et rend beaucoup plus incertaine la valeur de la méthode des négociations sur la base des montants de soutien[5].

En conclusion, les organisations agricoles françaises sont conduites à constater que le rejet des propositions de la Commission entraîne simultanément le rejet des conséquences que ces propositions comportaient implicitement. Elles vous demandent donc, M. le ministre, de bien vouloir leur faire connaître quelles sont les positions et le calendrier que le Gouvernement français entend défendre concernant le développement de la Politique agricole commune qui commande le développement de la politique agricole française dans le cadre du Ve Plan.

Elles vous confirment qu'elles attachent à la présente demande une extrême importance et qu'elles demeurent convaincues que le Gouvernement voudra bien répondre avec précision aux très profondes inquiétudes de l'opinion agricole.

Veuillez agréer, M. le ministre, l'assurance de notre haute considération.

*

* *

Et suite à la décision française du 30 juin 1965, de ne plus siéger au Conseil des ministres de la CEE, le ton monte.

*

Lettre de MM. de Caffarelli, Guillaume[6], Blondelle et du Douët de Graville à Georges Pompidou 27 juillet 1965[7]

Monsieur le Premier ministre,

Nous avons l'honneur de porter à votre connaissance que les dirigeants de l'Assemblée permanente des présidents des Chambres d'agriculture, de la Fédération nationale des syndicats d'exploitants agricoles,

---

5 Il s'agit d'un système d'évaluation globale des soutiens agricoles nationaux élaboré par l'OCDE en vue de comparaisons aussi fiables que possible.

6 F. Guillaume, né en 1932, est secrétaire général adjoint (1963) puis président du Centre national des jeunes agriculteurs (CNJA) de 1964 à 1968. Il devient par la suite secrétaire adjoint dès 1972 de la Fédération nationale des syndicats d'exploitants agricoles (FNSEA) avant d'en devenir le président en 1979. Il fut également membre du Conseil économique et social au titre des organismes agricoles (1964-1968).

7 Documentation des Chambres d'agriculture. Les auteurs sont les présidents de la FNSEA (G. de Caffarelli), du CNJA (F. Guillaume), des Chambres d'agriculture (R. Blondelle) et de la CNMCCA (G. du Douet de Graville).

du Centre national des jeunes agriculteurs et de la Confédération nationale de la mutualité, de la coopération et du crédit agricoles réunis en séance restreinte du Comité français des relations agricoles internationales ce jour, ont appris avec un vif intérêt que la Commission européenne avait établi et adressé aux six Gouvernements un mémorandum sur le financement communautaire de la Politique agricole commune.

Après la constatation de la dégradation du revenu de l'agriculture, faite par la Commission des comptes de l'agriculture, il leur paraît essentiel que des éléments de certitude sur l'évolution de leurs conditions de travail et de vie soient fournis aux agriculteurs par les orientations du Ve Plan.

Ils estiment que la prolongation de la crise actuelle et l'absence de progression en matière de Politique agricole commune qui risquent d'en résulter vont remettre en cause les options votées par le Parlement français en ce qui concerne le Ve Plan.

Ils souhaitent que le Conseil des ministres de la CEE parvienne prochainement à un accord sur le règlement financier nécessaire à l'achèvement du Marché commun agricole et à la poursuite de toute la politique communautaire.

Ils ont l'honneur de vous demander de bien vouloir leur indiquer si le Gouvernement français considère que les conditions d'une reprise des négociations à Bruxelles sont maintenant remplies.

Nous vous prions d'agréer, monsieur le Premier ministre, l'expression de notre haute considération.

*

* *

La fermeté de Georges Pompidou face aux organisations professionnelles agricoles s'exprime pendant le second semestre de 1965. Interpellé par l'ensemble des organisations agricoles qui souhaitent que le Gouvernement revienne sur sa décision, Georges Pompidou répond sèchement, le 17 août 1965, à Gérard de Caffarelli, président de la FNSEA.

*

Lettre de Georges Pompidou à Gérard de Caffarelli 17 août 1965[8]

Monsieur le Président,

Vous m'avez, ainsi que plusieurs présidents d'organisations professionnelles agricoles, adressé une lettre relative aux négociations de Bruxelles.

Il ne vous échappe pas, je pense, que les négociations internationales relèvent de la seule compétence du Gouvernement, responsable devant le pays et comptable des intérêts de la nation.

Au surplus, ces intérêts et, notamment, ceux de l'agriculture française n'ont cessé, depuis quatre ans, d'être défendus à Bruxelles par le Gouvernement dans des conditions qui lui méritent, je l'espère, l'appui et la confiance des citoyens.

Veuillez agréez, Monsieur le président, l'expression de mes sentiments les plus distingués.

*
* *

Cette réponse donne lieu à des réactions professionnelles incisives.

*

Communiqué des organisations agricoles 1er septembre 1965[9]

Le 27 juillet 1965, les organisations professionnelles agricoles avaient adressé au Premier ministre la lettre suivante[10]. [...]

Devant une telle prise de position, les organisations professionnelles agricoles affirment qu'il est de leur rôle et de leur devoir, conformément au préambule de la Constitution, de faire connaître l'avis de leurs mandants sur toutes les questions concernant les agriculteurs. Elles entendent poursuivre leur mission, les négociations de Bruxelles entrant particulièrement dans ce cadre.

Elles considèrent que les nouvelles propositions présentées par la Commission européenne dans son mémorandum du 22 juillet constituent une base satisfaisante pour la reprise des négociations et qu'à

---

8 Documentation des Chambres d'agriculture.

9 Documentation des Chambres d'agriculture.

10 La lettre est celle du 27 juillet 1965, retranscrite ci-dessus.

défaut de cette reprise, c'est le traité de Rome lui-même et son application qui sont en cause. Cette semaine de retard dans la reprise du dialogue est gravement préjudiciable aux intérêts des agriculteurs comme à l'économie générale du pays et compromet l'ensemble de la construction européenne.

La dégradation officielle constatée du revenu agricole, le choix des options agricoles du Ve Plan votées par le Parlement, le retard en matière d'investissement agricole et d'adaptation régionale ne sont pas de nature à inciter les agriculteurs à accorder appui et confiance à la politique agricole du Gouvernement.

*

* *

Communiqué CFRAI
15 septembre 1965[11]

Les organisations agricoles françaises, réunies au sein du CFRAI le 5 septembre 1965, ont examiné les conséquences que les déclarations du président de la République, le 9 septembre pouvaient avoir pour l'agriculture française.

Elles ont constaté qu'il y avait des divergences entre les points de vue du chef de l'État et les positions constamment exprimées par les organisations agricoles. Ces divergences portent notamment sur trois points.

Les organisations contestent que le soutien de l'agriculture constitue un poids très lourd pour l'économie nationale et un handicap dans la concurrence industrielle.

Elles rappellent que le traité de Rome s'étend à l'agriculture et au commerce des produits agricoles, et qu'il contient des dispositions spéciales et précises pour la réalisation d'une Politique agricole commune. D'ailleurs, jusqu'au 30 juin, les négociateurs français se sont appuyés sur les clauses du traité et se sont félicités des résultats obtenus en matière agricole.

Elles estiment que les premières étapes de la Politique agricole commune témoignent d'une mutuelle compréhension des agriculteurs des Six pays et de l'action efficace des institutions communautaires.

---

11 Documentation des Chambres d'agriculture. Le CFRAI est le Comité français pour les relations agricoles internationales. Il associe des représentants des organisations professionnelles pour élaborer des prises de position communes, principalement sur les questions européennes.

Les organisations professionnelles ont décidé de faire connaître les motifs de leurs graves préoccupations car la rupture des négociations à Bruxelles et le blocage du Marché commun mettent en péril les résultats déjà acquis, sapent les bases du Ve Plan et compromettent les objectifs de la Politique agricole commune prévue au traité.

*
* *

Dans l'allocution qu'il prononce à Rodez le 14 mai 1966, Georges Pompidou reconnaît cependant qu'il existe une collaboration positive entre l'État et la profession et souhaite qu'elle perdure.

*

Extrait de l'allocution de Georges Pompidou à Rodez 14 mai 1966[12]

[…]

[La politique agricole] sera d'autant plus efficace qu'elle pourra être conduite en accord avec la profession, c'est-à-dire avec les agriculteurs eux-mêmes. Loin de chercher la solution dans des décisions de bureaucrates ou de technocrates, nous entendons associer à notre action tous ceux qui y sont intéressés, les consulter avant les décisions, les faire participer à leur application ; que ce soit dans les commissions du Plan, dans les commissions de développement économique régional, dans les délibérations ou la gestion du FORMA, dans la répartition des aides budgétaires, dans la politique de crédit agricole, nous comptons sur les agriculteurs et sur leurs représentants qualifiés pour nous aider à réaliser la grande transformation économique qui donnera au monde rural la parité du niveau de vie et la participation à la prospérité nationale qu'il réclame à juste titre et que nous avons les premiers inscrites dans la loi.

*
* *

La même année, en décembre, dans une allocution prononcée à la séance de clôture de l'Assemblée des Chambres d'agriculture, il ne se contente pas de justifier certaines orientations gouvernementales auprès de ses interlocuteurs mais saisit l'occasion pour mettre l'accent sur une certaine convergence de vues, soit « un accord général sur les grandes lignes de la politique agricole, dont les objec-

12 CHAN, 5AG2/1086.

tifs sont admis par les différents responsables professionnels ». Le chef du Gouvernement relève une large entente mais souhaite que les méthodes et les moyens soient améliorés « avec le ferme appui de toutes les organisations professionnelles et dans le cadre d'un aménagement du territoire cohérent ».

*

Allocution prononcée par Georges Pompidou lors de la séance de clôture de l'Assemblée permanente des Chambres d'agriculture 9 décembre 1966[13]

L'agriculture française traverse actuellement une phase d'évolution rapide. C'est le mérite de l'exposé de M. Blondelle, que de le constater, et d'en tirer les conséquences, en même temps que de présenter une synthèse des mesures qui, dans des domaines variés – économique, financier, social, international – sont susceptibles de dominer et de diriger cette évolution, autrement dit, une politique agricole.

Nous constatons d'ailleurs actuellement, en France, un accord général sur les grandes lignes de la politique agricole, dont les objectifs sont admis par les différents responsables professionnels. Mais nous sentons tous, en même temps, plus ou moins clairement, que les méthodes selon lesquelles ces objectifs sont poursuivis, méritent d'être perfectionnées, et que l'emploi des moyens dont nous disposons devrait être repensé.

L'accord auquel nous sommes maintenant parvenus, sur les principes et les objectifs de la politique agricole, est un fait, que suffit à prouver l'allocution que nous venons d'entendre. Il m'est en effet possible, en tant que chef du Gouvernement, d'en approuver les propositions essentielles.

Nous vivons, tout d'abord, dans un monde sous-alimenté. Les rations moyennes par personne, calculées en calories, sont actuellement, dans la plupart des pays sous-développés, inférieures de 5 à 10 % à ce qu'elles étaient avant 1939. Il existe donc, pour la production agricole, une demande potentielle considérable. Malheureusement, cette demande n'est pas solvable. Les peuples qui ont faim ne peuvent acheter les denrées alimentaires produites en excédent dans les pays industrialisés. Il faut donc les leur donner. Mais ce don ne peut être le fait des producteurs agricoles eux-mêmes, qui attendent un revenu du produit de leur travail. Il doit donc provenir, soit des États nationaux, agissant isolé-

[13] CHAN, 5AG2/1087.

ment ; soit d'un arrangement international. Mais, dans le premier cas, l'action de l'État national est forcément limitée : il ne peut mettre en péril les finances publiques, ni la compétitivité de l'économie, en leur imposant des charges nettement plus fortes que celles qui pèsent sur les autres pays industriels. En France notamment, nous avons constaté, depuis quinze ans, quelles étaient les limites économiques et financières qui s'opposaient à une extension inconsidérée de la politique de subvention à l'exportation des produits agricoles.

Il faut donc que tous les États industrialisés se rassemblent – ou qu'un certain nombre d'entre eux s'entendent – pour assumer les charges de ces subventions, selon une clé de répartition différente bien entendu, des exportations agricoles de chacun, faute de quoi l'on se trouverait ramené au cas précédent. C'est la solution qu'a cherché à faire progresser sans relâche la diplomatie française, depuis huit ans : sur le plan international, plan dit « Baumgartner-Pisani » ; sur le plan européen : règlement financier de la Politique agricole commune.

Selon le plan Baumgartner-Pisani, chaque État industrialisé financerait les exportations alimentaires à destination des pays sous-développés, non plus en fonction du volume de ses propres exportations agricoles, mais en fonction de ses capacités contributives réelles mesurées, par exemple, par son produit national. C'est une solution que nos partenaires, anglo-saxons, notamment, n'ont pas acceptée.

Sur le plan européen, cependant, c'est une solution de ce type que nous avons réussi à faire adopter, vous savez tous après quelles difficultés. Mais, tant qu'un mécanisme de ce genre ne sera pas institué, sur le plan mondial, la disette alimentaire dans les pays sous-développés coexistera avec les excédents alimentaires dans les pays industrialisés.

Vous avez d'autre part, monsieur le Président, défini l'agriculture française actuelle comme une agriculture destinée à se moderniser, et même à s'industrialiser. Aider à cette modernisation : telle est la politique du Gouvernement, que ce soit lorsqu'il s'agit d'aider ceux des agriculteurs qui n'en disposent pas encore, à posséder et à cultiver des exploitations d'une surface suffisante pour qu'elles soient viables ; ou lorsqu'il s'agit d'aider les exploitants à acquérir une meilleure formation professionnelle, ainsi qu'à créer des moyens de production et de transformation plus puissants, ou lorsqu'il s'agit de mettre à leur disposition les équipements collectifs indispensables.

En ces matières, la politique du Gouvernement a parfois été déformée, mal présentée ou mal comprise. On en a fait une politique des surfaces, alors que la superficie des exploitations n'est qu'un élément parmi tous ceux qui concourent à sa modernisation, et rarement le plus déterminant. Or, il suffit d'examiner la répartition des financements du

Crédit agricole, ou des dépenses inscrites au budget du ministère de l'Agriculture, pour constater que leur plus grande partie est consacrée au financement des investissements productifs, et non à celui des transferts fonciers.

De cette politique gouvernementale, certains ont fait également une politique hostile aux petits agriculteurs, poursuivis par je ne sais quelle volonté de les faire disparaître. Or, rien n'est plus faux. La vérité, c'est que jamais, dans l'histoire de l'agriculture française, tant d'efforts n'auront été dépensés, qu'au cours de ces dernières années, pour la survie de l'exploitation de type familial, et pour faciliter l'accession du plus grand nombre possible de petits agriculteurs à une situation économique viable, c'est-à-dire leur permettant de se procurer un revenu satisfaisant. La preuve de ce que j'avance est facile à rechercher dans tous les domaines : prêts fonciers du Crédit agricole, subventions à l'habitat rural, organisation des marchés et soutien des cours, enseignement et formation professionnelle, etc.

Le Gouvernement est d'accord avec vous, enfin, pour considérer que l'objectif final de toute la politique agricole est l'augmentation du revenu des agriculteurs eux-mêmes. C'est en termes de revenu que se résument, en définitive, tous les problèmes internes à l'exploitation agricole, que nous venons d'évoquer. Et c'est finalement en termes de revenu que se traduisent les réalisations accomplies dans les domaines de la protection sociale des agriculteurs, de la modernisation des circuits de distribution des produits alimentaires, ou du relèvement des prix à la production, chaque fois qu'il est compatible avec les données de l'équilibre économique général.

S'il existe donc, actuellement, en France, une large entente sur les objectifs de la politique agricole, il n'en demeure pas moins que le problème des méthodes et des moyens n'est pas entièrement résolu. Ce n'est pas qu'il se trouve, entre les professionnels et les pouvoirs publics ou à l'intérieur de la profession, de sérieuses divergences. C'est plutôt que nous sommes, les uns et les autres, à la recherche de solutions satisfaisantes, que nous n'avons pas encore trouvées, et que nous devons rechercher ensemble.

Nos méthodes doivent être perfectionnées. En effet, comme vous le remarquez justement, les questions agricoles se régionalisent de plus en plus nettement, et des réponses régionales doivent par conséquent leur être apportées. Le Gouvernement s'efforce d'y parvenir lors de la répartition, entre les régions de programme, des différentes actions sectorielles financées par le budget du ministère de l'Agriculture ou la Caisse nationale de Crédit agricole. C'est ainsi, par exemple, que les quatre départements bretons absorbent, selon les années, entre 16 et 20 % des crédits de remembrement, environ 17 % des crédits d'équipement pour l'enseignement agricole, et 12 % du volume des prêts fonciers du Crédit agricole.

On peut cependant considérer, comme vous le faites, que « les exploitations critiques étant plus nombreuses dans certaines parties du territoire, il est plus simple et plus sûr de les atteindre par un plan de régionalisation de l'action agricole, que de chercher à résoudre le cas de chacune d'elles par des actions catégorielles ». Je ne crois pas cependant que ce soit par l'effet d'une organisation systématique, et généralisée à l'ensemble du territoire national, que cette régionalisation des interventions agricoles puisse facilement être atteinte. Je crains en effet que, dans ce cas, les revendications des différentes parties prenantes ne s'annulent les unes les autres, et qu'en définitive les actions utiles à telle ou telle région ne puissent être entreprises. Si donc, il est souhaitable de progresser dans la direction que vous indiquez, il est nécessaire de ne le faire qu'avec prudence et avec souplesse[14].

Deux mesures gouvernementales récentes vont en ce sens. C'est tout d'abord la réforme de la vulgarisation selon laquelle est créé, dans chaque département, un service d'utilité agricole, rassemblant désormais toutes les interventions qui étaient autrefois éparses, et dans le fonctionnement duquel les Chambres d'agriculture jouent un rôle de premier plan[15]. C'est ensuite la création d'un établissement public pour l'amélioration des structures des exploitations agricoles, au sujet duquel un décret sera prochainement publié[16]. Il est prévu, en effet, que cet établissement passera, pour la distribution des crédits du FASASA, des conventions avec des organisations locales, dont la compétence géographique et les attributions pourront être très variées. Dans certains cas, ces organisations seront simplement les anciens échelons locaux de l'Association pour les mutations professionnelles en agriculture (AMPRA) ou de l'Association pour les migrations et l'établissement rural (ANMER)[17]. Mais chaque fois qu'au niveau local des initiatives en ce sens se seront affirmées, les conventions seront passées avec des organismes dont la vocation dépassera le domaine d'utilisation des

---

[14] Le Premier ministre affirme son attachement à la stratégie des zones spéciales d'aménagement rural pour lesquelles il convient de prendre des mesures bien ciblées. Il confirme cette approche en 1967 en lançant sa politique de rénovation rurale.

[15] Suite au décret n° 66-744 du 4 octobre 1966 relatif au financement et à la mise en oeuvre des programmes de développement agricole sont institués des Services d'utilité agricole et de développement (SUAD) dont la gestion et le fonctionnement incombent aux Chambres départementales d'agriculture.

[16] Il s'agit du Centre nationale pour l'aménagement des structures des exploitations agricoles (CNASEA) créé par décret du 21 novembre 1965.

[17] Organisations antérieurement chargées des missions dévolues aux pouvoirs publics pour traiter les problèmes de migration internes à l'agriculture ou de reconversions.

crédits du FASASA : Sociétés d'aménagement agricole, par exemple, telles que le Bas-Rhône-Languedoc, ou que la SOMIVAL. Ainsi sera encouragée, dans les régions agricoles où cela sera le plus nécessaire, cette prise en considération synthétique des problèmes, que vous souhaitez à juste raison.

Je ne suis pas opposé, d'autre part, à une différenciation, selon les régions, des conditions d'attribution de certaines aides financées sur fonds publics. Mais une telle différentiation doit être soigneusement étudiée ; il faut s'assurer qu'existent des critères précis, en particulier en ce qui concerne la situation démographique de chaque région agricole et la répartition des exploitations. Il faut aussi ne l'entreprendre qu'avec le ferme appui de toutes les organisations professionnelles et dans le cadre d'un aménagement du territoire cohérent.

Un autre organisme essentiel, à propos duquel nos méthodes de travail doivent être adaptées à l'évolution en cours, est le FORMA. Le FORMA est l'une des grandes réussites de notre administration agricole au cours de ces dernières années. Il a instauré de fructueuses habitudes de consultation entre l'administration – Agriculture, mais aussi Finances – et les professionnels. Mais nous entrons maintenant dans une période au cours de laquelle un plus grand nombre de décisions, concernant la gestion courante des marchés agricoles, se prendront à Bruxelles. Il est donc nécessaire d'adapter le rôle du FORMA à cette évolution, en prenant bien garde de conserver ce qui fait l'originalité de cet organisme, à savoir la concertation permanente entre les professionnels et les pouvoirs publics.

Enfin, il est souhaitable que les moyens financiers consacrés à la modernisation de l'agriculture française, soit par l'État, soit par le système financier et monétaire pris dans son ensemble, soient passés en revue, afin d'être employés avec plus d'efficacité. Je fais allusion notamment aux procédures d'aides aux industries agricoles et alimentaires, ainsi qu'à l'emploi de ces aides par le Comité VI du FDES[18], dont se préoccupe activement, vous le savez, un sous-groupe du Comité de développement industriel, dirigé par M. le commissaire général au Plan, et à l'examen de l'ensemble des circuits financiers intéressant l'agriculture, notamment par l'intermédiaire de la Caisse nationale de Crédit agricole, auquel s'attachent, depuis plusieurs mois, le Commissariat général au plan, le ministère de l'Agriculture, et le ministère des Finances. Mais il s'agit là, pour l'instant, de travaux préparatoires destinés à se poursuivre encore pendant plusieurs mois, et sur les résultats desquels la profession sera largement consultée, avant qu'éventuellement des mesures soient adoptées.

---

18 Il s'agit du Fonds de développement économique et social.

Je viens de citer un certain nombre de préoccupations concrètes, qui sont actuellement celles du Gouvernement, et qui toutes se situent dans la ligne que nous venons de définir ensemble. Les difficultés d'application sont nombreuses, et les erreurs sont inévitables. L'essentiel est que nous les affrontions ensemble, dans le désir d'éviter les querelles abstraites, et dans la volonté de travailler à l'amélioration concrète du sort du plus grand nombre possible d'agriculteurs. Telle est la volonté de mon Gouvernement, et telle est également celle des Chambres d'agriculture, comme j'ai été heureux, M. le président, de le constater en vous écoutant.

*

* *

Par la suite, on retrouve en permanence une volonté de collaboration affichée dans ses interventions publiques à l'intention des organisations professionnelles. Il en est ainsi en juin 1967. À l'occasion de l'inauguration de la Maison des Chambres d'agriculture, commune à l'APCA et à la FNSEA, il se réjouit de se rapprochement entre la représentation publique du monde agricole et le syndicalisme agricole.

*

Allocution de Georges Pompidou pour l'inauguration de la Maison des Chambres d'agriculture 6 juin 1967[19]

Messieurs les Présidents,

Mesdames, Messieurs,

En écoutant tout à l'heure M. Collet, je pensais que l'agriculture qu'on tend à représenter sous les traits d'une vieille dame, ressemblait plutôt, ces dernières années, à un jeune ménage en quête d'un appartement.

En tout cas, ce ménage d'aujourd'hui, symbolisé je pense aux yeux de tous, par la présence à cette tribune conjointement, de M. le président Blondelle, et de M. le président de Caffarelli, ce ménage est aujourd'hui dans ses meubles.

M. le président Blondelle a rappelé tout à l'heure la satisfaction que pouvaient avoir les dirigeants de l'agriculture française, à parvenir ainsi, dans le centre des affaires, et dans le quartier le plus brillant de notre

19 Revue *Chambres d'agriculture* des 1er-15 juillet 1967, p. 10-12.

capitale, à affirmer la présence de l'agriculture française[20]. Car c'est bien de cela qu'il s'agit, et, passée la satisfaction de toute inauguration, de toute entrée dans ses meubles, c'est avant tout, de travailler au service de l'agriculture, de représenter dignement l'agriculture, qu'il s'agissait quand votre Assemblée permanente a entreprise, il y a quelques années, cette longue quête à la recherche d'un nouveau siège.

Aujourd'hui, vous avez atteint votre but ; vous avez les moyens de travailler ; aussi la possibilité d'affirmer l'importance, dans la vie de la nation, de l'agriculture française.

Cette importance, il arrive quelquefois, non pas qu'elle soit contestée – loin de là – mais que l'évolution semble la diminuer, dans la mesure où cette évolution pousse sur le devant de la scène l'industrie, dans la mesure où l'on parle d'urbanisation. En réalité, l'agriculture reste pour notre pays fondamentale.

La production agricole représente, vous le savez aussi bien et même mieux que moi, encore à l'heure présente au moins 16 % de la production nationale.

Mais il faut ajouter à ce pourcentage, tout ce qui vient s'y greffer, par la transformation, par le conditionnement, de telle sorte qu'en fin de compte, on peut affirmer qu'aujourd'hui la production agricole, représente environ 25 % de la production nationale. D'ailleurs, dans la consommation des ménages, s'il est naturel qu'au fur et à mesure que le niveau de vie s'élève, la part consacrée à l'alimentation diminue et si donc cette part qui était hier encore évaluée à quelque 50 %, est aujourd'hui descendue à peu près au tiers, nous constatons justement que depuis quelques années elle tend à se stabiliser à ce niveau, non pas que la progression du niveau de vie des Français se soit ralentie, mais précisément parce que tout ce qui vient s'ajouter en aval par la transformation, le conditionnement, fait que la valorisation du produit agricole est chaque jour plus grande.

Je n'oublie pas non plus tout ce qui est en amont de cette production, c'est-à-dire tout ce qui dans l'industrie même est conditionné par l'agriculture, est destiné à l'agriculture. Je citerai, par exemple, les engrais, ou le machinisme agricole. De même que, parallèlement, il faudrait citer tout ce qui est le monde vétérinaire, la recherche zootechnique, la recherche scientifique, l'enseignement agricole, etc.

Ainsi donc on s'aperçoit, dès qu'on étudie la place de l'agriculture dans la vie nationale, que cette place reste fondamentale et qu'avec tous ses prolongements, en amont, en aval et sur les côtés, elle représente encore, et représentera toujours, quelque chose d'essentiel, non pas simple-

---

[20] Cet immeuble est situé avenue Georges V à Paris.

ment pour la vie des hommes, mais pour la prospérité de notre nation, et par conséquent pour la grandeur de cette nation, sur le plan économique, et par voie de conséquence, sur le plan politique et sur le plan social.

Cette importance de l'agriculture française, je crois pour ma part, qu'elle va encore augmenter. Elle va encore augmenter, à cause précisément du Marché commun, dont nous avons réussi à établir solidement les fondements, et qui vient d'être mis au point définitivement dans les dernières semaines. Je regrette, à ce propos, comme vous-mêmes, que M. Edgar Faure ne soit pas présent aujourd'hui à cette réunion, étant donné le rôle qu'il a pu jouer dans les dernières heures afin de concrétiser définitivement le Marché commun agricole.

Donc, je crois que l'agriculture française, grâce à ce Marché commun agricole, connaîtra une importance grandissante. Elle doit devenir pour la plupart des produits et en tout cas pour un grand nombre de produits, le fournisseur privilégié de l'Europe, c'est-à-dire dès maintenant d'un marché de près de 200 millions d'hommes.

Étant donné cette importance économique, et je ne me suis placé qu'à ce point de vue-là, étant donné cette importance économique, il va de soi que l'État ne peut pas ne pas attacher à l'agriculture une grande attention. Il va de soi que la représentation professionnelle et syndicale du monde agricole est quelque chose d'essentiel à la vie nationale.

Cette représentation en France, reconnaissons-le, proclamons-le, est particulièrement solide, organisée, et d'ailleurs variée dans ses formes.

Outre tout ce qu'on pourrait dire sur la coopération, sur la mutualité, nous avons deux grandes catégories dans cette représentation : d'abord la représentation privée et syndicale, représentée avant tout ici par la Fédération nationale des syndicats d'exploitants agricoles à laquelle je suis heureux de rendre hommage publiquement dans la mesure où, en dépit de difficultés certaines et sans cesse renouvelées, le syndicalisme agricole a toujours su se tenir dans la véritable ligne du syndicalisme, c'est-à-dire être apolitique et dans la contestation, qui fait partie de son rôle, savoir garder un caractère positif, apporter des suggestions, des solutions et ainsi substituer à la simple discussion, une véritable concertation.

Ceci est vrai. M. de Caffarelli le redisait tout à l'heure et je tiens à la fois à l'en féliciter et à l'en remercier.

À côté de ce syndicalisme agricole, se trouvent les Chambres d'agriculture, organismes publics, comme on l'a rappelé, ce qui vaut évidemment, quand on veut acheter un siège social, quelques difficultés et quelques autorisations supplémentaires. Mais comme toujours en cette matière, après le travail, vient la récréation et après l'effort vient le morceau de sucre. Le morceau de sucre, c'est M. Michel Debré qui l'a apporté ! Vous l'avez chiffré tout à l'heure.

Donc, les Chambres d'agriculture, organismes publics, représentant les exploitants agricoles moins directement mais cherchant à regrouper toutes les formes d'activité qui touchent à l'agriculture ; bénéficiant de par la loi d'un certain nombre de privilèges à commencer par la possibilité d'avoir des ressources par la voie parafiscale ; et enfin recevant de l'État la charge d'un certain nombre de missions.

Ces missions, je puis dire aussi que les Chambres d'agriculture et que l'Assemblée permanente des Chambres d'agriculture les accomplissent parfaitement et depuis toujours. Ces dernières années, un certain nombre de textes sont venus apporter à vos Chambres d'agriculture de nouvelles charges et de nouvelles missions.

C'est le cas particulier pour tout ce qui concerne le développement et la vulgarisation, où d'ailleurs nous retrouvons et je m'en félicite, la collaboration non seulement entre l'État et les Chambres d'agriculture, mais entre l'Administration, les Chambres d'agriculture et le syndicalisme agricole.

Dans tout cela, nous voyons la volonté commune de coopérer, que ce soit l'État, et l'Administration, que ce soit les Chambres d'agriculture, établissements publics à mi-chemin par conséquent entre l'État et la représentation privée ; que ce soit la représentation privée, et en particulier la représentation syndicale, car les uns et les autres nous sommes guidés par la nécessité et par la volonté de favoriser le développement et l'évolution de notre agriculture, de lui donner une plus grande place possible dans la vie nationale et en même temps d'assurer aux agriculteurs un niveau de vie chaque jour meilleur conformément à cet objectif de la parité qui a été inscrit dans la loi d'orientation.

Certes, l'importance des mutations, comme on dit aujourd'hui, la complexité des problèmes liés aux diversités régionales, les grands problèmes que pose le financement des investissements, comme le rappelait tout à l'heure M. de Caffarelli, tout cela fait que cette évolution se poursuit dans des conditions qui ne sont pas toujours idéales. Elle est quelquefois chaotique, quelquefois décevante : tantôt on va trop vite, tantôt on va trop lentement. Il arrive qu'ici on aille vite et qu'ailleurs on aille lentement. Tout cela peut créer quelques frottements, tout cela peut créer aussi des problèmes sociaux. Sur ces problèmes sociaux, à bien des reprises, notre attention a été rappelée, et nos efforts communs se sont manifestés pour essayer de les résoudre.

De toute manière vous me permettrez de penser que dans cette cérémonie d'aujourd'hui il y a certainement quelque chose de symbolique, à la fois de la place et du rang de l'agriculture en France, et en même temps, de la coopération féconde et positive entre le Gouvernement et les représentants de la profession, quelle que soit la forme que prend cette représentation, pour assurer un rôle primordial au monde agricole français, au sein de la nation, au sein de l'Europe.

Je souhaite que cette journée reste la preuve de cette volonté commune en même temps que des succès déjà remportés et que par là même elle soit prometteuse de nouveaux succès, pour votre action personnelle, pour le bien des agriculteurs français et le triomphe au sein de l'Europe de notre agriculture.

Nous savons que le Marché commun agricole ne nous apportera pas que des satisfactions, qu'il nous créera des obligations et des difficultés, mais nous sommes sûrs de les surmonter grâce à nos agriculteurs, à la capacité d'organisation de la profession et, grâce à l'intervention et au soutien de l'État.

En tout cas, que cette journée en soit prometteuse, je le souhaite et l'espère pour vous tous et pour le pays.

*
* *

En octobre 1967, aussi bien à l'Assemblée nationale qu'à Aurillac, Georges Pompidou souligne que l'action de l'État ne peut être efficace qu'avec la coopération des organisations agricoles, « en liaison avec la profession ». Suite aux évènements de mai 1968, le chef du Gouvernement tient à associer les partenaires agricoles à une réflexion générale sur l'avenir de la société française. Une dépêche de l'AFP en date du 19 juin 1968 rapporte cette volonté.

*

Extrait d'une dépêche de l'AFP 19 juin 1968[21]

Il [Georges Pompidou] vient de s'entretenir avec les dirigeants agricoles, en la personne du président de la Fédération nationale des syndicats d'exploitants agricoles et du président du CNJA[22]. M. Pompidou

21 CHAN, 5AG2/1088. Extrait d'une conférence de presse à Matignon.

22 Cet entretien du 19 juin réunit les présidents de la FNSEA et du CNJA ainsi que le ministre de l'Agriculture, Edgar Faure. Cf. Agenda de Georges Pompidou pour l'année 1968.

doit recevoir prochainement les représentants des Chambres d'agriculture[23] et ceux de la coopération[24]. [...]

Les dirigeants de la profession agricole rendront compte à leurs conseils d'administration de ces conversations dans la journée de demain, a déclaré le Premier ministre.

*

* *

Pour Georges Pompidou, la concertation, c'est le dialogue[25]. *Il est fermement opposé aux manifestations violentes qui secouent en permanence le monde agricole. Lors d'un entretien télévisé du 1er août 1962, suite à l'adoption de la loi complémentaire, il déclare : « Je m'étonne que certaines organisations agricoles se livrent à des manifestations, et quelquefois à des actes de violence inadmissibles qu'aucun Gouvernement ne tolèrerait, et que le mien ne tolèrera pas, je tiens à le dire. »*[26] *Et d'ajouter, en sollicitant le concours des organisations agricoles : « Leur concours est nécessaire [...] parce que cet ensemble agricole suppose un grand effort de la nation toute entière au profit de nos agriculteurs. Et ce grand effort, la nation ne saurait évidemment le consentir si elle se trouvait en présence de manifestations, de résistances et de violences. »*[27]

En 1967, étant à nouveau confronté à de violentes manifestations agricoles, Georges Pompidou déclare devant l'Assemblée nationale, le 10 octobre, que son Gouvernement ne cédera pas « à des violences inadmissibles, profondément néfastes aux intérêts réels des agriculteurs et organisés parfois dans des conditions et avec des moyens qui sont bien loin du mécontentement spontané qu'on prétend invoquer. » Il « regrette, pour [sa] part, particulièrement dans la motion de censure, la référence à des incidents récents que nul ne peut que déplorer s'il a le sens de l'État et [fera] en tous lieux et en toutes circonstances, respecter la loi ».[28]

---

23 R. Blondelle et P. Collet, président et secrétaire général de l'APCA sont reçus à Matignon le 27 juin.

24 P. Martin est reçu au nom de la CNMCCA, le 21 juin.

25 L. Perrin, vice-président de l'APCA puis secrétaire général de 1971 à 1974 et vice-président de la FNSEA de 1969 à 1974, insiste sur cet aspect qui selon lui distinguait M. Debré de G. Pompidou. AN, AGP, 1AV206, entretien avec V. Pradier du 25 juillet 1997.

26 CHAN, 5AG2/1086.

27 CHAN, 5AG2/1086, Entretien radio-télévisé du 1er août 1962, pour de plus larges extraits, voir p. 49.

28 CHAN, 5AG2/1087, pour le texte intégral, voir p. 102.

Le discours de Saint-Flour lui donne aussi l'occasion, en sa qualité de président de la République, de préciser sa conception d'une collaboration permanente entre les milieux agricoles et l'État. Il l'exprime de la manière suivante : « Je voudrais que tout le monde, et en particulier les représentants de l'agriculture comprennent la nécessité d'une étroite consultation et d'une collaboration permanente entre la profession et l'État. Certes il n'est pas nécessaire que l'on soit du même avis pour se rencontrer, il n'est même pas nécessaire que l'on soit toujours d'accord sur les conclusions. Mais l'État ne peut avoir une politique cohérente et une politique intelligente et adaptée, que s'il est réellement au courant des besoins de la profession. Et la profession ne peut comprendre les nécessités d'une certaine adaptation, d'une certaine voie qu'elle doit suivre, que si l'État lui explique ses propres difficultés, ses propres problèmes et en particulier ceux qui tiennent au Marché commun et à l'extérieur. C'est pourquoi, dans l'agriculture et dans le domaine agricole plus peut-être que partout ailleurs, la concertation et la participation sont indispensables. »[29]

Pour le Président, cette collaboration doit être pragmatique et correspondre à l'intérêt général, national et européen, d'où son implication permanente, entre 1962 et 1974, sur les dossiers agricoles pour fixer des orientations acceptables pour les milieux professionnels. Mais la recherche du compromis devient de plus en plus difficile au cours des années 1970 en raison de difficultés croissantes sur de nombreux marchés agricoles. Cette situation est évoquée par Philippe Seguin dès la fin de l'année 1973.

*

Extraits d'une note de Philippe Seguin pour Édouard Balladur « Perspectives de l'agriculture pour les six prochains mois » 20 décembre 1973[30]

[…]

Il s'agit de soutenir les marchés des productions animales et celui du vin. […] [Les actions à long terme] n'ont de chance d'aboutir que si le crédit du Gouvernement n'est pas entamé et si la concertation n'est pas brutalement remise en cause. […]

---

29 CHAN, 5AG2/1088, pour le texte intégral, voir p. 280.

30 CHAN, 5AG2/100.

Les difficultés rencontrées sur les marchés ci-dessus indiqués sont lourdes de périls. Elles sont démesurément grossies par certains, mais n'en existent pas moins. Le Gouvernement n'en est pas responsable. Il n'empêche que sa politique subit là son « examen de passage ». Les agriculteurs ont joué le jeu : sur le plan politique, ils ont accepté la concertation et choisi de faire confiance ; sur le plan économique, ils ont répondu aux « incitations » des pouvoirs publics. Raison de plus à leurs yeux que leurs doléances soient écoutées, surtout quand elles concernent des productions « encouragées par l'administration ».

*

* *

La question de l'élargissement a tout particulièrement contribué à ébranler la confiance des organisations professionnelles agricoles sur les choix de la France, comme en témoigne un télex de Michel Debatisse, daté du 11 avril 1972, et qui apporte des éclaircissements sur l'adaptation de la position française face à une nouvelle donne.

*

Communiqué sur le télex de Michel Debatisse à Georges Pompidou, « La FNSEA demande à M. Pompidou et au ministre de l'Agriculture de répondre à cinq questions précises avant le référendum » 11 avril 1972[31]

Dans une déclaration remise mardi à la presse, le président de la FNSEA, M. Michel Debatisse, demande au président de la République et au ministre de l'Agriculture[32] d'apporter aux agriculteurs, pendant la campagne du référendum, des réponses précises aux questions qu'ils se posent, afin qu'ils puissent se prononcer en meilleure connaissance de cause le 23 avril.

Ces questions, M. Debatisse les énumère ainsi :

1° En matière de prix, il va de soi que la politique doit viser à donner un revenu satisfaisant à l'ensemble des agriculteurs dans le cadre d'une orientation satisfaisante de la production. Cela implique bien entendu une procédure annuelle de révision des prix agricoles européens pour tenir compte de la hausse du coût de la vie et des disparités existant selon les secteurs de production.

---

[31] CHAN, 5AG2/75. Allusion au référendum en vue de l'élargissement de la CEE.

[32] Il s'agit de M. Cointat.

2° La solidarité financière impose des obligations réciproques contraignantes. En particulier, les agriculteurs veulent savoir si la politique de modernisation des structures ne sera pas freinée par la réticence des Britanniques et des Danois à supporter une charge qui ne s'impose plus pour leurs agricultures déjà modernisées et compétitives.

3° La préférence communautaire et la protection vis-à-vis des tiers impliquent que l'Europe puisse déterminer librement sa politique commerciale. Quelle sera l'autonomie de l'Europe élargie vis-à-vis des pressions extérieures et notamment celles exercées par les États-Unis qui voudraient faire supporter à un partenaire privilégié le dérèglement de sa balance des paiements ?

4° Outre les inquiétudes que leur inspire un élargissement dans lequel certains acquis pourraient être remis en cause, les agriculteurs se demandent si les améliorations du fonctionnement de certains marchés européens qui ont été annoncées ne seront pas encore reportées. Actuellement l'Europe des Six n'a pas apporté à tous les mêmes satisfactions : les producteurs de fruits et légumes, les aviculteurs, les producteurs de mouton et de porc attendent depuis plusieurs années la révision ou l'adoption de règlements satisfaisants. Ces règlements en préparation entreront-ils en vigueur dès cette année ou leur élaboration sera-t-elle remise en cause par l'arrivée de nouveaux partenaires et les producteurs seront-ils à nouveau invités à prendre patience ?

5° Mais le renforcement de la Politique agricole commune appelle, comme l'ont révélé les menaces résultant de la crise monétaire, l'approfondissement de l'union européenne, dans les domaines économique et monétaire notamment.

M. Debatisse déclare par ailleurs que « les agriculteurs français savent ce qu'ils doivent au marché européen qui absorbe les deux tiers de leurs exportations alors qu'en 1959 il en absorbait moins de 30 %. La perspective d'un élargissement présente-t-il des possibilités d'expansion intéressantes pour l'agriculture de notre pays, mais encore convient-il de savoir ce que deviendra la politique communautaire des Six dans le cadre de l'Europe des Dix[33]. Le respect des fondements de la politique agricole européenne : prix communs, solidarité financière et préférence communautaire, présente une importance capitale pour les agriculteurs. »

*
* *

[33] À cette époque, l'entrée de la Norvège dans la CEE est prévue mais les Norvégiens refusèrent la ratification du traité d'adhésion.

Michel Woimant fournit l'analyse suivante à l'intention du Président.

*

Note de Michel Woimant « Observations sur la déclaration de M. Debatisse » 14 avril 1972[34]

Les différents points évoqués par M. Debatisse appellent les observations suivantes :

1° Fixation annuelle des prix. M. Debatisse semble souhaiter une procédure annuelle de révision des prix tenant compte de la hausse du coût de la vie et des disparités existant selon les secteurs de production. En fait, la délégation française s'est toujours opposée à la définition d'une méthode automatique de fixation de prix en fonction de paramètres discutables, mais elle a tenu dans les discussions qui ont eu lieu dans les dernières années à ce que soient décidées des hausses de prix qui, tout en tenant compte implicitement de l'évolution générale des prix favorisaient une bonne hiérarchie des prix agricoles.

2° Contrairement à ce que M. Debatisse semble craindre, il n'est pas question que les Britanniques ou les Danois freinent la politique de modernisation des structures dans la mesure où ils ont été consultés officiellement et ont donné leur accord aux décisions prises par le Conseil en mars dernier.

3° En ce qui concerne le maintien de la préférence communautaire, notamment à l'égard des États-Unis, on peut rappeler que la Communauté, lors des négociations qui ont eu lieu en février dernier avec les États-Unis n'a consenti à ces derniers que des concessions très réduites et sans aucune mesure avec les demandes qu'avaient présentées M. Éberlé[35].

4° En ce qui concerne l'amélioration du fonctionnement de certains marchés, la délégation française a obtenu l'engagement de la Commission de faire des propositions dès cette année en ce qui

---

[34] CHAN, 5AG2/75

[35] W. Éberlé est le représentant des États-Unis chargé des négociations commerciales entre les États-Unis et la CEE. Entamées début décembre 1971, elles sont bloquées par la France jusqu'à la rencontre des Açores des 13 et 14 décembre entre R. Nixon et G. Pompidou. La confrontation commerciale CEE-USA commence le 21 décembre et se termine le 11 février 1972 par un accord de portée limitée en vue d'arrangements commerciaux ultérieurs dans le cadre du GATT.

concerne le porc et la volaille. Par ailleurs, le Conseil a reconnu la nécessité d'adopter rapidement le règlement fruits et légumes de façon à mieux soutenir le revenu des producteurs et à mieux assurer la préférence communautaire.

5° L'approfondissement de l'Union européenne[36] souhaité par M. Debatisse notamment dans les domaines économique et monétaire vient déjà de se traduire par l'accord très important du 22 mars 1972 sur le rétrécissement des marges de fluctuation.[37]

---

36 L'auteur évoque en fait la CEE.

37 La France qui voulait une marge de fluctuation de +/- 2 % est satisfaite de la marge arrêtée au Smithsonian Institute, soit +/- 2,25 %, le 18 décembre 1971.

CHAPITRE III

La conciliation des intérêts : la consultation institutionnalisée

Georges Pompidou est adepte d'une participation qui implique une association de l'État et des « forces vives » dans le processus de la prise de décision. Il ne cesse de promouvoir la mise sur pied de structures partenariales, non seulement pour gérer les questions agricoles mais également pour définir une politique d'aménagement du territoire et de rénovation rurale[1].

Pour le suivi des questions agricoles, le Gouvernement s'appuie d'abord sur une Commission des comptes de l'agriculture qui dresse un bilan annuel de la situation agricole destiné aux milieux professionnels. Mais, dès décembre 1963, dans un courrier à Gérard de Caffarelli, Georges Pompidou souhaite que la politique générale des prix agricoles soit discutée de manière organique par le biais d'un « rendez-vous annuel entre le Gouvernement et les représentants de l'agriculture ».

*

Extrait d'une lettre de Georges Pompidou à Gérard de Caffarelli 10 décembre 1963[2]

[…]

Dans ces conditions, pour aboutir, sur cet élément essentiel du problème agricole, à une appréciation, non seulement objective, mais encore généralement acceptée, le Gouvernement, loin de se dérober à un examen des conséquences de sa politique sur les revenus agricoles, est prêt à engager avec les organisations agricoles une discussion approfondie sur l'évolution du revenu des agriculteurs, et ce sur chacune de ses

---

[1] P. Lelong souligne que G. Pompidou insistait sur « la nécessité d'avoir des systèmes de concertation avec le monde agricole », et qu'il faisait preuve d'une « volonté de concertation très forte » en tant que Premier ministre mais aussi quand il est président de la République. Entretien de P. Lelong et V. Pradier, le 26 juin 1998, CHAN, AGP, 1AV333.

[2] CHAN, 92AJ/1, pour le texte intégral de ce courrier, voir p. 64.

composantes. Il a décidé de créer, conformément aux indications que je vous avais données le 9 octobre, une Commission des comptes de l'agriculture dont, depuis deux mois, l'organisation et le mandat ont été étudiés en détail. Les textes la constituant vont paraître incessamment[3].

Ainsi, se trouve réalisée la principale condition du déroulement du premier rendez-vous annuel entre le Gouvernement et les représentants de l'agriculture, qui aura lieu dans les premiers mois de 1964, immédiatement avant la réunion de la Commission des comptes de la nation. Ce rendez-vous aura pour objet de définir les conditions précises d'une réalisation précise de la parité, notamment dans le domaine des prix, et de rendre conscientes les autres catégories sociales et professionnelles de la nation, de la situation du monde agricole, et des remèdes qu'elle appelle.

Dans ce cadre seul peut être résolu le problème des prix agricoles, et dans un sens probablement plus favorable aux agriculteurs qu'une stricte « actualisation » qui a l'inconvénient de faire varier chaque prix en fonction des seuls éléments propres au produit considéré, et d'introduire aussi dans l'économie agricole des éléments de rigidité peu souhaitables.

*
* *

Mais l'idée de réunir une conférence annuelle, chère à Georges Pompidou, ne peut être concrétisée que dans les années 1970[4].

L'approche globale de l'aménagement applicable au secteur de l'agriculture est quant à elle cadrée par le Commissariat au Plan. Le 23 avril 1962, le Premier ministre souligne, à propos du Plan que, « son élaboration ne peut se faire en dehors des représentants du pays. Le Gouvernement se propose d'associer le Parlement à la définition des objectifs du Plan, de resserrer la collaboration avec les organisations professionnelles et syndicales »[5].

À l'occasion de la discussion du Ve Plan, le 24 novembre 1964, à l'Assemblée nationale, Georges Pompidou souligne alors le rôle de

3 Créée officiellement le 6 février 1964, elle commence ses travaux dès le 18 mars 1964.

4 La première conférence annuelle agricole a lieu du 15 au 17 juillet 1971. Elle trouve son fondement juridique dans le VIe Plan de développement économique et social publié au JO du 16 juillet 1971. Ce Plan prévoit « qu'au cours d'une rencontre annuelle, le ministre de l'Agriculture et les organisations agricoles examineront la situation de l'agriculture, puis informeront le Premier ministre des constatations auxquelles ils seront parvenus. »

5 CHAN, 5AG2/1086, intervention de Georges Pompidou à l'Assemblée nationale.

la planification comme moyen d'améliorer les revenus agricoles et de réduire les inégalités, avec la collaboration des forces vives.

*

Intervention de Georges Pompidou à l'Assemblée nationale 24 novembre 1964[6]

[...]

Mais parmi tous les aspects du Plan, il en est un sur lequel je voudrais insister et qui est l'aspect social. [...] Il en est de même de la régionalisation du Plan et de la répartition des investissements, de telle sorte qu'aucune de nos régions ne restera à l'écart du mouvement vers le progrès. [...] Je voudrais aujourd'hui me contenter d'insister sur la tentative que nous allons faire d'introduire pour la première fois dans le Ve Plan un essai de programmation en valeur, fondement indispensable d'une véritable politique des revenus.

Précisons une fois de plus à ce propos qu'il ne s'agit pas de fixer arbitrairement et autoritairement la progression des revenus de chacun. Il s'agit encore moins de s'en prendre par principe, comme on l'a dit, à la progression des salaires, il s'agit simplement d'éclairer ce que peut être la progression réciproque des grandes masses de revenus – salaires, prestations sociales, revenus agricoles, profits – si l'on veut favoriser une plus large accession de tous aux fruits de l'expansion en même temps que réduire les inégalités. Une telle politique pour être menée à bien ne demandera pas seulement une action résolue de l'État, particulièrement en matière fiscale. Elle demandera aussi une large collaboration des représentants des professions et des catégories sociales, et particulièrement des organisations syndicales que nous ne prétendons pas intégrer à l'action gouvernementale, mais que nous souhaitons profondément associer à la définition de cette action.

*
* *

Le Plan est un outil sur lequel mise beaucoup Georges Pompidou. Au Parlement, le 13 avril 1966, il insiste de nouveau sur son importance pour la conduite d'une action globale d'aménagement du territoire incluant le secteur agricole.

*

---

6 CHAN, 5AG2/1086.

Extraits d'une déclaration de Georges Pompidou au Parlement 13 avril 1966[7]

[…]

Second principe d'action : l'expansion, par le développement et la rénovation de notre appareil de production. Le Ve Plan, sur ce point, définit nos objectifs. Ils sont ambitieux. Ils supposent un grand effort d'épargne et de travail.

Épargne, parce que la rénovation indispensable de notre agriculture et de notre industrie exige des investissements considérables, qu'ils soient privés ou publics, directs ou indirects, par les voies du crédit ou par celles de la subvention budgétaire, en agriculture notamment. [...] Pour permettre la reconversion ou la modernisation des secteurs industriels exposés – tels que les chantiers navals, les mines de fer ou la sidérurgie – pour poursuivre l'indispensable rénovation de notre agriculture, nous pratiquons et continuerons de pratiquer l'aide de l'État, sous forme de prêts, de subventions, de crédits de recherche ou de formation professionnelle. […]

Plus que jamais l'aménagement du territoire devient une part essentielle de l'activité gouvernementale et une de mes préoccupations principales, parce qu'assurer un développement équilibré entre nos diverses régions tant par la décentralisation que par la régionalisation des investissements publics est un combat permanent et parfois décevant. Il en est de même de l'équilibre à établir entre notre agriculture et les activités industrielles ou tertiaires. Le Ve Plan a prévu une revalorisation sensible et nécessaire du revenu agricole. Les perspectives du Marché commun, la révolution qui s'accomplit sous nos yeux dans l'agriculture, nous obligent à un effort constant et important pour favoriser les restructurations, en atténuer les effets sociaux, ménager les transitions, aménager l'espace rural, développer les productions rentables, c'est-à-dire exportables sans subventions. C'est dans ces perspectives qu'ont été prises récemment les décisions en matière de prix du lait et de la viande.

*
* *

Le Premier ministre s'intéresse de près à l'organisation des marchés en accordant une attention particulière au FORMA dont le rôle ne saurait se limiter à une approche nationale. Aussi, il marque

7 CHAN, 5AG2/1087.

qu'il est « d'accord » avec ce qu'écrit Pierre Lelong, le 13 janvier 1965. Le conseiller technique déplore en effet l'absence de relations du FORMA – et donc des professionnels français – avec les comités de gestion de Bruxelles, en soulignant : « La tendance des professionnels risque alors d'être de délaisser un système national de consultation qui ne débouche sur rien. Dans cette hypothèse, la remarquable réussite des procédures de dialogue entre les professionnels et les pouvoirs publics français, montée depuis trois ans autour du Conseil de direction du FORMA, serait sans lendemain. La bonne conduite consiste, à mon sens, à permettre aux professionnels français de s'exprimer, au FORMA, sur les problèmes du Marché commun, pourvu que ce soit à propos de mesures précises ayant des incidences directes sur le marché national. Les délibérations du Conseil de direction du FORMA devraient alors être considérées comme des éléments d'information privilégiés par les délégations françaises à Bruxelles. »[8]

Le FORMA est un instrument de « l'économie contractuelle » auquel Georges Pompidou est très attaché. Pour lui, « l'action de ce FORMA est non seulement une forme de notre action économique, de notre action sur les marchés agricoles, c'est une action sociale au profit tantôt des consommateurs, le plus souvent des agriculteurs et des producteurs. »[9]

Quant à l'approche générale, elle est définie dans le discours d'Aurillac de la façon suivante :

*

Extrait du discours prononcé par Georges Pompidou à Aurillac 14 octobre 1967[10]

[...]

Si nous acceptons donc cette idée de progrès, la tâche commune aux agriculteurs, à leurs représentants et à l'État, est évidemment de définir et de mettre en place les cadres de cette transformation, cadres juridiques, techniques, d'organisation. C'est surtout depuis 1960, me semble-t-il, que cette politique de rénovation des structures à tous les échelons a commencé à se traduire dans les textes et dans les réalisations qui

8 CHAN, 92AJ/1.

9 CHAN, 5AG2/1086, discours prononcé par Georges Pompidou à Dinard, le 24 septembre 1964, pour de plus larges extraits, voir p. 76.

10 CHAN, 5AG2/1087, pour le texte intégral, voir p. 213.

sont les cadres de cette rénovation. C'est la loi d'orientation, c'est la loi complémentaire, et ce sont de nombreux textes législatifs ou réglementaires intervenus successivement. Récemment encore, par ordonnances, nous avons pris d'autres dispositions qui viennent compléter le cadre juridique et légal. Nous avons aussi institué un très grand nombre d'organismes qui se modifient d'ailleurs en fonction de l'évolution, qu'il s'agisse du développement de la coopération, de l'institution des SICA, des groupements de producteurs, et, du côté de l'État, de l'institution du FORMA, de sociétés d'intervention sur les marchés comme Inter-Lait et la SIBEV, du BAPSA, budget des prestations sociales agricoles, du Fonds social appelé le FASASA dont l'objet est de répartir des subventions, des crédits d'État en vue de faciliter l'évolution et les transformations techniques et économiques, d'en adoucir et en effacer si possible les conséquences sociales. À l'heure actuelle, tous ces organismes sont en place, notamment le FORMA, notamment aussi les SAFER qui peuvent jouer un rôle important pour la restructuration des terres, notamment aussi le Centre national d'aménagement des structures agricoles qui gère désormais le FASASA et donc l'indemnité viagère de départ. Il y a là par conséquent du côté de la profession, par les groupements de producteurs, les SICA, etc., les éléments de l'organisation future et il y a du côté de l'administration, les cadres d'une action conjuguée avec celle de la profession.

*

* *

Georges Pompidou facilite l'institutionnalisation de la concertation en appuyant la mise en place d'une conférence agricole annuelle qui se réunit pour la première fois du 15 au 17 juillet 1971[11]*. Y participent la FNSEA, l'APCA, le CNMCCA alors que le CNJA la boude et que le MODEF n'a pas été invité.*

En 1972, la conférence annuelle est préparée par une collaboration étroite entre les organisations professionnelles agricoles regroupées au sein du Conseil de l'agriculture française et les services du ministère de l'Agriculture, comme l'atteste un courrier de Michel Cointat à Gérard de Caffarelli dans lequel le ministre écrit : « Si l'on peut concevoir qu'à l'issue d'une concertation le Gouvernement prenne des engagements sur certains points précis ou sur certains problèmes techniques, par contre, seule une orientation peut être dé-

[11] M. Debatisse estime avoir été à l'origine de cette initiative en faisant cette proposition à J. Chaban-Delmas. Voir M. Debatisse, *Le projet paysan*, Paris, le Seuil, 1983, p. 150-151. Le 8 mai 1971, J. Chaban-Delmas accepte, à la demande de G. Pompidou, d'organiser une telle conférence annuelle.

finie dans le domaine des prix agricoles, leur détermination étant maintenant de la compétence de la CEE. [...] Enfin, en ce qui concerne les revenus, il importera d'examiner de concert leurs différentes composantes économiques et sociales, les disparités régionales, les actions qui sont plus particulièrement du ressort des producteurs et également celles qui résultent d'initiatives que prend le Gouvernement pour favoriser l'évolution de l'agriculture. »[12]

Dans un mémorandum au Premier ministre du 29 septembre 1972, Michel Debatisse, au nom de la délégation agricole, souligne la portée de cette conférence pour les organisations professionnelles : « Les organisations professionnelles agricoles ont fait de la conférence annuelle l'une de leurs principales revendications lors de l'élaboration du VIe Plan. La conférence annuelle institue une nouvelle forme de rapports entre le Gouvernement et la Profession, fondés plus sur la notion de contrats d'engagements que sur l'idée de tutelle, dans le respect mutuel des responsabilités et des tâches de chacun. Aux organisations agricoles, elle permet de s'exprimer sur les principes et les orientations qu'elles voudraient voir donner à la politique agricole ainsi que sur les moyens qu'elles jugent nécessaires pour en atteindre les objectifs. Pour le Gouvernement, elle doit être l'occasion de définir sa politique sur le plan communautaire et sur le plan national, et d'arrêter les mesures et les moyens financiers qu'elle entend mettre en œuvre ou présenter au Parlement pour réaliser cette politique. D'une façon plus particulière, elle permet d'évoquer l'ensemble des questions en instance, et par là d'accélérer l'application de décisions qui sont trop souvent retardées par les lenteurs administratives. »[13]

Le déroulement de la troisième conférence agricole annuelle, en juillet 1973, traduit cette approche de la concertation institutionnalisée voulue par Georges Pompidou. Dans une note du 19 mai 1973 sur les perspectives à court terme de l'action du ministère de l'Agriculture et du Développement rural, adressée à Édouard Balladur, Philippe Seguin en explique le fonctionnement et les contraintes.

*

12 CHAN, 5AG2/102.

13 « Mémorandum de la profession pour la clôture de la Conférence annuelle », publié dans *Chambres d'agriculture*, n° 495, 1er novembre 1972, dossier « Deuxième conférence annuelle Gouvernement-profession agricole, avril-septembre 1972 », p. 21-23.

Extrait d'une note de Philippe Seguin à Édouard Balladur 19 mai 1973[14]

[…]

Dès le 4 juin, M. Chirac et les dirigeants des organisations agricoles s'accorderont sur un certain nombre de projets établis à partir des rapports des différents groupes de travail Administration-Profession qui fonctionnent déjà avec des fortunes diverses, depuis plusieurs semaines. […]

La conférence annuelle devrait s'ouvrir dans un climat assez euphorique. […]

L'importance des décisions prises à la conférence annuelle, leur caractère « extra-conjoncturel » amène à se poser quelques questions quant aux procédures d'élaboration de la politique agricole et au rôle du ministre de l'Agriculture. […]

Les relations entretenues par l'administration avec la profession sont un bel exemple de concertation. On a déjà pu se demander si elles ne remettaient pas en cause d'autres structures ou procédures, telles que le Plan puisqu'on ne se fait pas faute, à la conférence annuelle, de corriger certaines orientations à moyen terme antérieurement définies ou à faire des choix politiques dont le caractère « pluri-annuel » est peu contestable.

*

* *

Le déroulement de la conférence annuelle de 1973 confirme cette tendance. La séance plénière du 3 juillet, présidée par le Premier ministre, Pierre Messmer, aboutit, sur la base d'un rapport de synthèse des groupes de travail réunis du 4 au 12 juin, à un relevé de « décisions prises à l'occasion de la 3e conférence annuelle (3 juillet 1973) »[15]. Pierre Collet, président de l'APCA souligne l'intérêt de cette procédure en ces termes : « La conférence de 1973 se termine après deux mois de préparation intensive, juste avant que ne soient arrêtées les options du budget de 1974. La date retenue et cette procédure permettent à chacun de prendre les responsabilités qui lui

[14] CHAN, 5AG2/100. Il convient de noter que le ministre de l'Agriculture se heurte souvent à une forte opposition du ministre des Finances. Par ailleurs, seuls la FNSEA, le CNJA et l'APCA y représentent la profession ; la Fédération française de l'Agriculture (FFA) en est écartée et le MODEF rejette ce « jeu de dupes pour la masse des paysans ».

[15] Dossier « La Conférence agricole annuelle », publié dans *Chambres d'agriculture*, n° 513-514 du 1er au 15 août 1973, 39 p., en particulier p. 29-34.

sont propres sans confusion ni empiétements : la profession agricole d'abord, le Gouvernement ensuite, enfin, le Parlement qui interviendra à la session d'automne. » Il ajoute : « Quels sont les résultats ? J'éprouve des sentiments divers à la fois de satisfaction et de mécontentement mais je suis surtout dans l'expectative en attendant les décisions budgétaires car c'est en fonction d'elles que je pourrai apprécier le sort fait par le Premier ministre à l'argumentation des organisations agricoles. [...] La conférence 1973 est terminée, notre tâche continue. Soucieux d'efficacité, il nous faut maintenant, avec le ministre de l'Agriculture, notamment lors des réunions mensuelles[16]*, utiliser au mieux les décisions prises, pallier les insuffisances et les refus ; nous nous efforcerons surtout de transformer en éléments positifs les facteurs d'incertitude qui demeurent. »*[17]

Le Président Pompidou reste attaché à des liens privilégiés avec les quatre organisations représentatives, non seulement avec les Chambres d'Agriculture, mais avec un collectif des organisations professionnelles agricoles. Ne voulant privilégier ni le CNJA, ni la FNSEA, il organise le 15 novembre 1973, comme en octobre 1972, un déjeuner collectif qui réunit Michel Debatisse (FNSEA), Louis Lauga (CNJA), André Bonjean (CNMCCA) et Pierre Collet (APCA)[18]*. Cette stratégie lui permet de déjouer la pression syndicale au profit du concept de l'unité paysanne.*

16 Instaurées par E. Pisani, elles réunissent chaque mois les représentants des 4 organisations représentatives, rue de Varenne. E. Faure et M. Cointat les considèrent comme un moment de dialogue permanent Agriculture-Profession.

17 P. Collet, éditorial paru dans *L'opinion agricole* du 6 juillet 1973.

18 En 1972, avant cette réunion, il avait rejeté les demandes d'audience personnalisées de P. Collet pour l'APCA, M. Debatisse pour la FNSEA mais aussi de P. Guiet pour la FFA. CHAN, 5AG2/102. Plusieurs notes de M. Woimant à M. Jobert traitent ce sujet.

CHAPITRE IV

Le bilan de la concertation pompidolienne

Dans une note du 27 novembre 1973, sur le thème « L'agriculture et la concertation », Philippe Seguin explique à Édouard Balladur ce que la concertation avec les organisations professionnelles agricoles a apporté et comment elle est perçue.

*

Extraits d'une note de Philippe Seguin à Édouard Balladur « L'agriculture et la concertation » 27 novembre 1973[1]

[...]

La concertation du Gouvernement avec les organisations professionnelles est généralement considérée comme exemplaire. On sait qu'elle ne va pas sans risques : une concertation trop « poussée » peut apparaître comme une collusion et couper les dirigeants d'une partie de leur base, voire favoriser le développement d'organisations sécessionnistes.

C'est donc une carte à jouer avec prudence. À la limite, il ne faut sans doute pas décourager des mouvements revendicatifs ponctuels – s'ils sont bien contrôlés : ils ont un rôle, utile, de « soupape ». [...]

L'évolution récente de la géographie syndicale pouvait inquiéter : les directions nationales de la FNSEA (Debatisse) et du CNJA (Lauga), en s'engageant résolument dans la voie de la concertation permanente, avaient perdu un certain nombre de fédérations départementales (notamment dans les régions Bretagne et Rhône-Alpes). M. Debatisse – plus que M. Lauga, il est vrai – paraissait souvent contesté. Par ailleurs, le développement de la FFA (organisation « droitière » à l'égard de laquelle l'attitude de certains élus de la majorité n'est pas toujours très claire), le maintien de ses positions par le MODEF (communiste), la vogue des Paysans travailleurs et autres organisations gauchistes, semblaient alarmants. [...]

1 CHAN, 5AG2/100.

a) Pour 46 % des agriculteurs[2], la concertation avec les pouvoirs publics constitue le mode d'action le plus efficace. Pour 29 %, cette concertation est nécessaire mais doit être précédée d'une action revendicatrice. Ces chiffres sont satisfaisants.

b) En revanche, 46 % des personnes interrogées estiment que le Gouvernement doit accepter comme interlocuteurs, outre la FNSEA et le CNJA, la FFA et le MODEF.

c) Enfin, 55 % des agriculteurs estiment que la FNSEA et le CNJA se laissent influencer par le Gouvernement, alors que 38 % jugent qu'ils sont réellement indépendants.

*

* *

Quelques jours plus tard, Philippe Seguin fait par ailleurs l'éloge de la concertation avec les Chambres d'agriculture, dans le cadre de la préparation de la participation de Georges Pompidou à la manifestation prévue le 10 janvier suivant pour leur cinquantenaire.

*

Extrait d'une note de Philippe Seguin pour Jean-René Bernard « Cinquantenaire des Chambres d'agriculture » 30 novembre 1973[3]

[...]

À l'occasion de leur cinquantenaire, les Chambres d'agriculture sont fondées à considérer qu'elles ont su remplir le rôle que leur avait conféré la loi.

Les pouvoirs publics ne peuvent, pour leur part, que se féliciter du concours précieux qu'elles leur ont apporté. Elles ont, par leurs avis et leurs propositions, éclairé constamment l'action gouvernementale. De même, par leurs initiatives en matière de vulgarisation des connaissances, d'organisation économique et de mise en œuvre du développement, elles ont contribué puissamment à l'épanouissement de l'agriculture française.

Pépinières d'hommes de talent, cadre de réflexion et d'action, les Chambres d'agriculture, investies d'une mission de représentation

---

2 P. Seguin commente ici un sondage SOFRES.

3 CHAN, 5AG2/100.

publique, tiennent tout naturellement un rang privilégié dans la concertation, exemplaire et fructueuse, entre le Gouvernement et les organisations professionnelles agricoles.

*

* *

Globalement, Georges Pompidou avait le souci de maintenir un équilibre entre les quatre grandes organisations dont il s'est efforcé d'éviter la déstabilisation en refusant de prendre en considération les dissidences, y compris celle qui conduit à la naissance de la Fédération française de l'agriculture. Il s'accommode de deux approches de la collaboration Gouvernement-profession qu'il cherche à concilier : la participation demandée par Michel Debatisse[4] *et la concertation réclamée par Gérard de Caffarelli. On retrouve dans ce clivage professionnel celui qui apparaît au niveau gouvernemental entre les options d'Edgard Pisani, le réformateur, et celles d'Edgar Faure, le gestionnaire.*

Par la suite la distinction est moins marquée. En 1970, pour Jacques Duhamel, la concertation est un « contrat ». En 1971, pour Michel Cointat, c'est un « dialogue » et en 1973, avec Jacques Chirac, elle s'apparente à une « participation »[5]*.*

En tout état de cause, lorsqu'elle sort du cadre théorique de la relation Gouvernement-profession, pour entrer dans le champ concret d'un partage de responsabilités, elle devient une forme de cogestion, dont les contours sont difficiles à délimiter[6]*.*

Il y a lieu aussi de considérer que cette approche qui s'applique surtout à la période pendant laquelle Georges Pompidou était à Matignon se dilue et devient plus floue pendant sa présidence. Le sociologue Paul Houée traduit assez bien cette évolution lorsqu'il écrit :

---

4 N. Duclos, p. 61. M. Debatisse « souhaite [...] que les paysans soient associés dans le cadre d'un organisme comme une " Chambre économique ", à l'élaboration de la politique générale ».

5 B. Hervieu, « Le discours agricole du pouvoir », dans *Les agriculteurs et la politique*, *op. cit.*, p. 427. Dans le même ouvrage, H. Delorme, « trois septennats », p. 407, écrit : « J. Chirac parvient d'abord à nouer une alliance étroite avec M. Debatisse et les représentants des éleveurs modernes [...] en les associant si complètement à la gestion de la politique agricole que l'on peut penser qu'il instaure un corporatisme. »

6 P. Coulomb, « La cogestion, une nouvelle tentative corporatiste ? » dans *Les agriculteurs et la politique*, *op. cit.* p. 147-158 qui explique (p. 152) : « Si on appelle cogestion les moments où l'État et la profession s'associent étroitement pour élaborer la politique agricole, ces moments paraissent rythmés par les besoins politiques du pouvoir et non par les exigences de la gestion technico-économique de la production agricole et du secteur agro-alimentaire. »

« De 1959 à 1969, l'État gaulliste et les jeunes dirigeants agricoles, dans un projet d'intégration sociale et de croissance généralisée, mènent ensemble une politique d'organisation socio-économique que complètent les premières mesures d'aménagement rural, dans la rivalité des ministères concernés. De 1970 à 1974, la différenciation accrue entre les régions comme entre les groupes sociaux conduit à une nette distinction entre une politique agro-alimentaire de compétition internationale et une politique relativement autonome d'aménagement et de rénovation rurale. »[7]

Le politologue Pierre Coulomb est plus incisif dans son approche historique : « C'est en réalité entre 1969 et 1972 que les rapports entre l'État et les organisations professionnelles changent de caractère et de sens. Aux consultations et aux avis que l'État pouvait demander à l'une ou à l'autre des quatre grandes organisations (APCA, CNMCCA, FNSEA, CNJA) pour élaborer une décision, succède une concertation permanente avec les organisations réunies et désignées désormais comme la Profession. »[8]

Pour l'historien Bernard Bruneteau, cette concertation qui se substitue à l'agro-parlementarisme en reprenant les orientations de Michel Debré et d'Edgard Pisani, est une stratégie dont a su se servir Georges Pompidou. Il écrit : « L'appropriation de la dynamique CNJA rentre donc pleinement dans la détermination des objectifs du gaullisme. Elle est le gage d'un futur équilibre social que tous les notables et agrariens sont appelés à comprendre. Si la stabilité de l'État dépend du monde rural, comme ils veulent toujours le croire, il faut qu'ils acceptent toutes les revendications des jeunes agriculteurs. [...] La promotion idéologique de la nouvelle politique agricole se fonde donc sur une responsabilisation des acteurs économiques, préalable obligé de toute concertation. Cette politique, en multipliant les instances de discussion et de négociation, en érigeant à la hauteur d'un dogme le dialogue constructif, exige des élites professionnelles d'une envergure inédite. Dans l'univers gaulliste, l'économie concertée consacre ainsi l'ère des nouveaux responsables agricoles. »[9] *Il s'agit en particulier de personnalités comme Michel Debatisse, Gérard de Caffarelli, Marcel Bruel.*

---

7 P. Houée, *Les politiques de développement rural ; des années de croissance au temps d'incertitude*, Paris, INRA-Economica, 1989, p. 16.

8 P. Coulomb, *op. cit.* p. 147.

9 B. Bruneteau, *op. cit.*, p. 147.

CONCLUSION

Le bilan du Président

En janvier 1974, le Président Georges Pompidou saisit l'opportunité qui lui est offerte par la célébration du cinquantenaire des Chambres d'agriculture pour prononcer un discours qui dresse un bilan de quinze années de politique agricole française et qui incite à poursuivre le développement agricole et rural dans le respect de principes qu'il est parvenu à faire admettre.

Ce discours fait suite à une invitation de Pierre Collet, président des Chambres d'agriculture[1]*. Dès le mois de mai 1973, Philippe Seguin, conseiller à l'Élysée, indique que « le président de la République pourrait saisir cette occasion pour prononcer un discours sur le devenir de l'agriculture française dans le contexte européen et mondial ».*[2] *Et dans une note du 9 octobre 1973 destinée à Georges Pompidou, il précise : « l'autorité des Chambres est peu contestée et leur caractère de représentation publique des intérêts agricoles et des agriculteurs leur donne, dans le monde rural, une place privilégiée. »*[3]

Dans son intervention, Georges Pompidou insiste tout naturellement sur la nécessité d'une politique de concertation à laquelle doit participer « l'ensemble des intérêts agricoles dans leur diversité ». Mais il met surtout l'accent sur :

- *l'intérêt d'une politique agricole adaptée à la diversité territoriale ;*
- *la solidarité nationale qui doit jouer en faveur des agriculteurs et des régions défavorisées ;*
- *la prise en compte des contraintes internes et externes pour définir les contours du développement agricole et rural ;*
- *l'importance de l'atout européen pour une France qui a une vocation agricole exportatrice.*

---

[1] Successeur de R. Blondelle, décédé en février 1971, à la tête de l'APCA, P. Collet a, selon L. Perrin, rapproché les Chambres d'agriculture du gaullisme ; entretien de L. Perrin avec V. Pradier le 25 juillet 1997, CHAN, AGP, 1AV206.

[2] CHAN, 5AG2/100, note de P. Seguin du 28 mai 1973.

[3] CHAN, 5AG2/100, note de P. Seguin du 9 octobre 1973.

*

Discours de Georges Pompidou aux Chambres d'agriculture 10 janvier 1974[4]

Monsieur le Président, mesdames, messieurs,

J'ai écouté avec intérêt et attention votre discours, Monsieur le Président, et je suis heureux de me trouver aujourd'hui parmi vous pour célébrer le cinquantenaire de la création par le législateur des Chambres d'Agriculture, conçues pour représenter, tant par leur mode de désignation que par les objectifs qui leur étaient assignés, l'ensemble des intérêts agricoles dans leur diversité.

Les Chambres d'agriculture, au cours de ces cinquante années, ont bien rempli leur mission et je suis venu ici leur en rendre témoignage. J'ajoute qu'avec l'évolution elles ont élargi ce qui était leur action initiale et que dans différents domaines, comme par exemple la vulgarisation scientifique ou la définition d'une politique agricole, non seulement en tant que telles mais à l'intérieur d'une politique économique générale, les Chambres d'agriculture ont également rendu de très grands services non seulement à ceux qu'elles représentent mais aussi à la collectivité nationale et aux pouvoirs publics.

Elles l'ont d'autant mieux fait qu'elles ont adopté ainsi que vous l'avez entendu, une politique de concertation. Ce qui m'intéresse, ce qui me concerne, c'est bien entendu la concertation entre vos Chambres, vos assemblées et l'administration, le Gouvernement, l'État. Or, au fur et à mesure, et en particulier dans ces dernières années, cette concertation s'est développée et s'est développée de façon active, se manifestant, se matérialisant, dans la conférence annuelle par exemple à l'heure actuelle ou encore dans les conférences mensuelles que vous tenez, je crois, avec le ministère de l'Agriculture[5]. Dans cette concertation, les Chambres d'agriculture, fidèles à leur esprit, fidèles à l'esprit paysan, à l'esprit des agriculteurs ne viennent pas pour dire « amen » à la politique gouvernementale, et pour la bénir ; et j'ajoute que les représentants de l'État ne

---

[4] CHAN, 5AG2/1089, discours prononcé lors du cinquantenaire des Chambres d'agriculture. Pour L. Perrin, ce discours de 35 minutes, sans notes, fut « un exposé remarquable », entretien avec V. Pradier du 25 juillet 1997, CHAN, AGP, 1AV206.

[5] J. Duhamel a été l'initiateur en 1969 de cette conférence mensuelle qui réunit rue de Varenne les délégués des 4 grandes organisations et qui perdure jusqu'en 1981. Il convient de noter que la conférence mensuelle relève du ministre de l'Agriculture alors que la conférence annuelle, placée sous l'autorité du Premier ministre, a un caractère interministériel.

viennent pas non plus avec la simple intention d'écouter et de satisfaire toutes les revendications qui peuvent leur être présentées. Il s'agit d'une véritable concertation, c'est-à-dire une concertation indépendante où chacun apprend de l'autre ce qu'il a intérêt à apprendre, c'est-à-dire où l'État apprend où sont les besoins, les aspirations de l'agriculture et des agriculteurs et où les représentants de l'agriculture sont informés des motifs et des lignes générales de la politique économique de l'État. Dans cette concertation, donc, le maître mot c'est l'indépendance qui correspond plus que tout autre à la mentalité des agriculteurs et que nous voyons se développer, non seulement dans vos assemblées bien entendu, non seulement dans les représentations syndicales qualifiées, mais dans toutes les organisations agricoles qu'il s'agisse de la coopération, par exemple, dont les progrès, les efforts sont considérables – je tiens à les saluer ici, à les encourager – qu'il s'agisse dans le domaine social de l'indépendance de cette mutualité à laquelle le président Bonjean est si attaché et dont il peut me rendre témoignage que je l'ai toujours défendue et continuerai de la défendre. Dans cet échange, chacun apprend à mieux comprendre l'autre. Au départ, tout le monde n'est pas d'accord ; si tout le monde était d'accord au départ, il n'y aurait pas besoin de se réunir sinon pour banqueter. À la sortie on n'est pas d'accord non plus sur tout mais l'expérience prouve que les points de vue se sont rapprochés, qu'on s'est compris et que l'action, par conséquent, pourra être efficace parce qu'elle pourra tendre vers des objectifs voisins, sinon identiques.

S'agissant d'une politique agricole, et d'abord d'une politique nationale, quels sont ces principes, quels sont ces objectifs ? Il ne peut s'agir d'abord que d'une politique souple ; l'expérience partout a montré qu'en matière agricole plus que dans tout autre domaine, la rigidité conduisait à l'échec. Cette politique doit d'autre part être diversifiée. On ne peut pas faire que les montagnes soient des vallées et les vallées des montagnes, des plaines, en dépit de ce qu'écrivait un jour Ronsard. On est bien obligé de tenir compte de la nature du sol. Et je dirai d'ailleurs que c'est un des honneurs de l'agriculture et une des sources, je dirai de « tranquillité », que de savoir qu'elle dépend encore des puissances naturelles et non pas, simplement, de ce qui peut se faire dans les laboratoires. Donc, il faut une politique diversifiée. C'est vrai dans notre pays, qu'il s'agisse des grandes plaines vinicoles, des grandes plaines céréalières ou betteravières, qu'il s'agisse inversement des pays de bocage ou de l'agriculture de montagne avec ses servitudes particulières. Tout cela conduisant, les conditions climatiques s'ajoutant aux conditions du sol, à des productions qui ne peuvent qu'être elles-mêmes diversifiées.

Dans cette politique diversifiée, nous avons le double souci, d'une part, bien entendu, d'un développement de la production – j'y reviendrai

– en qualité, bien entendu, mais aussi en quantité dans les grandes productions susceptibles, en particulier, d'être exportées. Nous avons aussi le souci de maintenir dans toutes les régions qui s'y prêtent et qui en ont besoin cette agriculture familiale dont j'ai, à bien des reprises, déclaré l'intérêt que nous lui portions, et qui demande indiscutablement plus que tout autre une aide des pouvoirs publics, de la collectivité nationale.

Et cette aide n'est pas une assistance, ce n'est pas la charité. Il n'y a pas lieu pour ceux qui la reçoivent d'en avoir honte ; il s'agit en réalité de quelque chose qui est utile à l'ensemble de la collectivité, utile à bien des égards. D'abord parce que l'agriculture familiale se prête, peut-être plus que toute autre, à la recherche de la qualité – qui sera de plus en plus exigée par le consommateur. Ensuite, parce qu'elle est tournée tout naturellement vers des productions animales qui représentent des servitudes et des conditions de vie d'autant plus difficiles qu'elles se situent, très souvent, dans des régions elles-mêmes difficiles et que nous avons le choix, par conséquent, entre maintenir à leur tête le plus grand nombre possible de familles paysannes et le dépeuplement, pur et simple, dans des conditions qui seraient désastreuses, non seulement au point de vue du cadre de vie et du paysage français, mais même pour l'économie française ; car, en fin de compte, le départ et la désertification, comme on dit, des différentes régions ne seraient pas seulement fâcheux au point de vue, général, de l'aménagement du territoire ou du plaisir du citadin en week-end : ils seraient également ruineux pour l'économie nationale. Ainsi, je conçois cette aide comme la contrepartie nécessaire des servitudes que s'imposent les familles des agriculteurs situés dans ces conditions.

Tout cela doit aboutir, bien entendu, au développement de notre agriculture, et d'abord, pour des raisons nationales ; et tout cela, par conséquent, suppose un effort de modernisation dont vous avez dit tout à l'heure très bien, Monsieur le Président, combien il était coûteux et difficile et représentait pour le jeune agriculteur des engagements très lourds. Cela suppose aussi, outre cet effort de modernisation, une amélioration des conditions de vie, ne serait-ce que pour ne pas voir les jeunes filles et les jeunes femmes fuir la terre pour se réfugier dans le confort de la ville, confort qui n'est pas fait que de pollution. Et puis, cela suppose que les productions auxquelles cette agriculture peut s'attacher soient rentables ; et si divers éléments peuvent entrer en ligne de compte, et notamment les aides diverses dont j'ai pu parler, il est bien évident que, en vérité, on ne peut pas éviter le problème des prix. Vous avez dit qu'on ne pouvait pas biaiser. Et bien, non ! Nous ne devons pas biaiser avec ce problème. Et je pense en particulier plus encore qu'aux prix en eux-mêmes, aux prix dans leur contexte. Que ce soit, bien entendu, par rapport aux prix industriels et autres et aux prix des matières nécessaires à l'agriculture ; que ce soit à l'intérieur des productions agricoles, une hiérarchie convenable des prix pour encourager les productions les plus difficiles, les plus contraignantes et par conséquent celles qu'il faut d'autant plus encourager que nous en avons besoin, que nous sommes déficitaires, soit à l'échelon national, soit, en tout cas, à l'échelon européen.

Je sais qu'à l'heure actuelle, ce problème est posé, que des difficultés existent pour différentes productions et en particulier pour la viande bovine. Et vous savez que le Gouvernement, par la voix de l'excellent ministre de l'Agriculture qu'est monsieur Jacques Chirac, demandera aux institutions de Bruxelles, très prochainement, l'augmentation du prix d'intervention. Il s'agit là, non pas d'une attitude de marchandage, en quelque sorte, comme on le laisse entendre par ailleurs, par rapport à tel ou tel autre problème qui se pose à l'heure actuelle aux institutions européennes et aux neuf pays ; il s'agit de parer à une crise conjoncturelle et d'y parer dans un sens conforme à la politique à moyen et à long terme. Car, de toute évidence, l'augmentation des prix des produits animaux est une nécessité. C'est une nécessité, je le disais, à cause des servitudes que représente ce type de production mais c'est une nécessité aussi parce qu'on le veuille ou non, la Communauté européenne est déficitaire en ce domaine et que, par conséquent, il est normal qu'elle fasse un effort pour combler ce déficit.

Pendant longtemps on a vécu, le monde a vécu, et les grandes puissances industrielles, en particulier, ont vécu dans l'illusion. Elles croyaient qu'il fallait laisser faire, laisser passer, que le monde industriel pouvait s'alimenter à bon compte partout, soit en produits alimentaires, soit en énergie, soit en matières premières, et que, moyennant un petit effort en faveur du monde sous-développé, eh bien, tout allait bien, comme on le souhaitait. Plusieurs chefs de Gouvernement européens, et non des moindres, pourraient témoigner que, dans les conversations que j'ai eues avec eux depuis plusieurs années, je dirai depuis trois ans et demi, j'ai attiré leur attention sur ce problème, et non pas simplement sur celui de l'agriculture mais sur d'autres problèmes et en particulier sur quelques-uns de ceux qui se posent à l'heure actuelle. Et voilà que le monde se réveille et constate que la richesse n'est pas forcément où on la croyait, que la pauvreté n'est pas forcément désarmée et que le fait de se livrer purement et simplement à l'importation et de dépendre de l'extérieur est une grave erreur et qu'elle peut devenir une calamité. Cela est vrai dans tous les domaines. Cela est vrai dans le domaine de l'agriculture. Cela est vrai particulièrement dans le domaine des productions animales. Il ne s'agit pas d'enfermer l'Europe dans une espèce d'autosubsistance, qui fermerait la porte aux échanges internationaux. Il s'agit simplement de faire que nous dépendions le moins possible, pour des matières vitales, de l'extérieur et que nous soyons en mesure, par là même, de servir les courants internationaux dans les deux sens et non pas simplement comme importateur. Et, ainsi que vous l'avez dit, ainsi que vous avez bien voulu le dire, aussi, en me citant, nous savons aujourd'hui à quel point les besoins alimentaires augmentent dans un monde où un tiers, la moitié, peut-être les deux tiers de l'humanité sont sous-alimentés ; que, par conséquent, c'est une politique à courte vue même si à certains moments on peut l'imaginer viable, que de croire qu'il y a d'autres issues que le développement général des productions agricoles et la satisfaction de plus en plus large de besoins de plus en plus pressants en matière alimentaire d'une population qui croit considérablement et qui, en plus, prend conscience de ses besoins.

Et puisque j'ai prononcé le nom d'Europe, je voudrais aussi redire une fois de plus, à quel point nous sommes fermement décidés, le Gouvernement français est fermement décidé, et je suis fermement décidé, à défendre dans ses principes, dans ses méthodes et dans ses pratiques, le Marché commun agricole. Et cela, non pas parce que la France en bénéficie – j'ai eu l'occasion de le dire : elle n'est pas la seule à en bénéficier. D'ailleurs, le problème n'est pas là ; le problème est double. Tout d'abord, en signant le traité de Rome, et en acceptant de poursuivre, pas à pas, comme vous le disiez, monsieur le président, et je dirai à petits pas, l'Europe, la construction européenne, nous avons accepté un risque considérable en ouvrant nos frontières à la production industrielle de nos voisins. Et nous avons, les chiffres le montrent, largement contribué à la prospérité économique et industrielle de ces voisins. Il y a donc là une compensation : indispensable même si la France poursuit à l'heure actuelle un effort industriel ; elle est, à l'intérieur de la Communauté, particulièrement à l'égard de tel ou tel partenaire, largement déficitaire dans le domaine des biens de consommation industrielle et, par conséquent, elle trouve tout naturel de récupérer une partie de ces déficits grâce à son agriculture, la plus puissante de l'Europe des Neuf.

En second lieu, il se trouve que dans le monde entier, partout, l'agriculture est organisée. Nulle part, on imagine de laisser jouer purement et simplement la loi du marché et quand on le dit, on fait semblant de le croire. Or, l'organisation agricole qui a été construite est non seulement conforme à la nature même de l'agriculture, mais elle est, de plus, le seul élément véritablement positif, véritablement évident, véritablement effectif, que nous puissions mettre aujourd'hui à l'actif de la construction européenne, de l'organisation même de l'Europe. Je souhaite pour ma part que dans d'autres domaines nous puissions progresser ; et nous en voyons bien les difficultés. Mais, enfin, il y a, au moins là, quelque chose de solide, quelque chose qui a été construit et qui existe, quelque chose que tel ou tel des derniers venus des Neuf redoutait, critiquait et dont aujourd'hui je crois bien qu'au fond d'eux-mêmes ils se félicitent, quelque chose qui oblige les Européens à s'entendre, à travailler ensemble et non pas simplement à échanger des marchandises. Il y a dans le Marché commun agricole, à l'heure actuelle, ce qu'il y a de plus sûr, de plus certain, de plus solide pour la construction européenne et cela ne serait pas en le détruisant qu'on pourrait améliorer les chances de cette construction : on les détruirait.

Pour des raisons, donc, qui sont nationales, mais qui sont aussi européennes, nous tiendrons fermement ce point de vue. J'ajoute qu'ainsi que vous l'avez dit, sur le plan international, là aussi les idées doivent changer. Pendant longtemps on s'est imaginé qu'il n'y avait de marchés des produits agricoles qu'entre ce qu'on appelait les pays solvables, c'est-à-dire finalement les grands pays industriels, et on se battait pour essayer de placer ici ou là quelques surplus de production que les acheteurs, naturellement, se gardaient bien de payer cher. Nous voyons aujourd'hui qu'il n'est pas nécessaire d'être producteur pour être forcément victime et, par conséquent, nous pouvons imaginer une toute autre attitude. Et nous pouvons imaginer surtout, et je reprends encore ce que vous disiez tout à l'heure – que l'on regarde le monde industriel ou que l'on regarde cet immense tiers-monde – les besoins alimentaires sont tels que l'expansion de l'agriculture en général, de l'agriculture européenne et de l'agriculture française, cette expansion ne jouera pas simplement au service de l'Europe ou de la France, elle jouera au service de tous. C'est donc à cet esprit, à cet optimisme créateur, malgré les difficultés, que je fais appel en sachant qu'il est le propre des agriculteurs français et en particulier de leurs dirigeants qualifiés.

Je terminerai, monsieur le président, par une allusion à la situation présente et un appel à l'agriculture française. Nous allons nous trouver en 1974 et peut-être pour plus longtemps, devant des difficultés sérieuses, nous le savons. Pour dominer ces difficultés qui risquent de se traduire en particulier dans notre commerce extérieur – auquel l'agriculture a apporté jusqu'ici un apport important et même capital – pour dominer ces difficultés, nous faisons appel d'une part à l'esprit d'économie. Au moment où, par exemple, le prix des produits pétroliers et dérivés va augmenter sensiblement, il est évident que la diminution de la consommation permettra aussi bien au consommateur de moins subir les effets de cette augmentation qu'à la collectivité nationale, sur le plan du commerce extérieur, de moins en subir également les effets qui pourraient être sérieux. Je pense qu'en faisant appel à l'esprit d'économie des Français, j'ai quelques chances d'être entendu, mais d'être entendu particulièrement des agriculteurs, dont c'est une vertu traditionnelle, et qui savent, et qui ont su pendant les siècles que les choses ne se jetaient pas. Dans cette civilisation où on ne pensait qu'à jeter et à remplacer, l'agriculteur ne se laissait entraîner qu'à contre cœur. L'heure est venue, je le répète, de l'économie et cela rendra, à tous, à nous tous, à la France, un grand service.

Et en second lieu, si cela doit nous permettre des économies sur le plan de certaines importations, il faut aussi développer les exportations ; et bien sûr, ni vous, ni le Gouvernement, ne sommes maîtres de la météorologie et, par conséquent, des récoltes. Mais si les choses sont bonnes, je souhaite beaucoup que les organisations agricoles et les dirigeants spécialisés en ce domaine, s'attachent à développer ces exportations, par une meilleure organisation intérieure d'abord, et je voudrais évoquer à ce propos, en un mot l'interprofessionnelle laitière dont j'attends beaucoup, par un effort tourné vers l'extérieur, vers les pays du Marché commun, mais aussi vers le « grand extérieur ». Je souhaite que cet effort d'exportation que nous demandons à tous les Français, les agriculteurs s'y associent largement. En le faisant, ils démontreront une fois de plus non seulement que l'agriculture est, plus qu'un élément essentiel de la vie économique, un élément de base et même fondamental, qu'il faut d'abord vivre et que c'est l'agriculteur qui nourrit l'homme. Ils démontreront que l'agriculture française est pour la France une chance de succès et une richesse incalculable que nous ne laisserons pas se perdre quoi qu'il arrive.

Ils démontreront enfin que dans le goût de leur métier, dans le goût de la terre, dans cette soumission aux conditions du climat, de la terre, de la météorologie, dans ce sens de la réalité et du devenir, le paysan français est un élément de solidité, d'équilibre et de force pour notre pays tout entier.

ANNEXES

I. Éloge pour un bilan

Une politique agricole résolue et constamment soucieuse des hommes

Philippe SEGUIN[1]

Ses origines, ses goûts, son sens des valeurs humaines poussaient sans aucun doute Georges Pompidou à accorder aux problèmes du monde rural une attention vigilante et éclairée. Son emprise sur le milieu paysan était devenue une donnée politique de base. Mais elle procédait au moins autant de sa parfaite intelligence des dossiers que d'une indéniable intelligence de cœur. À l'Élysée, comme à Matignon, rares furent les jours où, à travers l'organisation des échanges internationaux, la Politique agricole commune, la situation des marchés ou l'aménagement rural, il n'eut pas à utiliser sa compétence ou à inspirer des décisions.

Dans les notes établies par ses collaborateurs de la présidence de la République, celles relatives à la politique agricole font volume. Elles leur revenaient toujours annotées de sa main et le plus souvent enrichies d'une décision ponctuelle soulignant une connaissance aiguë et parfaitement à jour des problèmes de l'agriculture. Il s'en tenait, il est vrai, scrupuleusement informé, recevant volontiers les responsables agricoles, soit dans son cabinet de travail, soit à sa table. « J'en retire toujours une impression de bon sens et de mesure » confiait-il.

Sur le fond, Georges Pompidou pensait qu'une agriculture moderne, puissante, révélée à sa vocation exportatrice était indispensable à la France, comme aussi à l'Europe. Cette conviction rencontrait son ambition d'une économie nationale fortement charpentée et jouant de tous ses atouts. Mais elle rejoignait aussi une autre préoccupation : celle d'un monde rural conçu comme un ensemble naturel vivant et dépositaire d'une richesse vitale que la mode un peu tardive vouée aux problèmes de l'environnement remettait en valeur presque partout dans le monde. « L'espace, de nos jours, cela compte autant que les hommes – et Dieu sait s'ils comptent –, à nous de ne pas laisser le désert envahir l'espace français » disait Georges Pompidou. Aussi, préférait-il à la notion

1 À la demande de É. Balladur, suite au décès du président de la République, en avril 1974, P. Seguin est chargé de rédiger une note sur l'action de Georges Pompidou en matière de politique agricole. Ce texte est la transcription de cette note manuscrite. Fonds documentaire de l'Association Georges Pompidou.

d'exode rural celle de mutations professionnelles dans un monde rural en promotion. Là était peut-être la trame de sa politique. Certains, dans les cercles parisiens surtout, la jugeaient rétrograde ou réactionnaire ; et cela ne manquait pas de surprendre, voire d'indigner le Président car il estimait, au contraire, qu'il n'y avait pas de politique plus conforme à l'intérêt national. Et il l'affirmait à l'occasion en public avec encore plus de force et de conviction qu'il ne mettait de patience à en persuader ceux qu'il recevait en privé.

Deux discours, à cet égard, méritent l'attention : celui qu'il prononça au cours de l'été 1971 à Saint-Flour, parce qu'il est le plus complet, et celui qu'il prononça à Paris, devant les Chambres d'agriculture réunies à l'occasion de leur cinquantenaire, parce qu'il est le dernier et à ce titre se présente comme son testament.

Le discours de Saint-Flour était la charte de la politique agricole. Il fut pris comme tel par les agriculteurs qui lui firent constamment référence. Mieux que la classe politique, les milieux paysans avaient en effet saisi sa portée : la politique agricole de la France était un succès parce que tout en l'adaptant aux mutations qui intervenaient constamment, les pouvoirs publics n'avaient jamais perdu de vue les grands principes fixés en 1960 par la loi d'orientation et en 1962 par la loi complémentaire. Georges Pompidou exposait les raisons de ses choix et confirmait les lignes de son action.

Le discours aux Chambres d'agriculture, le 10 janvier 1974 – dernier message au monde rural – n'apportait pas, en fait, d'éléments absolument neufs. Mais il vaut comme confirmation solennelle de toutes les idées maintes fois énoncées qui fondaient une politique résolue. La doctrine de Georges Pompidou était en contradiction formelle avec les affirmations malthusiennes. Aucun des divers rapports concluant à la nécessité d'une limitation des surfaces cultivées et au regroupement forcé des exploitations restantes n'emporta jamais sa conviction. Il jugeait absurde de songer à limiter la production des grands pays agricoles au moment même où les deux tiers de l'humanité souffraient de malnutrition et où les perspectives démographiques ne laissaient en rien augurer un renversement de la situation. Au-delà de l'hexagone, au-delà même du cadre européen, il entendait qu'on posât les problèmes à l'échelle mondiale. Il rappelait que, s'agissant même du marché solvable – sur lequel on s'hypnotisait à tort – le mythe de la surabondance était dépassé : il n'avait jamais tenu d'ailleurs qu'à une mauvaise organisation des marchés et à une inégalité excessive entre les nations.

Le 28 juin 1973, Georges Pompidou précisa solennellement sa position devant le Conseil des ministres et fit des propositions concrètes aux pays partenaires et à l'ensemble de la communauté internationale : « que les pays excédentaires s'entendent, produit par produit, pour organiser les marchés, stabiliser les cours, constituer des stocks régulateurs, et qu'ayant ainsi assuré à leurs producteurs un juste revenu, ils puissent au nom de la solidarité, apporter une aide alimentaire massive aux pays pauvres et déficitaires ». Un projet de mémorandum fut établi à cet effet. Le décès de Georges Pompidou empêcha la France de formuler en temps opportun des propositions aussi originales que généreuses. Mais le message demeure.

L'analyse sur laquelle Georges Pompidou se fondait, justifiait en tous points la position qu'il adoptait face aux détracteurs de la Politique agricole commune. Il voyait dans la richesse de l'agriculture européenne, non pas un handicap pour les Neuf, mais un atout et une chance pour l'ensemble du monde. Dans sa dernière conférence de presse, en septembre 1973, le président de la République fit justice des accusations qui lui avaient été portées : excédents structurels coûteux, fonctionnement au profit exclusif de la France, etc. Les chiffres et les arguments – qui prouvaient le contraire – firent impression, en France comme à l'étranger[2].

La démonstration fut d'autant plus brillante que Georges Pompidou était fondamentalement attaché à l'Europe agricole. Il veilla sans cesse à l'achèvement de sa mise en place. En dépit de tentatives répétées, sa vigilance ne toléra aucune atteinte à ses fondements : unité de prix, préférence communautaire et solidarité financière.

Il est vrai que dans le domaine agricole, la grande entreprise communautaire avait fait ses preuves : échanges agricoles multipliés par cinq de 1962 à 1972, production doublée au cours de la même période. Il est vrai, aussi, que l'Europe avait tout à perdre dans une remise en cause du Marché commun agricole : n'était-il pas à la fois, comme Georges Pompidou se plaisait à le rappeler souvent, le banc d'essai de la politique européenne et le seul témoignage quotidien de confiance communautaire dans l'avenir du vieux continent ?

Le Président ne ménagea jamais en tout cas son appui à ses ministres de l'Agriculture quand, non contents de s'opposer aux tentatives de démantèlement, ils s'attachèrent à étendre à de nouveaux produits les règles de l'organisation commune des marchés. L'exemple présent dans les mémoires de la crise du soja, au cours de l'été 1973, est à cet égard particulièrement révélateur. Il eût été pourtant tentant à la faveur de telle ou telle discussion sur les prix d'obtenir des satisfactions immédiates pour nos agriculteurs en échange de concessions sur le fond. Mais, dans

2 On se reportera utilement au texte de l'intervention de G. Pompidou qui démontra d'une part que la France n'était pas la seule nation à tirer avantage du Marché commun agricole et, d'autre part, que la politique des prix européens avait préservé les consommateurs de la hausse des cours mondiaux.

ces occasions surtout, Georges Pompidou veilla à ne jamais céder sur les principes.

Les justifications ainsi établies, son cadre européen défini et préservé, Georges Pompidou fixait à la politique agricole deux objectifs complémentaires : le développement du potentiel national par la modernisation de l'appareil de production et la parité dans le domaine social. Georges Pompidou estimait en effet qu'en aucun cas les agriculteurs ne devaient être considérés comme des assistés. Il connaissait d'ailleurs trop leur mentalité et était trop averti de l'évolution qui se produisait dans le sens du renforcement de leur responsabilité. En fait, pour lui, la politique agricole ne pouvait se concevoir que comme une politique de responsabilité partagée.

Son attachement à la concertation illustre bien ses conceptions : selon lui, elle pouvait seule permettre la cohérence et l'efficacité dans un domaine extraordinairement complexe où les problèmes économiques, sociaux et humains s'imbriquent et se conditionnent. Aussi veilla-t-il à ce que le Gouvernement soit constamment à l'écoute des organisations professionnelles représentatives pour connaître précisément les besoins, les aspirations, les risques, en un mot, la réalité des choses. De même il tînt à ce que la profession soit en permanence informée et éclairée par les ministres sur les raisons profondes de ses choix. Tout en réservant toujours au Gouvernement le pouvoir de décision, du moins le faisait-il en pleine connaissance de cause.

La concertation du Gouvernement et des organisations professionnelles de l'agriculture (FNSEA, CNJA, CNMCCA, APCA)[3] fut exemplaire et facilita d'autant les progrès et les mutations nécessaires. Georges Pompidou par ses encouragements y contribua. Il y prit lui-même, à son niveau, une part éminente.

Pour lui, il faisait peu de doute que le développement du potentiel agricole français dût passer par la modernisation de l'appareil de production. Il ne négligea donc aucune initiative qui fût de nature à développer la formation des hommes – enseignement agricole, vulgarisation technique, information sur les marchés – et à faciliter les investissements. Encore que l'évolution du Crédit agricole – tenté d'élargir son action – lui arrachât parfois quelque commentaire ironique, il n'était certainement pas mécontent, par exemple, qu'une pareille institution, d'une puissance désormais bien établie, fût, justement, mise au service de l'agriculture.

---

[3] Fédération nationale des syndicats d'exploitants agricoles, Cercle (sic) national des jeunes agriculteurs, Confédération nationale de la mutualité, de la coopération et du crédit agricole, Assemblée permanente des Chambres d'agriculture, pour ne citer que les organisations à vocation générale.

S'il reconnaissait la nécessité de mutations, Georges Pompidou croyait fermement à l'exploitation familiale. Il était persuadé que l'exploitation à responsabilité personnelle devait rester à la base de notre appareil de production. Il y voyait des raisons sociales, bien sûr, mais aussi des justifications de caractère technique : seul ce type d'exploitation peut permettre de tirer le meilleur parti de la diversité des terroirs et de s'adapter avec souplesse à l'évolution du monde moderne.

Il allait de soi, à ses yeux, que pour être viable, cette structure devait s'insérer dans une organisation coopérative développée et un réseau de groupements de producteurs. Mais il lui paraissait de loin préférable de pratiquer, dans ce but, l'incitation et la persuasion plutôt que la contrainte. Forcément, la nécessité de dépasser un individualisme périmé et de s'imposer une discipline collective finirait par prévaloir, pensait-il.

Encore convenait-il, en matière foncière, de garantir à l'exploitant la continuité de sa présence sur le sol sans léser le propriétaire ; problème ardu, qui intéresse, par exemple, les agriculteurs ayant plusieurs enfants ou encore les agriculteurs qui sont fermiers et dont le propriétaire est vendeur. Or, s'il est essentiel pour un exploitant de pouvoir rester sur le sol pendant une durée suffisante pour amortir les investissements effectués, il convient de ne pas détourner les capitaux de la terre. Georges Pompidou était également opposé à l'obligation faite à l'exploitant de devenir propriétaire et à l'appropriation anonyme et lointaine d'esprit capitaliste et collectiviste. C'est dans cet esprit qu'il orienta les travaux préparatoires à la modification du statut du fermage. C'est en s'inspirant des même principes qu'il fit procéder à l'adaptation des Groupements fonciers agricoles (GFA) et de l'indemnité viagère de départ qui autorisait l'agriculteur à prendre sa retraite au moment jugé par lui le plus opportun, et à faciliter en même temps l'aide aux jeunes et la modernisation des exploitations.

L'objectif de parité sociale, d'autre part, assigné et poursuivi par Georges Pompidou, traduisait son intention d'assurer aux agriculteurs, au-delà d'une protection sociale suffisante, une amélioration progressive de leur cadre de vie et une plus grande régularité dans l'évolution de leurs revenus. Il estimait en effet que les agriculteurs, ne fût-ce qu'en raison de leur contribution à l'économie nationale, avaient droit à une protection sociale de base identique à celle des autres catégories professionnelles. Compte tenu du déséquilibre démographique de la profession agricole, il convenait donc, selon lui, que, s'ajoutant aux facultés réelles de contribution des agriculteurs eux-mêmes, la solidarité nationale continue à s'exercer pour permettre l'équilibre financier des régimes autonomes qui s'étaient créés.

Président de la République, Georges Pompidou s'attacha à tirer les conséquences de cette analyse. Bravant les accusations de démagogie qui pouvaient lui être injustement adressées, il veilla à maintenir la contribution des professionnels à un niveau compatible avec leurs possibilités : il rendit notamment pour le budget 1974 un arbitrage décisif en ce sens. Surtout, il ne manqua aucune occasion d'affirmer son attachement à l'autonomie de la Mutualité sociale agricole, toute autre solution présentant à ses yeux un triple inconvénient : remettre en cause sous couvert d'unification la solidarité jugée nécessaire, priver l'action sanitaire et sociale de son efficacité, technocratiser la gestion. Son dernier discours « agricole » fut pour lui l'occasion de rappeler ses positions avec fermeté et éclat. Ses déclarations mirent ainsi fin à des rumeurs faisant état de projets déraisonnables.

Sous la présidence de Georges Pompidou, le ministère de l'Agriculture devint aussi, avec Jacques Chirac, celui du Développement rural. Mal appréciée et parfois mal comprise, cette adjonction portant attribution de compétences nouvelles avait pourtant une signification précise. Ni les hommes politiques, ni même certains professionnels ne virent tout de suite qu'il s'agissait de l'expression d'une volonté très ferme : réorganiser l'action ministérielle de façon à corriger le déséquilibre grandissant entre le monde urbain et le monde rural.

La modernisation de l'exploitation était en effet inséparable de la modernisation du milieu rural. Là encore, l'impératif économique rejoignait l'exigence sociale : en développant les adductions d'eau, l'électrification, le téléphone, les voies de communication, en favorisant la présence de prestataires de services, on améliorait le contexte technique et économique de l'exploitation, mais on concourait aussi à la promotion du cadre de vie des exploitants. L'essentiel était d'assurer la cohérence des actions entreprises et une participation aussi réelle que possible des intéressés. La création des zones de rénovation rurale répondit à cet objectif : dirigées par un commissaire – véritable « missionnaire » –, elles fournirent un cadre approprié aux actions spécifiques et puissantes qu'imposait la situation.

Georges Pompidou suivit avec intérêt les efforts entrepris[4], ne négligeant jamais au cours de ses voyages officiels ou de ses déplacements familiaux en province de s'assurer personnellement de l'avancement des opérations, des résultats obtenus et des réactions des intéressés. Lui-même encouragea notamment les efforts de diversification touristique qui apparaissaient particulièrement opportuns dans certaines régions : aménagement de plans d'eau, ouverture de gîtes ruraux et de villages de vacances, développement de l'accueil chez l'habitant, etc.

---

4 Ainsi, au cours des derniers mois qu'il passa à l'Élysée, s'attacha-t-il à encourager, orienter et aider l'action entreprise par divers départements ministériels – et en particulier celui de l'Agriculture – pour redonner vie aux zones de montagne.

Un autre de ses soucis permanents fut d'aider au développement des emplois en milieu rural. Il lui paraissait en effet essentiel que les femmes d'agriculteurs puissent, si besoin était, avoir une activité complémentaire ; de même, il désirait que les jeunes qui, pour une raison ou une autre, ne pourraient exercer le métier paternel, puissent trouver un emploi sur place pour rester proches de leur famille et de leurs amis et – aussi – contribuer à la vie et à la promotion du milieu rural.

Le Président n'ignorait pas que la sécurité des revenus constituait la clé de voûte de la politique agricole : elle lui apparaissait d'ailleurs à la fois comme un moyen et une fin. La régularité du revenu agricole est en effet une exigence sociale qui pour être nouvelle, n'en est pas moins absolue ; elle est aussi une nécessité économique : les agriculteurs, pour moderniser leurs exploitations font désormais un très large appel au crédit et doivent pouvoir faire face aux échéances. On peut encore admettre des variations en baisse d'une année sur l'autre ; il est indispensable de veiller à limiter leur amplitude. Encore faut-il sur une plus longue période s'attacher à favoriser une progression globale du revenu qui soit comparable à celle des autres catégories socioprofessionnelles pour satisfaire à l'objectif de la parité.

Il fallait donc d'abord s'attacher à améliorer les mécanismes d'aide prévus en cas de calamités naturelles. Cela fut fait. Il fallait ensuite veiller à une meilleure gestion des marchés de produits agricoles afin d'éviter dans toute la mesure du possible les à-coups : cette action passait par un effort d'organisation d'une part, une meilleure orientation des productions, d'autre part.

Il est important de souligner que Georges Pompidou ne croyait pas que la sécurité et la progression du revenu agricole pouvaient être assurés durablement par un autre moyen que celui des prix. Des critiques furent adressées à cette analyse ; certains pouvaient estimer qu'un système d'aides directes aux plus défavorisés s'y substituerait opportunément et répondrait mieux à l'idéal de justice. En fait, cette méthode n'aurait été séduisante qu'en apparence, car aurait présenté de graves inconvénients politiques, psychologiques et économiques. Elle eut été contraire aux règles de la Communauté européenne – qui avaient fait leurs preuves –. Elles auraient enfin tendu à faire des agriculteurs des assistés et n'aurait aucunement incité à l'effort de productivité et de modernisation nécessaire à l'évolution de notre agriculture.

De la politique menée, les négociations de Bruxelles ou de Luxembourg étaient l'élément le plus décisif. Mais les discussions sur les prix, pour spectaculaires qu'elles fussent, n'étaient pas l'essentiel.

Pourtant Georges Pompidou apporta son appui à ses ministres de l'Agriculture quand ils eurent à demander, dans des conditions souvent difficiles, les augmentations qu'exigeaient les circonstances. Ainsi en fut-il en 1974 quand la dégradation du marché de la viande et la mévente du bétail créèrent une situation particulièrement délicate : il est permis de penser que les avertissements solennels que le Président Pompidou lança en janvier devant les Chambres d'agriculture puis à l'occasion d'un entretien avec M. Michel Debatisse eurent une influence décisive sur le succès final de la négociation.

Les exigences françaises furent parfois à l'origine de discussions difficiles : elles ne répondaient pas pourtant à des objectifs immédiats ou égoïstes. Les propositions inspirées par le Président Pompidou tendaient constamment à l'établissement d'une hiérarchie des prix qui fut de nature à encourager les productions animales, déficitaires à l'échelle de la Communauté. Dès lors, s'explique mieux la vigueur des réactions de notre pays quand on remit en cause l'effort entrepris en laissant se développer sans intervenir un courant d'importations extracommunautaires.

Mais il ne s'agissait pas uniquement d'obtenir à Bruxelles des prix qui soient à un niveau satisfaisant et de nature à mieux orienter les productions. Il convenait encore – et surtout – de parvenir à affiner l'organisation et la gestion des marchés. Des propositions furent avancées par la France pour ce qui concerne le vin, les fruits et légumes, la viande de bœuf.

Parallèlement, sur le plan national et dans toute la mesure compatible avec la réglementation communautaire, des actions étaient entreprises et des initiatives encouragées qui tendaient au même but. Ainsi, plusieurs organismes furent-ils mis en place et des mécanismes institués pour jouer le rôle de régulateur des marchés. On retiendra l'exemple de l'Office national interprofessionnel du bétail et des viandes – dont les débuts furent, il est vrai, lents et difficiles et qui devait être la pièce maîtresse de la politique de l'élevage – et celui de l'Interprofession laitière. Exemple de l'initiative professionnelle, cette dernière qui se constituait pour assurer un revenu garanti aux producteurs de lait et moderniser l'ensemble de l'économie laitière fut encouragée publiquement par le Président Pompidou qui ne lui ménagea jamais son appui.

Mais, si le président de la République suivait avec une grande attention l'évolution des marchés, il ne se préoccupait pas que des éleveurs. Le bilan des notes sur lesquelles il travailla laisse d'ailleurs apparaître que c'est des problèmes des viticulteurs qu'il eût le plus souvent à se préoccuper.

En tout état de cause, les résultats furent appréciables et les organisations professionnelles ne manquèrent pas de l'admettre. De 1963 à 1972, le revenu brut d'exploitation pour l'ensemble de l'agriculture s'accrut annuellement de 7 % en moyenne. Encore la progression allait-elle en s'accélérant : en 1973, année présumée médiocre, l'augmentation fut de 10 %.

Les réactions des agriculteurs à l'annonce de la mort de Georges Pompidou, l'hommage qu'ils lui rendirent, suffiraient à démontrer l'attachement qu'ils lui portaient. Nulle part ailleurs que dans les campagnes le deuil ne fut plus sincère, plus profond, plus digne. Il faut aujourd'hui poursuivre l'effort, c'est-à-dire aussi renouveler, innover. Mais si innover signifie dévier de la route qui a été tracée, l'agriculture et le monde rural pourront s'estimer menacés. En matière agricole, il ne peut y avoir actuellement de meilleure politique que celle définie par Georges Pompidou. On pourra certes lui consacrer encore plus de moyens, accélérer les mutations, mieux coordonner les actions ; on ne pourra rien remettre en cause d'essentiel sans préjudice pour la France.

Les idées de Georges Pompidou lui survivront. Quant au dernier appel qu'il lança, il restera d'actualité : que les agriculteurs s'attachent à développer encore la productivité et la qualité, qu'en vendant toujours davantage, ils apportent leur contribution au rétablissement de l'équilibre commercial du pays, qu'ils donnent l'exemple de l'effort et illustrent ainsi de façon éclatante le rôle déterminant qui est le leur dans la collectivité nationale.

II. L'encadrement législatif

L'action de Georges Pompidou, en matière d'agriculture et de développement rural s'inscrit dans un cadre législatif et réglementaire, à la fois héritage de Gouvernements précédents et construction d'inspiration pompidolienne, notamment sur le thème de la rénovation rurale.

A. Les lois d'orientation agricole

a) Loi n ° 60-808 du 5 août 1960 d'orientation agricole

L'Assemblée nationale et le Sénat ont délibéré,

L'Assemblée nationale a adopté,

Le président de la République promulgue la loi dont la teneur suit :

Titre Ier
Principes généraux d'orientation

Art. 1er – La loi d'orientation de l'agriculture française a pour but, dans le cadre de la politique économique et sociale, d'établir la parité entre l'agriculture et les autres activités économiques :

1° En accroissant la contribution de l'agriculture au développement de l'économie française et de la vie sociale nationale, en équilibrant la balance commerciale agricole globale du territoire national, compte tenu de l'évolution des besoins, des vocations naturelles du pays, de sa place dans la Communauté et dans la Communauté économique européenne et de l'aide à apporter aux pays sous-développés ;

2° En faisant participer équitablement l'agriculture au bénéfice de cette expansion par l'élimination des causes de disparité existant entre le revenu des personnes exerçant leur activité dans l'agriculture et celui des personnes occupées dans d'autres secteurs, afin de porter notamment la situation sociale des exploitants et des salariés agricoles au même niveau que celui des autres catégories professionnelles ;

3° En mettant l'agriculture, et plus spécialement l'exploitation familiale, en mesure de compenser les désavantages naturels et économiques auxquels elle reste soumise comparativement aux autres secteurs de l'économie.

Art. 2 – La politique agricole doit assurer aux agriculteurs les moyens indispensables pour atteindre les buts définis à l'article 1er ci-dessus.

Elle a pour objet :

1° D'accroître la productivité agricole en développant et en vulgarisant le progrès technique, en assurant le développement rationnel de la production en fonction des besoins et de l'emploi optimum des facteurs de production, notamment de la main-d'œuvre, et en déterminant de justes prix ;

2° D'améliorer les débouchés intérieurs et extérieurs et les prix agricoles à la production par une action sur les conditions de commercialisation et de transformation des produits et par un développement des débouchés des matières premières agricoles destinées à l'industrie, en leur attribuant, d'une part, une protection suffisante contre les concurrences anormales et, d'autre part, une priorité d'emploi par les industries utilisatrices ;

3° D'assurer la conservation et l'amélioration du patrimoine foncier non bâti et bâti, ainsi que la modernisation de ce dernier ;

4° D'assurer au travail des exploitants et des salariés agricoles, aux responsabilités de direction, au capital d'exploitation et au capital foncier une rémunération équivalente à celle dont ils pourraient bénéficier dans d'autres secteurs d'activité ;

5° De permettre aux exploitants et aux salariés agricoles d'assurer d'une façon efficace leur protection sociale ;

6° D'orienter et d'encourager les productions les plus conformes aux possibilités de chaque région ;

7° De promouvoir et favoriser une structure d'exploitation de type familial, susceptible d'utiliser au mieux les méthodes techniques modernes de production et de permettre le plein emploi du travail et du capital d'exploitation.

Cette politique sera mise en œuvre avec la collaboration des organisations professionnelles agricoles.

Pour toutes les consultations de la profession agricole prévues dans la loi d'orientation agricole, le Gouvernement devra consulter notamment les Chambres d'agriculture et l'Assemblée permanente des présidents des Chambres d'agriculture.

Art. 3 – L'observation du niveau de la rémunération du travail et du capital agricoles sera faite par le moyen de comptabilités moyennes d'exploitations représentatives des types d'utilisation du sol, des types d'exploitation et des régions économiques.

Art. 4 – L'orientation des cultures, les objectifs de production, la définition des techniques et des moyens propres à atteindre ces objectifs, l'ordre d'urgence des investissements sont précisés périodiquement dans le Plan de modernisation et d'équipement ratifié par le Parlement.

Le Plan devra tenir compte des principes posés par la présente loi et fixer les moyens nécessaires à leur application.

Si des modifications apparaissent nécessaires pendant la période quadriennale, elles seront fixées avant le 15 septembre précédant chaque campagne par décret pris après consultation des commissions compétentes du Parlement.

Les programmes agricoles régionaux inclus dans les plans régionaux de développement économique et social d'aménagement du territoire tiendront compte des objectifs de production fixés par le Plan.

Art. 5 – Dans un délai d'un an à dater de la promulgation de la présente loi, le Gouvernement devra prendre toutes les mesures nécessaires permettant de diminuer la disparité existant entre les prix agricoles à la production et les prix de détail des produits alimentaires, notamment par l'amélioration des circuits de distribution, certaines mesures de péréquation ainsi que l'aménagement des tarifs de transport et des charges fiscales relatifs à ces produits.

Art. 6 – Le Gouvernement présente au Parlement, avant le 1er juillet de chaque année, un rapport sur l'exécution du plan de production agricole et de commercialisation des produits agricoles, établi compte tenu des dispositions de l'article 2.

Dans ce rapport, le Gouvernement doit :

1° Faire ressortir :

- les progrès réalisés dans l'établissement d'une Politique agricole commune ;
- l'état de réalisation du programme arrêté par le Plan ;
- la nature et le volume des concours apportés par l'État à la production agricole ;
- l'état des stocks de report ou des déficits de production eu égard aux objectifs du Plan ;

2° Indiquer l'évolution, durant la campagne agricole précédente, des termes de l'échange, c'est-à-dire la relation entre les prix reçus par les agriculteurs pour les produits de leurs activités et les prix payés par eux tant pour les moyens de production et les services que pour les achats destinés à leur vie courante, la période de référence étant celle de la campagne 1947-1948 et, d'autre part, l'évolution de la marge entre les prix des produits agricoles payés à la production et ceux des mêmes produits payés à la consommation, en faisant apparaître le montant des taxes qui ont frappé ces produits ;

3° Comparer l'évolution, dans le revenu national, du revenu agricole et des autres revenus professionnels ;

4° Se référer, au fur et à mesure que les comptabilités seront régulièrement tenues, aux bilans des entreprises agricoles en faire-valoir direct soumises à des conditions moyennes de production et qui devront pouvoir assurer, par une gestion normale, une rentabilité satisfaisante ;

5° Examiner notamment à l'aide de ces comptabilités dans quelle mesure :

a) La main-d'œuvre familiale et non familiale a reçu une rémunération du travail correspondant à celle qu'elle aurait pu obtenir dans les autres activités susceptibles de l'employer ;

b) Le travail de direction a été rémunéré ;

c) Un intérêt convenable a pu être assuré aux capitaux foncier et d'exploitation.

Ce rapport doit, en outre, indiquer la mesure dans laquelle les prix à la production de l'avant-dernière campagne ont, compte tenu de l'importance des récoltes, couvert les frais de production de la dernière campagne et permis l'autofinancement prévu par le Plan de modernisation et d'équipement.

Le rapport doit, enfin, indiquer les moyens que le Gouvernement s'engage à inscrire dans la plus prochaine loi de finances ou dans une loi de finances rectificative ou dans des lois particulières pour, éventuellement, modifier les orientations de production, remédier aux disparités constatées et rétablir la parité des revenus.

Art. 7 – Le ministre de l'Agriculture fait procéder, par région naturelle et par nature de culture ou type d'exploitation en tenant compte, éventuellement, de l'altitude, aux études nécessaires à l'appréciation de la superficie que devrait normalement avoir une exploitation mise en valeur directement par deux unités de main-d'œuvre, ou plus en cas de sociétés de culture ou de groupements d'exploitants, dans des conditions permettant une utilisation rationnelle des capitaux et des techniques, une rémunération du travail d'exécution, de direction et des capitaux foncier et d'exploitation répondant à l'objectif défini à l'article 6 ci-dessus.

Dans un délai de deux ans, le ministre de l'Agriculture évalue ces superficies par arrêté après consultation de commissions départementales comprenant notamment des représentants des Chambres départementales d'agriculture, des organisations professionnelles agricoles et des représentants des Conseils généraux.

Art. 8 – L'aide financière de l'État, sous forme de prêts et notamment de prêts spéciaux à long terme, de subventions, de remises partielles ou totales d'impôts ou de taxes est accordée en priorité aux exploitants agricoles, aux sociétés de culture et aux groupements d'exploitants, en vue de leur permettre de se rapprocher des conditions optimales résultant des études prévues à l'article 7 ci-dessus pour les encourager, notamment :

- soit à s'installer, lorsqu'il s'agit de jeunes agriculteurs ;
- soit à agrandir, à grouper ou à convertir partiellement ou totalement leurs exploitations pour les rendre viables ;
- soit, grâce au développement des migrations rurales, à s'installer dans une autre région.

Les comptes de l'aide financière ainsi consentie sont présentés chaque année au Parlement, en même temps que le rapport prévu à l'article 6. Ils devront autant que possible préciser par région, par importance d'exploitation et éventuellement par type de production les prêts et subventions accordés.

Titre II
Aménagement des charges des exploitations

Section I
Successions

Art. 9 – L'article 1718 du code général des impôts est complété par l'alinéa suivant :

« Lorsqu'il s'agit d'une exploitation agricole qu'un héritier légataire ou donataire s'engage à mettre en valeur personnellement pendant au moins quinze ans, le paiement différé des droits de mutation dus par l'ensemble des héritiers, légataires ou donataires au titre de cette exploitation agricole, ne donne pas lieu au versement d'intérêts. »

Section II

Contrat de salaire différé

Art. 10 – Les articles 63, 66, 67, 68, 72 et 73 du décret du 29 juillet 1939 relatif à la famille et à la natalité française sont modifiés, complétés ou remplacés comme suit :

1° La dernière phrase de l'article 63, modifié par le décret du 8 décembre 1954, est remplacée par la disposition suivante :

« Le salaire à appliquer dans chaque cas est celui constaté par l'arrêté ministériel publié, soit avant le règlement de la créance si ce règlement intervient du vivant de l'exploitant, soit au cours de l'année civile pendant laquelle survient le décès de ce dernier. »

2° Le dernier membre de la phrase de l'article 66 est remplacé par le suivant :

« Jusqu'à ce que le plus jeune des enfants ait atteint sa dix-huitième année ou achevé les études poursuivies dans un établissement d'enseignement agricole. »

3° Les articles 67, 68, 72 et 73 sont remplacés par les dispositions suivantes :

« Art. 67 – Le bénéficiaire d'un contrat de salaire différé exerce son droit de créance après le décès de l'exploitant et au cours du règlement de la succession ; cependant l'exploitant peut de son vivant remplir le bénéficiaire de ses droits de créance, notamment lors de la donation-partage à laquelle il procéderait.

« Toutefois, le bénéficiaire des dispositions de la précédente section, qui ne serait pas désintéressé par l'exploitant lors de la donation-partage comprenant la majeure partie des biens, et alors que ceux non distribués ne seraient plus suffisants pour le couvrir de ses droits, peut lors du partage exiger des donataires le paiement de son salaire.

« Les droits de créance résultant de la présente section ne peuvent en aucun cas, et quelle que soit la durée de la collaboration apportée à l'exploitant, dépasser, pour chacun des ayants droit, la somme représentant le montant de la rémunération due pour une période de dix années, et calculée sur les bases fixées à l'article 63, alinéa 2.

« Le paiement du salaire différé ou l'attribution faite au créancier, pour le remplir de ses droits de créance, ne donne lieu à la perception d'aucun droit d'enregistrement. Les délais et modalités de paiement sont fixés, s'il y a lieu, dans les conditions prévues à l'article 866 du code civil.

« Art 68 – L'abandon de l'activité agricole par l'ascendant n'éteint pas les droits de créance du descendant qui a participé à l'exploitation.

« Est privé des droits conférés par les articles précédents tout ayant droit qui, sauf le cas de service militaire légal, de maladies ou d'infirmité physique le mettant dans l'impossibilité de participer au travail agricole, ne travaillait pas habituellement à la date du règlement de la créance, à la date de la donation-partage ou du décès de l'exploitant, sur un fonds rural notamment en qualité de salarié, de métayer, de fermier ou de propriétaire exploitant.

« Les enfants et petits enfants visés à l'article 66 sont également privés desdits droits, s'ils n'ont jamais travaillé sur un fonds rural, à moins que, lors du règlement de la créance, de la donation-partage ou du décès de l'exploitant, ils ne se trouvent encore soumis à l'obligation scolaire ou ne poursuivent leurs études dans un établissement d'enseignement agricole.

« Art. 72 – Les règles spéciales régissant le contrat de travail, ainsi que toutes les dispositions de la législation du travail, ne sont pas applicables dans les cas prévus par la présente section.

« Art. 73 – Les droits de créance résultant du contrat de salaire différé sont garantis sur les meubles par un privilège ayant le même rang que celui établi par l'article 2101, 4°, du code civil et sur les immeubles par une hypothèque légale. »

Section III

Statut du fermage

Art. 11 – I – Le deuxième alinéa de l'article 811 du code rural est complété par la phrase suivante :

« Cette faculté n'est pas transmissible lors d'une cession à titre onéreux par le bailleur du fonds auquel elle s'applique. La clause correspondante du bail est dans ce cas réputée caduque. »

II – Le deuxième alinéa de l'article 861 du code rural est remplacé par les dispositions suivantes :

« En sont exclus les locations de jardins d'agrément et d'intérêt familial, les baux de chasse et de pêche.

« Les baux du domaine de l'État, des départements, des communes et des établissements publics lorsqu'ils portent sur des biens ruraux constituant ou non une exploitation agricole complète, sont soumis aux dispositions du présent titre. Toutefois, le droit de préemption et le droit au renouvellement du bail ne pourront être opposés par les preneurs lorsque les biens loués seront utilisés pour les besoins d'un service public ou affectés à la mission d'intérêt général poursuivie par ces personnes morales. »

Art. 12 – L'alinéa premier du 3° de l'article 848 ainsi que les articles 850 et 851-1 du code rural sont modifiés comme suit :

« Art. 848 –

3° En ce qui concerne les améliorations culturales, ainsi que les travaux de transformation du sol en vue de sa mise en culture ou d'un changement de culture ayant entraîné une augmentation du potentiel de production de terrain de plus de 25 %, l'indemnité est, nonobstant tout forfait antérieurement convenu à l'égard des travaux de transformation ci-dessus visés, égale au montant des dépenses faites par le preneur dont l'effet est susceptible de se prolonger après son départ, compte tenu du profit qu'il en a retiré. Pour permettre le paiement de l'indemnité, le Crédit agricole pourra accorder aux bailleurs qui en feront la demande des prêts spéciaux à long terme et, pour assurer la rentabilité nécessaire des investissements visés aux articles 848, 849 et 850, remboursés par le bailleur ou réalisés directement par lui, une indemnisation annuelle équitable sera accordée à ce dernier en fonction de l'accroissement de la productivité de l'exploitation.

« Art. 850 – Si les améliorations consistent en des constructions, plantations ou ouvrages, ou s'il s'agit de travaux de transformation du sol visés à l'article 848-3°, les améliorations ou travaux n'ouvrent droit à indemnité que s'ils résultent d'une clause du bail ou si le preneur a notifié au propriétaire, par lettre recommandée avec demande d'avis de réception, son intention de les effectuer et a reçu l'assentiment du propriétaire. Toutefois, en cas de refus de celui-ci, ou faute de réponse dans les deux mois de la notification, le preneur peut saisir le tribunal paritaire des baux ruraux. Le tribunal a le pouvoir d'autoriser les travaux proposés par le preneur, qui donneront lieu alors à l'indemnité prévue ci-dessus.

« Art. 851-1 – Sont nulles de toutes conventions ayant pour effet de supprimer ou de restreindre les droits conférés au preneur sortant par les dispositions précédentes. Toutefois, peut être fixée à forfait, sous réserve des dispositions de l'article 848-3°, l'indemnité due pour la mise en culture des terres incultes, en friche ou en mauvais état de culture, à condition que ces terres aient été déclarées dans le bail. »

Titre III
Aménagement foncier

Art. 13 – I – Le chapitre Ier du titre Ier du livre Ier du code rural et l'article 1er dudit chapitre deviennent respectivement chapitre Ier *bis* et article 1er *bis*.

II – Il est ajouté au titre Ier un chapitre Ier : « Définition de l'aménagement foncier » et un article 1er ainsi conçu :

« Art. 1er – L'aménagement foncier agricole et rural a pour objet, dans le cadre des dispositions du titre Ier de la loi n° 60-808 du 5 août 1960 et notamment de son article 7, d'assurer une structure des propriétés et des exploitations agricoles et forestières conforme à une utilisation rationnelle des terres et des bâtiments, compte tenu en particulier de la nature des sols et de leur conservation, de leur vocation culturale, des techniques agricoles et de leur évolution, du milieu humain et du peuplement rural, de l'économie générale du pays et de l'économie propre du terroir considéré.

« L'aménagement foncier est réalisé notamment par :

- « une nouvelle répartition parcellaire des terres et des bâtiments au moyen du remembrement des cessions et échanges des droits de propriété et d'exploitation ;
- « l'exécution de travaux d'infrastructure nécessaires à l'aménagement des terres, tels les travaux connexes au remembrement et tous autres de nature à améliorer rationnellement la productivité ;
- « la mise en valeur des terres incultes récupérables et le boisement ;
- « l'encouragement aux diverses formes de groupements volontaires de propriétés et d'exploitations, ainsi qu'à l'agrandissement des exploitations non rentables. »

Art. 14 – I – Les propriétaires et exploitants peuvent librement faire apport de leurs droits, soit en pleine propriété, soit en jouissance seulement, à des sociétés civiles d'exploitation agricole ou à des groupements de propriétaires ou d'exploitants.

Le Gouvernement déposera, avant le premier juillet 1961, un projet de loi tendant à définir le régime juridique de ces sociétés ou groupements, à encourager leur constitution, notamment par des réductions des droits d'enregistrement et de timbres relatifs aux apports en jouissance ou en propriété, et à donner un cadre juridique et fiscal aux échanges de services entre agriculteurs.

II – Le deuxième alinéa de l'article 832 du code rural est abrogé et remplacé par les dispositions suivantes :

« Art. 832 –

« Le preneur ne peut faire apport de son droit au bail à une société civile d'exploitation agricole ou à un groupement de propriétaires ou d'exploitants qu'avec l'agrément personnel du bailleur et sans préjudice du droit de reprise de ce dernier. »

« Les présentes dispositions sont d'ordre public. »

Art. 15 – Des sociétés d'aménagement foncier et d'établissement rural peuvent être constituées en vue d'acquérir des terres où des exploitations agricoles librement mises en vente par leurs propriétaires, ainsi que des terres incultes, destinées à être rétrocédées après aménagement éventuel. Elles ont pour but, notamment, d'améliorer les structures agraires, d'accroître la superficie de certaines exploitations agricoles et de faciliter la mise en culture du sol et l'installation d'agriculteurs à la terre.

Ces sociétés doivent être agréées par le ministre de l'Agriculture et le ministre des Finances et des Affaires économiques. Leur zone d'action est définie dans la décision d'agrément.

Ces sociétés ne peuvent avoir de buts lucratifs.

Art. 16 – Les opérations immobilières résultant de l'application des dispositions de l'article précédent s'effectuent, d'une part, sous réserve du titre Ier du livre VI du code rural relatif au statut du fermage et du métayage, et, d'autre part, sous réserve des dispositions du titre Ier du livre Ier du Code rural relatives à l'aménagement foncier et, en ce qui concerne la rétrocession des terres et exploitations, sous réserve des dispositions du titre VII du livre Ier du code rural relatives aux cumuls et réunions d'exploitations agricoles.

Elles sont exonérées des droits de timbre et d'enregistrement et des taxes sur le chiffre d'affaires. Elles peuvent faire l'objet de l'aide financière de l'État sur des crédits ouverts, à cet effet, au ministre de l'Agriculture, sous forme de subventions et de prêts limités aux opérations d'aménagements fonciers.

Art. 17 – Pendant la période transitoire et qui ne peut excéder cinq ans, nécessaire à la rétrocession des biens acquis, les sociétés mentionnées à l'article 15 de la présente loi prennent toutes mesures conservatoires pour le maintien desdits biens en état d'utilisation et de production. En particulier, elles sont autorisées à consentir à cet effet les baux nécessaires, lesquels, à l'exception des baux en cours lors de l'acquisition, ne sont pas soumis aux règles résultant du statut des baux ruraux en ce qui concerne la durée, le renouvellement et le droit de préemption.

Art. 18 – Un décret en Conseil d'État, pris après avis du comité supérieur consultatif d'aménagement foncier, fixe les conditions d'application des dispositions des articles 15, 16 et 17 et notamment les règles d'attribution des exploitations.

Titre IV
Mise en valeur du sol

Art. 19 – Le chapitre V « Dispositions particulières aux terres incultes et abandonnées » du titre Ier du livre Ier du code rural est abrogé et remplacé par les dispositions suivantes :

Chapitre V

De la mise en valeur des terres incultes et récupérables

« Art. 39 – Sans préjudice de l'application des dispositions du titre VII du livre Ier du code rural relatives aux cumuls et réunions d'exploitations agricoles, tout exploitant agricole, société de culture ou groupement d'exploitants peut demander au tribunal d'instance du lieu de l'immeuble l'autorisation d'exploiter des fonds incultes depuis plus de cinq ans, situés au voisinage de sa propre exploitation et dont la superficie est inférieure à une superficie déterminée dans les conditions fixées par un décret en Conseil d'État.

« Le tribunal d'instance, après avoir procédé aux vérifications nécessaires, apprécie, s'il y a lieu, compte tenu des circonstances de l'affaire, d'accorder le droit d'exploitation demandé ; il fixe en outre, à défaut d'accord amiable, les conditions de jouissance et le montant du fermage.

« Tous les actes de procédure auquel donnera lieu l'application du présent article, ainsi que les décisions, compromis, procès-verbaux de conciliation, rapports d'experts, extrait, copie, grosses ou expéditions qui en seront délivrés, les significations qui en seront faites, seront dispensées de timbre et enregistrés gratis.

« Art.40 – Tout propriétaire d'un fonds porté à l'inventaire des terres incultes, dressé dans les conditions fixées par un décret en Conseil d'État, ainsi que tout titulaire du droit d'exploitation d'un tel fonds, peuvent être mis en demeure par le préfet de le mettre en valeur.

« Si, dans le cas d'un propriétaire non exploitant, le titulaire du droit d'exploitation ne donne pas suite à la mise en demeure du préfet, le propriétaire peut procéder lui-même à la mise en valeur de son fonds ; il en reprend à cet effet, sans indemnité, la disposition ainsi que celle des bâtiments nécessaires à son exploitation.

« Au cas où, ni le propriétaire, ni le titulaire du droit d'exploitation ne donnent suite à la mise en demeure du préfet, celui-ci peut, soit provoquer l'expropriation du fonds en vue de la vente, soit, moyennant une redevance au propriétaire, fixée, à défaut d'accord amiable, par la juridiction compétente en matière de baux ruraux, le concéder temporairement à un tiers.

« Art. 40-1 – Les périmètres de terres demeurées incultes malgré l'application des mesures visées à l'article 40 peuvent faire l'objet, sur avis de la commission départementale de réorganisation foncière et de remembrement, et proposition conforme du comité consultatif supérieur d'aménagement foncier, d'une étude du nouveau lotissement dont le but est de créer des parcelles rationnellement exploitables en fonction de la vocation des sols et des affectations culturales possibles.

« Ces lots de terre sont proposés aux propriétaires détenteurs d'apports au moins équivalents en valeur et qui souscrivent l'engagement d'assurer l'exploitation de ces parcelles et d'acquitter la part des dépenses d'aménagement connexe afférent à ces parcelles, déduction étant faite des subventions de l'État et participations financières éventuelles, et, sous les mêmes conditions et engagements, à tout groupement de propriétaires régulièrement constitué.

« Les propriétaires qui ne souscrivent pas à ces engagements ou ceux dont les apports, insuffisants en valeur, ne permettent pas une telle réattribution, sont considérés comme délaissant leurs parcelles. L'indemnité à leur verser est fixée compte tenu de la valeur vénale des biens fonciers avant l'opération de mise en valeur, sans indemnité d'éviction ni de réemploi, ni sans plus-value d'aucune sorte.

« Les lots non attribués à titre individuel peuvent être acquis par l'État ou les collectivités et établissements publics qui peuvent les mettre à la disposition des organismes chargés par le ministre de l'Agriculture de faciliter l'établissement à la terre des agriculteurs selon les dispositions de l'article 42 ci-après.

« Art. 41 – L'État, les collectivités et établissements publics, les sociétés agréées d'aménagement foncier et d'établissement rural peuvent, dans les conditions prévues aux articles 175 à 177 du code rural, faire participer les personnes appelées à bénéficier des travaux de mise en valeur des terres incultes qu'ils entreprennent, aux dépenses desdits travaux.

« Art. 42 – Sont fixées par décret en Conseil d'État les conditions dans lesquelles l'État, les collectivités et établissements publics peuvent mettre les immeubles dont ils ont la propriété ou qu'ils ont acquis en vue de la réalisation d'opérations d'aménagement foncier, à la disposition des organismes prévus aux articles 14 et 15 de la loi n° 60-808 du 5 août 1960 chargés par le ministre de l'Agriculture, sous son contrôle, de faciliter l'établissement à la terre des agriculteurs.

« Art. 43 – Les contestations relatives au classement des terres incultes, à leur inventaire ou à la régularité de leur concession, telle qu'elle est prévue à l'article 40, sont portées devant le tribunal administratif.

« Les contestations relatives à l'exécution du cahier des charges de la concession sont portées devant le tribunal d'instance du lieu de l'immeuble ; le dernier alinéa de l'article 39 leur sera applicable.

« Art. 44 – Les fonctionnaires chargés de veiller à l'application des dispositions du présent chapitre peuvent demander aux bénéficiaires des parcelles concédées toutes explications écrites qu'ils jugeraient nécessaires. L'exploitant est tenu d'y répondre.

« Art. 45 – Les conditions et modalités d'application du présent chapitre et, notamment, la définition des terres incultes seront fixées par décret en Conseil d'État pris après avis du comité supérieur consultatif d'aménagement foncier. »

Art. 20 – Dans les régions rurales ne bénéficiant pas d'un développement économique suffisant, des décrets pris sur le rapport du ministre de l'Agriculture, du ministre des Finances et des Affaires économiques, du ministre de l'Intérieur, du ministre de la Construction, du ministre des Travaux publics et des Transports, des ministres chargés du Commerce et de l'Industrie et du ministre du Travail, détermineront des zones spéciales d'action rurale auxquelles seront appliquées les dispositions des articles 21 et 22 ci-après.

Art. 21 – Les zones spéciales d'action rurale caractérisées par leur sous-aménagement, leur surpeuplement ou leur sous-peuplement, et par l'exode des populations rurales, bénéficieront selon leurs besoins d'une priorité dans les investissements publics tendant à porter remède à leur situation critique et des mesures propres à favoriser l'installation de petites unités industrielles ; cette installation y sera encouragée par l'octroi des avantages prévus au décret n° 60-370 du 15 avril 1960, mais, compte tenu de la dimension de ces entreprises, l'aide de l'État pourra être accordée même si les programmes d'investissements n'entraînent pas la création des vingt emplois exigés par le décret. Ces zones bénéficieront également d'efforts particuliers sur le plan de l'équipement rural et de l'équipement touristique.

Lorsque ces zones sont défavorisées par leur éloignement, soit des points d'approvisionnement en produits nécessaires à l'agriculture, soit des centres de consommation et de vente, des mesures de péréquation des tarifs de transports propres à rendre leurs productions compétitives devront être prises.

Art. 22 – Les zones spéciales d'action rurale se trouvant dans les régions ayant un excédent manifeste de population et de jeunesse rurales ou dans celles qui connaissent un exode important de population rurale bénéficieront d'une priorité dans la répartition des investissements publics en matière d'enseignement et de centres de formation professionnelle, ainsi qu'en matière de promotion sociale en vue de permettre à cette population son orientation éventuelle vers des activités nouvelles.

Titre V
Organisation de la production et des marchés

Art. 23 – Avant le 1er juillet 1961, le Gouvernement déposera un projet de loi définissant les principes d'un système contractuel liant producteurs, transformateurs et acheteurs de produits agricoles.

Art. 24 – Le Gouvernement déposera avant le 1er mai 1961, un projet de loi portant réforme de l'Office national interprofessionnel des céréales.

Art. 25 – Le Fonds de régularisation et d'orientation des marchés des produits agricoles, créé par la loi de finances rectificative pour 1960, n° 60-706 du 21 juillet 1960, sous forme d'un budget annexe, a pour objet d'assurer une organisation satisfaisante des marchés des principaux produits agricoles.

Le Fonds de régularisation et d'orientation assurera la couverture des seuls risques exceptionnels de stockage, mais le Gouvernement prévoira les moyens matériels et financiers de stockage nécessaires à assurer la sécurité du ravitaillement national et le fonctionnement de l'organisation des marchés, notamment par la continuité des engagements d'exportation souscrits.

Art. 26 – Le comité de gestion du Fonds de régularisation et d'orientation des marchés des produits agricoles a pour mission d'assister le ministre de l'Agriculture dans les tâches générales de l'organisation des marchés et de l'orientation des productions agricoles.

Il associe étroitement les représentants professionnels à toutes les actions entreprises.

Il est obligatoirement consulté sur toutes les questions intéressant les échanges extérieurs et sur toutes celles qui concernent la réglementation des prix et des marché agricoles.

Art. 27 – L'application de la loi validée du 15 septembre 1943 (modifiée par les lois du 6 janvier 1948 et du 31 décembre 1953) concernant la perception de la taxe textile et son affectation à l'encouragement aux productions textiles de la zone franc, sera mise en œuvre pour chaque période d'application du Plan, dans le cadre d'un programme qui sera établi par décret conjoint du ministre des Finances et des Affaires économiques, du ministre de l'Agriculture et du ministre de l'Industrie.

Art. 28 – Le ministre de l'Agriculture établira chaque année des objectifs d'exportation, dont la réalisation sera normalement assurée par les entreprises industrielles, commerciales et agricoles. Il pourra en outre faciliter ces réalisations en provoquant la création de sociétés conventionnées régies par l'ordonnance n° 59-348 du 4 février 1959, de sociétés d'économie mixte ou tous autres groupements qui pourront comprendre des exportateurs, des producteurs, des groupements de producteurs, des établissements financiers ou des collectivités publiques.

Les sociétés conventionnées et les sociétés d'économie mixte créées en application du présent article auront pour unique objet social l'exportation des produits agricoles métropolitains normalisés, dans les domaines où cette normalisation existe ou est susceptible d'exister.

Un décret devra préciser avant le 1er janvier 1961 les conditions de délivrance des certificats de normalisation et des labels d'exportation, et énumérer les produits visés par ces dispositions.

Le label agricole est une marque collective qui s'applique aux produits agricoles, attestant que le produit qui en bénéficie possède un ensemble distinct de qualités et de caractéristiques spécifiques.

L'expression « label agricole » ou le mot « label » s'appliquant à un de ces produits ne peuvent être utilisés que s'il a été satisfait aux conditions d'homologation définies par un décret pris en application de la présente loi.

L'utilisation frauduleuse d'un label agricole ou du mot « label » s'appliquant aux produits agricoles ou d'origine agricole, sera punie des peines prévues par l'article 1er de la loi du 1er août 1905.

Art. 29 – Pour tous les produits agricoles dont les normes auront été officiellement définies depuis au moins trois ans, la normalisation sera rendue progressivement obligatoire avant le 1er janvier 1966 pour toutes les opérations commerciales s'effectuant sur les marchés d'intérêt national qui approvisionnent les grands centres de consommation.

Les décrets n° 53-959 du 30 septembre 1953 et n° 58-550 du 27 juin 1958 concernant les marchés d'intérêt national seront révisés et complétés avant le 1er janvier 1962 pour permettre l'application de ces dispositions.

Art. 30 – I – Les importations de produits agricoles et alimentaires ne pourront être décidées ou réalisées qu'après accord du ministre de l'Agriculture et consultation par ses soins du comité de gestion du Fonds de régularisation et d'orientation des marchés des produits agricoles pour les produits qui dépendent de ce Fonds.

Pour les produits agricoles donnant lieu à organisation des marchés, il ne pourra être commercialisé de produits importés à un cours inférieur au prix plancher de soutien lorsque le cours des produits français correspondants n'aura pas atteint les prix plafond.

Les droits compensateurs éventuellement perçus lors de la commercialisation des produits importés sont acquis, à compter du 1er janvier 1961, au Fonds de régularisation et d'orientation des marchés des produits agricoles.

Est interdite, comme frauduleuse, la mise en vente à l'intérieur des frontières nationales des denrées ou matières qui ne respecteraient pas les obligations de qualité faites aux produits nationaux.

Sauf circonstances exceptionnelles et dûment constatées par le Conseil des ministres, seul le Parlement est habilité à suspendre ou à réduire les droits de douane sur les produits agricoles et alimentaires hors de l'exécution des engagements internationaux qu'il a ratifiés.

II – Dès la promulgation de la présente loi, le Gouvernement engagera, dans le cadre du Conseil de coopération douanière, des négociations ayant pour objet de renforcer le contrôle des documents justifiant de l'origine des produits importés.

Un arrêté, pris en application du paragraphe 4 de l'article 34 du code des douanes, précisera, avant le 31 décembre 1960, les nouvelles conditions dans lesquelles les justifications d'origine doivent être produites.

Art. 31 – Avant le 15 octobre 1961, le Gouvernement devra établir par décret, pour une période de quatre années, de nouveaux prix d'objectifs pour les produits qui en bénéficient, en procédant par étapes au rapprochement des prix pratiqués à la production en application de la Politique agricole commune.

Dans le cas où la Politique agricole commune n'aurait pas reçu au 1er juillet 1961 un commencement d'exécution suffisant, le Gouvernement déposera un projet de loi déterminant les conditions suivant lesquelles seront fixés par décret les prochains prix d'objectifs.

En tout état de cause, nonobstant toutes dispositions antérieures contraires, et en attendant que soit mise en œuvre une politique garantissant la rentabilité de l'exploitation agricole définie à l'article 2, les prix agricoles fixés par le Gouvernement à partir du 1er juillet 1960 devront être établis en tenant compte intégralement des charges et de la rémunération du travail et du capital en agriculture.

Ces prix seront fixés de manière à assurer aux exploitants agricoles, compte tenu de l'ensemble des productions en bénéficiant, un pouvoir d'achat au moins équivalent à celui qui existait en 1958.

Art. 32 – Le ministre de l'Agriculture établira, en accord avec les professions intéressées – production, industrie, commerce – des contrats-types par produit.

Les professionnels devront s'y référer chaque fois qu'ils conviendront de régler leurs relations de vendeurs et d'acheteurs par contrat.

L'objet de ces contrats est de garantir, d'une part, aux producteurs-vendeurs l'enlèvement de leur marchandise et son paiement au prix de campagne et, d'autre part, de garantir aux acheteurs l'approvisionnement de leurs entreprises.

Les clauses sanctionnant la qualité et la régularité des fournitures ainsi que celles qui prévoient la participation des producteurs aux profits éventuels des entreprises seront prévues aux contrats, mais librement débattues entre les signataires.

Art. 33 – Les taxes et surtaxes d'abattage instituées par l'article 7 modifié de la loi n° 51-426 du 16 avril 1951 sont supprimées. Des redevances d'abattage ayant le caractère de redevances pour services rendus pourront être instituées par les communes et syndicats de communes en vue de couvrir l'amortissement des dépenses d'établissement et les frais d'exploitation des abattoirs publics.

Les modalités d'assiette, les tarifs et le mode de perception de ces redevances seront fixés par décret. La taxe et la surtaxe d'abattage continueront à être perçues jusqu'à la publication de ce décret.

Art. 34 – Les collectivités publiques propriétaires d'abattoirs construits avec l'aide financière de l'État sont tenues de mettre leurs installations à la disposition de groupements d'éleveurs, dans des conditions qui seront fixées par arrêté du ministre de l'Agriculture et du ministre de l'Intérieur.

Art. 35 – Il est inséré entre le premier et le deuxième alinéa de l'article 257 du code rural les nouveaux alinéas suivants :

« Les abattoirs privés de type industriel ou d'expédition ne peuvent être ouverts qu'à titre exceptionnel et s'ils sont prévus au plan d'équipement en abattoirs, approuvé par le ministre de l'Agriculture et le ministre des Finances et des Affaires économiques, exception faite pour ceux dont la construction ou l'aménagement sont en cours. Ces dispositions s'appliquent aux départements de la Moselle, du Bas-Rhin et du Haut-Rhin.

« Dans les abattoirs publics agréés pour l'exportation, la nomination par l'autorité municipale des vétérinaires et des préposés chargés de l'inspection sanitaire et qualitative des animaux, quelle qu'en soit l'espèce, et des produits préparés à base de viande, abats ou issues, quelle qu'en soit l'espèce animale de provenance, est soumise à l'agrément du ministre de l'Agriculture qui prescrit toutes mesures relatives à cette inspection, à l'hygiène de ces denrées ainsi qu'à la qualification des viandes et à leur marque par qualité.

« Un décret pris en Conseil d'État détermine les conditions d'application des alinéas précédents.

« Un décret pris en Conseil d'État définit les conditions de création, de gestion, de fonctionnement et d'activité des abattoirs privés de type industriel ou d'expédition.

Art. 36 – La loi n° 376 du 22 juin 1944 sur l'équipement frigorifique est abrogée.

Art. 37 – À partir du 1er juillet 1961, tous les abattoirs publics et les abattoirs industriels agréés devront être munis d'une estampille « label » destinée à marquer d'une façon indélébile et apparente les carcasses de qualité extra et de première qualité, lorsque les propriétaires de ces carcasses le demanderont et lorsqu'elles répondront aux normes établies par le décret d'application. L'estampille « label » portera le nom de la race de l'animal abattu.

Les vétérinaires inspecteurs des viandes, ou leurs préposés en leur présence, seront habilités à apposer cette estampille « label ».

En cas de contestation, un nouvel examen sera fait par le vétérinaire départemental ou son représentant désigné.

En aucun cas, l'estampille « label » ne pourra être appliquée sur la carcasse d'un animal abattu dans une tuerie particulière.

Titre VI
Coopératives agricoles et sociétés d'intérêt collectif agricole

Art. 38 – Avant le 1er juillet 1961, le Gouvernement devra déposer devant le Parlement, après avis du Conseil supérieur de la coopération agricole, un projet de loi modifiant l'ordonnance n° 59-278 du 4 février 1959 relative à la coopération agricole, en la complétant par des dispositions concernant les sociétés d'intérêt collectif agricole, afin d'adapter conjointement le régime des coopératives agricoles et celui des sociétés d'intérêt collectif agricole aux exigences économiques et sociales d'une agriculture moderne.

Le Gouvernement devra également modifier avant cette même date, et après avis du Conseil supérieur de la coopération agricole, le décret n° 59-286 du 4 février 1959 en vue de réaliser cette même adaptation.

Art. 39 – Le premier alinéa de l'article 605 du code rural est remplacé par l'alinéa suivant :

« Les sociétés d'intérêt collectif agricole peuvent se constituer soit sous le régime des sociétés civiles particulières régies par les articles 1832 et suivants du code civil, soit dans les formes prévues par la loi du 24 juillet 1867 pour les sociétés par actions ou par la loi du 7 mars 1925 pour les sociétés à responsabilité limitée. »

Titre VII
Dispositions diverses

Art. 40 – En cas de carence de l'initiative privée et à la demande des organisations agricoles représentatives, l'État facilitera la création de sociétés d'économie mixte, notamment avec la participation des producteurs intéressés, qui auront pour objet la transformation ou la commercialisation des produits agricoles ou forestiers.

Art. 41 – Le Gouvernement déposera, avant le 1er janvier 1962, un projet de loi organisant un régime de garantie contre les calamités agricoles.

Art. 42 – Les dispositions de la présente loi seront étendues par décret aux départements d'outre-mer après avis, pour adaptation, de leurs Conseils généraux.

Elles pourront être étendues par décret aux départements algériens, des Oasis et de la Saoura.

La présente loi sera exécutée comme loi de l'État.

Fait à Colombey-les-Deux-Églises, le 5 août 1960.

Par le président de la République : Charles de Gaulle

Le Premier ministre, Michel Debré

Le ministre d'État, Robert Lecourt

Le garde des Sceaux, ministre de la Justice, Edmond Michelet

Le ministre de l'Intérieur, Pierre Chatenet

Le ministre des Finances et des Affaires économiques, Wilfrid Baumgartner

Le ministre de l'Agriculture, Henri Rochereau

b) Loi n° 62-933 du 8 août 1962 complémentaire à la loi d'orientation agricole

L'Assemblée nationale et le Sénat ont adopté,

Le président de la République promulgue la loi dont la teneur suit :

Titre Ier
De l'aménagement foncier

Chapitre Ier

De la mise en valeur des terres

Art. 1er – I – Il est inséré dans le code du domaine de l'État un article L. 27 *bis* et un article L. 27 *ter*, ainsi rédigés :

« Art. L. 27 *bis*. – Lorsqu'un immeuble n'a pas de propriétaire connu, et que les contributions foncières y afférentes n'ont pas été acquittées depuis plus de cinq années, cette situation est constatée par arrêté préfectoral, après avis de la commission communale des impôts directs. Il est procédé par les soins du préfet à une publication et à un affichage de cet arrêté et, s'il y lieu, à une notification aux derniers domicile ou résidence connus du propriétaire. En outre, si l'immeuble est habité ou exploité, une notification est également adressée à l'habitant ou exploitant.

« Dans le cas où le propriétaire ne s'est pas fait connaître dans un délai de six mois à dater de l'accomplissement de la dernière des mesures de publicité prévues ci-dessus, l'immeuble est présumé sans maître au titre de l'article 539 du code civil, et l'attribution de sa propriété à l'État fait l'objet d'un arrêté préfectoral.

« Art. L. 27 *ter*. – Lorsqu'un immeuble a été ainsi attribué à l'État, le propriétaire ou ses ayants droit ne sont plus en droit d'en exiger la restitution si le bien a été aliéné ou utilisé d'une manière qui met obstacle à cette restitution. Ils ne peuvent, dans ce cas, obtenir de l'État que le paiement d'une indemnité égale à la valeur de l'immeuble au jour de son utilisation.

« À défaut d'accord amiable, l'indemnité est fixée par le juge compétent en matière d'expropriation pour cause d'utilité publique.

« La restitution de l'immeuble ou, à défaut, le paiement de l'indemnité visée à l'alinéa précédent est subordonné au paiement par le propriétaire ou ses ayants droit du montant des charges qu'ils ont éludées depuis le point de départ du délai de cinq ans mentionné à l'article précédent, ainsi que du montant des dépenses nécessaires à la conservation du bien engagées par l'État. »

II – Lorsqu'un immeuble à destination agricole est entré dans le domaine de l'État, conformément à l'article L. 27 *bis* du code du domaine de l'État, le préfet peut, quelle qu'en soit la valeur, en décider, après avis de la commission départementale de réorganisation foncière et de remembrement, la cession amiable au prix fixé par l'administration des domaines au profit, dans l'ordre préférentiel suivant, de l'exploitant, des propriétaires ou exploitants domiciliés ou ayant des biens dans la commune de l'immeuble ou les communes voisines, des collectivités publiques et d'organismes désignés par décret.

Art. 2 – À l'intérieur de périmètres déterminés après enquête publique dans lesquels les articles 40 et 40-1 du code rural se révèlent inapplicables en raison de la grande étendue des terres incultes ou du grand nombre de propriétaires, la mise en valeur des terres incultes peut être réalisées après acquisition amiable ou expropriation des fonds portés à l'inventaire des terres incultes prévu à l'article 40 du code rural, en vue de la constitution d'exploitations agricoles ou forestières ou de l'agrandissement d'exploitations existantes.

Les expropriations nécessaires peuvent être réalisées en vue de la mise des biens expropriés à la disposition des organismes prévus à l'article 15 de la loi n° 60-808 du 5 août 1960 et à l'article 9 de la loi n° 51-592 du 24 mai 1951, dans les conditions prévues à l'article 42 du code rural.

Les dispositions des articles 16 et 17 de la loi n° 60-808 du 5 août 1960 sont applicables aux opérations visées par le présent article.

Un décret en Conseil d'État fixe les conditions d'application du présent article.

Art. 3 – L'article 40 du code rural est complété par les dispositions suivantes :

« Si la concession porte sur des immeubles donnés à bail, le bail prend fin, soit au jour de la notification de l'engagement souscrit par le propriétaire de remettre en valeur les terres, soit à la date de l'arrêté préfectoral sans préjudice du droit des parties à régler entre elles, conformément au droit commun, les difficultés nées de l'exécution ou de la cessation du bail antérieur.

« L'État n'encourt aucune responsabilité envers le propriétaire du fait du concessionnaire.

« Le propriétaire peut poursuivre devant les tribunaux l'exécution des clauses du cahier des charges stipulées dans l'intérêt de la propriété et rechercher le concessionnaire pour les dommages causés au fonds ou à ses accessoires.

« Les rapports du propriétaire et du concessionnaire sont réglés, pour tout ce qui n'est pas stipulé au cahier des charges, par les dispositions du droit commun.

« Toutefois, le concessionnaire prend le fonds dans l'état où il se trouve, sans pouvoir exiger ni réparations ni améliorations, et le propriétaire est déchargé de toute responsabilité du fait des bâtiments.

« À l'expiration de la durée normale de la concession, le concessionnaire a les mêmes droits que ceux accordés au fermier sortant par la législation en vigueur. »

Art. 4 – Pourront être cédés de gré à gré, dans les conditions fixées par décret en Conseil d'État, à des personnes de droit privé ou de droit public, et sous condition que les concessionnaires les utilisent aux fins prescrites par le cahier des charges annexé à l'acte de cession, les terrains nus ou bâtis, expropriés en vue de permettre la construction d'habitations individuelles ou collectives avec leurs installations annexes à l'intérieur des secteurs de construction définis à l'article 4 du décret n° 58-1463 du 31 décembre 1958 ou des périmètres de construction définis à l'article 5-1 du même décret modifié par le décret n° 62-460 du 13 avril 1962, sur avis de la commission départementale de l'aménagement foncier.

Art. 5 – Les groupements agricoles fonciers prévus à l'article 14 de la loi d'orientation agricole n° 60-808 du 5 août 1960 sont des sociétés civiles formées entre plusieurs propriétaires en vue de rassembler des immeubles agricoles situés dans une même commune ou dans des communes voisines afin de sortir de l'indivision ou de créer ou de conserver une ou plusieurs exploitations agricoles ou d'en assurer ou d'en faciliter la gestion, éventuellement en les donnant à bail, dans la limite d'une superficie déterminée par région naturelle par le préfet après avis de la commission départementale des structures.

Les groupements agricoles fonciers doivent avoir une durée d'au moins neuf ans. Les dispositions des 3° et 4° de l'article 1865 du code civil ne leur sont pas applicables. Leur capital social doit être constitué au moins pour 80 % de son montant par des apports d'immeubles ou de droits immobiliers à destination agricole. L'apport d'un bien grevé d'usufruit doit être fait simultanément par le nu-propriétaire et par l'usufruitier.

L'application des présentes dispositions ne doit en aucun cas permettre de déroger au statut des baux ruraux et aux dispositions concernant les cumuls d'exploitations.

Les actes constatant la constitution, la prorogation ou l'augmentation du capital social d'un groupement agricole foncier sont enregistrés au droit fixe prévu à l'article 670 du code général des impôts.

Les statuts peuvent prévoir qu'à la dissolution d'un groupement foncier agricole, l'attribution préférentielle pourra, conformément aux articles 832 et 832-1 du code civil, être accordée à celui ou à ceux des membres qui participent ou ont participé à l'exploitation.

Les dispositions de l'article 710 du code général des impôts sont étendues à cette attribution sous la double réserve que la durée du groupement n'ait pas été inférieure à neuf années et que le groupement en dissolution n'ait pas admis d'autres associés que les héritiers et le conjoint survivant d'un propriétaire ou exploitant ou leurs héritiers donataires ou légataires.

Art. 6 – Le Gouvernement déposera, avant le 15 septembre 1962, un projet de loi tendant à améliorer la production et à orienter dans le sens des besoins nationaux la production des forêts, qu'elles soient ou non soumises au régime forestier.

Chapitre II

Des structures foncières rurales

Art. 7 – I – Il est institué, au profit des Sociétés d'aménagement foncier et d'établissement rural (SAFER) prévues à l'article 15 de la loi n° 60-808 du 5 août 1960 d'orientation agricole, un droit de préemption en cas d'aliénation à titre onéreux de fonds agricoles ou de terrains à vocation agricole.

Ce droit s'exerce en vue :

1° de favoriser la réalisation de l'équilibre des exploitations agricoles existantes, tel qu'il est défini à l'article 7 de la loi n° 60-808 du 5 août 1960 d'orientation agricole ;

2° de contribuer à la constitution de nouvelles exploitations agricoles équilibrées ;

3° d'éviter la spéculation foncière et de sauvegarder le caractère familial de l'exploitation agricole.

Dans chaque département, lorsque la SAFER compétente a demandé l'attribution du droit de préemption, le préfet détermine après avis motivés de la commission départementale des structures et de la Chambre d'agriculture, les zones où se justifie l'octroi d'un droit de préemption à une société d'aménagement foncier et d'établissement rural.

II – Dans les zones ainsi déterminées et sur demande de la SAFER intéressée, un décret pris sur proposition du ministre de l'Agriculture, autorise l'exercice de ce droit et en fixe la durée.

III – Le droit de préemption de la SAFER ne peut primer les droits de préemption établis par les textes en vigueur au profit de l'État, des collectivités publiques, des établissements publics et des cohéritiers bénéficiaires de l'attribution préférentielle prévue à l'article 832-2 du code civil. Il ne peut en aucun cas s'exercer contre le preneur en place.

Le droit de préemption des SAFER s'exerce dans les conditions prévues par les articles 796 à 799 inclus du code rural ; toutefois, la fonction impartie par ces articles au tribunal paritaire est exercée par le tribunal de grande instance. Lorsqu'il s'agit d'une adjudication amiable, le délai de cinq jours accordé par l'article 799 au titulaire du droit de préemption pour solliciter, après adjudication, sa substitution à l'adjudicataire, est porté à quinze jours.

Le preneur qui exerce son droit de préemption bénéficiera pour son acquisition d'avantages fiscaux et de crédits équivalents à ceux qui seront consentis aux acquéreurs des fonds rétrocédés par les SAFER. Toutefois, le bénéfice de ces dispositions :

1° ne sera applicable qu'à la fraction du fonds préempté qui, compte tenu des terres appartenant déjà à l'acquéreur et exploitées par lui, se situe en deçà de la surface globale maxima prévue à l'article 188-3 du code rural,

2° sera subordonné à la condition que l'acquéreur prenne l'engagement, pour lui et ses héritiers, de continuer à exploiter personnellement le fonds pendant un délai minimum de cinq ans à compter de l'acquisition.

Si, avant l'expiration de ce délai, l'acquéreur vient à cesser personnellement la culture ou à décéder sans que ses héritiers ne la continuent, ou si le fonds est vendu par lui ou par ses héritiers dans le même délai, en totalité ou pour une fraction excédant le quart de sa superficie totale, l'acquéreur ou ses héritiers sont déchus de plein droit du bénéfice des dispositions ci-dessus et sont tenus d'acquitter sans délai les droits non perçus au moment de l'acquisition, sans préjudice d'un intérêt de retard décompté au taux de 6 % l'an.

Est réputé, au point de vue fiscal, faire partie de la succession du vendeur, tout fonds agricole acquis avec le bénéfice des avantages fiscaux ci-dessus, dans les cinq ans ayant précédé son décès, par l'un de ses présomptifs héritiers ou descendants d'eux, même exclu par testament ou par un donataire ou légataire institué même par testament postérieur.

IV – Ne peuvent faire l'objet d'un droit de préemption :

- les échanges portant sur des biens ruraux et sous-réserve, s'il y a soulte, que celle-ci n'excède pas le tiers de la valeur des biens échangés ;
- les aliénations moyennant rente viagère servie pour totalité ou pour l'essentiel sous forme de prestations annuelles en nature et correspondant à la valeur vénale du bien aliéné par référence au barème des rentes viagères servies par la caisse nationale d'assurances sur la vie ;
- les acquisitions effectuées par des cohéritiers sur licitation amiable ou judiciaire, et les cessions consenties à des parents ou alliés jusqu'au quatrième degré inclus, ou à des cohéritiers, ou a leur conjoint survivant ;
- sous réserve, dans tous les cas, que l'exploitation définitive ainsi constituée ait une surface inférieure à la surface globale maximum prévue à l'article 188-3 du code rural, les acquisitions faites par des salariés agricoles, des fermiers ou métayers évincés de leur exploitation initiale par application des articles 811, 844 et 845 du code rural relatifs au droit de reprise et de l'article 861 du même code sur les biens de collectivités publiques ainsi que les acquisitions faites par des propriétaires ou exploitants voisins dans un rayon déterminé dans chaque département par arrêté du préfet ;
- les acquisitions de terrains destinés à la construction et aux aménagements industriels.

Ces exceptions ne sauraient garder valeur d'application si elles devaient aboutir à un cumul abusif d'exploitations.

Si la SAFER estime que les prix et les conditions d'aliénation sont exagérés en fonction des prix pratiqués dans la région pour des immeubles de même ordre, elle peut en demander la fixation par le tribunal de grande instance suivant la procédure prévue par les alinéas 1er et 2 de l'article 795 du code rural.

Les dispositions de l'alinéa précédent ne sont pas applicables en cas de licitation judiciaire ou d'aliénation par adjudication publique ayant lieu devant les tribunaux ou par ministère d'un notaire.

Un décret en Conseil d'État fixe les conditions d'application du présent article, et notamment les conditions de publicité permettant aux intéressés d'être avertis de l'existence du droit de préemption.

Art. 8 – Le titre VII du livre 1er du code rural intitulé « Des cumuls et réunions d'exploitations agricoles » est abrogé et remplacé par les dispositions suivantes :

Titre VII
De l'autorisation préalable en matière de cumuls ou réunions d'exploitations agricoles ou de certains autres cumuls

« Art. 188-1 – Sont soumis à autorisation préalable du préfet après avis de la commission prévue à l'article 188-2 ci-après, tous cumuls et réunions d'exploitations ou de fonds agricoles en vue de leur mise en rapport par un même exploitant, personne physique ou morale, lorsque la réunion où le cumul a pour conséquence :

- « soit de porter la superficie globale exploitée par cette même personne au-delà d'une superficie déterminée par arrêté ministériel dans les conditions prévues à l'article 188-4 ;
- « soit de ramener la superficie d'une exploitation agricole en deçà d'une superficie minimum déterminée par arrêté ministériel dans les mêmes conditions ;
- « soit de réduire, sans l'accord de l'exploitant, sauf au profit du conjoint ou d'un descendant ou d'un héritier, la superficie d'une exploitation déjà inférieure à ce minimum, sans la supprimer totalement, lorsque l'exploitation constitue une unité économique.

« Toute société ayant pour objet l'exploitation de biens ruraux est tenue de solliciter une autorisation préalable à son entrée en jouissance lorsqu'en sont membres des personnes qui sont déjà exploitants agricoles soit personnellement, soit en société, à moins que leur activité agricole ne s'exerce dorénavant par l'intermédiaire de la société. Les présentes dispositions ne sont pas applicables aux sociétés constituées entre membres d'une même famille pour mettre fin à l'indivision.

« Ne sont pas soumis à autorisation, sauf si les biens font l'objet d'une location, les cumuls et réunions portant sur des biens recueillis par succession ou par donation-partage ou acquis d'un cohéritier ou d'un parent ou allié jusqu'au quatrième degré inclus ayant lui-même recueilli ces biens par succession ou donation-partage.

« N'est pas soumis à autorisation préalable, mais à simple déclaration, le cumul ou la réunion appelés à cesser dans un délai de cinq ans par l'installation, comme exploitant séparé, d'un descendant du demandeur.

« Art. 188-2 – Il est institué dans chaque département, par arrêté du ministre de l'Agriculture, une commission dont la composition est fixée par décret. Elle formule les propositions prévues à l'article 188-3. Elle est appelée à donner son avis sur les autorisations sollicitées en l'application de l'article 188-1.

« Une commission, instituée au plan national et dont la composition est fixée par décret, est appelé à donner son avis sur les problèmes posés par les cumuls et réunions d'exploitations agricoles. Elle est consultée sur les propositions de réglementation émanant des commissions départementales. Elle peut être saisie et formuler directement des propositions en cas de carence une commission départementale. Les projets de réglementation ou de directives en matière de cumuls lui sont normalement soumis.

« Art. 188-3 – La commission départementale présente – par région naturelle et suivant les catégories de terres, la nature des cultures et le type d'exploitation – des propositions de réglementation déterminant :

- « la superficie globale maximum au-delà de laquelle elle estime que les cumuls et réunions d'exploitations ou de fonds agricoles, en vue de la mise en rapport par un même exploitant, doivent être soumis à autorisation préalable ;
- « la superficie minimum de l'exploitation dont il est souhaitable d'éviter la disparition ou le démembrement.

« Pour l'appréciation des superficies, sont notamment exclus les bois, les forêts, les terres à vocation forestière, les étangs et les landes.

« Dans le cadre d'une politique locale d'amélioration des structures, la commission départementale peut proposer des superficies globales maxima différentes pour les réunions et les cumuls.

« Si elle estime nécessaire d'instituer un contrôle plus strict des réunions et des cumuls d'exploitations, la commission peut proposer, pour tout ou partie du département, de soumettre à autorisation préalable tout cumul ou toute réunion quelle que soit la superficie des exploitations considérées.

« Art. 188-4 – Au vu des propositions de la commission départementale, après avis de la commission nationale, le ministre de l'Agriculture arrête la réglementation pour chaque département.

« Art. 188-5 – L'autorisation prévue par l'article 188-1 doit être demandée au préfet suivant les modalités prescrites par décret.

« La commission examine cette demande en tenant compte de la nature de l'activité professionnelle du requérant, de sa situation familiale, de la superficie pour laquelle l'autorisation est sollicitée et de la situation des biens qui font l'objet de la demande.

« Elle prend en considération la politique d'aménagement foncier poursuivie dans la région agricole et l'intérêt économique et social de maintenir l'autonomie de l'exploitation faisant l'objet de la demande.

« L'autorisation est de droit si les membres de la société ne se trouvent pas en fait dans une situation impliquant un cumul ou une réunion d'exploitations.

« La commission adresse son avis au préfet qui doit, dans les deux mois, avoir statué sur la demande par décision motivée et avoir notifié celle-ci à l'intéressé. À défaut de réponse dans le délai ci-dessus fixé, la demande est réputée acceptée.

« Les cumuls et réunions d'exploitations agricoles, situés dans des départements limitrophes soumis à réglementation, doivent faire l'objet d'une autorisation préalable dans les conditions fixées par le décret prévu au premier alinéa du présent article.

« Art. 188-6 – Tout preneur, lors de la conclusion d'un bail, doit informer le bailleur de sa situation d'exploitant. Mention expresse des superficies de terres déjà exploitées est faite dans le bail. En cours de bail, le preneur doit informer le bailleur de tout changement intervenu. L'inexécution de ses obligations peut entraîner la résiliation du contrat, éventuellement avec dommages-intérêts.

« Art. 188-7 – En cas d'infraction aux dispositions du présent titre, et à celles des règlements pris pour son application, le préfet après avis ou sur proposition de la commission départementale, adresse une mise en demeure à l'auteur de la réunion ou du cumul irrégulier ou interdit. Celui-ci doit le faire cesser dans les délais qui seront fixés par décret.

« Si la réunion ou le cumul irrégulier ou interdit n'a pas été régularisé ou n'a pas pris fin à la date fixée par la mise en demeure, l'auteur de l'infraction est déchu à cette date du droit d'exploiter, à moins qu'il n'ait saisi antérieurement le ministre de l'Agriculture, qui doit se prononcer après consultation de la commission nationale prévue à l'article 188-2.

« Sous réserve de l'application des articles 188-1, 188-3, 188-5 et 188-6 ci-dessus, le propriétaire peut exploiter lui-même ou louer au preneur de son choix.

« Art. 188-8 – Pendant la période transitoire de la Politique agricole commune de la Communauté économique européenne, est soumise à déclaration préalable au préfet toute création ou toute extension d'exploitation agricole par un industriel en vue d'utiliser les produits de son industrie ou par un commerçant, chaque fois que cette réalisation se rattache ou peut se rattacher à sa principale activité. La création ou l'extension ainsi envisagée peut être interdite par le préfet, sur avis de la commission départementale de réglementation des cumuls, dans les conditions fixées par décret en Conseil d'État.

« Art. 188-9 – 1° Toute personne qui, en infraction avec les dispositions du présent titre, n'aura pas présenté de demande d'autorisation préalable ou n'aura pas souscrit de déclaration préalable, sera passible d'une amende de 500 NF à 2 000 NF.

2° Toute personne qui aura sciemment fourni des renseignements inexacts à l'autorité préfectorale à l'appui d'une demande d'autorisation préalable ou d'une déclaration préalable, sera passible d'une amende de 3 000 NF à 6 000 NF.

3° Toute personne qui, ayant fait l'objet d'une mise en demeure prévue à l'article 188-7 ne s'est pas conformée à ces dispositions, sera passible d'une amende de 6 000 NF à 50 000 NF.

« Art. 188-10 – Des décrets en Conseil d'État fixent, en tant que de besoin, les conditions d'application du présent titre. »

Art. 9 – Les dispositions de l'ordonnance n° 58-1342 du 27 décembre 1958 relatives aux cumuls et réunions d'exploitations agricoles cesseront d'avoir effet lors de l'entrée en vigueur, dans chaque département, de l'arrêté ministériel prévu à l'article 188-4 du code rural.

Art. 10 – Lorsque les expropriations en vue de la réalisation de grands ouvrages publics sont susceptibles de compromettre la structure des exploitations dans une zone déterminée, l'obligation sera faite au maître de l'ouvrage, dans l'acte déclaratif d'utilité publique, de remédier aux dommages causés en participant financièrement à l'exécution d'opérations de remembrement et de travaux connexes, et à l'installation sur des exploitations nouvelles comparables, des agriculteurs dont l'exploitation aurait disparu ou serait gravement déséquilibrée, ou, s'ils l'acceptent, à la reconversion de leur activité.

En cas de création de zones industrielles ou à urbaniser, la même obligation pourra être faite au maître de l'ouvrage dans l'acte déclaratif d'utilité publique.

Le Gouvernement prendra, par décret en Conseil d'État, des dispositions spéciales relatives à l'exécution des opérations de remembrement.

Ces dispositions détermineront notamment les conditions suivant lesquelles :

- l'assiette des ouvrages ou des zones projetés pourra être prélevée sur l'ensemble des parcelles incluses dans le périmètre de remembrement délimité de telle sorte que le prélèvement n'affecte pas les exploitations dans une proportion incompatible avec leur rentabilité ;
- l'association foncière intéressée pourra devenir propriétaire des parcelles constituant l'emprise en vue de leur cession au maître de l'ouvrage ;
- le montant du prix des terrains cédés au maître de l'ouvrage sera réparti entre les propriétaires des terrains remembrés proportionnellement à la valeur de leurs apports ;
- le maître de l'ouvrage ou son concessionnaire sera autorisé à occuper les terrains constituant l'emprise des ouvrages ou des zones projetés avant le transfert de propriété résultant des opérations de remembrement ;
- les dépenses relatives aux opérations de remembrement et de certains travaux connexes seront mises à la charge du maître de l'ouvrage.

Le Gouvernement déterminera, en tant que de besoin, par décret, les conditions dans lesquelles le maître de l'ouvrage devra apporter une contribution financière aux sociétés d'aménagement foncier et d'établissement rural prévues par l'article 15 de la loi n° 60-808 du 5 août 1960 ou aux sociétés d'aménagement régional prévues par l'article 9 de la loi n° 51-592 du 24 mai 1951 lorsque ces sociétés assurent l'établissement sur de nouvelles exploitations des agriculteurs que les opérations de remembrement prévues au troisième alinéa du présent article n'ont pas permis de maintenir sur place.

Art. 11 – I – L'article 844 du code rural est complété par un quatrième alinéa ainsi rédigé :

« Une indemnité est due au preneur lorsque celui-ci, du fait de la reprise exercée conformément aux deux alinéas précédents, subit un préjudice direct et certain. À défaut d'accord amiable, cette indemnité est fixée par le tribunal paritaire. »

II – Les dispositions de l'article 844 du code rural sont applicables aux instances en cours.

Art. 12 – Il est inséré dans le code rural, après l'article 16, un article 16-1 ainsi rédigé :

« Art. 16-1 – À l'intérieur du périmètre de remembrement, la commission peut décider la destruction des semis et plantations existant sur des parcelles de faible étendue et isolées lorsqu'elle estime que leur maintien est gênant pour la culture.

« Elle fixe l'indemnité à verser aux propriétaires de ces parcelles pour reconstitution de semis ou plantations équivalents dans les zones de boisement et pour perte d'avenir.

« Les frais de destruction et les indemnités sont pris en charge par l'État. »

Titre II
De l'hydraulique

Art. 13 – Le Gouvernement devra déposer, avant le 15 septembre 1962, le projet de loi relatif aux adductions d'eau rurales prévu par l'article 4 de la loi de programme n° 60-775 du 30 juillet 1960 ainsi qu'un projet de loi relatif à l'hydraulique.

Titre III
De l'organisation professionnelle agricole

Chapitre Ier

De l'organisation économique des marchés agricoles

Art. 14 – Dans une région donnée, les sociétés coopératives agricoles et leurs unions, les sociétés d'intérêt collectif agricole, les syndicats agricoles autres que les syndicats à vocation générale régis par les dispositions de la loi du 21 mars 1884 modifiée par la loi du 12 mars 1920, les associations entre producteurs agricoles régies par les dispositions de la loi du 1er juillet 1901 – lorsque ces syndicats et ces associations sont constitués soit pour améliorer la production, soit pour normaliser les relations avec une ou plusieurs parties contractantes pour l'écoulement des produits et assurer l'exécution des contrats conclus à cet effet, soit pour régulariser les cours – peuvent être reconnus par arrêté du ministre de l'Agriculture comme groupements de producteurs si :

1° dans le cadre de leur compétence et de leurs pouvoirs légaux, ils édictent des règles destinées à organiser et discipliner la production ou la mise en marché, à régulariser les cours et à orienter l'action de leurs membres vers les exigences du marché ;

2° ils couvrent un secteur ou des secteurs complémentaires de produits agricoles faisant ou pouvant faire l'objet d'un règlement communautaire d'organisation de marché dans le cadre de la Politique agricole commune de la Communauté économique européenne, à moins qu'un décret ne décide d'appliquer le présent texte à d'autres secteurs de productions ;

3° ils justifient d'une activité économique suffisante.

Les groupements de producteurs reconnus peuvent bénéficier de priorités et d'avantages particuliers dans l'attribution de l'aide que l'État pourra apporter pour l'organisation de la production ou pour le conditionnement, le stockage, la transformation, la commercialisation aux fins de vente en gros des produits agricoles.

Le ministre de l'Agriculture peut, par arrêté, suspendre ou retirer la reconnaissance octroyée, lorsqu'il constate que les conditions ci-dessus ne sont plus satisfaites, ou que la gestion technique ou financière est défectueuse ou que les règlements sur le commerce, la qualité des produits et la police sanitaire ne sont pas respectés.

Les arrêtés prévus au présent article sont pris après avis d'une commission technique constituée au plan national.

Art. 15 – Dans le but d'harmoniser les disciplines de production, de commercialisation, de prix et d'appliquer des règles communes de mise en marché, les organismes reconnus énumérés à l'article précédent et les syndicats agricoles à vocation générale ou spécialisée peuvent se grouper pour constituer, dans une région donnée, et pour un même secteur de produits tel que défini au paragraphe 2° de l'article précédent, un comité économique agricole.

Les comités économiques agricoles doivent être soit des syndicats agricoles régis par la loi du 21 mars 1884 modifiée par la loi du 12 mars 1920, soit des associations régies par la loi du 1er juillet 1901 ; toutefois l'adhésion ne peut être refusée à un groupement de producteurs reconnu qui en ferait la demande.

Les comités économiques agricoles édictent des règles communes aux organismes qui en sont membres.

Les priorités et les avantages particuliers dont bénéficient les groupements de producteurs reconnus peuvent être accordés aux comités économiques agricoles lorsqu'ils sont agréés par le ministre de l'Agriculture.

L'agrément est accordé, suspendu ou retiré, après avis de la commission nationale technique prévue à l'article précédent.

Art. 16 – Les comités économiques agricoles justifiant d'une expérience satisfaisante de certaines disciplines peuvent demander au ministre de l'Agriculture que celles des règles acceptées par leurs membres concernant l'organisation des productions, la promotion des ventes et la mise en marché à l'exception de l'acte de vente, soient rendues obligatoires pour l'ensemble des producteurs de la région considérée.

L'extension de tout ou partie de ces règles à l'ensemble des producteurs de la région est prononcée par arrêté interministériel pour des périodes triennales renouvelables et après consultation de l'ensemble des producteurs intéressés de cette région dans des conditions fixées par décret en Conseil d'État. L'extension ne peut être prononcée que si, par scrutin secret organisé par les Chambres d'agriculture, elle recueille l'accord des deux tiers des producteurs représentant la moitié de la production commercialisée ou inversement.

Dans l'hypothèse où, lors de cette première consultation, le pourcentage des votants aurait été inférieur à 33 % de l'ensemble des producteurs, la Chambre d'agriculture organisera, dans un délai de deux mois, une seconde consultation. L'extension ne pourra alors être prononcée que si elle recueille l'accord des deux tiers des voix des producteurs ayant pris part à la consultation et représentant la moitié de la production commercialisée ou inversement.

Lorsque les groupements de producteurs intéressés responsables des produits ont fixé des disciplines adaptant la production aux exigences du marché et mettent en vente aux enchères publiques, sous contrat ou à l'exportation, la totalité de la production de leurs membres et si l'effort de discipline réalisé risque d'être compromis, les comités économiques agricoles peuvent demander l'extension du principe d'un prix de retrait. Dans ce cas, ce prix est fixé avant le début de chaque campagne par le ministre de l'Agriculture, en accord avec le ministre des Finances et des Affaires économiques, après avis du Conseil de direction du Fonds d'orientation et de régularisation des marchés agricoles et dans les délais prévus à l'article 10 du décret n° 61-827 du 29 juillet 1961 relatif au fonctionnement du Fonds d'orientation et de régularisation des marchés agricoles.

En aucune façon, le Fonds d'orientation et de régularisation des marchés agricoles ne pourra soutenir une opération de retrait se traduisant directement ou indirectement par la destruction de denrées alimentaires.

Les produits en excédent et qui ne pourraient trouver de débouchés seront distribués gratuitement, avec le concours des producteurs, aux vieillards et aux économiquement faibles.

Art. 17 – Des décrets pris sur proposition conjointe du ministre de l'Agriculture et du ministre des Finances et des Affaires économiques, après avis du Conseil d'État, pourront habiliter les organismes reconnus ou agréés dans les conditions prévues à l'article 15 à prélever des droits d'inscription et des cotisations assises sur la valeur des produits.

Art. 18 – Lorsqu'il existe, ou s'il est créé des sociétés d'intervention, des sociétés de développement agricole ou d'économie mixte fonctionnant soit au titre du décret n° 53-933 du 30 septembre 1953, soit au titre de l'ordonnance n° 59-248 du 4 février 1959, et de l'article 28 de la loi n° 60-808 du 5 août 1960, leur action pourra être décentralisée dans une aire géographique définie correspondant à un produit agricole déterminé.

L'objet desdites sociétés consistera en l'exportation, la régularisation des marchés, l'amélioration de la production de produits agricoles définis à l'article 14 ci-dessus.

Les conseils d'administration des organismes ainsi décentralisés comprendront obligatoirement, en plus de la représentation des producteurs prévue par les dispositions en vigueur, au moins un administrateur délégué à cet effet par le comité économique agricole intéressant un secteur identique.

Un arrêté conjoint du ministre des Finances et des Affaires économiques et du ministre de l'Agriculture déterminera les conditions d'application des présentes dispositions.

Art. 19 – Les dispositions d'application des articles 14 à 17 feront l'objet de décrets prix après avis du Conseil d'État ou de règlements d'administration publique qui préciseront notamment la composition de la commission nationale technique prévue aux articles 14 et 15, celles des catégories de règles visées à l'article 16 qui sont susceptibles d'être étendues à l'ensemble des producteurs, les sanctions contraventionnelles frappant les contrevenants aux règles rendues obligatoires et les modalités du contrôle qui s'exercera sur les organismes auxquels s'appliquent les articles 14 et 15.

Art. 20 – L'entraide est réalisée entre agriculteurs par des échanges de services en travail et en moyens d'exploitation.

Elle peut être occasionnelle, temporaire ou intervenir d'une manière régulière.

L'entraide est un contrat à titre gratuit, même lorsque le bénéficiaire rembourse au prestataire tout ou partie des frais engagés par ce dernier.

Les prestations réalisées dans le cadre de l'entraide ne peuvent être assujetties aux taxes sur le chiffre d'affaires, ni à la contribution des patentes. Elles ne peuvent donner lieu à prélèvement sur les salaires ni perception de cotisations sociales. Les véhicules utilisés par les agriculteurs dans le cadre des ces opérations sont exonérés de la taxe sur les transports prévue à l'article 553-A du code général des impôts dans les mêmes conditions que les véhicules utilisés par les agriculteurs pour leurs propres besoins.

Le prestataire reste responsable des accidents du travail survenus à lui-même ou aux membres de sa famille ou à toute personne considérée légalement comme aide familiale, ou à ses ouvriers agricoles.

Il reste également responsable, conformément aux dispositions des articles 1 382 et suivants du code civil, des dommages occasionnés par les personnes visées à l'alinéa précédent, ainsi que par le matériel ou les animaux dont il continue à assurer la garde.

Le prestataire devra, en conséquence, contracter une assurance couvrant tous les risques entraînés par l'exécution d'un service rendu au titre de l'entraide agricole et, en particulier, les risques d'accidents du travail de ses ouvriers agricoles.

Chapitre II

Du contrôle de la production et de la commercialisation

Art. 21 – Pendant la période transitoire de la Politique agricole commune de la Communauté économique européenne, aucune entreprise de production de porcs, de volailles et d'œufs ne pourra être créée ni développée sans autorisation préalable du ministre de l'Agriculture, si la capacité de production prévue excède la limite maximum de capacité de production qui sera fixée par arrêté dans la région de son établissement.

L'autorisation ne pourra être refusée lorsque la création ou l'extension a pour effet d'améliorer les conditions de rentabilité d'une exploitation familiale agricole sans lui faire perdre ce caractère.

Le ministre de l'Agriculture et le ministre des Finances et des Affaires économiques fixent, après consultation des commissions régionales des structures et du Conseil de direction du Fonds d'orientation et de régularisation des marchés agricoles, les critères à partir desquels ces entreprises seront considérées comme industrielles ; l'aide aux investissements ne leur sera pas applicable.

Ces critères tiennent compte, selon les régions, notamment du niveau de la production nationale et régionale, de l'équilibre de l'emploi et des productions, et du niveau des revenus.

Des décrets en Conseil d'État détermineront, en tant que de besoin, les modalités des dispositions qui précèdent. Les sanctions applicables pourront comporter la fermeture provisoire ou définitive de l'entreprise par l'autorité judiciaire.

Aucune entreprise à caractère industriel de production de porcs, de volailles et d'œufs ne pourra être créée avant la publication des décrets prévus pour l'application du présent article.

Art. 22 – Les dispositions de l'article 23 de la loi n° 60-808 du 5 août 1960 d'orientation agricole sont remplacées par les dispositions suivantes :

« Art. 23 – Le Gouvernement déposera, avant le 1er janvier 1963, un projet de loi définissant les principes d'un système contractuel liant producteurs, transformateurs et acheteurs de produits agricoles.

Toutefois, la définition de ces principes devra être établie dans le cadre de la Communauté économique européenne et en accord avec nos partenaires européens. »

Art. 23 – I – a) Le Gouvernement déposera avant le 15 octobre 1962, un projet de loi tendant à la réorganisation de l'inspection sanitaire des denrées alimentaires d'origine animale.

b) L'article 258 du code rural est abrogé et remplacé par les dispositions suivantes :

« Art. 258 – En dehors de cas expressément prévus par des textes spéciaux, l'inspection de salubrité ainsi que le contrôle des conditions de préparation et de manipulation des denrées alimentaires d'origine animale ne peuvent être effectués que sous l'autorité de vétérinaires agréés par le ministre de l'Agriculture, agents de syndicats de communes institués à cet effet sur l'ensemble du territoire dans des circonscriptions comprenant les zones d'action de un ou plusieurs abattoirs publics retenus au plan national d'équipement.

« Les services vétérinaires locaux sont soumis directement à la surveillance technique du ministre de l'Agriculture. »

II – Le projet de loi visé au paragraphe I a) ci-dessus fixera, en outre, les conditions dans lesquelles pourront être fermés, améliorés ou créés les abattoirs publics non retenus au plan d'équipement. Il déterminera notamment les bases du calcul des indemnités qui pourront, le cas échéant, être versées aux collectivités ou sociétés d'économie mixte, maîtres de l'ouvrage.

Chapitre III

De l'adaptation de l'organisation des marchés à la Politique agricole commune

Art. 24 – Pour assurer et permettre l'application des décisions prises par la Communauté économique européenne pour la mise en œuvre de la Politique agricole commune, le Gouvernement est habilité à prendre toutes dispositions nécessaires relevant normalement du domaine de la loi, par voie d'ordonnances, après consultation des commissions compétentes des Assemblées prises dans les conditions prévues à l'article 38 de la Constitution.

Le Gouvernement ne peut, à ce titre, instituer des taxes ou cotisations qui ne seraient pas la conséquence directe des décisions de la Communauté économique européenne.

Les ordonnances prévues pourront être prises jusqu'au 30 juin 1963 et seront déposées devant le Parlement, pour ratification, au plus tard dans les trois mois suivant leur promulgation.

Art. 25 – Dans la mesure où la mise en œuvre de la Politique agricole de la Communauté économique européenne ou l'amélioration de la qualité des produits mis sur le marché le rendent nécessaire, le Gouvernement, après consultation des organisations professionnelles intéressées, peut fixer par décret, pris après avis du Conseil d'État, les conditions de qualité et d'hygiène auxquelles devront satisfaire les fabrications et les installations des entreprises, quelle que soit leur forme juridique, appelées à intervenir dans la transformation ou la commercialisation des produits agricoles et alimentaires.

Les infractions aux dispositions du présent article et à celles des règlements pris pour son application sont constatées par les fonctionnaires et agents habilités à cet effet par arrêté conjoint du ministre de l'Agriculture, du ministre chargé du Commerce et, le cas échéant, du ministre de la Santé publique et de la Population. Ces fonctionnaires et agents sont commissionnés et assermentés.

Les infractions seront réprimées comme il est dit à l'article 32 de la loi du 19 décembre 1917 modifiée relative aux établissements dangereux, insalubres ou incommodes.

En cas de condamnation à une peine contraventionnelle, le tribunal pourra interdire au condamné l'exercice de son activité.

Titre IV
Du Fonds d'action sociale pour l'aménagement des structures agricoles

Art. 26 – En vue d'accélérer, pendant une période de douze années, l'amélioration des structures des exploitations agricoles et de donner aux agriculteurs les moyens d'améliorer la rentabilité de leurs exploitations, des crédits sont ouverts au ministère de l'Agriculture, au titre d'un fonds dit « Fonds d'action sociale pour l'aménagement des structures agricoles ».

Les opérations du Fonds d'action sociale pour l'aménagement des structures agricoles sont inscrites au budget du ministère de l'Agriculture dans les conditions qui seront fixées par la loi de finances.

Art. 27 – Le Fonds d'action sociale pour l'aménagement des structures agricoles exerce sa mission dans les domaines suivants :

Il est chargé d'allouer un complément de retraite, leur vie durant, aux agriculteurs âgés qui, cessant leur activité ou cédant librement leur exploitation, favorisent par là un aménagement foncier. Le montant des cessions consenties n'entrera point en ligne de compte dans le calcul des ressources dont l'appréciation est faite conformément à l'article 1 112 du code rural.

Il attribue des indemnités d'installation et des prêts aux agriculteurs quittant une région surpeuplée pour s'installer dans des zones d'accueil.

Il attribue également des indemnités de réinstallation sur une nouvelle exploitation et des prêts aux agriculteurs cessant de mettre en valeur des exploitations non viables dans des conditions favorisant l'aménagement foncier ou l'installation de jeunes agriculteurs.

Les conditions d'attribution des indemnités prévues aux alinéas précédents seront fixées par décret.

Il favorise l'emploi ou le réemploi dans de nouvelles activités professionnelles, et notamment dans des activités connexes à l'agriculture, des agriculteurs, des fils d'agriculteurs en surnombre et des salariés agricoles en chômage, par l'attribution de bourses en vue de la rééducation professionnelle.

Il accorde des aides spécifiques destinées à améliorer le niveau de vie des familles et la formation intellectuelle des fils des agriculteurs qui doivent se maintenir sur leurs exploitations agricoles.

Il contribue à maintenir dans leurs exploitations situées dans certaines zones déshéritées, des agriculteurs dont la présence est indispensable, par l'octroi d'aides adaptées aux conditions exceptionnelles de ces exploitations.

Titre V
Des dispositions diverses

Art. 28 – Le premier alinéa de l'article 9 de la loi n° 51-592 du 24 mai 1951 sur les comptes spéciaux du Trésor est remplacé par les dispositions suivantes :

« Lorsque la mise en valeur de régions déterminées nécessite la réalisation de travaux concernant plusieurs départements ministériels et mettant en œuvre diverses sources de financement, l'étude, l'exécution et éventuellement l'exploitation ultérieure des ouvrages peuvent, à l'initiative d'un ou des ministres compétents, en accord avec le ministre des Finances et des Affaires économiques et après avis du ministre chargé de l'Aménagement du territoire, faire l'objet d'une mission générale définie par décret en Conseil d'État ou d'une concession unique, consentie par décret en Conseil des ministres à un établissement public doté de l'autonomie financière, à une société d'économie mixte ou à toute autre forme d'organisme groupant l'ensemble des personnes publiques et privées intéressées, à condition que la majorité des capitaux appartienne à des personnes publiques. Les organismes d'étude et d'exécution ainsi créés peuvent recevoir des prêts du Fonds de développement économique et social. »

Art. 29 – L'article 1 240 du code rural est ainsi modifié :

« Art. 1 240 – Sauf dérogation expresse accordée par le ministre de l'Agriculture, les personnes… » (le reste sans changement)

Art. 30 – Les dispositions de la présente loi pourront être étendues par décret en Conseil d'État aux départements d'outre-mer après avis de leurs conseils généraux. Cette extension pourra comporter adaptation.

Art. 31 – En application de l'article 41 de la loi d'orientation agricole n° 60-808 du 5 août 1960, le Gouvernement déposera, avant le 1er novembre 1962, un projet de loi organisant un régime de garantie contre les calamités agricoles et la mortalité du bétail.

Art. 32 – Le Gouvernement déposera avant le 1er janvier 1963 un projet de loi organisant les groupements pastoraux.

Art.33 – Le Gouvernement fera procéder à l'établissement d'un cadastre arboricole fruitier, pour lequel il sera procédé au recensement général des parcelles plantées. Des arrêtés interministériels fixeront les modalités de déclaration à souscrire à cet effet et celles qui devront permettre la tenue à jour dudit cadastre. Un décret en Conseil d'État déterminera les sanctions frappant les contrevenants à ces dispositions.

La présente loi sera exécutée comme loi de l'État.

Fait à Paris, le 8 août 1962.

Par le président de la République : Charles de Gaulle

Le Premier ministre, Georges Pompidou

Le garde des Sceaux, ministre de la Justice, Jean Foyer

Le ministre de l'Intérieur, Roger Frey

Le ministre des Finances et des Affaires économiques, Valéry Giscard d'Estaing

Le ministre de l'Agriculture, Edgard Pisani

B. La mise en œuvre de la rénovation rurale

Décret n° 67-938 du 24 octobre 1967 relatif à la rénovation de certaines zones à économie rurale dominante[1]

Rapport au Premier ministre

Les problèmes d'adaptation à l'évolution actuelle de l'économie se posent avec une acuité particulière dans certaines zones rurales où l'activité agricole largement dominante souffre de déséquilibres structurels profonds.

Il en est ainsi notamment de la Bretagne soumise à une pression démographique considérable et d'une grande partie du Massif central où la faiblesse des ressources naturelles se conjugue avec un vieillissement marqué de la population agricole.

Dans ces régions, qui débordent largement les zones d'action rurale créées en application de l'article 20 de la loi d'orientation du 5 août 1960, les handicaps apparaissent durables et exceptionnellement lourds. Il importe d'y faire le maximum d'efforts pour accélérer la modernisation des structures économiques, favoriser l'adaptation de la population

1 JO, *Lois et décrets*, 26 octobre 1967, p. 10 548-10 550.

à ces transformations, encourager la promotion sociale et économique de la population rurale dans son ensemble.

Telles sont les raisons qui conduisent à proposer des actions de rénovation dans trois zones d'économie rurale dominante. Le projet de texte qui répond à cette nécessité s'inspire largement des articles 20 et 22 de la loi du 5 août 1960 relative à l'orientation agricole qui définissaient un statut particulier pour les zones spéciales d'action rurale.

Ce statut prévoyait notamment pour ces zones « caractérisées par leur sous-aménagement, leur surpeuplement ou leur sous-peuplement ou par l'exode des populations rurales [...] une priorité dans les investissements publics [...] et des mesures propres à favoriser l'installation de petites unités industrielles ». Les difficultés rencontrées dans le fonctionnement de ces zones spéciales d'action rurale, les enseignements des dernières années, la nécessité de se préparer activement à un avenir proche plus marqué encore par la concurrence ont conduit à développer cette expérience des zones spéciales d'action rurale sur des bases nouvelles élargies. Dans les zones d'économie rurale dominante ainsi que dans les zones spéciales d'action rurale qui ne s'y trouveraient pas incluses, plusieurs séries d'actions de rénovation seront entreprises dans les cinq prochaines années.

1° En premier lieu, un effort particulier et prioritaire sur les investissements publics et sur les investissements productifs individuels ou collectifs, le développement des équipements agricoles et ruraux, des communications et télécommunications, des aménagements touristiques, fournit bien souvent des éléments de solutions aux situations et aux vocations particulières de ces zones, à condition que les moyens soient concentrés sur les actions ayant la plus grande efficacité économique et le plus grand effet multiplicateur.

La régionalisation annuelle du budget de l'État est destinée à marquer ces priorités. En outre, des décisions interministérielles pourront prévoir l'octroi d'aides complémentaires à celles normalement prévues et, corrélativement, l'assouplissement des règles usuelles de financement complémentaire par les organismes publics de crédit.

Cet effort particulier et prioritaire sera financé sur des crédits spécialement affectés et éventuellement avec le concours du FIAT.

2° Un même effort prioritaire s'appliquera à la formation professionnelle et scolaire et à la promotion sociale de la population rurale dans ces zones. Outre les actions prioritaires en matière d'équipement et un développement des conventions prévues par la loi du 3 décembre 1966 sur la formation professionnelle, il est prévu d'accorder un régime particulier de bourses aux enfants d'agriculteurs suivant l'enseignement général ou technique (octroi de bourses spéciales ou de compléments aux bourses attribuées selon la procédure normale). À cet effet, il est décidé de constituer à l'intérieur du FASASA un fonds spécial destiné à l'octroi des bourses.

Ainsi sera favorisée la formation des enfants d'agriculteurs, leur permettant soit d'assurer des responsabilités dans une agriculture moderne, soit d'accéder à d'autres types d'activités professionnelles.

3° Encore faut-il contribuer à la création d'emplois non agricoles dans ces régions mêmes, en facilitant d'abord par le développement d'industries agricoles et alimentaires la transformation des productions agricoles de la région. Il importe ensuite de favoriser la création de petites unités industrielles. Les dispositions réglementaires relatives au nombre minimum d'emplois et au montant minimum d'investissement nécessaire pour bénéficier des primes de développement industriel doivent être en particulier aménagées afin de permettre leur application à la création de ces entreprises. Les modifications correspondantes font l'objet, en ce qui concerne les zones à économie rurale dominante, d'un décret distinct du présent texte.

Cette disposition conjuguée avec une appréciation plus large du taux des primes d'orientation agricole, permettra de répondre dans une large mesure à la nécessité de rénovation soulignée ci-dessus.

4° Enfin, il convient de tenir le plus grand compte, dans ces zones, de la situation économique et sociale des agriculteurs et de la structure de leurs exploitations.

Il est prévu en premier lieu qu'il pourra être dérogé au droit commun en matière d'octroi des avantages susceptibles d'être accordés par le Fonds d'action sociale pour l'aménagement des structures agricoles et notamment pour l'indemnité viagère de départ, selon les dispositions prévues par l'ordonnance du 23 septembre 1967.

Dans le cadre d'une réforme d'ensemble de l'indemnité viagère de départ, le Gouvernement a l'intention de prendre prochainement un décret selon lequel un taux plus élevé de l'indemnité viagère de départ pourra être accordé toutes les fois que le bénéficiaire, en laissant libre son exploitation, facilite un programme d'aménagement global des structures réalisé notamment par un remembrement ou un projet d'ensemble d'échanges amiables menés avec l'aide d'une société d'aménagement foncier et d'établissement rural. Ce décret s'appliquera en particulier dans les zones à économie rurale dominante.

Il est entendu en second lieu que le ministre de l'Économie et des Finances et le ministre de l'Agriculture examineront les conditions dans lesquelles pourront être accordés des prêts à caractéristiques spéciales ou des différés d'amortissement aux agriculteurs désireux de s'installer ou de moderniser leur exploitation.

Il est prévu enfin que seront étudiés par les ministres intéressés des aménagements portant sur la cotisation individuelle payée par les agriculteurs des zones visées par ce décret, ces aménagements faisant l'objet d'une péréquation sur d'autres cotisations dans l'ensemble du territoire en dehors des zones susvisées.

De telles mesures appellent de grands efforts de la part de l'administration et supposent que le Gouvernement suive lui-même les progrès enregistrés par cette expérience.

Il est donc institué un Commissaire à la rénovation rurale dans chacune de ces zones, chargé de rechercher, proposer et promouvoir les mesures convenables. Ces Commissaires seront assistés d'un comité consultatif composé en nombre égal, d'une part de fonctionnaires ou de personnes qualifiées et, d'autre part, de représentants des organismes professionnels à vocation générale.

Il est créé de plus auprès du Premier ministre un Comité central de rénovation rurale destiné à renforcer la coordination de l'action des administrations compétentes. Ce comité présentera chaque année un rapport au Comité interministériel d'aménagement du territoire.

Ainsi se marque l'absolue nécessité de conjuguer avec la responsabilité personnelle des Commissaires, nommés par le Premier ministre sur proposition du ministre délégué auprès du Premier ministre, chargé du Plan et de l'Aménagement du territoire, et du ministre de l'Agriculture, l'engagement solidaire de toutes les administrations qui seront concernées par cet effort de rénovation.

Enfin, il est institué pour les problèmes difficiles et particuliers que posent les communes situées dans les zones dites d'économie montagnarde un commissaire à la rénovation en montagne.

Tel est l'objet du présent décret, que nous avons l'honneur de soumettre à votre approbation.

*

* *

Le Premier ministre,

Sur le rapport du ministre délégué auprès du Premier ministre, chargé du Plan et de l'Aménagement du territoire, du ministre de l'Intérieur, du ministre de l'Économie et des Finances, du ministre de l'Agriculture, du ministre de l'Industrie et du ministre des Affaires sociales,

Vu le décret n° 55-375 du 30 juin 1955 instituant un Fonds du développement économique et social modifié ;

Vu la loi n° 60-808 du 5 août 1960 d'orientation agricole ;

Vu la loi n° 62-933 du 8 août 1962 complémentaire à la loi d'orientation agricole ;

Vu le décret n° 64-251 du 14 mars 1964 relatif à l'organisation des services de l'État dans les circonscriptions d'action régionale modifié ;

Vu le décret n° 67-376 du 28 avril 1967 relatif aux attributions du ministre délégué auprès du Premier ministre, chargé du Plan et de l'Aménagement du territoire ;

Vu l'ordonnance n° 67-825 du 23 septembre 1967 relative à l'aménagement de l'indemnité viagère de départ allouée à certaines catégories d'agriculteurs ;

Après avis du Conseil d'État,

Décrète,

Art. 1 – Il pourra être désigné, pour une période de cinq ans, sous l'autorité du Premier ministre, des Commissaires à la rénovation rurale dans des zones à économie rurale dominante, caractérisée notamment par l'existence de critères définis à l'article 21 de la loi susvisée du 5 août 1960 relative à l'orientation agricole.

Ces dispositions seront applicables à partir du 1er octobre 1967 dans les zones suivantes :

- les départements du Morbihan, du Finistère, des Côtes-du-Nord, d'Ille-et-Vilaine et de la Manche, ainsi que les cantons du département de la Loire-Atlantique énumérés au décret n° 61-1040 du 14 septembre 1961 ;
- les départements de la Haute-Vienne, de la Creuse, de la Corrèze et du Lot ;
- les départements du Puy-de-Dôme, du Cantal, de la Haute-Loire, de la Lozère et de l'Aveyron, ainsi que les cantons de l'Ardèche énumérés au décret n° 62-424 du 13 avril 1962.

Ces zones pourront faire l'objet de modifications ultérieures, compte tenu des résultats de l'action entreprise.

Les Commissaires à la rénovation rurale sont nommés par décret du Premier ministre, sur proposition du ministre délégué auprès du Premier ministre, chargé du Plan et de l'Aménagement du territoire, et du ministre de l'Agriculture.

Art. 2 – Dans les zones délimitées en application de l'article 1er ci-dessus, ainsi que dans les zones spéciales d'action rurale qui ne s'y trouveraient pas incluses, le ministre de l'Économie et des Finances et le ministre de l'Agriculture peuvent :

1° Accorder un régime préférentiel en matière d'octroi des avantages susceptibles d'être accordés par le Fonds d'action sociale pour l'aménagement des structures agricoles et en particulier pour l'attribution de l'indemnité viagère de départ, selon les dispositions prévues par l'ordonnance susvisée du 23 septembre 1967.

2° Mettre en application, en accord avec le ministre de l'Éducation nationale, un régime particulier de bourses aux enfants d'agriculteurs qui suivent l'enseignement général ou technique, en complément aux bourses attribuées selon la procédure normale.

Art. 3 – Les Commissaires à la rénovation rurale sont chargés, sous la direction des préfets de région intéressés, de rechercher, proposer, promouvoir les mesures susceptibles d'aider à résoudre les problèmes d'adaptation de la population et de ses activités à l'évolution de l'économie et de faciliter la promotion sociale et économique de la population rurale dans son ensemble.

Ils présenteront avant la fin de 1967, un rapport au Gouvernement sur les moyens d'atteindre les objectifs qui seront assignés à leur mission.

Art. 4 – Pour les problèmes qui relèvent de leur mission, les Commissaires à la rénovation rurale assistent, dans les conditions prévues à l'article 21 du décret susvisé du 14 mars 1964, aux réunions de la conférence administrative régionale.

Ils seront consultés par les préfets de région lors de la préparation de la tranche régionale du Plan et du budget régionalisé pour les problèmes qui relèvent de leur mission.

Le ministre délégué auprès du Premier ministre, chargé du Plan et de l'Aménagement du territoire, les consulte sur les opérations qui, dans ces domaines, pourraient être prises en charge par le Fonds d'intervention pour l'aménagement du territoire.

Art. 5 – Les Commissaires à la rénovation rurale peuvent assister aux délibérations des comités spécialisés du Fonds de développement économique et social pour l'examen des affaires de leur compétence, notamment en matière de prime d'orientation agricole et d'aide au développement industriel.

Art. 6 – Les Commissaires à la rénovation rurale sont associés à la préparation des conventions qui lient l'État et les entreprises nationales ou privées pour les problèmes de conversion. Ils seront tenus informés des conditions d'exécution de ces conventions.

Il en est de même en ce qui concerne les conventions qui peuvent être passées entre l'État et les organismes d'aménagement et de restructuration fonciers ou d'aménagement agricole, ou les groupements professionnels à vocation économique.

Art. 7 – Il est créé dans les zones délimitées en application de l'article 1er un comité de rénovation rurale placé auprès du Commissaire. Ce comité a un rôle consultatif et est composé par moitié de fonctionnaires ou de personnes qualifiées dont les conditions de désignation sont fixées par arrêté du Premier ministre, et par moitié de représentants des organismes professionnels agricoles à vocation générale, désignés par arrêté du ministre de l'Agriculture.

Art. 8 – Il est créé auprès du Premier ministre un comité central de rénovation rurale chargé d'étudier et de proposer au Comité interministériel pour l'aménagement du territoire les mesures d'action prioritaires pour les zones délimitées en application de l'article 1er, d'en suivre l'exécution et de proposer les modifications administratives et financières exigées par le caractère exceptionnel des opérations en cause.

Pour les zones délimitées en application de l'article 1er, le comité présente au Comité interministériel pour l'aménagement du territoire, lors de la régionalisation du budget d'équipement, un rapport annuel portant notamment sur les priorités dans la répartition des investissements publics prévus aux articles 21 et 22 de la loi susvisée du 5 août 1960.

Ce comité est composé de neuf membres : deux représentants du ministre délégué auprès du Premier ministre, chargé du Plan et de l'Aménagement du territoire, dont l'un au titre du Commissariat général du Plan et l'autre au titre de la Délégation à l'Aménagement du territoire, un représentant du ministère de l'Agriculture, un représentant du ministère de l'Économie et des Finances, un représentant du ministère de l'Intérieur, un représentant du ministère de l'Éducation nationale, un représentant du ministère des Affaires sociales, un représentant du ministère de l'Industrie et un représentant du ministère de l'Équipement. Il est présidé par une personnalité désignée par le Premier ministre, sur proposition du ministre délégué auprès du Premier ministre, chargé du Plan et de l'Aménagement du territoire, et du ministre de l'Agriculture.

Il peut s'adjoindre, le cas échéant, des représentants des autres ministres intéressés.

Il travaille en liaison permanente avec les Commissaires à la rénovation rurale.

Il peut s'adjoindre, à titre délibératif, un nombre égal de représentants des organismes professionnels agricoles à vocation générale, désignés par le ministre de l'Agriculture.

Art. 9 – Un Commissaire à la rénovation rurale en montagne peut, dans les conditions fixées à l'article 1er, être nommé pour l'ensemble des zones dites d'économie montagnarde, telles qu'elles sont définies par arrêté du ministre de l'Agriculture. Les modalités de son action et les moyens dont il disposera seront fixés par décision conjointe des ministres de l'Économie et des Finances et de l'Agriculture.

Art. 10. Le ministre d'État chargé de la Fonction publique, le ministre délégué auprès du Premier ministre, chargé du Plan et de l'Aménagement du territoire, le ministre de l'Intérieur, le ministre de l'Économie et des Finances, le ministre de l'Éducation nationale, le ministre de l'Équipement et du Logement, le ministre de l'Agriculture, le ministre de l'Industrie, le ministre des Affaires sociales, le ministre des Transports, le ministre des Postes et Télécommunications, le ministre de la Jeunesse et des Sports et le secrétaire d'État aux Affaires sociales, chargé des problèmes de l'Emploi, sont chargés, chacun en ce qui le concerne, de l'exécution du présent décret, qui sera publié au Journal officiel de la République française.

Fait à Paris, le 24 octobre 1967

Georges Pompidou

Le ministre d'État chargé de la Fonction publique, Edmond Michelet

Le ministre délégué auprès du Premier ministre, chargé du Plan et de l'Aménagement du territoire, Raymond Marcellin

Le ministre de l'Intérieur, Christian Fouchet

Le ministre de l'Économie et des Finances, Michel Debré

Le ministre de l'Éducation nationale, Alain Peyrefitte

Le ministre de l'Équipement et du Logement, François-Xavier Ortoli

Le ministre de l'Agriculture, Edgar Faure

Le ministre de l'Industrie, Olivier Guichard

Le ministre des Affaires sociales, Jean-Marcel Jeanneney

Le ministre des Transports, Jean Chamant

Le ministre des Postes et Télécommunications, Yves Guéna

Le ministre de la Jeunesse et des Sports, François Missoffe

Le secrétaire d'État aux Affaires sociales, chargé des problèmes de l'Emploi, Jacques Chirac.

III. Rapport d'orientation sur l'agriculture et le monde rural

Le « Rapport Vedel » : l'avenir à long terme de l'agriculture française

Ce rapport est le résultat des travaux d'une commission chargée par le ministre de l'Agriculture de réfléchir sur les perspectives de l'agriculture française à l'horizon 1985, compte tenu de l'évolution liée à la mise en œuvre de la loi d'orientation et de son insertion dans un Marché commun agricole.

La composition de cette commission est la suivante[1] :

Président :	Georges Vedel, universitaire,
Vice-président :	Jean Marczewski, universitaire,
Rapporteur général :	Alain Bienaymé, conseiller technique au Cabinet du ministre de l'Agriculture,
Rapporteurs adjoints :	Mme F. Rastoin, chargée de mission au Commissariat général du Plan d'équipement et de la productivité, et M. Morin, chef de la Division des études au ministère de l'Agriculture,
Secrétaire :	M. Lombard, ministère de l'Agriculture,
Membres :	M. Achach, chargé de mission à l'INSEE,
	M. Alexandre, directeur général d'Euro-Finance,
	M. Barthélémy, de la Direction de la prévision du ministère de l'Économie et des Finances,
	M. Beaud, universitaire,
	M. D. Bergmann, INRA,
	M. A. de Cambiaire, universitaire,
	M. Didon, de la Direction générale des études et des affaires générales au ministère de l'Agriculture,
	M. D'Estais, conseiller technique de M. Marcellin,
	M. Gervais, INRA,
	M. Hierche, conseiller financier de sociétés,
	M. L. Malassis, ENSA de Rennes,
	M. H. Mendras, universitaire,
	M. J. Molinier, du Commissariat général du Plan,

[1] Voir revue *Paysans*, n° 78, juin-juillet 1969, p. 18.

M. J. Moulias, du SGCI,
M. Panier, chargé de mission à l'Aménagement du territoire,
M. Théodore, du ministère de l'Agriculture (SCEES),
M. Y. Ullmo, du Commissariat général du Plan,
M. Van Ruymbeke, du ministère de l'Agriculture.

*

Extraits du rapport remis au ministre de l'Agriculture : « Rapport général de la Commission sur l'avenir à long terme de l'agriculture française (1968-1985) »

Introduction

L'agriculture française, rompant avec une longue période d'immobilisme, s'est engagée depuis 1945 dans un processus de modernisation accélérée. Elle a ainsi rattrapé une partie des retards de productivité qu'elle conserve encore de nos jours par rapport à l'agriculture d'autres pays avec lesquels elle est appelée à entrer de plus en plus en concurrence sur les marchés européens et mondiaux.

Cette évolution s'accompagne d'une réduction sensible de la proportion des agriculteurs dans la population active totale qui était d'environ 50 % dans la seconde moitié du XIXe siècle, se stabilisa aux alentours de 33 % entre 1926 et 1946, pour atteindre aujourd'hui environ 18 %. Au cours des quinze prochaines années, un nouveau cap sera probablement franchi ; notre pays se rapprochera des économies hautement industrialisées avec moins de 8 à 10 % de la population active occupée dans ce secteur.

1. Ces mutations rapides imposent une réflexion à long terme pour trois raisons :

1.1. Les équilibres fondamentaux qui régissent les structures internes de l'agriculture (conditions et résultats de la production, nature, taille et vocation des exploitations), ses relations avec le reste de l'économie, et les liens entre le monde rural et la civilisation urbaine, sont remis en cause par de rapides mutations dont les principales caractéristiques méritent d'être relevées :

a) L'importance déterminante des facteurs d'origine extra-agricole sur l'évolution de l'agriculture. Tant dans l'ordre de la production que dans celui de la consommation ou des genres de vie, l'évolution de la civilisation industrielle exerce une influence marquante sur le secteur agricole et le monde rural.

b) L'importance toute particulière du progrès technique. D'une part, les nouveautés de la technique agronomique s'imposent largement aux agriculteurs, bouleversent leurs conditions de travail, modifient leur niveau de vie ; elles n'ont cependant pas encore placé notre agriculture dans une situation favorable du point de vue de la compétition internationale ni affirmé de façon décisive la vocation exportatrice de l'agriculture française au sein de l'Europe des Six. D'autre part, le progrès des techniques industrielles modifie les aspirations des agriculteurs bien avant de mettre à leur portée l'ensemble des services qui les combleraient. Il résulte de ce double mouvement un sentiment profond de disproportion entre l'ampleur des efforts consentis et la modicité des résultats recueillis par la majorité d'entre eux.

c) L'intégration spontanée et progressive de l'activité agricole dans le réseau des relations interindustrielles qui a suivi l'ouverture de sa production aux échanges monétaires et l'évolution des techniques. De ce fait, la dépendance des agriculteurs à l'égard des marchés d'aval dont il n'a pas l'entière maîtrise s'est accentuée et il est devenu de plus en plus tributaire pour ses approvisionnements d'industries d'amont au fonctionnement desquelles il demeure totalement étranger.

1.2. La planification à moyen terme, à cinq ans d'échéance, doit être éclairée par une étude prévisionnelle et normative de l'avenir à long terme parce que :

a) C'est seulement sur la longue période que l'on est à même de mesurer la portée des changements en cours et d'en apprécier les implications probables quantitatives et qualitatives.

b) À mesure que l'horizon de la réflexion s'allonge, le poids relatif des principales tendances déterminantes et des « pesanteurs » tend à diminuer, le renouvellement démographique favorise une certaine évolution tandis que le changement de cap imprimé à une politique commence à faire sentir ses effets une fois qu'ont été aménagées les indispensables transitions.

1.3. Si la prospective est avant tout un effort d'appréhension d'un avenir global à une situation d'ensemble de la société, une prospective de l'agriculture doit offrir l'occasion de remettre en cause plusieurs habitudes de pensée qui ne demeurent admissibles que dans la prévision à court terme.

On tentera ainsi de mieux tenir compte des considérations psychologiques et sociologiques auxquelles se mêlent étroitement les motivations d'ordre strictement économique.

Il est certain que, pas plus que les autres être humains, les agriculteurs ne sont exclusivement guidés par la recherche du plus grand gain monétaire. Il est également certain qu'une transformation trop brutale du secteur agricole et du monde rural engendrerait des tensions et compromettrait l'équilibre de la société. Mais une bonne part des prétendues résistances aux changements provient de l'ignorance dans laquelle sont les principaux intéressés du sens véritable de ces changements et du sentiment d'impuissance et d'abandon qui les saisit.

Ce rapport est destiné à faire mieux prendre conscience de la nature et de la gravité du problème agricole, à dénoncer les fausses solutions maintes fois proposées et à recommander les actions capables de favoriser l'évolution en aidant ceux qui évoluent.

C'est pourquoi il y a lieu de ne pas se limiter à la seule étude des productions agricoles. Si l'agriculture, à certains égards, représente des quintaux de blé, des tonnes de viande ou d'œufs, à d'autres égards elle occupe actuellement une masse d'êtres anxieux de leur avenir dont il importe de préciser le destin et d'envisager les possibilités de conversion à de nouvelles méthodes ou à de nouveaux métiers. De plus, l'activité de l'agriculteur doit être analysée en termes d'économie générale : entreprise, problèmes de financement et de gestion, d'emploi, d'investissement et de marchés.

En effet, les rapports de l'agriculture française avec le monde industriel et l'agriculture des partenaires sont appelés à se développer sensiblement (les deux tiers de la production agricole de 1985 seront transformés par l'industrie d'aval). Toutefois, la Commission s'est essentiellement fixée pour but d'analyser sous tous ses aspects l'avenir de l'activité de la branche agricole (productions et producteurs) et non l'évolution des sociétés rurales.

2. *Quelles sont cependant les difficultés d'une prospective dont les justifications viennent d'être apportées ?*

2.1. Elles tiennent d'abord à l'absence d'une méthodologie éprouvée. Il est nécessaire, au moins dans un premier temps, de rechercher un état prévisible, c'est-à-dire l'état futur le plus probable qu'atteindrait l'agriculture française en faisant abstraction des effets d'une nouvelle politique agricole.

La prévision à long terme est alors rendue particulièrement délicate par les difficultés suivantes :

- Si l'on ne peut se contenter d'extrapolations linéaires prolongeant la tendance des évolutions passées de certaines grandeurs (concernant produits et structures d'exploitation), on est obligé de faire des hypothèses sur le maintien des liaisons observées entre ces grandeurs économiques et d'autres, voire sur des lois d'évolution de ces liaisons conformément aux tendances repérées ou supputées.
- Or, les incertitudes et les insuffisances de l'information statistique de base (tant au niveau national que régional, dans le domaine des flux financiers, des marchés de capitaux et des circuits de commercialisation, etc.) affectent d'autant plus la prévision à long terme que les transformations structurelles prennent de l'importance dans un horizon éloigné.
- La méthode de prévision se prête mal à la prévision des mutations, soit que celles-ci résultent d'évènements extérieurs à l'ensemble observé, soit qu'elles traduisent les effets cumulatifs de progressions qui, au-delà de certains seuils, peuvent entraîner des changements profonds.
- Les ordres de grandeur des flux économiques dépendent largement de l'état des patrimoines physique ou financier, des connaissances, des mentalités et des rapports sociaux dont les lois d'évolution et les relations avec les grandeurs économiques étudiées devraient être explicitées. L'insuffisance des données d'information sur ces divers points nuit à la bonne qualité des prévisions à long terme.

2.2. La définition d'orientations de politique économique souhaitables rencontre elle-même des difficultés de deux ordres.

Les premières tiennent au fait que beaucoup de moyens d'action de la puissance publique sont de nature financière. Or, les éléments financiers au sens le plus large (prix, revenus, circuits de capitaux) comptent parmi les plus difficiles à prévoir sur la longue période. Les secondes tiennent moins à la prévision à long terme qu'au caractère particulier du domaine de notre analyse. Sa portée est nécessairement limitée dans la mesure où une comparaison des coûts et des avantages des décisions affectant les différents domaines de l'économie et de la vie sociale n'a pu évidemment y prendre place.

Pour rendre plausible le souhaitable, on ne doit pas perdre de vue l'ampleur des moyens de modernisation et de conversion à mettre en œuvre ; mais il convient de rappeler que la contribution de la collectivité à l'agriculture n'est pas indéfiniment extensible, même si sur de courtes périodes sa part dans le produit national peut être accrue pour des raisons d'efficacité. Enfin, la politique agricole de la France deviendra de moins en moins autonome. À cet égard, le présent rapport n'est pas seulement destiné à éclairer les choix du VIe Plan. Il doit étayer la doctrine que la France devra défendre lorsque les principes de la Politique agricole communautaire et ceux de la politique agricole française vis-à-vis de ses partenaires mondiaux devront être révisés.

Les grandes tendances déterminantes pour l'avenir de notre agriculture fonderont donc le diagnostic de la Commission. Ce diagnostic aurait dû conduire la Commission à justifier ensuite ses recommandations, mais dans l'état du calendrier, celles-ci n'ont pu faire l'objet d'un examen suffisamment approfondi pour pouvoir être présentées.

Les principaux éléments déterminant l'avenir prévisible de l'agriculture française

La Commission fonde son diagnostic sur trois points :

1) Compte tenu des hypothèses portant sur la demande alimentaire et le progrès des techniques que la Commission a retenues dans une première approche, il apparaît que le surplus relatif des productions agricoles tendra à s'aggraver d'ici à 1985, à moins qu'une politique agricole nouvelle ne soit imaginée et efficacement appliquée.
2) Les perspectives démographiques ne sont pas telles qu'elles puissent améliorer spontanément les conditions même de l'activité des agriculteurs dont un tableau de la situation présente et prévisible est dressé.
3) Aucune des solutions préconisées habituellement ne peut tenir lieu de panacée, car aucune d'elles n'est, à elle seule, à la mesure du problème. Toutes méritent sans doute d'être reprises ou améliorées mais dans le cadre d'une révision plus fondamentale de la politique agricole.

A. Le surplus relatif de l'agriculture

Pour apprécier son évolution, la Commission a confronté les prévisions à long terme de la demande avec les perspectives d'offre résultant des progrès techniques prévisibles.

A.1 Les perspectives de la demande de produits agricoles et alimentaires

1. La demande intérieure en 1985

Après avoir reconnu son incapacité à formuler des prévisions fiables en matière de consommation des denrées alimentaires à l'horizon de

1985, le rapport indique : [...] Néanmoins, à l'hypothèse forte d'une progression de 75 % de la demande alimentaire totale des ménages au stade de détail, correspondrait en gros une augmentation de 65 % de la demande globale des produits agricoles entre 1962 et 1985. En appliquant le même coefficient de réduction à la variante basse, la demande globale des produits agricoles progresserait d'environ 40 %.

C'est donc au plus entre 65 % et 40 % que se situerait la production agricole en volume de 1962 à 1985 qui serait nécessaire pour répondre aux sollicitations de la demande intérieure.

2. *La demande étrangère de produits agricoles et alimentaires*

Après avoir souligné les limites des possibilités de débouchés sur les marchés extérieurs (pays développés et sous-développés), le rapport conclut : [...] En fin de compte, toutes les projections effectives mettent en évidence l'accroissement très prononcé des excédents commercialisables de la France, en particulier pour les produits laitiers, les céréales et les betteraves.

Ces conclusions concordent avec les prévisions relatives à l'offre de produits agricoles.

A.2 Les perspectives de l'offre de produits agricoles

L'offre de produits agricoles est principalement gouvernée par l'influence du progrès technique. Mais elle subit également, au moins en courte période, l'influence d'inerties structurelles qui sont à l'origine des déséquilibres observés dans les productions animales en particulier.

1. *L'influence prévisible des techniques*

L'horizon 1985 permet de départager deux catégories d'innovations dont les unes pénètreront de manière irrésistible dans l'agriculture traditionnelle sans provoquer de transformations spectaculaires de l'appareil de production tandis que les secondes, beaucoup plus radicales, ne feront sentir leurs effets qu'après 1985.

a) Les innovations propagées par imitation de techniques connues

La première vague d'innovations tirera son caractère irrésistible de ce qu'elle portera sur des techniques déjà connues et couramment utilisées dans des exploitations normales ; elles sont peu coûteuses, aisément applicables, ne posent pas de problèmes graves d'équipement, de surfaces ni de structures.

Elles dépendent de mécanismes collectifs de décision où la pression du groupe sur l'exploitant s'avère déterminante. Dans la mesure où l'on a observé qu'une innovation se généralise dans un délai compris entre cinq ans et une génération selon le type de société rurale étudié, on peut penser que ces techniques simples mais génératrices de hauts rendements se diffuseront rapidement d'ici 1985.

Les rendements à l'hectare feront plus que doubler, au moins pour le blé, l'orge et le maïs, tandis que la teneur en protéines des céréales fourragères sera nettement renforcée.

Les rendements en betteraves sucrières progresseront au moins de 20 à 30 %. Si peu de nouveautés sont en vue pour la viticulture et si l'on peut prévoir une mécanisation accrue des cultures en fruits et légumes, les progrès sensibles marqueront surtout les rendements des vaches laitières (+ 2,4 % par an) qui atteindront 4 000 kg de lait par an en 1985, sans que ceci constitue un plafond infranchissable.

La production de viande bovine, encore largement traitée comme sous-produit de la production laitière, en raison du maintien de la prédominance de l'agriculture artisanale, progressera en moyenne de 3 % par an au minimum de 1967 à 1985.

b) Les innovations révolutionnaires et les freins retardant leur diffusion

La seconde vague d'innovations qui sera mise au point dans les laboratoires et stations pilotes ne pourra pénétrer massivement au sein de l'agriculture d'ici 1985 car, malgré l'exode agricole prévisible, les structures d'exploitation la freineront. Ces techniques nouvelles exigent une substitution du capital au travail que la lourdeur des charges foncières entravera encore longtemps. De plus, la formation de la majorité des exploitants actuels ne les prédispose pas à maîtriser ces techniques nouvelles. Mais le principal goulot d'étranglement réside dans l'accroissement même des excédents que l'augmentation des rendements de la photosynthèse, la réduction des maladies phytosanitaires, l'homogénéisation des troupeaux vont provoquer. En effet, les innovations de la seconde vague ne seront guère rentables en raison des bas prix provoqués par les excédents imputables à la première vague.

Cette seconde vague fera toutefois déjà sentir des effets non négligeables en touchant certaines régions et certains produits. Ainsi, les élevages industriels de porcs, de veaux et de volailles se développeront assez sensiblement. Si des progrès décisifs étaient accomplis dans la productivité des industries d'amont, et réduisaient sensiblement le coût des biens d'équipement et des consommations intermédiaires de l'agriculture (bâtiments d'élevage par exemple), ceci hâterait la pénétration de la seconde vague de progrès technologiques. Le problème fondamental que pose le potentiel de développement de notre agriculture n'en deviendrait que plus aigu.

Quel que soit donc le rythme auquel les innovations de la seconde vague seront adoptées, l'état conjugué des forces qui déterminent la consommation et la production laisse d'ores et déjà présager une aggravation du surplus relatif global de notre agriculture. En effet, le taux prévisible de croissance de la production dépasse largement celui de la consommation interne quelles que soient les variables retenues pour la progression de la demande intérieure. [...] Une hypothèse faible d'augmentation de la production de l'ordre de 60 % entre 1967 et 1985 [...] doit, d'après l'I.N.R.A., « pouvoir être aisément atteinte sans changement de structures ». Il s'agit donc bien d'un minimum, et il serait également possible d'envisager une hypothèse plus forte de l'ordre de 90 % entre 1967 et 1985. Il n'est d'ailleurs pas inutile de rappeler que les progrès de productivité ont toujours dépassé les prévisions.

2. *Les surplus ne sont en effet que le reflet d'une inertie affectant l'ensemble de la branche agricole*

La coexistence entre les excédents de lait et le déficit européen de viande bovine illustre ce manque de souplesse et de plasticité de l'appareil de production et des marchés.

Plusieurs causes contribuent à perpétuer cette situation. Tout d'abord, la faible dimension des exploitations et des troupeaux. [...]

En liaison avec cette première cause, l'inorganisation du marché de la viande contrastant avec les garanties et les soutiens accordés aux céréales et aux produits laitiers décourage la production de viande de qualité.

Enfin, l'appareil de production s'avère à court terme peu sensible à des variations de prix relatifs. [...]

Ainsi, dans l'hypothèse où la Politique agricole commune actuelle serait maintenue, l'appareil productif continuera de livrer une production globalement excédentaire et ne résorbera que lentement le déficit constaté sur certains produits.

Devant ces pressions et ces inerties, le prix relatif des produits agricoles tendra à diminuer et à confirmer ainsi une tendance de fond que les interventions publiques sur les marchés ont seulement freiné puisqu'il baisse de 1 % en moyenne chaque année depuis 1962.

Les agriculteurs qui demeureront à la terre vont-ils alors tirer avantage des départs qui se produiront d'ici 1985 ? Les perspectives démographiques et leurs conséquences sur l'activité et les modes de vie des agriculteurs doivent être maintenant envisagées.

B. Les perspectives démographiques et leur influence probable sur l'activité et les modes de vie des agriculteurs

L'intérêt des perspectives touchant la population occupée dans l'agriculture ne se réduit pas à l'indication qu'elles donnent sur le nombre des parties prenantes qui se partageront la valeur ajoutée de l'agriculture. Non seulement le rythme et la nature des départs retentissent sur l'activité des agriculteurs et leur mode de vie, mais ces répercussions seront différenciées selon les régions et les catégories d'exploitations. […]

B.1 Les perspectives démographiques

[…] Les prévisions concernant l'agriculture sont marquées par les caractères suivants :

1. Si la population active agricole dépend de contraintes démographiques et de comportements

Si la population active agricole dépend de contraintes démographiques (pyramide des âges) et de comportements (nombre de successeurs, modes de culture, etc.), dans la longue période elle subit assez étroitement l'influence du volume des emplois offerts dans les activités industrielles et commerciales ; il est par conséquent essentiellement fonction du taux de croissance choisi pour la production intérieure brute. […]

Quoi qu'il en soit, à l'hypothèse de croissance retenue provisoirement correspondrait, pour une diminution de la population active agricole de 2 millions, une mutation professionnelle d'environ 1,2 million de personnes, soit 50 000 emplois (au lieu de 80 000 ces dernières années) supplémentaires à créer dans les autres activités chaque année. […]

Il en résulte que, pour 1 400 000 actifs agricoles (400 000 migrants supplémentaires), le taux requis d'augmentation de la P.I.B. serait de 4,7 % environ et, pour un million d'actifs, il s'élèverait à 4,9 %.

2. Les exploitants agricoles seront de plus en plus seuls sur leurs exploitations

[…] La diminution de la population active agricole sera vraisemblablement tempérée par l'importance que prendra l'activité à temps partiel des aides familiaux ou des exploitants eux-mêmes. Mais elle contribuera certainement à accentuer le besoin d'équipement des exploitants. La demande de terres, enfin, diminuera moins vite que la population active totale.

Des prévisions menées par d'autres voies aboutissent à des conclusions concordantes en mettant en évidence l'influence de l'exode agricole sur la taille moyenne des exploitations.

3. L'exode agricole prévisible n'agrandira pas sensiblement les superficies d'exploitation

[...] Entre 1963 et 1985, la part des petites exploitations de superficie inférieure à 5 hectares diminuerait de 29 à 19 % du total. Les exploitations de 5 à 20 hectares se maintiendraient (45 % en 1963, 43 % en 1985). Enfin, la part des exploitations supérieures à 20 hectares n'augmenterait que de 26 % à 38 %. [...]

La petite exploitation définie par une taille inférieure à la moyenne représentera toujours les trois quarts de l'ensemble. [...]

Les structures agricoles ne sauraient être confondues avec la dimension moyenne des exploitations qui ne constituent qu'un aspect du problème [...] ; le type d'agriculture qui prédominera en 1985 ne sera pas de type capitaliste mais plutôt de type néo-artisanal. [...]

Ainsi, deux conclusions se dégagent-elles de cet examen :

- aucune de ces catégories d'exploitations ne peut revendiquer le privilège de répondre au critère de l'exploitation familiale. Toutes ces catégories, y compris l'entreprise capitaliste, sont conciliables avec ce critère d'ordre sociologique. On n'exclura pas l'éventualité que la formule de l'agriculture de groupe (GAEC) associant plusieurs familles vivant sur des exploitations néo-artisanales, se généralise ;
- l'agriculture française est trop diversifiée pour qu'il soit possible de raisonner sur une seule agriculture.

B.2 L'hétérogénéité des exploitants agricoles et la diversité régionale

La politique à long terme ne peut guère négliger la très grande dispersion qui caractérise les grandeurs significatives de l'économie agricole autour des moyennes statistiques.

1. Répartition des exploitations selon le critère du résultat

[...] Ce dernier apporte des éléments suffisamment significatifs pour éclairer le problème des structures et justifier l'idée qu'il est nécessaire de différencier l'emploi de certains des instruments de la politique économique afin de faciliter la transition de l'agriculture vers de nouvelles formes d'exploitation. [...]

2. *Diversité régionale*

L'hétérogénéité qui caractérise l'activité agricole au niveau des résultats d'exploitation se manifeste également sur le plan des régions géographiques. [...]

a) Il apparaît que les régions les plus riches ont tendance à se spécialiser dans des productions qui, à un moment donné, sont les plus avantageuses pour elles (céréales, cultures spéciales), abandonnant aux autres le soin de produire le reste dans des conditions qui ne sont pas toujours rentables. Ces dernières ne sont pas en mesure d'ailleurs d'adapter leurs productions aux conditions changeantes du marché.

b) Dans un souci de simplification, on retiendra que la France agricole se divise en deux groupes de régions qui semblent appeler des mesures de politiques économiques distinctes [...]. [Dans les régions à handicaps], la grande majorité des agriculteurs [...] s'adonne aux productions animales et à la polyculture et contribue au développement d'excédents de produits laitiers. Ceux-ci sont la principale ressource monétaire régulière [...], soutenant leur niveau de vie. On peut conclure que [...] un problème fondamental de structure (surfaces, caractéristiques socio-économiques, mode d'utilisation du sol et niveaux de formation) se pose, que la faible croissance des industries locales ne permet pas de résoudre.

c) Les perspectives d'évolution d'ici à 1985 doivent elles-mêmes être différenciées selon les régions. [...] Certains membres de la Commission estiment qu'il conviendrait de poursuivre des travaux [...] de manière à déterminer des taux différentiels de départ et à dégager en conséquence des normes dans la création des emplois industriels et tertiaires. La connaissance d'une population agricole optimale peut, selon eux, être un précieux instrument de politique régionale. [...]

B.3 Les modes de vie et les handicaps des agriculteurs

Nous emploierons le terme de handicap plutôt que celui de disparité car ce dernier concept galvaudé donne faussement à penser que le retard des agriculteurs sur la progression d'ensemble serait aisément mesurable en termes de revenu moyen, et que la société se doit de combler le retard éventuellement constaté à n'importe quel prix et dans n'importe quelles conditions.

En réalité, la situation relative des agriculteurs au sein de la nation ne saurait être définie à l'aide du résultat brut qu'ils retirent de leurs exploitations. Celui-ci ne constitue pas un indicateur correct du revenu des ménages d'agriculteurs. On doit en particulier y ajouter les transferts sociaux qui représentent un peu plus de 10 % du résultat brut d'exploitation et 40 à 50 % des ressources non agricoles de ces ménages. Mais, de plus, la situation relative des agriculteurs ne saurait se réduire à de simples comparaisons de niveaux absolus de revenus monétaires. [...]

On peut [...] essayer de cerner plusieurs catégories de handicaps.

1. Le premier réside dans la taille moyenne des ménages qui fait apparaître, avec 3,97 personnes par ménage, des charges familiales nettement supérieures à celles des autres catégories socioprofessionnelles. [...]
2. Le niveau des revenus des agriculteurs, comparé à celui des autres catégories de la population, soulève de délicats problèmes de comparaison. [...] La Commission tient à attirer l'attention sur l'engrenage qui oblige une grande partie des agriculteurs à acquérir des terres, à passer leur vie à en régler le prix. Cette contrainte s'aggrave sans doute en raison de la hausse du prix de la terre, mais plus profondément en raison des facteurs qui poussent à l'agrandissement des exploitations : à cet égard, le progrès de la mécanisation joue un rôle ; mais ce n'est pas la seule cause : ainsi, la plupart des agriculteurs étant obligés dans la grande majorité des régions de s'agrandir pour améliorer la rémunération des facteurs fixes qu'ils mettent en œuvre (travail familial, terres, capitaux propres), se lancent dans un endettement de plus en plus lourd. Tant que la pression démographique agricole demeurera vive, les facilités de prêts accordées à l'acquisition de terres, voire aux capitaux d'exploitation, ne feront que stimuler l'enrichissement de la terre de culture.

En définitive, le concept de parité que la législation de 1960-1962 a consacré dans notre pays s'avère extrêmement difficile à manier, ce d'autant plus que les disparités ne sont pas aussi évidentes qu'on aurait pu le croire au premier abord.

D'après ce que l'on sait, à l'heure actuelle, de l'extrême dispersion des revenus des agriculteurs autour du revenu moyen statistique, il est nettement préférable de repérer quelles sont, au sein de la catégorie des agriculteurs, les couches les plus défavorisées et les plus handicapées. Une défense abstraite de la « parité » ne saurait que perpétuer les inégalités internes du groupe des agriculteurs.

De plus, le concept de parité repose sur des artifices sclérosants. En effet, il suppose l'existence d'un agriculteur moyen et d'un Français moyen et donne à penser que ces deux abstractions sont comparables. On accrédite l'idée fausse et absolument anti-économique que tout membre d'une profession donnée a un droit à percevoir une rémunération identique à celle du revenu de l'ensemble des catégories socioprofessionnelles. Une telle uniformisation bloquerait le progrès de la société.

C'est pourquoi la Commission n'a pas jugé utile d'essayer d'établir une projection à long terme du revenu disponible des agriculteurs car, non seulement cela lui paraît impossible, mais cela lui a paru poser le problème en des termes qui ne sont pas réels. Il lui a paru préférable de tenter de repérer des handicaps spécifiques, ceux qui touchent essentiellement les niveaux d'éducation et de formation et les conditions de vie.

B. 4 Les comportements probables des agriculteurs

Les tendances de fond qui domineront l'évolution de l'économie agricole n'étant pas de nature à faire disparaître spontanément les handicaps décrits, la Commission se devait d'anticiper certaines des réactions que ne manquerait pas de susciter une telle évolution si la politique économique et sociale ne s'y adaptait pas.

À mesure que les agriculteurs percevront dans leur vie quotidienne des difficultés croissantes de leur existence, les comportements tendront à se modifier, les échelles de valeurs ne resteront pas immuables.

On peut penser, par exemple, qu'une part importante des fils d'exploitants qui se sentent actuellement encore voués à succéder à leurs pères seront amenés à réviser leurs projets. Encore faut-il qu'une politique d'accompagnement susceptible de favoriser cette conversion soit mise en œuvre. Il conviendrait donc qu'une telle politique bénéficie en priorité aux agriculteurs de la plupart des régions de programme de l'Ouest et du Sud-Ouest de la France où les tensions se manifesteront le plus fortement parce que les problèmes s'y poseront avec une ampleur et une acuité inégalées ailleurs.

On ne doit pas exclure non plus que les travailleurs désireux de rester à la terre révisent quelque peu leurs jugements à l'égard de la rigoureuse autonomie et de la sécurité découlant d'une conception classique de la propriété individuelle et familiale de l'exploitant.

Ainsi, au cas où un mouvement se dessinerait en faveur d'un regroupement des exploitants (fermiers ou propriétaires) par exemple en unités associant pour la production trois, quatre ou cinq exploitations, les économies d'échelle pourront se manifester grâce à un meilleur étalement des frais fixes, une mécanisation plus judicieuse, une spécialisation des tâches et une diversification des rôles des producteurs associés.

En imaginant, par exemple, un exode légèrement accéléré (1,5 million d'actifs travaillant sur 800 000 exploitations), les chefs d'exploitation disposeraient en moyenne de 40 hectares de S.A.U. ; de plus, si la propension à s'associer croissait avec la dimension des exploitations néo-artisanales et la raréfaction de main-d'œuvre et si, par exemple, la moitié des exploitations étaient emportées par ce mouvement, 400 000 exploitants pourraient alors se regrouper sur des surfaces supérieures à 100 hectares. Les données du problème agricole français s'en trouveraient sensiblement changées.

En d'autres termes, si raffinées soient-elles, les extrapolations contiennent une part de conservatisme et appellent leur propre dépassement.

Avant de justifier ses recommandations, la Commission exposera le diagnostic auquel elle a été conduite et les raisons pour lesquelles nombre des solutions habituellement proposées ne paraissent pas à la mesure du problème.

C. Le diagnostic et les fausses panacées

Le diagnostic découlant de l'examen des prévisions et des traits structurels dominants relatifs à l'activité agricole française ne laisse aucune illusion sur l'efficacité des mesures habituellement préconisées. Beaucoup d'entre elles méritent d'être reprises mais dans le contexte d'une politique d'ensemble profondément différente.

C.1. L'aggravation prévisible de la situation économique des agriculteurs

1. Le diagnostic

De tous les éléments qui précèdent, il ressort que :

a) Le surplus de la production agricole domestique tendra à augmenter en valeur absolue et relative ;

b) Les prix agricoles subiront donc une forte pression à la baisse relativement à l'ensemble des prix intérieurs sinon en valeur absolue ;

c) Une politique qui persisterait à soutenir les prix des produits agricoles au niveau des coûts des exploitations marginales ferait progresser les subventions exagérément et au-delà des limites supportables sans remédier au problème des excédents structurels ;

d) L'évolution technologique continuera à augmenter le rapport des quantités des biens et services intermédiaires au volume de la plupart des productions agricoles qui les absorberont ;

e) Les prix des produits agricoles tendront à diminuer par rapport aux prix des biens, des services et des facteurs nécessaires aux exploitations agricoles en raison de la structure concurrentielle des marchés agricoles et des excédents qui les encombreront ;

f) Les coûts fixes calculés par hectare baisseront assez peu tant que la croissance des exploitations sera lente. On enregistrera sans doute une diminution des coûts unitaires grâce aux progrès de la productivité globale des facteurs. Mais cette diminution sera partiellement masquée par la substitution de coûts comptabilisés (coûts en capital et en biens intermédiaires) à des coûts qui ne sont pas comptabilisés, à savoir les dépenses en travail actuellement sous-rémunéré ;

g) Une pleine connaissance de l'évolution future des coûts totaux de production exigerait que l'on formulât des hypothèses sur de nombreux coefficients techniques et, en particulier, le coefficient du capital rapportant à la production des exploitations le capital nécessaire. L'insuffisance des données existantes sur ce point ne permet pas à la Commission d'avancer une hypothèse solide à ce propos ;

h) En tenant compte de l'ensemble des tendances précédentes et de l'amortissement du capital, la valeur ajoutée nette par hectare aura tendance à baisser et la valeur ajoutée nette par exploitation ne progressera que dans la mesure où le réaménagement structurel sera rapide ;

i) Dès lors, il est hautement probable que la majorité des agriculteurs vivant sur des exploitations familiales de dimension artisanale ne parviendront pas à rattraper spontanément le revenu de certaines autres catégories socioprofessionnelles. Ce retard tendra même probablement à s'aggraver tout particulièrement dans les régions qui s'adonnent à la polyculture et à l'élevage traditionnel.

Mais l'examen de ces tendances qui affectent globalement l'agriculture ne permet en aucune façon de prévoir le sort de cette catégorie – minoritaire en nombre mais de poids non négligeable – des entreprises agricoles actuellement plus compétitives, et encore moins de préjuger la forme d'entreprise qui sera le plus capable de résister aux conséquences de l'évolution décrite. Les grandes lignes du diagnostic esquissé ne valent, en effet, que dans le contexte hypothétique d'une politique économique agricole inchangée. Il importe donc de montrer comment la politique actuelle est conduite à une impasse.

2. *Les politiques agricoles française et communautaire sont dans l'impasse*

Mais, pour en juger sainement, il convient de tenter de retenir tous les éléments en jeu ; car bien souvent en ne retenant qu'une vision partielle, les critiques tombent dans un manichéisme sommaire opposant la politique des prix et celle des structures. L'une et l'autre doivent être revues dans leurs principes, mais il serait illusoire de penser que l'une pourrait se substituer totalement à l'autre.

a) Le soutien inconditionnel des marchés, qui est le principal trait de la politique agricole communautaire mise en place depuis 1964, ne peut être maintenu tel quel. Mais si la période qui s'ouvre doit préserver l'uniformité des prix européens, il deviendra de moins en moins admissible de faire assumer à ces prix un rôle pour lequel ils ne sont point faits : assister des producteurs en soutenant des produits dont les débouchés croissent moins vite que les disponibilités.

Le système qui vise, dans ces conditions, à soutenir la progression du revenu des agriculteurs est anti-économique, entaché de contradictions, peu efficace et inéquitable.

Il est anti-économique car les prix doivent avant tout orienter les productions, guider le calcul économique : le système actuel oriente les productions à contre-courant des besoins du marché. Le soutien assorti de conditions limitatives (quantum et taxes de résorption) qui existait en France avant 1964 avait au moins le mérite de mieux accorder la production aux débouchés.

La Politique agricole commune soutient aujourd'hui les productions d'autant mieux qu'elles sont plus excédentaires ; les dépenses totales de soutien des marchés ont été évaluées en début d'année à environ 4,100 milliards. Ces dépenses aboutissent, en fait, à un nouvel impôt sur le consommateur par majoration des prix agricoles et pèsent sur le taux de croissance des dépenses alimentaires.

Il est juste cependant de remarquer que l'unification des prix européens est partiellement à l'origine des hauts niveaux des prix de soutien. En effet, les prix français étaient, dans l'ensemble, inférieurs à ceux de nos partenaires européens. Aujourd'hui, l'agriculture européenne forme un tout solidaire ; on ne peut donc imputer l'accumulation des excédents européens à la production du pays dont chacun savait au départ qu'il avait, au moins potentiellement, les meilleures chances de développer sa production efficacement.

On ne peut se prononcer objectivement sur le coût des excédents et la responsabilité des excédents sans tenir compte de deux éléments :

- d'une part, l'importance des importations, produit par produit, faite par nos partenaires en provenance de pays tiers. Dans le cas des céréales, ces importations donnent lieu à un prélèvement qu'il est normal de déduire du coût total des restitutions à l'exportation. En revanche nos partenaires n'importent pas de produits laitiers ;
- d'autre part, l'existence (céréales) ou l'absence (cas de la majorité des produits laitiers) d'un marché international doivent être prises en considération pour juger du montant des excédents tolérables. Cela étant, le problème français de l'accumulation des ex-

> cédents se trouve aujourd'hui transposé à l'échelle de l'Europe des Six en raison des hauts niveaux qui ont été adoptés pour les prix de la Communauté. Au cours de cette première étape, la libre circulation des marchandises agricoles a pu être progressivement instaurée grâce à cette unification. Mais il convient maintenant de procéder à la définition de nouvelles orientations pour la politique agricole communautaire.

Il est entaché de contradictions en ce sens que la fixation à de hauts niveaux du prix des céréales, produits de base, contrastant avec la relative liberté des prix des produits transformés (porcs, œufs, volailles), les aviculteurs et les éleveurs français se sont trouvés dans une situation de plus en plus difficile, compte tenu de l'éloignement des grandes zones productrices françaises par rapport aux marchés de consommation de la région parisienne, du Nord et de l'Est. Or, dans le même temps, l'article 21 de la loi complémentaire d'orientation du 8 août 1962 interdisait « à toute entreprise de production et de première transformation intéressant les porcs, les volailles et les œufs » d'être créée ou développée, « sans autorisation préalable du ministère de l'Agriculture, si la capacité de production de l'entreprise prévue excède une limite prévue par décret ». Cet article contribue à nuire à la compétitivité des éleveurs de porcs et des aviculteurs en freinant leur expansion.

En outre, la politique des prix de la Communauté a abouti jusqu'à présent au paradoxe que les productions céréalières et betteravières qui fournissent peu d'emplois ont été les mieux soutenues, alors que les productions animales, tout au moins en ce qui concerne les viandes, ont connu une stagnation ou une diminution de leur niveau de soutien.

Le système actuel est inefficace parce que le fait de distribuer un revenu par l'intermédiaire d'un prix garanti entraîne des charges parasitaires, coûteuses et inflationnistes.

D'abord, le soutien s'opérant au niveau des marchés de gros, des « pertes en ligne » bénéficient aux non-agriculteurs qui se trouvent sur le circuit de distribution des produits agricoles et alimentaires, et sont d'autant plus lourdes que les circuits sont vétustes (en particulier dans le cas des produits animaux).

En outre, dans le cadre des produits laitiers, la garantie de prix du lait étant assurée par le soutien du prix des produits transformés (beurre, fromage, poudre de lait, etc.), le soutien du prix entraîne des investissements non seulement inutiles (puisqu'ils ne correspondent pas à des besoins réels) mais dangereux puisqu'ils favorisent à leur tour un nouveau développement d'une production déjà excédentaire.

Le système actuel est injuste, enfin, car, bénéficiant surtout aux gros producteurs, il aboutit en définitive à un transfert qui va des plus défavorisés (consommateurs à faible revenu qui supportent des charges lourdement ressenties en dépenses alimentaires) aux plus favorisés (gros producteurs).

b) Parmi les sommes consacrées à l'agriculture qui ne sont pas affectées au soutien des marchés, on compte, outre des dépenses sociales, les dépenses destinées à favoriser l'évolution des structures.

Il conviendrait de mesurer avec soin les effets imputables à l'ensemble des mesures mises en œuvre sous ce chapitre depuis quelques années.

L'intervention de l'administration sur le rythme de l'exode agricole contribue, en réalité, à favoriser la mise à la retraite des agriculteurs âgés.

En premier lieu, le nombre des indemnités viagères de départ a certes augmenté en valeur absolue mais le taux de croissance du nombre des dossiers accordés s'est ralenti en raison des conditions exigées pour leur attribution.

En second lieu, si les IVD ont contribué au rajeunissement des chefs d'exploitation, l'abandon effectif de l'exploitation n'a pas été systématiquement vérifié, de sorte que les effets sur la structure des exploitations sont moins importants qu'on ne l'espérait.

En troisième lieu, sur les 130 000 personnes dont diminue annuellement la population active agricole, 60 000 changeraient de profession, mais beaucoup de ces mutants ne semblent pas avoir bénéficié de l'aide appropriée. Seulement 18 000 personnes ont, depuis 1963, reçu l'aide de l'État au titre des actions « mutations professionnelles du FASASA ». Des obstacles spécifiques au départ des exploitants ont réduit à peu de chose la restructuration espérée. Ces obstacles dont on n'a pas assez tenu compte sont d'ordre économique (absence d'emplois et de logements), psychologique (sentiment d'échec tout à fait compréhensible chez celui qui change sa vie à 35 ou 40 ans), et financier (endettement). En d'autres termes, n'a-t-on pas accompagné plus qu'infléchi une évolution qui se serait produite de toute manière ?

Les SAFER avaient, au 31 décembre 1967, acheté près de 230 000 hectares et en ont rétrocédé 143 000, la moitié de ces rétrocessions correspondant à un agrandissement d'un tiers de la superficie en moyenne.

Ces actions pourront sans doute améliorer la situation économique des exploitations concernées. Mais leur action est marginale, car si elle a touché directement 15 % des transactions foncières, elle n'a affecté que 7 % de la SAU ; aussi n'a-t-elle que bien faiblement accéléré le remodelage des structures. D'autre part, en contribuant à améliorer les rendements, voire en mettant en valeur des terres nouvelles, elles peuvent, si aucun dispositif compensatoire n'est imaginé, accélérer la croissance des excédents et aggraver la situation des agriculteurs d'autres régions.

En outre, leur action exercerait une véritable restructuration si, au lieu de procéder surtout par achat de grandes exploitations, morcellement et revente de lots à des petites exploitations du voisinage, les SAFER achetaient plutôt des petites exploitations pour rétrocéder, voire louer, ensuite un nombre inférieur d'exploitations de superficie viable. Il semble donc que l'effet de bien des mesures relatives aux structures ait été exagéré, voire dénaturé.

Enfin, n'y a-t-il pas une contradiction entre l'objectif d'agrandissement des exploitations et la législation qui, en interdisant les cumuls, s'oppose en fait à l'extension des exploitations que les dirigeants ont su gérer efficacement ?

L'aide accordée aux agriculteurs désireux d'acquérir des terres est actuellement consentie sous la forme de prêts bonifiés (à 3 %). Il n'est pas certain que les avantages de cette formule (par rapport à des subventions directes plus discriminatoires) soient nettement perçus par leurs bénéficiaires. En outre, cette aide peut contribuer dans les régions où la faim de terre est élevée en raison de la pression démographique agricole, à alimenter une demande excessive de terres et, ainsi, à enchérir leur prix au-delà des avantages financiers reçus.

Enfin, les critères qui président à l'aide accordée au financement d'installations (sans doute plus modernes) qui aggraveront les excédents de certains produits (industrie laitière) ne devraient-ils pas être révisés ?

Ces quelques exemples, nullement exhaustifs, visent non à condamner les principes d'une politique des structures mais à illustrer l'ambiguïté d'une telle politique lorsqu'elle est présentée comme le seul moyen d'améliorer durablement le sort des agriculteurs et de concilier cet objectif avec l'intérêt général. La Commission est convaincue qu'une telle politique est assez onéreuse pour que l'on se soucie d'en apprécier l'efficacité avec plus de rigueur.

Sans pouvoir y procéder dans les délais impartis, elle estime cependant que le véritable arbitrage porte sur l'utilité comparée des aides consacrées au réaménagement des structures agricoles et des aides consacrées à l'équipement des campagnes, à la formation professionnelle et à la création des emplois et des logements susceptibles d'absorber l'excédent de main-d'œuvre dans les autres secteurs.

C.2 Les fausses panacées

1. L'Europe des Six vient en premier à l'esprit quand on se rappelle l'optimisme peut-être excessif qui accompagna les premiers accords communautaires. Tout en se gardant d'un pessimisme exagéré, la véri-

table portée de la CEE pour notre agriculture paraît devoir se définir ainsi :

a) En premier lieu, nos ventes dans les pays partenaires ont considérablement progressé et cet essor explique l'augmentation de la part des exportations agricoles dans les exportations totales de notre pays (14 % en 1962, 20 % en 1967 avec 2 milliards de dollars). Ces ventes se font, rappelons-le, aux prix intérieurs.

   Les exportations ne résorberont cependant qu'en partie les excédents à l'avenir. En effet, la CEE ne procure pas une garantie d'expansion automatique. Il est faux de dire que le marché est passé de 40 à 200 millions de consommateurs. Selon les produits, le marché peut osciller entre 0 et 200 millions de consommateurs. L'expansion de nos ventes n'a pu se produire et ne pourra continuer que grâce à un effort considérable de promotion des exportations et d'adaptation aux goûts des consommateurs étrangers.

b) En second lieu, la relative similitude des agriculteurs des six pays induira vraisemblablement une accumulation des excédents d'autant plus forte que les prix sont élevés. Ceci ne manquera pas de retentir sur les principes actuels de la politique agricole communautaire. En effet, les débouchés des pays tiers paraîtront le seul exutoire. Les contraintes du marché international imposeront alors des amendements à la politique agricole européenne dans le sens d'un abaissement modulé des prix.

   Ainsi, l'Europe des Six représente des débouchés d'autant moins négligeables pour la France que les niveaux de prix choisis sont moins élevés. Il est cependant probable que l'agriculture allemande et italienne dont les coûts sont souvent plus élevés, main tiendront assez longtemps encore leur pression. C'est pourquoi l'on peut dire que si l'Europe des Six a été bénéfique et conserve des chances de le demeurer pour notre agriculture, elle n'a pas transformé les données du problème fondamental ; elle les a transposées dans ce cadre géographique élargi. La politique agricole communautaire a eu jusqu'à présent pour objectif unique, dans une première étape, de réaliser la libre circulation des marchandises. Elle devrait maintenant réviser ses orientations pour répondre aux problèmes résultant de l'expansion des productions agricoles.

c) L'adhésion de la Grande-Bretagne à la CEE dont il ne faut pas écarter l'éventualité d'ici à 1985, ne saurait non plus retarder la révision d'une politique agricole nouvelle. En effet, non seulement cette adhésion entraînerait celle des pays complémentaires dont les agricultures sont compétitives (Danemark) mais les concurrents anglais eux-mêmes sont extrêmement compétitifs hormis l'horticulture.

L'extension de la CEE n'est donc pas susceptible d'apporter au problème agricole continental tous les débouchés espérés, d'autant plus que le taux d'auto-approvisionnement de la Grande-Bretagne progresse rapidement en raison des gains rapides de productivité que ses exploitants accomplissent.

2. L'aide alimentaire au deux tiers de l'humanité qui souffrent de la faim s'impose pour des raisons de morale et de simple prévoyance politique. Peut-elle cependant apporter autre chose qu'une contribution marginale au problème des excédents européens ? Il ne semble pas ; l'aide internationale ne peut être ni à la mesure du problème alimentaire des pays sous-développés, ni à la mesure du problème agricole français et européen.

Les besoins biologiques immédiats du « tiers monde » excèdent à court terme largement les possibilités financières que les pays développés sont prêts à accorder compte tenu des avantages politiques recherchés et des rivalités entre les donataires.

Le désir d'autonomie alimentaire qui est absolument général dans le monde (la Grande-Bretagne a modifié sur ce point sa position depuis le dernier conflit mondial) dictera des solutions propres à développer les productions locales. Sauf certains produits qui se prêtent à une exportation aisée (céréales, poudre de lait), les débouchés ne s'accroîtront pas sensiblement.

Si la coexistence de pénuries et d'excédents alimentaires dans le monde est éminemment choquante et contraire à l'équité, l'aide alimentaire ne peut être considérée pour autant comme le remède destiné à résorber les excédents agricoles des pays à haut niveau de vie. D'une part, cette optique négligerait la nécessité de promouvoir le développement des agricultures et des économies du tiers monde. D'autre part, l'existence de ces excédents et la nécessité de pallier les famines là où elles se manifestent ne sauraient dispenser les États européens de rapprocher leurs prix de soutien des niveaux plus conformes à une certaine vérité économique. Les montants de soutien dont bénéficie l'agriculture européenne entraîneront, en effet, des coûts financiers suffisamment élevés pour que l'on doive se demander si les aides budgétaires nécessaires ne pourraient pas être affectées à des emplois plus judicieux.

En conclusion, l'aide au tiers monde ne dispense pas d'une révision de la Politique agricole commune pas plus que cette dernière ne saurait compromettre l'expansibilité de la production au cas où des accords internationaux d'aide alimentaire l'exigeraient.

3. L'assistance aux économiquement faibles à laquelle beaucoup pensent peut et doit être recommandée pour des raisons de simple justice. On ne doit pas exclure que cette assistance prenne la forme de dons en nature au bénéfice des élèves des écoles, voire des économiquement faibles. Mais cette formule de dons en nature doit n'être considérée, surtout en ce qui concerne la seconde catégorie de bénéficiaires, que comme un pis aller provisoire ; en effet, le versement d'allocations monétaires et toute mesure destinée à revaloriser les ressources de ces personnes paraissent mieux respecter leur dignité et leur liberté. De plus, il n'est pas démontré que les distributions gratuites de produits alimentaires augmenteraient, dans la même proportion, les débouchés physiques de la production. D'autre part, tout en remédiant aux injustices du monde présent, la société doit songer aux moyens d'éliminer d'ici à 1985 les raisons tendant à perturber un état d'extrême dénuement dans certaines couches de la société.

Par conséquent, la Commission, tout en préconisant l'instauration d'une distribution gratuite de produits alimentaires aux économiquement faibles, considère que cette mesure transitoire ne pourra résoudre le problème de fond.

4. L'avènement d'une agriculture industrielle caractérisée par des exploitations de très grande taille et l'intégration de véritables ateliers de production agricole ne peut non plus être considérée comme une solution susceptible de résoudre le problème agricole français à l'échéance de 1985. Cette perspective est peu probable compte tenu de ce que l'on sait des caractéristiques démographiques des agriculteurs qui marqueront les quinze à vingt prochaines années. Mais même si cette pression démographique qui ne se manifeste pas avec une force égale dans toutes les régions n'existait pas, il faut bien reconnaître que l'agrandissement systématique des surfaces devrait surmonter bien des difficultés pratiques d'application, ceci pour quatre raisons :

a) Une agriculture comportant des unités de grande dimension ne parviendrait pas nécessairement à ajuster ses offres aux demandes correspondantes. Sans doute des exploitations de cette nature sont-elles plus sensibles aux variations de prix ? Toutefois, les gains de productivité et la propagation des innovations seraient assez rapides pour stimuler fortement l'offre ; ceci ne manquerait pas de poser des problèmes de débouchés sur une surface agricole utile d'environ 30 millions d'hectares ? En outre, certains redoutent que la lourdeur des techniques et la spécialisation des équipements nuisent à la souplesse d'adaptation de l'appareil productif aux fluctuations des marchés ;

b) Une agriculture de grandes unités, par la forte croissance de la production qu'elle provoquerait, impliquerait une promotion des exportations fort importante. L'état actuel des marchés mondiaux justifie à cet égard plus de scepticisme que d'espoir ;

c) Les perspectives portant sur le rythme de création des emplois non agricoles en France ne permettent pas non plus de considérer avec réalisme l'avènement de l'agriculture industrielle d'ici à 1985 ;

d) Les grands besoins en capitaux qui naîtraient de ce type d'agriculture ne peuvent être envisagés indépendamment des besoins des autres secteurs. La rareté du capital disponible dans la nation constituera un obstacle à l'implantation de cette agriculture.

Conclusion

Ainsi, la Commission, constatant la gravité du problème dans lequel sont enfermés les agriculteurs des six pays, repoussera-t-elle comme autant de fausses fenêtres, les solutions unilatérales habituellement avancées.

Non pas que certaines ne doivent pas être mises en œuvre ou conservées, mais il convient de les mettre au service d'une nouvelle conception d'ensemble de la politique agricole que la France devrait pouvoir proposer et négocier à Bruxelles lorsque les derniers règlements communautaires auront été signés.

Dans le renouvellement de ces conceptions, la Commission se bornera à exprimer quelques principes. Elle insiste cependant sur la nécessité d'éviter de tomber dans l'esprit de système qui a caractérisé beaucoup de querelles doctrinales et a inspiré certaines des orientations de notre politique agricole.

Agir avec nuance, tenir compte de l'incidence nécessairement inégale des mesures de politique économique dans un monde agricole aussi hétérogène, affirmer la nécessaire complémentarité de la politique agricole avec la politique économique globale, ceci au nom de principes que nous exposerons, tels sont les points centraux de l'argumentation qui justifiera nos recommandations.

Notices biographiques

Ces courtes notices biographiques doivent permettre au lecteur de prendre connaissance des fonctions exercées par les personnalités citées dans cet ouvrage durant la période où Georges Pompidou fut Premier ministre et président de la République.

BERNARD, Jean-René

Né le 1er décembre 1932 à Metz en Moselle, Jean-René Bernard a été élève à la faculté de droit de Paris, à l'Institut d'études politiques de Paris et à l'ENA de 1956 à 1958.

Jean-René Bernard a été chargé des questions financières au cabinet de Georges Pompidou Premier ministre de 1962 à 1968, conseiller technique chargé des affaires économiques et financières et des affaires européennes au secrétariat général de la présidence de la République de 1969 à 1973 et enfin, de 1973 à 1974, secrétaire général adjoint de la présidence de la République.

Par ailleurs, il a été :

- Conseiller technique au cabinet de Pierre Sudreau, ministre de l'Éducation nationale (1962) ;
- Secrétaire général du comité interministériel pour les questions de coopération économique européenne (SGCI) (1967-1977) ;
- Chargé de mission auprès de Robert Boulin, ministre de l'Agriculture (1968-1969).

CHIRAC, Jacques

Jacques Chirac est né le 29 novembre 1932 à Paris, il a été élève à l'Institut d'études politiques de Paris puis à l'ENA (1957-1959).

Chargé de mission au cabinet de Georges Pompidou Premier ministre (1962-1967), Jacques Chirac a ensuite occupé différents postes ministériels : secrétaire d'État aux Affaires sociales, chargé des problèmes de l'Emploi (1967-1968), secrétaire d'État à l'Économie et aux Finances (1968-1971), ministre délégué auprès du Premier ministre chargé des Relations avec le Parlement (1971-1972), ministre de l'Agriculture et du Développement rural (1972-1974) et enfin ministre de l'Intérieur (mars-mai 1974).

Il a par ailleurs été :

- Chargé de mission au secrétariat général du Gouvernement (1962) ;
- Conseiller référendaire à la Cour des Comptes (1965-1994) ;
- Député UDVe, puis UDR de la Corrèze (3e circonscription : Ussel) (1967, réélu en 1968 et 1973) ;
- Membre (1968-1988) et président (1970-1979) du Conseil général de la Corrèze ;
- Conseiller municipal de Sainte-Féréole (1965-1977).

COINTAT, Michel

Michel Cointat est né le 13 avril 1921 à Paris, il a été élève à l'Institut national agronomique et à l'École nationale des eaux et forêts.

Ministre de l'Agriculture en 1971-1972, il avait été auparavant directeur de cabinet d'Edgard Pisani ministre de l'Agriculture en 1962, puis directeur général de la production et des marchés au ministère de l'Agriculture de 1962 à 1967.

Il a été également :

- Député UDR d'Ille-et-Vilaine (5e circonscription : Fougères) (1967-1993) ;
- Représentant de la France au Parlement européen (1968-1971 et 1974-1979) ;
- Maire de Fougères (1971-1983).

DUHAMEL, Jacques

Jacques Duhamel naquit le 24 septembre 1924 à Paris. Il fut élève au lycée Janson-de-Sailly et aux facultés de droit et des lettres de Paris. Diplômé de l'École libre des sciences politiques, il est également licencié en droit et diplômé de sociologie. Il fut élève à l'ENA en 1946-1947.

Président du mouvement Centre Démocratie et Progrès (1969), Jacques Duhamel fut ministre de l'Agriculture (cabinet J. Chaban-Delmas, 22 juin 1969-7 janvier 1971) puis ministre des Affaires culturelles (cabinets J. Chaban-Delmas remanié 8 janvier 1971 et P. Messmer, 8 juillet 1972-28 mars 1973).

Par ailleurs, il fut :

- Député du Jura (2e circonscription : Dole) (25 novembre 1962-22 juillet 1969) ;
- Inscrit à l'Assemblée au groupe du Rassemblement démocratique (déc. 1962) puis de 1967 à 1969, Président du groupe Progrès et Démocratie moderne ;

- Conseiller général du canton de Dole (1964, réélu en 1970) ;
- Premier adjoint au maire de Dole (1965) ;
- Maire de Dole (1968, réélu en 1971) ;
- Directeur gérant de la Société de presse et d'édition jurassienne (depuis 1968) ;
- Député du Jura (2e circonscription : Dole) (11 mars 1973) ;
- Président du groupe de l'Union centriste de l'Assemblée nationale (1973-1974) puis membre du groupe des Réformateurs, des centristes et des démocrates sociaux.

FAURE, Edgar

Edgar Faure naquit le 18 août 1908 à Béziers, dans l'Hérault. Agrégé de la faculté de droit (droit romain et histoire du droit), il fut diplômé de l'École des langues orientales vivantes.

Ministre de l'Agriculture (1966-1968), de l'Éducation nationale (1968-1969), ministre d'État chargé des Affaires sociales (1972-1973), il fut élu président de l'Assemblée nationale en 1973.

Par ailleurs, il fut :

- Président du Conseil général du Jura (1949-1967) ;
- Conseiller général du canton de Pontarlier (depuis 1967) ;
- Vice-président du Conseil général du Doubs (depuis 1967) ;
- Sénateur du Jura (1959-1966) ;
- Député Ve République du Doubs (mars-mai 1967, juin-août 1968 et octobre 1969-août 1972).

LELONG, Pierre

Né le 22 mai 1931 à Paris, Pierre Lelong est licencié en droit, diplômé de l'Institut d'études politiques de Paris et ancien élève à l'ENA (1956).

Chargé de mission au cabinet de Georges Pompidou Premier ministre (1962-1967) pour les questions agricoles, il a été député du Finistère de 1968 à 1974.

Par ailleurs, il a été :

- Conseiller référendaire à la Cour des comptes (1965) ;
- Directeur du Fonds d'orientation et de régularisation des marchés agricoles (FORMA) (1967-1968).

PISANI, Edgard

Né le 9 octobre 1918 à Tunis (Tunisie), Edgard Pisani est docteur ès lettres.

Ministre de l'Agriculture de 1961 à 1966, Edgard Pisani a été nommé ministre de l'Équipement en 1966, poste dont il démissionna le 28 avril 1967.

Par ailleurs, il a été :

- Sénateur de Haute-Marne (1954-1961), inscrit au groupe de la gauche démocratique ;
- Député Ve République de Maine-et-Loire (mars 1967, démissionnaire en 1968) ;
- Conseiller général du canton de Montreuil-Bellay (1964-1973) ;
- Maire de Montreuil-Bellay (1965, démissionnaire en 1975).

POUJADE, Robert

Né le 6 mai 1928 à Moulins (Allier), Robert Poujade est un ancien élève de l'École normale supérieure et est agrégé de lettres.

Député UDR de Côte d'Or (1967-1971 et 1973-1981), membre du secrétariat national de l'UNR-UDT (1967), secrétaire général de l'UDR (1968-1971), il a été ministre délégué auprès du Premier ministre chargé de la Protection de la Nature et de l'Environnement (1971-1973) puis ministre de la Protection de la Nature et de l'Environnement (1973-1974).

Par ailleurs, il a été :

- Conseiller technique au cabinet de Jacques Maziol, ministre de la Construction (1963) ;
- Conseiller régional de Bourgogne (1970-1986) ;
- Conseiller général du canton de Dijon-ouest (1967), du canton de Dijon 6 (à partir de 1973) ;
- Conseiller municipal (1968), maire (1971) de Dijon ;
- Président du Haut-Comité de l'Environnement (à partir de 1971).

SCHUMANN, Maurice

Maurice Schumann naquit le 10 avril 1911 à Paris. Il était licencié ès lettres.

Il fut plusieurs fois ministre : ministre chargé de l'Aménagement du territoire en 1962, ministre d'État chargé de la Recherche scientifique et des Questions atomiques et spatiales de 1967 à 1968, ministre d'État chargé des Affaires sociales en 1968-1969, puis ministre des Affaires étrangères de 1969 à 1973.

Par ailleurs, il fut successivement :

- Député du Nord (Armentières) 1958-1967, groupe du Centre démocratique ;
- Président de la commission des Affaires étrangères de l'Assemblée nationale (janvier 1959-avril 1962, décembre 1962-mars 1967) ;
- Député du Nord (Armentières) 1967 ;
- Député apparenté UDR du Nord (Armentières) 1968 ;
- Sénateur du Nord (1974).

WOIMANT, Michel

Né le 23 août 1932 à Boulogne-sur-Seine (Seine), Michel Woimant est diplômé de l'Institut d'études politiques de Paris et d'études supérieures de droit. Il est ancien élève de l'ENA.

Chargé de mission au cabinet de Georges Pompidou Premier ministre (1967-1968), il a été conseiller technique à la présidence de la République pour les questions agricoles (1969-1973).

Par ailleurs, il a été :

- Conseiller technique au cabinet du ministre de l'Agriculture (1962-1965) ;
- Conseiller technique au cabinet du secrétaire d'État au Commerce extérieur (1966-1967) ;
- Chargé de mission au cabinet de Maurice Couve de Murville, Premier ministre (1967-1969) ;
- Conseiller référendaire à la Cour des comptes (1969) ;
- Directeur général adjoint de la Caisse nationale de Crédit agricole (1973-1975).

Chronologie

Cette chronologie sommaire a pour objet de donner quelques repères, d'une part sur l'élaboration progressive de la politique agricole et rurale française des années 1960 et, de l'autre, de faire ressortir, à travers une série d'évènements significatifs, les rôles respectifs des acteurs qui ont contribué à la définition des principales orientations retenues entre 1962 et 1974.

1958

9 juin :	Roger Houdet est nommé ministre de l'Agriculture
3-12 juillet :	Conférence agricole intergouvernementale des Six de la CEE pour définir les orientations de la future Politique agricole commune
31 décembre :	Fin de l'indexation des prix agricoles sur les prix industriels, instituée par les décrets Gaillard (septembre 1957) et la loi Laborde (mai 1957), qui provoque le mécontentement des milieux agricoles

1959

9 janvier :	Dans le Gouvernement formé par Michel Debré, Roger Houdet conserve son poste de ministre de l'Agriculture
3 février :	Adoption du IIIe Plan de modernisation et d'équipement (1958-1961) qui insiste sur la nécessité de préparer l'économie française à la compétition européenne
7 février :	Suite à des manifestations dans l'Hérault contre la politique agricole du Gouvernement, relèvement de 5 % des prix indicatifs des produits agricoles ; les dirigeants agricoles sont reçus à l'Élysée
10 avril :	Création d'une Commission nationale de l'agriculture pour l'étude et la promotion du secteur agricole dans l'économie générale
13 avril :	Décret permettant aux groupements agricoles d'organiser la vulgarisation des techniques de production au même titre que les fonctionnaires du ministère de l'Agriculture

28 mai :	Henri Rochereau remplace Roger Houdet au ministère de l'Agriculture
16 septembre :	La FNSEA réclame une « actualisation » des prix agricoles
Décembre :	Manifestations paysannes

1960

Janvier :	Poursuite du mouvement paysan ; le 23 janvier, le Premier ministre Michel Debré refuse le retour à l'indexation et annonce une loi-programme pour l'agriculture, une loi sur l'enseignement et une loi sur l'assurance maladie
Février :	Les Chambres d'agriculture proposent un projet de loi-cadre agricole dans un climat de manifestations
22 février :	Congrès de la FNSEA qui réclame un relèvement des prix agricoles
3 mars :	Rétablissement d'une indexation partielle des prix agricoles sur les coûts de production ; elle est jugée insuffisante par la FNSEA qui réclame la convocation du Parlement ; le président de la République refuse le 18 mars
30 mars :	Le Général de Gaulle reçoit les dirigeants de la FNSEA et des Jeunes agriculteurs
6 avril :	Le Gouvernement adopte, sur fond de manifestations, cinq projets de loi dont celui préparé par Michel Debré pour l'adoption d'une loi d'orientation agricole
20 avril :	La FNSEA annonce un contre-projet de loi d'orientation agricole
3 juin :	Les pensions et retraites agricoles sont relevées de 21 %
5 juillet :	Décret de création d'un Fonds d'orientation et de régularisation des marchés agricoles (FORMA) qui complète le décret sur l'organisation des marchés du 30 septembre 1953
22 juillet :	Loi relative à la création de Parcs nationaux en vue de la protection de la nature dans les régions peu peuplées
2 août :	Promulgation d'une loi sur la formation professionnelle et l'enseignement agricole

5 août :	La loi d'orientation agricole qui porte sur l'organisation des marchés et prévoit des dispositions pour l'amélioration des structures agricoles est adoptée
14 novembre :	les Six se mettent d'accord sur les modalités d'organisation d'un Marché commun agricole
20 novembre :	Création du Comité interministériel d'aménagement du territoire (CIAT), placé sous la responsabilité du Premier ministre, pour stimuler des actions d'aménagement territorial
22 décembre :	Création d'une Société pour l'exportation des produits agricoles (SOPEXA) pour stimuler les exportations agricoles

1961

25 janvier :	Loi instituant une assurance invalidité, maladie obligatoire pour les exploitants agricoles (AMEXA), dont les décrets d'application sont publiés le 2 avril
7 mars :	Création par décret d'un Comité national consultatif interprofessionnel du lait et des produits laitiers (CNIL)
14 mars :	Protestation des producteurs contre le projet du Gouvernement de soutenir le marché des produits laitiers par la création d'une taxe de résorption ; le Gouvernement y renonce le 21 avril
3 juin :	Définition des « zones de montagne » ; ce sont des terroirs situés à plus de 600 mètres d'altitude
8 juin :	Occupation de la sous-préfecture de Morlaix par des manifestants bretons conduits par Alexis Gourvennec et Marcel Léon
14 juin :	Décret portant création des zones spéciales d'action rurale
15 juin :	Décret d'application des dispositions de la loi d'orientation agricole relatives aux SAFER
29 juin :	Suite à des manifestations paysannes étendues à l'ensemble du pays, Michel Debré organise une « Table ronde » avec les leaders agricoles ; elle est réunie à nouveau les 4 et 11 juillet
29 juillet :	Une série de mesures en faveur de l'agriculture : réforme des mécanismes d'intervention du FORMA, majoration des retraites, relèvements des prix indica-

	tifs pour le blé et le vin, promotion des groupements de producteurs pour favoriser la commercialisation des produits agricoles
3 août :	La FNSEA demande la convocation du Parlement en session extraordinaire pour débattre sur la politique agricole ; le président de la République s'y oppose le 31 août
6 août :	Décret qui donne un statut juridique aux SICA créées dès 1955
24 août :	Edgard Pisani (Gauche démocratique) remplace Henri Rochereau (Indépendant Paysan) comme ministre de l'Agriculture
28 septembre :	Le Cercle des jeunes agriculteurs devient le Centre national des jeunes agriculteurs (CNJA) ; le lendemain Edgard Pisani annonce à ses dirigeants sa décision de réunions hebdomadaires avec les professionnels pour dialoguer sur les questions agricoles
23 novembre :	Grève de la viande de bœuf (Les Halles et La Villette)
24 novembre :	Réforme du ministère de l'Agriculture
11 décembre :	Journée nationale de manifestations agricoles à l'instigation de la FNSEA
29 décembre :	Loi relative à la coopération agricole et aux SICA

1962

14 janvier :	Accord des Six sur les orientations de la Politique agricole commune : adoption des premiers règlements pour des organisations communes de marché (OCM) pour les céréales, les œufs, les volailles et la viande de porc et d'un règlement financier : création du FEOGA
16 avril :	Georges Pompidou remplace Michel Debré à l'Hôtel Matignon ; Maurice Schumann est nommé ministre délégué auprès du Premier ministre, chargé du Plan et de l'Aménagement du territoire, poste qu'il occupe jusqu'à sa démission le 15 mai 1962
3 mai :	Des « commissions de structures agricoles » départementales sont constituées pour la définition de la taille minimale des exploitations agricoles viables
10 mai :	Le Commissariat général au Plan est placé sous l'autorité du Premier ministre

30 mai : Le CNJA remet à Georges Pompidou un cahier de doléances en 14 points

Juillet : Manifestations paysannes contre la politique agricole du Gouvernement

5 juillet : Adoption par le Conseil des ministres du projet de loi complémentaire agricole présenté par Edgard Pisani ; accueil favorable de la FNSEA

20 juillet : Adoption par l'Assemblée nationale (376 voix contre 11), après amendements critiqués par la FNSEA et le CNJA, du projet de loi complémentaire

23 juillet : Adoption du IVe Plan « de développement économique et social » (1962-1965) qui met l'accent sur l'aménagement du territoire et sur l'action régionale

27 juillet : Vote de la loi complémentaire par 316 voix pour, 91 contre et 35 abstentions à l'Assemblée nationale et 135 pour et 87 contre au Sénat

30 juillet : Entrée en vigueur de la réglementation communautaire portant sur les céréales

1er août : Manifestation anti-cumuls dans l'Orne à l'encontre de Jean Gabin (accusé de cumul de professions), suivie le 21 de manifestations contre le cumul d'exploitations

8 août : La loi complémentaire à la loi d'orientation de 1960 est promulguée ; elle traite la question des SAFER, des cumuls et de la surface minimale d'installation

13 octobre : Grève des livraisons de lait dans l'Est de la France

21 octobre : Décret sur le droit de préemption des SAFER en cas de vente de terres agricoles par des propriétaires fonciers

23 novembre : Décret relatif au fonctionnement des groupements de producteurs et des comités économiques agricoles ; décret réglementant les cumuls d'exploitations en les subordonnant à une autorisation préfectorale préalable

2 décembre : Le CNJA et la CFTC créent un Groupe de recherche ouvrier et paysan (GROP) pour étudier le rôle du syndicalisme dans une démocratie moderne

22 décembre : Loi portant harmonisation des prestations sociales servies aux salariés agricoles

31 décembre : Création, auprès du ministre de l'Agriculture, d'un Comité consultatif sur les investissements agricoles

1963

10 janvier :	Edgard Pisani présente aux dirigeants agricoles un projet de politique agricole de long terme
12 et 21 février :	Le Premier ministre Georges Pompidou reçoit les dirigeants agricoles
13 février :	Par décret sont créés la Délégation à l'aménagement du territoire et à l'action régionale (DATAR), le Comité national pour l'aménagement du territoire (CNAT) et le Fonds d'intervention pour l'aménagement du territoire (FIAT)
Mars :	À l'occasion du 17e Congrès de la FNSEA, partisans et adversaires d'une politique de collaboration avec les pouvoirs publics s'opposent ; le 14 mars G. de Caffarelli succède à J. Courau à la tête de la FNSEA et le 27 mars, la FNSEA présente un Livre blanc sur les revendications paysannes
25 avril :	Réforme du ministère de l'Agriculture
30 avril :	Sous la pression de la FNSEA, le Gouvernement accepte une augmentation d'environ 6 % des prix indicatifs du lait et de la viande et convient de mesures pour faciliter le fonctionnement du FASASA
22 mai :	Les prêts fonciers à long terme et à taux réduit du Crédit agricole seront refusés pour l'acquisition d'exploitations agricoles non viables
18 juin :	Création des parcs nationaux de La Vanoise et de Port-Cros
19 juillet :	Loi sur le fermage
31 juillet :	Loi sur le remembrement
3 août :	Suite à une série de manifestations agricoles en juillet, des décrets d'application de la loi complémentaire de 1962 sont pris sur les conditions de l'organisation des producteurs agricoles
18 août et 4 septembre :	Mesures complémentaires sur l'application de la législation portant sur les cumuls d'exploitations agricoles
10 septembre :	Le plan de stabilisation exclut un relèvement des prix agricoles
24 novembre :	Discours de Georges Pompidou devant les Chambres d'agriculture

12-13 décembre : Débat sur les questions agricoles à l'Assemblée nationale ; Edgard Pisani est partisan d'une organisation contractuelle de l'agriculture

23 décembre : Nouveaux accords entre les Six pour l'organisation des marchés agricoles européens : viande bovine et produits laitiers, riz

1964

1er janvier : Entrée en vigueur d'un statut du fermage qui prévoit la possibilité de refuser le renouvellement du bail aux agriculteurs âgés

25 janvier : Journée de manifestations à l'instigation de la FNSEA

30 janvier au 10 février : Grève des livraisons de bétail

6 février : Création d'une Commission des comptes de l'agriculture nationale chargée d'analyser l'évolution des revenus agricoles qui se réunit pour la première fois le 18 mars

25-27 février : Congrès de la FNSEA sur le thème de la régionalisation, en l'absence du ministre de l'Agriculture ; montée du CNJA (M. Debatisse) dans le Conseil d'administration

26 mars : Création de la Société pour la mise en valeur de la région Auvergne-Limousin (SOMIVAL)

27 mars : Le Général de Gaulle annule un voyage en Picardie par crainte de manifestations paysannes suite au refus du Gouvernement de relever le prix du lait mais, le 8 avril, il accepte un rendez-vous avec les dirigeants agricoles qui a lieu le 8 mai

3 avril : La FNSEA demande audience au général de Gaulle et souhaite le dépôt d'une motion de censure

Mai : Négociations commerciales du GATT : Kennedy Round

3 juin : Les crédits mis à la disposition des SAFER sont augmentés ainsi que les retraites agricoles

19 juin : Voyage de Georges Pompidou dans le Cantal

1er juillet : Décision gouvernementale de geler les prix du blé et de l'orge qui conduit l'AGPB à demander une rupture du dialogue avec l'Élysée

6 juillet :	Loi sur l'économie contractuelle en agriculture qui prévoit des règles et des modalités pour les accords interprofessionnels de production et de commercialisation des produits agricoles
10 juillet :	Une loi institue un régime de garantie contre certaines calamités agricoles
Août-septembre :	Grèves des livraisons du lait et le 24 le FORMA décide de réduire ses aides à l'exportation de beurre
2 octobre :	François Guillaume succède à Michel Debatisse à la tête du CNJA
16 octobre :	À l'approche du débat parlementaire agricole, les organisations professionnelles sont prêtes à appuyer le vote d'une motion de censure contre le Gouvernement et les 25 et 27 octobre les agriculteurs manifestent pour appuyer le vote de la motion de censure rejetée le 28
1er novembre :	Entrée en vigueur des Organisations communes de marché (OCM) pour la viande et pour les produits laitiers
5 novembre :	Augmentation du prix du blé pour les petits producteurs et adoption de mesures de soutien et d'aide aux producteurs de lait
4 décembre :	Décret sur les GAEC prévus par la loi complémentaire de 1962
15 décembre :	Accord des Six pour l'entrée en vigueur du Marché commun agricole des céréales à compter du 1er juillet 1967
23 décembre :	Le CNJA préconise une coordination des principales organisations agricoles pour réaliser une certaine unité paysanne
	La loi de finances rectificative institue un Office national des forêts (ONF)

1965

15 février :	Premier congrès national du MODEF qui réclame une aide sélective de l'État en faveur des petits exploitants
14 mars :	Création au sein du ministère de l'Agriculture d'une Direction de l'aménagement rural (DARS)
15 mars :	Adoption d'un plan d'encouragement à la concentration des abattoirs

24 mars :	Relèvement des prix du blé, de la viande de bœuf et du lait, suite à la fixation des prix européens du lait et du bœuf du 24 février
2 avril :	Décision de réinstaurer un contingentement de la production sucrière
9 avril :	Le Gouvernement réglemente les contrats d'intégration entre les industriels et les producteurs de volaille
15 mai :	G. de Caffarelli, président de la FNSEA est reçu par le général de Gaulle sur la question de la dégradation du revenu agricole en 1964 ; l'INSEE indique une baisse de 2,9 % en 1964 par rapport à 1963
30 juin :	La France déclenche la « crise de la chaise vide » à Bruxelles
8 juillet :	Loi sur la modernisation du marché de la viande
9 juillet :	Les dirigeants agricoles écrivent à M. Massé pour s'inquiéter sur l'avenir du Ve Plan (perspectives agricoles)
17 juillet :	Les conditions de prêts du Crédit agricole pour l'accession à la propriété sont assouplies mais réservées à l'agrandissement
28 juillet :	Refus de participation des représentants de l'agriculture aux travaux de la Commission de l'agriculture du Plan, en rapport avec la crise européenne
1er septembre :	Pression des betteraviers sur le Gouvernement qui, le 10 novembre, décide une réduction de la production sucrière
29 septembre :	Blocage du prix du vin
3 octobre :	Blocage du prix du maïs
21 octobre :	Le Conseil national de la FNSEA invite les agriculteurs à ne pas voter pour le général de Gaulle le 5 décembre
30 novembre :	Approbation du Ve Plan de développement économique et social (1966-1970) qui insiste sur la nécessité d'une modernisation agricole et sur la régionalisation
9 décembre :	François Mitterrand reçoit les dirigeants agricoles pour leur exposer son programme agricole
23 décembre :	Le FORMA décide de financer un plan de réorganisation des coopératives de bétail et de viande

1966

8 janvier :	Edgar Faure remplace Edgard Pisani comme ministre de l'Agriculture ; Michel Debré est nommé ministre de l'Économie et des Finances
1er mars :	Reprise des travaux communautaires sur le règlement financier agricole suivie d'un accord sur les prix agricoles européens (8-9 mars)
3 avril :	Hausse des prix agricoles français : lait (7 %) et viande (5,2 %)
11 mai :	Accord des Six pour une prise en charge des excédents agricoles à partir du 1er juillet 1967, par le FEOGA
21 juin :	Constitution d'un Conseil de l'agriculture française pour coordonner l'action des organisations agricoles représentatives, suite à une proposition du CNJA de décembre 1964 ; sa présidence revient à G. de Caffarelli
27 juillet :	Les Six parviennent à un accord sur les offres agricoles à soumettre dans le cadre du Kennedy Round
3 août :	Le FORMA intervient pour soutenir le marché des fruits
25 août :	Augmentation du prix indicatif du vin de 3,5 %, bloqué depuis 3 ans
4 octobre :	Edgar Faure promet de réaliser l'objectif agricole du Ve Plan en 1966, soit un relèvement du revenu agricole de 4,8 % ; par décret le concept du « développement » agricole et rural se substitue à celui de la « vulgarisation » agricole ; création des services d'utilité agricole et de développement (SUAD) et du Centre national pour l'aménagement des structures des exploitations agricoles (CNASEA)
6 octobre :	Le Gouvernement confie aux groupements agricoles le soin de définir et de mettre en œuvre des plans de développement agricole ; mise en place d'un Fonds national de développement agricole (FNDA)
15 novembre :	Relèvement de 4,4 % des prix du sucre qui étaient bloqués depuis 4 ans
3 décembre :	Loi d'orientation et de programme sur la formation professionnelle
8 décembre :	Par décret l'Assemblée permanente des présidents de Chambre d'agriculture devient l'Assemblée permanente des Chambres d'agriculture (APCA)

9 décembre :	Allocution de Georges Pompidou à la séance de clôture de l'assemblée des Chambres d'agriculture
24 décembre :	Décret portant création du Centre d'aménagement des structures des exploitations agricoles (CNASEA) pour élaborer une politique de modernisation des conditions de la production agricole par des actions structurelles ; promulgation de la loi sur l'assurance obligatoire contre les accidents et les maladies professionnelles des agriculteurs
28 décembre :	Loi sur l'élevage qui organise entre autres la sélection du bétail, la modernisation de la production animale

1967

1er mars :	Décret relatif à la création de parcs naturels régionaux, pour conserver et mettre en valeur le patrimoine et pour revitaliser l'économie locale
9 mars :	Élargissement des attributions du FORMA pour les adapter au Marché commun agricole
28 avril :	Raymond Marcellin devient ministre du Plan et de l'Aménagement du territoire
16 mai :	Accord du Kennedy Round ; les principes de fonctionnement du Marché commun agricole sont maintenus (prélèvements, restitutions)
31 août :	Ordonnances sur le remembrement et sur les groupements de producteurs
26 septembre :	Ordonnance sur la coopération agricole
14 octobre :	Discours de Georges Pompidou à Aurillac
24 octobre :	Décret sur la politique et les zones de rénovation rurale confiée à des « Commissaires à la rénovation rurale » proches du Premier ministre et rattachés à la DATAR
30 décembre :	Loi d'orientation foncière

1968

1er janvier :	Généralisation de la Taxe à la valeur ajoutée (TVA) sous une forme adaptée pour l'agriculture
18 janvier :	Michel Debatisse est élu secrétaire général de la FNSEA
22 mai :	Michel Debatisse est reçu par le général de Gaulle

4 juin :	Olivier Guichard est nommé ministre du Plan et de l'Aménagement du territoire
20 juin :	Le CNJA publie un « Mémoire pour une nouvelle politique agricole »
1er juillet :	La réalisation du Marché commun agricole est effective
10 juillet :	Robert Boulin devient ministre de l'Agriculture
18 décembre :	Le Plan Mansholt « Agriculture 1980 » propose d'importantes réformes des structures des exploitations agricoles (mise en place d'Entreprises agricoles modernes : EAM)
31 décembre :	Loi instituant la notion de Surface minimum d'installation (SMI) qui sert de référence pour l'application de la législation sur les cumuls

1969

3 janvier :	Loi instituant le paiement du lait en fonction de sa composition et de sa qualité
20 juin :	Jacques Duhamel est nommé ministre de l'Agriculture et Bernard Pons devient secrétaire d'État à l'Agriculture dans le Gouvernement Chaban-Delmas ; Remise du rapport définitif de la Commission Vedel ; André Bettencourt est nommé ministre du Plan et de l'Aménagement du territoire
8 août :	Dévaluation du franc de 12,5 %
Septembre :	Présentation du « rapport Vedel » pour une modernisation en profondeur des structures de l'agriculture française
Octobre :	Le CNJA organise des Journées d'étude sur l'aménagement de l'espace rural
1er décembre :	Sommet de La Haye des Six pays de la CEE à l'initiative de Georges Pompidou
22 décembre :	Décision des Six de mettre en application un nouveau règlement financier à partir de janvier 1975

1970

2 janvier :	Loi portant création du Salaire minimum de croissance (SMIC) qui s'applique à l'agriculture

Février :	Une Direction générale de la Protection de la Nature est créée au sein du ministère de l'Agriculture
3 mars :	Émission « Adieu Coquelicots » à l'ORTF animée par F.H. de Virieu
4 mars :	Congrès de la FNSEA qui se prononce pour la création d'un Fonds de solidarité alimenté par les céréaliers en faveur des éleveurs
11 mars :	Manifeste des Chambres d'agriculture présenté au Premier ministre, « Les raisons d'une politique de raison », qui préconise un contrat de progrès entre l'agriculture et les Pouvoirs publics
18 mars :	Le Manifeste des Chambres d'agriculture est remis à Georges Pompidou qui reçoit le bureau de l'APCA
22 avril :	Adoption du règlement financier définitif de la CEE
8 juin :	Décret instituant les Plans d'aménagement rural (PAR) fondés sur le principe d'une approche globale des activités rurales au niveau de « communautés naturelles »
10 juin :	Lancement des « Cent mesures » du Comité interministériel de l'Environnement à mettre en application par quatorze ministères et secrétariats d'État
30 juin :	Ouverture des négociations d'élargissement de la CEE au Royaume-Uni, au Danemark, à l'Irlande et à la Norvège
30 juillet :	Décret portant création d'une Haut comité de l'environnement
29 octobre :	Voyage de Georges Pompidou en Bourgogne
31 décembre :	Loi instituant les groupements fonciers agricoles (GFA) dans le but de maintenir les unités d'exploitation agricole viables en cas de succession, pour attirer des capitaux extérieurs et favoriser le regroupements d'acquéreurs ; Création du Parc national des Cévennes ; Loi relative aux baux à long terme (18 ans)

1971

7 janvier :	Michel Cointat devient ministre de l'Agriculture en remplacement de Jacques Duhamel et Bernard Pons conserve son poste de secrétaire d'État
13 janvier :	Création d'un ministère de la Protection de la nature et de l'Environnement qui a pour titulaire Robert Pou-

	jade, ministre délégué du Premier ministre, chargé de la Protection de la nature et de l'environnement
23 mars :	Violentes manifestations paysannes à Bruxelles
22 mai :	Loi relative à l'amélioration des structures forestières
26 juin :	Discours agricole et rural de Georges Pompidou à Saint-Flour : maintien de l'agriculture familiale et régionalisation
15 juillet :	Approbation du VIe Plan (1971-1975) de développement économique et social qui met en avant l'aménagement de l'espace rural, la protection et la mise en valeur du milieu naturel ; une Commission de l'espace rural est créée pour proposer une politique volontariste en faveur du monde rural
15-17 juillet :	Première conférence annuelle de l'agriculture
16 juillet :	Lois sur l'organisation de la formation professionnelle continue dans le cadre de l'éducation permanente et sur l'apprentissage
11 août :	Décret portant extension du champ d'activité du Crédit agricole, notamment en faveur des zones de rénovation rurale et d'économie montagnarde
5 octobre :	Michel Debatisse est élu président de la FNSEA, suite à la démission de Gérard de Caffarelli le 8 septembre

1972

3 janvier :	Des mesures législatives particulières sont prévues en faveur de l'agriculture de montagne et pour limiter le démembrement des exploitations
22 janvier :	Signature du traité d'adhésion à la CEE par le Royaume-Uni, le Danemark, l'Irlande et la Norvège
2 février :	Création d'un ministère chargé de la Protection de la Nature et de l'Environnement
13 au 15 avril :	Voyage de Georges Pompidou en Lorraine
23 avril :	Trois directives communautaires en vue de la modernisation de l'agriculture européenne
27 juin :	Loi relative aux SICA (sociétés coopératives agricoles) et aux SMIA (Sociétés mixtes d'intérêt agricole)
5 juillet :	Jacques Chirac est nommé par Georges Pompidou ministre de l'Agriculture et du Développement rural en

	remplacement de Michel Cointat ; Bernard Pons demeure secrétaire d'État jusqu'en avril 1973
21 septembre :	Conférence de presse de Georges Pompidou
29 septembre :	Deuxième conférence agricole annuelle
1er décembre :	Création d'un Office de la viande (ONIBEV), dans le prolongement des décisions de la conférence annuelle
22 décembre :	Loi portant sur l'utilisation des produits antiparasitaires en agriculture

1973

1er janvier :	Naissance de l'Europe des Neuf
4 janvier :	Décret portant création d'une Commission nationale et de Commissions régionales de l'orientation de l'élevage
3 juillet :	Troisième conférence agricole annuelle au cours de laquelle sont annoncées par Pierre Messmer, Premier ministre, une organisation du marché laitier, la mise en œuvre de réformes foncières et une politique d'aides directes aux zones de montagne

1974

10 janvier :	Allocution de Georges Pompidou à l'occasion du cinquantenaire des Chambres d'agriculture
24 février :	Création d'une indemnité spéciale de montagne ; mise en place des plans de développement agricole
27 février :	Raymond Marcellin devient ministre de l'Agriculture et Jean-François Deniau est désigné comme secrétaire d'État
2 avril :	Mort de Georges Pompidou

Chronologie des interventions de Georges Pompidou sur les questions agricoles et rurales

Discours, entretiens, déclarations

La liste qui suit n'est pas exhaustive. Elle reprend dans un ordre chronologique les textes utilisés dans l'ouvrage. Pour les situer dans un contexte politique et économique national et international. Pour avoir des indications complémentaires sur leur contenu, il est conseillé de se reporter au *Guide d'orientation bibliographique* de l'Association Georges Pompidou, en particulier p.25-99 et p.100-122[1].

1962

26 avril :	Déclaration gouvernementale devant le Parlement : présentation du programme pour la modernisation de l'agriculture française
1er août :	Entretien radio-télévisé (Paris) sur la situation agricole : IVe Plan, loi complémentaire, malaise paysan
24 octobre :	Entretien avec François Delagrange, journaliste de la *RTF* : les lois d'orientation agricoles
13 décembre :	Déclaration gouvernementale devant l'Assemblée nationale sur le programme du Gouvernement : problèmes de l'agriculture dans le cadre du Marché commun ; aménagement du territoire

1963

23 janvier :	Allocution au dîner offert par la Chambre de commerce américaine (Paris) : la situation de l'agriculture et la question des échanges commerciaux
5 février :	Allocution au déjeuner offert par la presse diplomatique anglo-américaine au Pavillon Dauphine (Paris) :

[1] Association G. Pompidou, *Georges Pompidou, Homme d'État, 1962-1974 ; Guide d'orientation bibliographique*, 1996, 264 p.

	les problèmes agricoles en relation avec l'élargissement (Royaume-Uni et Commonwealth)
8 mars :	Entretien télévisé avec un journaliste de l'ORTF : les prix des denrées alimentaires
14 mai :	Discours à l'Assemblée nationale : les problèmes agricoles, la mise en œuvre de la loi d'orientation agricole, la rénovation de l'agriculture
27 mai :	Résumé de l'allocution du Premier ministre devant les membres du Business International Corporation (Matignon) – Texte AFP : la France agricole et l'économie mondiale (céréales, prix agricoles)
12 septembre :	Conférence de presse (Matignon) : les questions agricoles : revenu des agriculteurs, circuits de distribution
22 septembre :	Allocution de clôture des journées d'études du groupe UNR-UDT à Beaulieu (Alpes-Maritimes) : politique des revenus et des prix agricoles
27 octobre :	Intervention dans le débat sur la motion de censure : la situation agricole et le malaise paysan
15 novembre :	Entretien avec un journaliste de la télévision (Paris) : prix agricoles, revendications, organisations professionnelles
24 novembre :	Discours de clôture de la journée de la majorité à Nice (Alpes-Maritimes) : tour d'horizon sur la situation de l'agriculture et du monde rural
10 décembre :	Courrier de Georges Pompidou à Gérard de Caffarelli, président de la FNSEA : réponse aux préoccupations des agriculteurs

1964

14 janvier :	Discours à l'occasion du déjeuner offert par la Chambre de commerce franco-britannique (Paris) : la PAC, les relations commerciales avec les pays tiers (produits agricoles)
15 mars :	Discours à l'occasion de l'inauguration de la foire de Lyon : politique régionale et aménagement du territoire
27 avril :	Dîner des Jeunes Patrons (Paris) : prix agricoles, crédit
14 mai :	Réponse à une question du journaliste J.-P. Delcourt : le Marché commun agricole

26 mai : Interview pour la revue *Entreprise* sur « La politique économique de la France » : prix et revenus agricoles, secteur agro-alimentaire

10 juin : Discours sur la coopération à l'Assemblée nationale : les cours mondiaux des produits agricoles

9 juillet : Conférence de presse à Stockholm (Suède) : le Marché commun agricole

16 septembre : Conférence de presse (Paris) : revenu agricole, prestations sociales agricoles

16 septembre : Entretien télévisé avec un journaliste de l'ORTF : les manifestations agricoles, le revenu agricole

24 septembre : Discours de clôture de la séance plénière des Journées d'études UNR-UDT à Dinard (Ille-et-Vilaine) : situation agricole, Marché commun agricole, régionalisation, aménagement du territoire

1er octobre : Discours prononcé à Metz (Moselle) : agriculture régionale, jeunes agriculteurs, aménagement du territoire

27 octobre : Intervention dans le débat sur la motion de censure : les orientations de la politique agricole de la France

5 novembre : Interview à l'occasion d'un déjeuner de la presse parlementaire (Paris) : Politique agricole commune, prix agricoles et mesures en faveur de l'agriculture française

24 novembre : Intervention lors du débat relatif à la préparation du Ve Plan à l'Assemblée nationale : les problèmes de l'agriculture (prix et structures), relations avec les milieux professionnels

26 novembre : Discours à l'Assemblée nationale : le Marché commun, les revenus et les structures agricoles

22 décembre : Entretien avec un journaliste de l'ORTF (Paris) : les accords européens de décembre 1964 sur les prix des céréales, le malaise agricole (pouvoir d'achat des agriculteurs, grève du lait)

1965

9 mars : Entretien avec François Delagrange, journaliste de l'ORTF (Paris) : les manifestations agricoles

27 juillet : Entretien avec un journaliste de l'ORTF : le Marché commun agricole et le règlement financier

1er octobre :	Discours prononcé à Rethel (Ardennes) : la situation de l'agriculture française
4 octobre :	Discours à l'occasion de la réunion du groupe UNR-UDT de l'Assemblée nationale à Barbizon (Seine-et-Marne) : grève du lait, problèmes du Marché commun agricole
14 octobre :	Entretien avec un journaliste de l'ORTF (Paris) : situation économique, Ve Plan, Politique agricole commune
3 novembre :	Intervention à l'occasion du débat parlementaire sur le Plan de développement économique et social : la rénovation de l'agriculture, son adaptation au marché international
18 novembre :	Allocution devant les parlementaires de la majorité (Hôtel de Matignon) : problème des structures, de la protection sociale et de la Politique agricole commune
16 décembre :	Conférence de presse (Hôtel de Matignon) : Marché commun agricole, situation économique, Ve Plan

1966

28 mars :	Émission télévisée « Face à face » enregistrée en direct : mise en œuvre de la loi d'orientation
13 avril :	Déclaration gouvernementale devant le Parlement : revalorisation du revenu agricole, mise en place du Marché commun agricole, rénovation de l'agriculture
14 mai :	Allocution prononcée à Rodez (Aveyron) : les problèmes agricoles, le Marché commun agricole
1er juin :	Discours à l'occasion d'un déjeuner de l'Association de la presse parlementaire (Paris) : l'évolution de l'agriculture française
8 juillet :	Conférence de presse à Londres : déclaration liminaire, le règlement financier agricole, les prix
26 septembre :	Entretien télévisé avec Roger Priouret de *L'Express* : l'agriculture moderne, l'exode rural
30 septembre :	Manifeste du Comité d'action pour la Ve République : la rénovation de l'agriculture, la Politique agricole commune
9 décembre :	Allocution à l'occasion de la séance de clôture de l'APCA (Paris) : la politique agricole de la France (bilan et perspectives)

16 décembre :	Déclarations au cours d'un voyage en Lorraine : l'approche régionale

1967

12 janvier :	Discours prononcé à Reims (Marne) : la situation économique de la France
31 janvier :	Discours au Palais des sports (Paris) : le niveau de vie des agriculteurs
13-14 février :	Interview pour l'*Aurore* : la situation économique et le Marché commun agricole
22 février :	Allocution sur les antennes de l'ORTF à l'occasion des élections législatives : la modernisation de l'agriculture, le marché commun, la politique sociale
25 février :	Interview à l'Hôtel de Matignon pour le journal *L'Auvergnat de Paris* : modernisation agricole et rurale
10 mars :	Allocution sur les antennes de l'ORTF : le niveau de vie des agriculteurs
18 avril :	Déclaration gouvernementale à l'Assemblée nationale : aménagement du territoire, tourisme, politique agricole (SAFER, FASASA, FORMA), loi sur l'élevage
20 avril :	Discours à l'Assemblée nationale : les problèmes agricoles (aviculture, questions foncières, régions agricoles)
8 septembre :	Entretien télévisé avec Jean Boissonnat de *La Croix* et *L'Expansion* et Pierre Sainderichain de *Sud Ouest* : la coopération, les problèmes fonciers, les zones de rénovation rurale
10 octobre :	Intervention dans le débat à l'Assemblée nationale sur la motion de censure : le Marché commun agricole, l'aménagement rural, la politique des revenus et des structures agricoles
14 octobre :	Discours prononcé au Lycée agricole d'Aurillac (Cantal) : la politique agricole française et européenne, la régionalisation
29 décembre :	Interview pour le *Figaro* : le Marché commun agricole

1968

11 janvier : Entretien télévisé avec Xavier Marchetti de *Paris-Match* et Georges Suffert de *L'Express* (Hôtel de Matignon) : la politique agricole

12 juin : Déclaration à l'occasion de la campagne électorale : la situation dans les campagnes françaises

16 juin : Déclaration dans le Cantal (campagne électorale) : la modernisation de l'agriculture

19 juin : Déclaration du Premier ministre rapportée par l'AFP : la situation de l'agriculture

20 juin : Interview pour le quotidien *Ouest-France* : la situation régionale bretonne

1969

27 février : Allocution à la Chambre de commerce et d'industrie de Paris : la situation économique, la faiblesse de l'agriculture

29 avril : Discours devant le groupe UDR de l'Assemblée nationale : la politique sociale en faveur des agriculteurs

2 mai : Intervention lors de la réunion des secrétaires fédéraux de l'UDR : le Marché commun agricole, l'agriculture familiale

15 mai : Le candidat à la présidence répond aux questions des auditeurs pour l'émission « Europe Soir » sur *Europe n° 1* : les subventions, le budget agricole

19 mai : Interview de G. Marchant : portrait de Georges Pompidou au journal de *France Inter*, ses origines rurales

19 mai : Entretien télévisé avec Christian Bernadac : les origines rurales de Georges Pompidou, son programme agricole, le Plan Mansholt

22 mai : Interview à l'occasion d'une émission télévisée sur l'agriculture : présentation de deux types d'agriculture, le Plan Mansholt, le Crédit agricole

28 mai : Allocution sur la jeunesse à l'ORTF : les programmes de modernisation agricole

30 mai : Participation à l'émission de *RTL* « Un candidat face au Grand Jury » par René Andrieu (l'*Humanité*) et Jean-Claude Vajou (*Combat*) : situation économique et rôle de l'État dans la transformation de l'agriculture

10 juin :	Discours prononcé à Bayonne (Pyrénées-Atlantiques) : la rénovation rurale
11 juin :	Discours prononcé à Alençon (Orne) : la politique agricole française et européenne
12 juin :	Participation à une émission télévisée animée par Georges Levard et Xavier Marchetti : l'avenir de l'agriculture, le Plan Mansholt
10 juillet :	Conférence de presse au palais de l'Élysée : les mutations de l'agriculture (société, prix)
22 septembre :	Conférence de presse à l'Élysée : la situation économique, la productivité, la population active
1er décembre :	Sommet des chefs d'État de La Haye, discours de Georges Pompidou : le Marché commun (« Achèvement, Approfondissement, Élargissement »)
15 décembre :	Allocution radio-télévisée : le Marché commun agricole et le règlement financier

1970

28 février :	Discours au dîner de l'Alliance Française à Chicago (États-Unis) : l'environnement
12 mars :	Entretien télévisé avec Georges Suffert de *France Soir* : la situation économique et les prix agricoles
5 avril :	Allocution à la mairie d'Albi (Tarn) : l'agriculture familiale
14 avril :	Entretien pour la revue *Réalités* : l'évolution économique et la Politique agricole commune
16 mai :	Allocution prononcée à Murat (Cantal) : approche régionale de l'agriculture, exploitation familiale
27 juin :	Allocution lors d'un voyage en Alsace (Mulhouse, Colmar et Strasbourg) : Europe, aménagement du territoire, politique communautaire
2 juillet :	Conférence de presse : les problèmes économiques et sociaux, l'exploitation agricole familiale
29 octobre :	Voyage en Bourgogne, allocution aux Hospices de Beaune : l'agriculture bourguignonne, l'aménagement du territoire
29 octobre :	Discours à Savigny-les-Beaune (Côte d'Or) : le vignoble, le monde rural et son patrimoine

29 octobre :	Allocution à Pouilly en Auxois (Côte d'Or) : le Marché commun agricole, l'élevage
29 octobre :	Discours à Chalon-sur-Saône (Saône-et-Loire) : les industries agro-alimentaires
29 octobre :	Discours prononcé à Macon (Saône-et-Loire) : l'agriculture régionale
30 octobre :	Allocution à l'Hôtel de Ville de Lyon (Rhône) : le territoire rural

1971

21 janvier :	Conférence de presse à l'Élysée : la situation agricole, l'élargissement au Royaume-Uni
7 mai :	Allocution à l'Hôtel de Ville de Toulouse (Haute-Garonne) : approche régionale, la Politique agricole commune
17 mai :	Interview à la BBC : l'entrée du Royaume-Uni dans la CEE
24 juin :	Entretien télévisé avec Jean Ferniot à l'Élysée : le Marché commun agricole
26 juin :	Discours de Saint-Flour (Cantal) : la politique agricole française et européenne
22 octobre :	Discours prononcé à Brest (Finistère) : la réforme régionale, le désenclavement, les progrès agricoles
22 décembre :	Entretien radio-télévisé avec Léon Zitrone, journaliste de l'ORTF : le Marché commun agricole

1972

7 janvier :	Déjeuner avec les acteurs de l'aménagement du parc régional de la Camargue : les problèmes de l'environnement et de l'aménagement
16 mars :	Conférence de presse à l'Élysée : Politique agricole commune et politique sociale en faveur de l'agriculture
11 avril :	Allocution radio-télévisée : l'Europe et le Marché commun agricole
13 avril :	Discours prononcé à Toul (Meurthe-et-Moselle) : l'agriculture en Lorraine
14 avril :	Discours prononcé à Sarrebourg (Moselle) : l'aménagement rural et le remembrement

4 mai :	Conférence de presse à Luxembourg (Grand Duché de Luxembourg) : Europe, prix des céréales
10 mai :	Interview au Journal *Times* : la coopération franco-britannique, la Politique agricole commune
10 juin :	Allocution à Bellême (Orne) : la modernisation de l'agriculture
10 juin :	Allocution prononcée à Pin La Garenne (Orne) : l'exode rural, les structures et les revenus agricoles
10 juin :	Allocution à Mortagne-au-Perche (Orne) : l'élevage, l'agriculture familiale
21 septembre :	Conférence de presse à l'Élysée : le Sommet de Paris et la Politique agricole commune
19-21 octobre :	Déclaration au Sommet de Paris des chefs d'État de la CEE : déséquilibres régionaux et agriculture

1973

8 février :	Entretien avec Jacques Alexandre, journaliste de l'ORTF : la Politique agricole commune
2 avril :	Message au parlement : les entreprises agricoles
27 septembre :	Conférence de presse à l'Élysée : la situation économique et le Marché commun agricole

1974

10 janvier	Discours à l'occasion du Cinquantenaire des Chambres d'agriculture (Hôtel intercontinental – Paris) : bilan de la politique agricole de Georges Pompidou, approches nationale et européenne
23 janvier :	Entretien avec un journaliste de la télévision régionale Poitou-Charentes : la situation de l'agriculture, le Marché commun agricole
24 janvier :	Discours prononcé à l'Hôtel de Ville de Poitiers (Vienne) : l'agriculture régionale, la Politique agricole commune

Suggestions de lecture

L'objectif de cette publication n'est ni de dresser un tableau de l'agriculture française entre 1962 et 1974 ni de fournir une analyse de la politique agricole de la France au cours de cette période, qui auraient justifié une bibliographie volumineuse sur ces thèmes. Par contre, il est nécessaire, pour comprendre le contenu des documents de ce volume et leur portée, de se référer à un certains nombre de travaux qui en précisent le contexte, les modalités d'une action plus globale ou d'applications concrètes et qui sont des bases pour une réflexion plus approfondie sur les choix de Georges Pompidou.

Dans cette optique, nous proposons des lectures utiles qui reposent sur un choix arbitraire mais qui s'efforcent d'englober un maximum des aspects agricoles et ruraux qui ont retenu l'attention du Premier ministre puis du président de la République. Et nous avons pris le parti de rester dans le cadre des concepts et des approches des années 1960-1970.

1. Ouvrages généraux : économie, politique et société

Les agriculteurs et la politique, Paris, FNSP, 1996, 596 p.

Badouin, Robert, *Économie rurale*, Paris, A. Colin, 1971, 585 p.

Barral, Pierre, *Les agrariens français de Méline à Pisani*, Paris, A. Colin, 1968, 386 p.

Berger, Suzanne, *Les paysans contre la politique ; l'organisation rurale en Bretagne, 1911-1974*, Paris, Le Seuil, 1975, 345 p.

Blanc, Michel, *Les paysanneries françaises*, Paris, J.P. Delarge, 1977, 198 p.

Bloch-Lainé, François, *À la recherche d'une économie concertée*, Paris, Éditions de l'Épargne, 1964, 23p.

Bodiguel, Maryvonne, *Les paysans face au progrès*, Paris, FNSP, 1975, 178 p.

Boisseau, Pierre, *Les agriculteurs et l'entr'aide*, Paris, SPER, 1968, 176 p.

Bonnamour, Jacqueline et Vélard, Béatrice, *Quelles recherches aujourd'hui pour les campagnes de demain ?*, Paris, ENS Fontenay, 1995, 178 p.

Bourgeois, Anne-Marie, *L'exploitation agricole dans la législation récente*, Paris, LGDJ, 1967, 280 p.

Brunet, Pierre, *Carte des mutations de l'espace rural français, 1950-1980*, Université de Caen, 1984, 131 p.

Bruneteau, Bernard, *Les paysans dans l'État ; le gaullisme et le syndicalisme agricole sous la Ve République*, Paris, L'Harmattan, 1994, 282 p.

Clavel, Jean-Claude, *Le dossier agricole du Marché commun*, Paris, Agri 7 jours, 1969, 264 p.

Clerc, François, *Le Marché commun agricole*, Paris, PUF, 1970, 125 p.

Coudreau, Jean, *L'agriculture de demain, solution paysanne ou solution néo-capitaliste ?*, Paris, Cujas, 1964, 158 p.

Delorme, Hélène et Tavernier, Yves, *Les paysans français et l'Europe*, Paris, FNSP, 1969, 156 p.

Duclos, Nathalie, *Les violences paysannes sous la Ve République*, Paris, Économica, 1998, 281 p.

Dumont, René et Ravignan, François de, *Nouveaux voyages dans les campagnes françaises*, Paris, Le Seuil, 1977, 318 p.

Farcy, Henri de et Gunzbourg, Philippe de, *Tourisme et milieu rural. Un débouché rentable pour l'agriculture*, Paris, Flammarion, 1967, 220 p.

Farcy, Henri de, *Économie agricole*, Paris, Sirey, 1970, 442 p.

Faure, Claude, *Agriculture et capitalisme*, Paris, Anthropos, 1978, 247 p.

Faure, Marcel, *Les paysans dans la société française*, Paris, A. Colin, 1966, 344 p.

George, Pierre, *Précis de géographie rurale*, Paris, PUF, 1978, 350 p.

Gervais, Michel, Servolin, Claude et Weil, Jean, *Une France sans paysans*, Paris, Le Seuil, 1965, 128 p.

Gravier, Jean-François, *Paris et le désert français en 1972. Décentralisation, Équipement, Population*, Paris, Flammarion, 1972, 285 p.

Guichard, Olivier, *Aménager la France. Inventaire de l'avenir*, Paris, Laffont-Gonthier, 1965, 246 p.

Houée, Paul, *Les étapes du développement rural, tome 2 : La révolution contemporaine (1950-1970)*, Paris, Éditions ouvrières, 1972, 196 p.

Houée, Paul, *Quel avenir pour les ruraux ?* Paris, Éditions ouvrières, 1974, 246 p.

Jung, Jacques, *L'aménagement de l'espace rural : une illusion économique*, Paris, Calmann-Lévy, 1971, 407 p.

Laborie, Jean-Paul, Langumier, Jean-François et De Roo, Priscilla, *La politique française d'aménagement du territoire de 1950 à 1985*, Paris, La Documentation française, 1985, 175 p.

Laligant, Marcel, *L'intervention de l'État dans le secteur agricole*, Paris, LGDJ, 1970, 341 p.

Lanversin, Jacques de, *L'aménagement du territoire et la régionalisation*, Paris, Librairies Techniques, 1970, 394 p.

Lauga, Louis, *Le pari des jeunes agriculteurs*, Paris, Éditions de l'Épi, 1971, 143 p.

Maspétiol, Roland, *L'ordre éternel des champs. Essai sur l'histoire, l'économie et les valeurs de la paysannerie*, Paris, Librairie de Médicis, 1946, 589 p.

Mendras, Henri, *La fin des paysans. Innovations et changements dans l'agriculture française*, Paris, SEDEIS, 1967, 361 p. et Paris, A. Colin, 1970, 307 p.

Mendras, Henri, *Sociétés paysannes*, Paris, A. Colin, 1976, 235 p.

Meynaud, Jean, *La révolte paysanne*, Paris, Payot, 1963, 312 p.

Milhau, Jules et Montagne, Roger, *L'agriculture aujourd'hui et demain*, Paris, PUF, 1961, 378 p.

Milhau, Jules et Montagne, Roger, *Économie rurale*, Paris, PUF, 1968, 453 p.

Mollard, Amédée, *Paysans exploités. Essai sur la question paysanne*, Grenoble, PUG, 1977, 244 p.

Monod, Jérôme, *La transformation d'un pays. Pour une géographie de la liberté*, Paris, Fayard, 1974, 186 p.

Muller, Pierre, *Le technocrate et le paysan. Essai sur la politique française de modernisation de l'agriculture de 1945 à nos jours*, Paris, Éditions ouvrières, 1984, 173p.

Ollier, Christian et Rondepierre, Jean, *Équipement rural et améliorations foncières. Économie et législation*, Paris, Eyrolles, 1967, 245 p.

Pautard, Jean, *Les disparités régionales de la croissance de l'agriculture française*, Paris, Gauthier-Villars, 1965, 180 p.

Pouyet, Bernard, *La DATAR*, Paris, Cujas, 1968, 157p.

Rambaud, Placide, *Société rurale et urbanisation*, Paris, Le Seuil, 1969, 313 p.

Rozier, Jean, *Les SICA. Groupements d'agriculteurs. Comités économiques agricoles*, Paris, Librairies techniques, 1965, 372 p.

Tavernier, Yves, *Le syndicalisme paysan, FNSEA-CNJA*, Paris, FNSP, 1969, 227 p.

Tavernier, Yves, Gervais, Michel et Servolin, Claude, *L'univers politique des paysans*, Paris, A. Colin, 1972, 651 p.

Trintignac, André, *Aménager l'Hexagone. Villages, villes, régions*, Paris, Centurion, 1964, 304 p.

Vial, André, *La foi d'un paysan*, Paris, Édition de l'Épi, 1967, 184 p.

Viau, Pierre, *Révolution agricole et propriété foncière*, Paris, Économie et Humanisme, Éditions ouvrières, 1967, 253 p.

Viau, Pierre, *L'agriculture dans l'économie*, Paris, Éditions ouvrières, 1967, 326 p.

Viau, Pierre, *L'essentiel sur l'agriculture française*, Paris, Éditions ouvrières, 1978, 231 p.

Virieu, François-Henri de, *Bilan de la Ve République ; La fin d'une agriculture*, Paris, Calmann-Lévy, 1967, 291 p.

2. Dossiers généraux de revues

Autrement, *« Avec nos sabots » ; la campagne rêvée et convoitée*, N° 14, Paris, Stock, 1978, 247 p.

Chambres d'agriculture, dossiers sur les questions agricoles et rurales

Chronique Sociale de France, *Demain les paysans*, N° 4, octobre 1966, 84 p.

Économie Rurale, *Vingt ans d'agriculture française, 1948-1968*, N° spécial 79-80, 1969, 329 p.

Économie Rurale, *Quoi de neuf dans l'agriculture et le milieu rural français depuis 10 ans ?* N° 126, 1978, 73 p.

Études rurales : *Urbanisation*, N° spécial 49-50, janvier-juin 1973, 368 p.

Paysans, articles et numéros spéciaux sur les problèmes de l'agriculture et du monde rural

Pour, *Les Nouveaux Paysans*, N° 57, novembre-décembre 1977, 100 p.

Sondages, Jollivet, Marcel, *Les agriculteurs français. Conditions de vie et opinions*, N° 3-4, 1966, 184 p.

3. Témoignages d'acteurs, biographies

Baudouin, Alain et Dautriat, Roger, *Alexis Gourvennec, Paysan-directeur général*, Paris, Fayard, 1977, 239 p.

Chabanol, *Le paysan prolétaire ou PDG ?*, Paris, Fernand Nathan, 1969, 160 p.

Colson, René, *Un paysan face à l'avenir rural : la JAC et la modernisation de l'agriculture*, Paris, Éditions de l'Épi, 1976, 319 p.

Debatisse, Michel, *La révolution silencieuse. Le combat des paysans*, Paris, Calmann-Lévy, 1963, 275 p.

Jouin, Claude, *Des paysans pour demain*, Paris, SPER, 1967, 160 p.

Lambert, Bernard, *Les paysans dans la lutte des classes*, Paris, Le Seuil, 1970, 191 p.

Mallet, Serge, *Les paysans contre le passé*, Paris, Le Seuil, 1962, 238 p.

Robinet, Jean, *Les paysans parlent*, Paris, Flammarion, 1970, 229 p.

Poujade, Robert, *Le ministère de l'impossible*, Paris, Calman Levy, 1975, 278 p.

Vial, André, *La foi d'un paysan*, Paris, Éditions de l'Épi, 1967, 182 p.

4. Documents et dossiers spécifiques

Le Marché commun et l'agriculture, Livre blanc des organisations professionnelles agricoles, Paris, SEDPA, 1965, 48 p.

Agriculture. *Rapport de la Commission du VIe Plan (1971-1975)*, Paris, La Documentation Française, 1971, 83 p.

Chambres d'agriculture (Les), Paris, La Documentation Française, 1971, 83 p.

Cotton, Guy, *Législation agricole*, Paris, Dalloz, 1975, 658 p.

Espace rural. Rapports des commissions du VIe Plan, Paris, La Documentation Française, 1971, 101 p.

Gravier, Jean-François, *Décentralisation et progrès technique*, Paris, Le Portulan-Flammarion, 1953, 395 p.

Malézieux, Raymond et Rondier, Robert, *Traité de Droit rural*, Paris, LGDJ, 1972, 428 p.

Morineaux, Yves, *Les parcs naturels régionaux*, Paris, La Documentation Française, 1977, 57 p.

Plan Mansholt (Le) et le rapport Vedel, Paris, SECLAF, 1969, 589 p.

Transformation du monde rural (La). Schéma général d'aménagement de la France, Paris, La Documentation Française, 1972, 127 p.

5. Publications de l'Association Georges Pompidou

Georges Pompidou et l'Europe, Bruxelles, Complexe, 1995, 691 p.

Georges Pompidou, homme d'État, 1962-1974. Guide d'orientation bibliographique, Paris, Association Georges Pompidou, 1996, 262 p.

L'aménagement du territoire, 1958-1974, Paris, l'Harmattan, 2000, 394 p.
Georges Pompidou face à la mutation économique de l'Occident, Paris, PUF, 2003, 419 p.
Action et pensée sociales chez Georges Pompidou, Paris, PUF, 2005, 428 p.

Index des noms

A

B

C

D

E

F

G

H

J

K

L

M

N

O

P

R

S

T

V

W

Z

Collection Georges Pompidou

Série Archives

La série Archives est consacrée à la publication de volumes thématiques représentatifs de l'action de Georges Pompidou. Les documents sont essentiellement issus des archives de la présidence de la République. Ils se composent de comptes rendus d'entretiens, de notes de collaborateurs, de correspondances, d'interventions dans la presse, etc. Pour l'essentiel, ces publications couvrent la période 1962-1968, où Georges Pompidou fut le Premier ministre du général de Gaulle, et la période 1969-1974, durant laquelle Georges Pompidou fut président de la République française. Chaque volume est mis en œuvre par un universitaire et un chargé de recherches de l'Association Georges Pompidou, qui proposent des analyses inédites de chacun de ces documents.

La série est placée sous le patronage conjoint de l'Association Georges Pompidou, par l'intermédiaire de son conseil scientifique, et des Archives nationales.

Série Études

La série Études propose des monographies ainsi que des ouvrages collectifs issus de colloques scientifiques organisés par l'Association Georges Pompidou consacrés à un domaine de l'action de ce dernier. Ces travaux de grande qualité rassemblent contributions scientifiques et interventions de témoins majeurs ayant été associés à l'action de l'ancien président de la République française.

Directeur de collection : *Éric Bussière, Président du Conseil scientifique de l'Association Georges Pompidou*

Dans la série Archives

N° 1 Gilles Le Béguec et Frédéric Turpin, *Georges Pompidou et les institutions de la Ve République*, 2006, 281 p., ISBN 90-5201-056-0

N° 2 Gilbert Noël et Émilie Willaert, *Georges Pompidou, une certaine idée de la modernité agricole et rurale*, 2007, 481 p., ISBN 978-0-5201-057-1

Dans la série Études

N° 1 Bernard Lachaise, Gilles Le Béguec et Frédéric Turpin (dir.), *Georges Pompidou, directeur de cabinet du général de Gaulle. Juin 1958 – Janvier 1959*, 2006, 183 p., ISBN 90-5201-316-0

N° 2 Pascal Griset (dir.), *Georges Pompidou et la modernité. Les tensions de l'innovation 1962-1974*, 2006, 315 p., ISBN 90-5201-329-2